Die Zeitreise der Vermessungsgeschichte

Vom „Gemälde der Natur“
in der Goethezeit bis
zur Triangulation
nach Preußischer Art
in der Meiji-Zeit

近代測量史への旅

ゲーテ時代の自然景観図から
明治日本の三角測量まで

石原あえか

法政大学出版局

複数の人工衛星を駆使し，最新データで作ったジオイド画像．
通称「ポツダムの重力じゃがいも」．ドイツ測地学中央研究所提供
（GFZ-Geoid 2011 ／ GFZ German Research Centre for Geosciences）

図版 1
ヨーロッパのスタンダードと称賛されたゴータのゼーベルク天文台設立当時の風景．左手奥にはゴータ公居城フリーデンシュタイン城が見える．
本書第二章，58 頁参照．

図版 2
チンボラソ山を背景にした老アレクサンダー・フォン・フンボルト．〈脱神秘化〉されたチンボラソ山よりも老フンボルトの方が大きく描かれていることにも注目したい．本書第三章，118 頁参照．

図版３　ゲーテのスケッチによる彩色図版《新旧大陸の標高比較》
ゲーテ国立博物館所蔵（目録番号 GGz/2242）
ヴァイマル古典主義財団 Klassik Stiftung Weimar（KSW）の許可による．本書第三章，146 頁参照．

図版４　ベルトゥーフの『子供のための絵本』所収　ヒマラヤ山脈入り銅版画
HAAB 所蔵（Sig.: 19A732-10），KSW の許可による．本書第三章，150 頁以降参照．

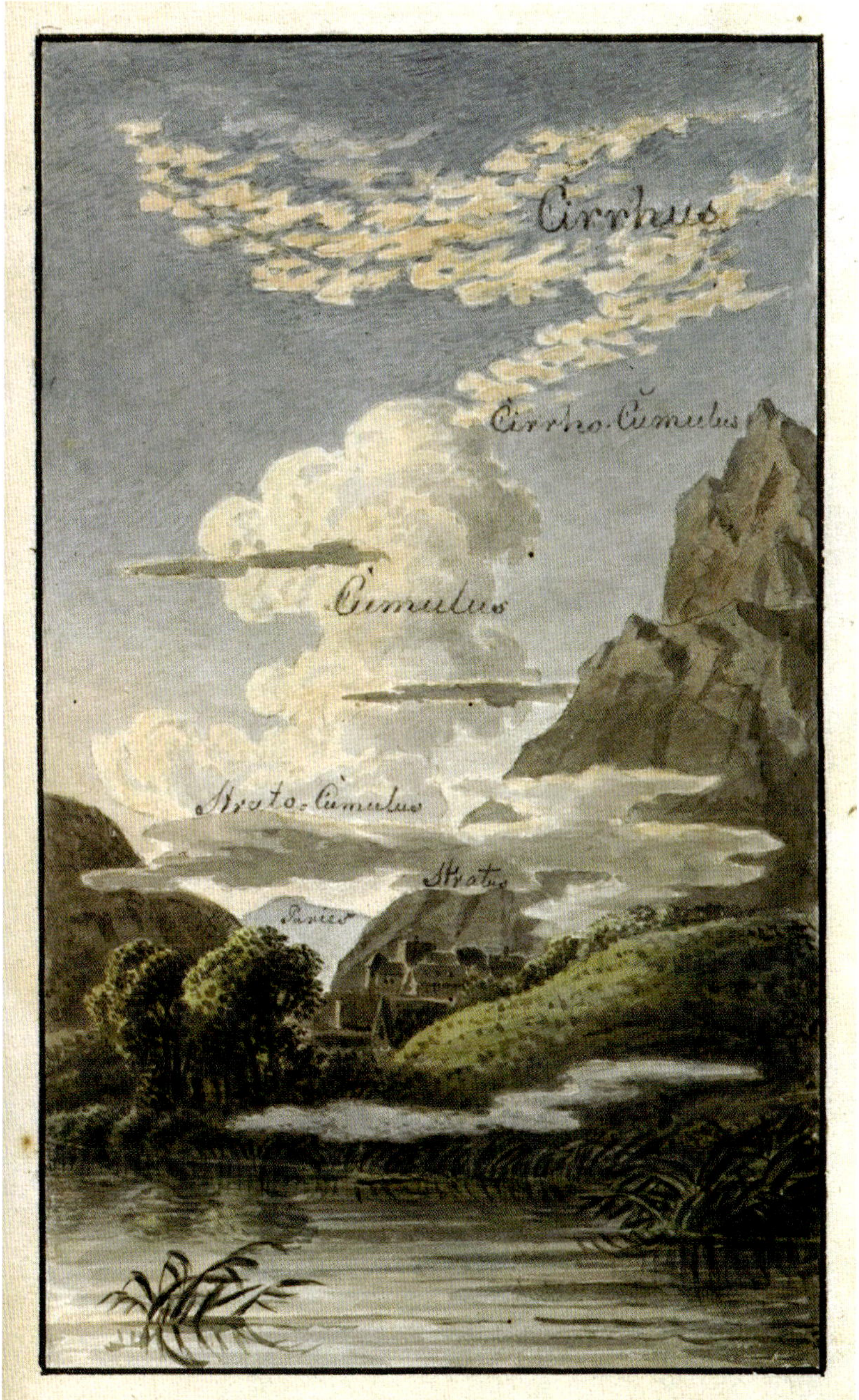

図版5　長らく行方不明になっていたルーの《象徴的雲の形成》原画
イェーナ大学文書館所蔵（Bestand S Abt. XLIII Nr. 16, Bl. 21），
同館の許可による．本書第三章，148 頁参照．

図版 6　フンボルトのチンボラソ山断面図（1805 年）
本書第三章，143 頁参照.

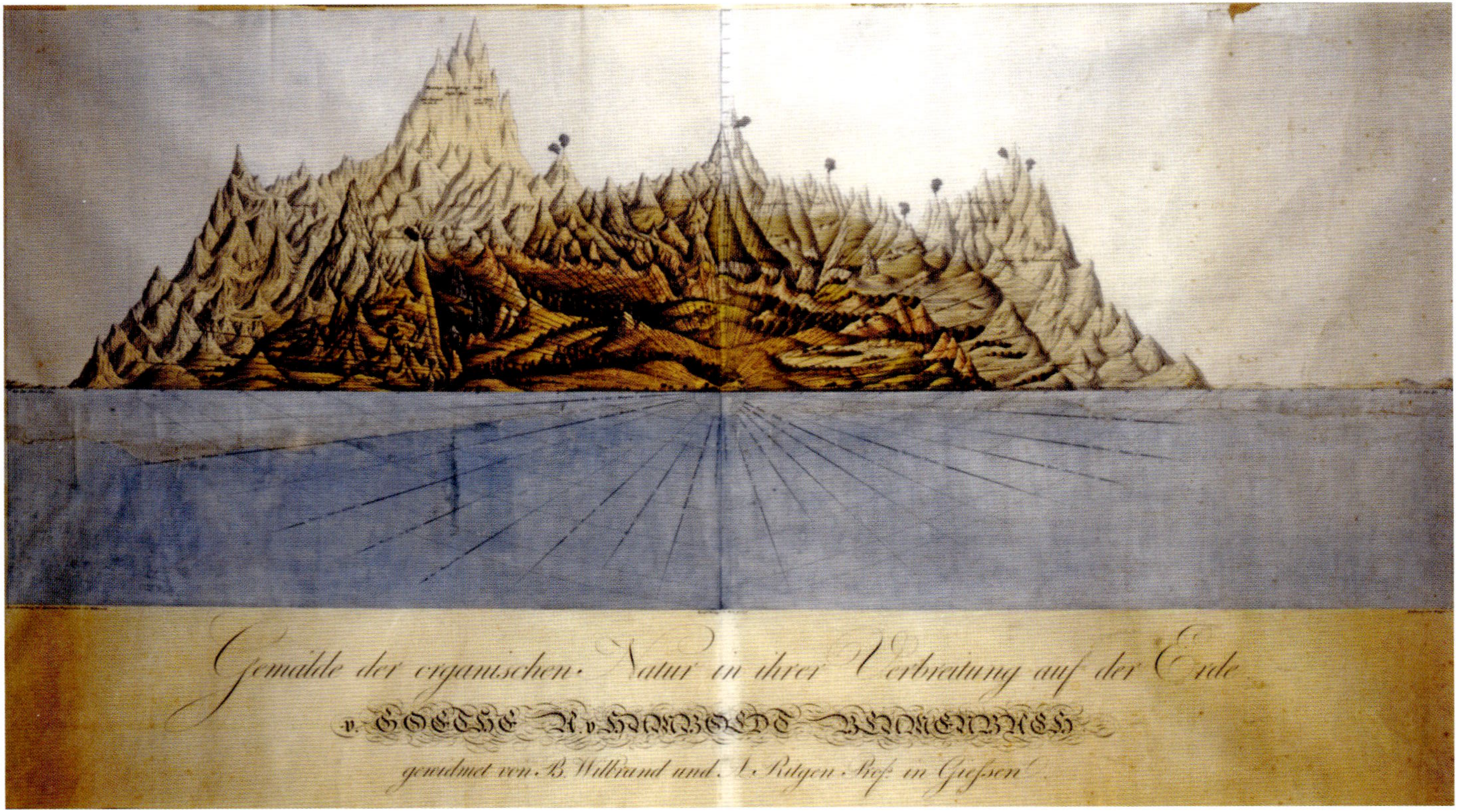

図版 7　ヴィルブラントとリトゲン作《地球上に分布する有機的自然の景観図》(1821 年)
デュッセルドルフ・ゲーテ博物館／アントン&カタリーナ・キッペンベルク財団所蔵（目録番号：NW 1197/1970）および同財団の許可による.
本書第三章，151 頁参照.

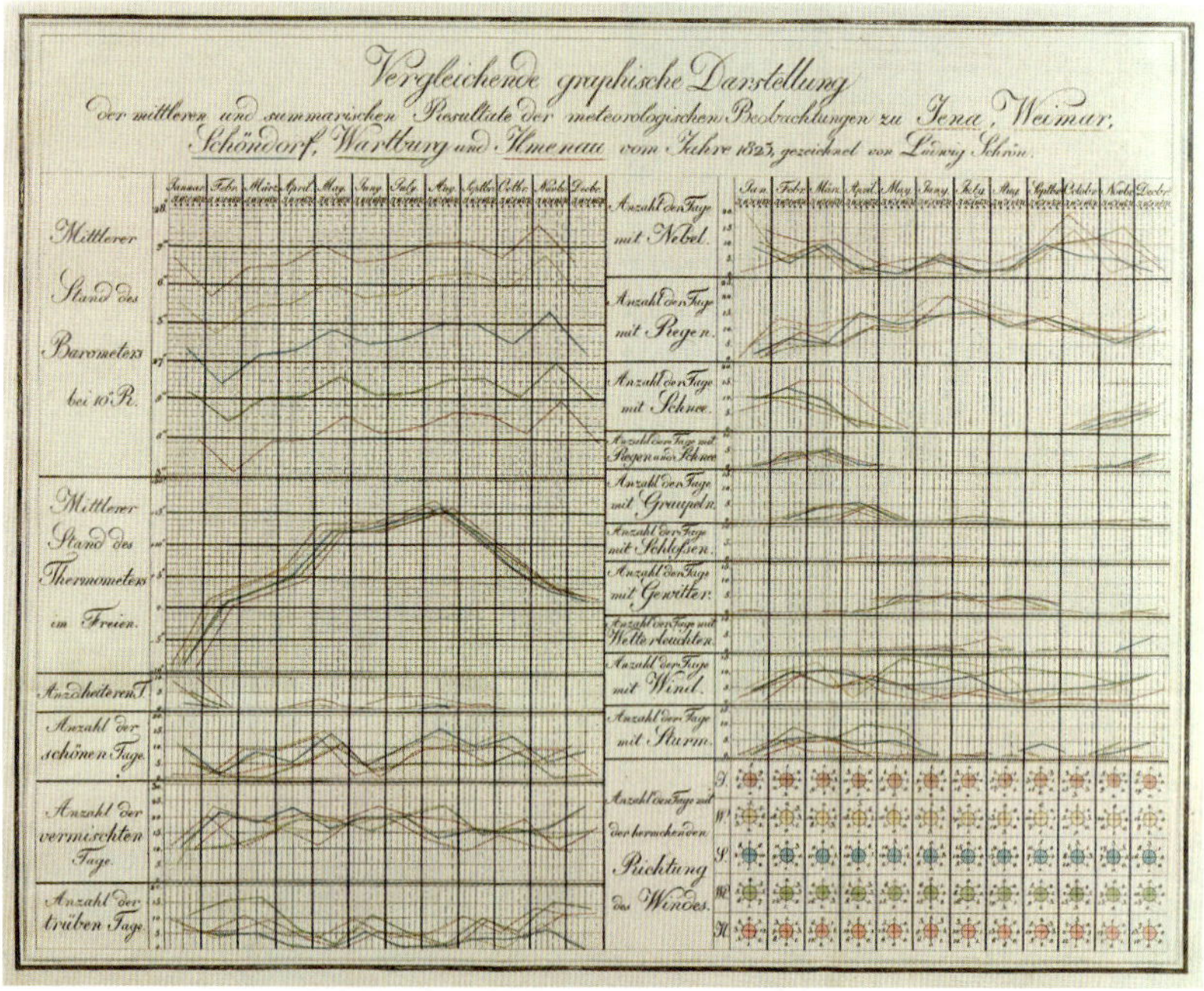

図版 8　1823 年のヴァイマル公国内気象観測グラフ
HAAB 所蔵（Sig.: Z 277），KSW の許可による.
本書第三章，135 頁参照.

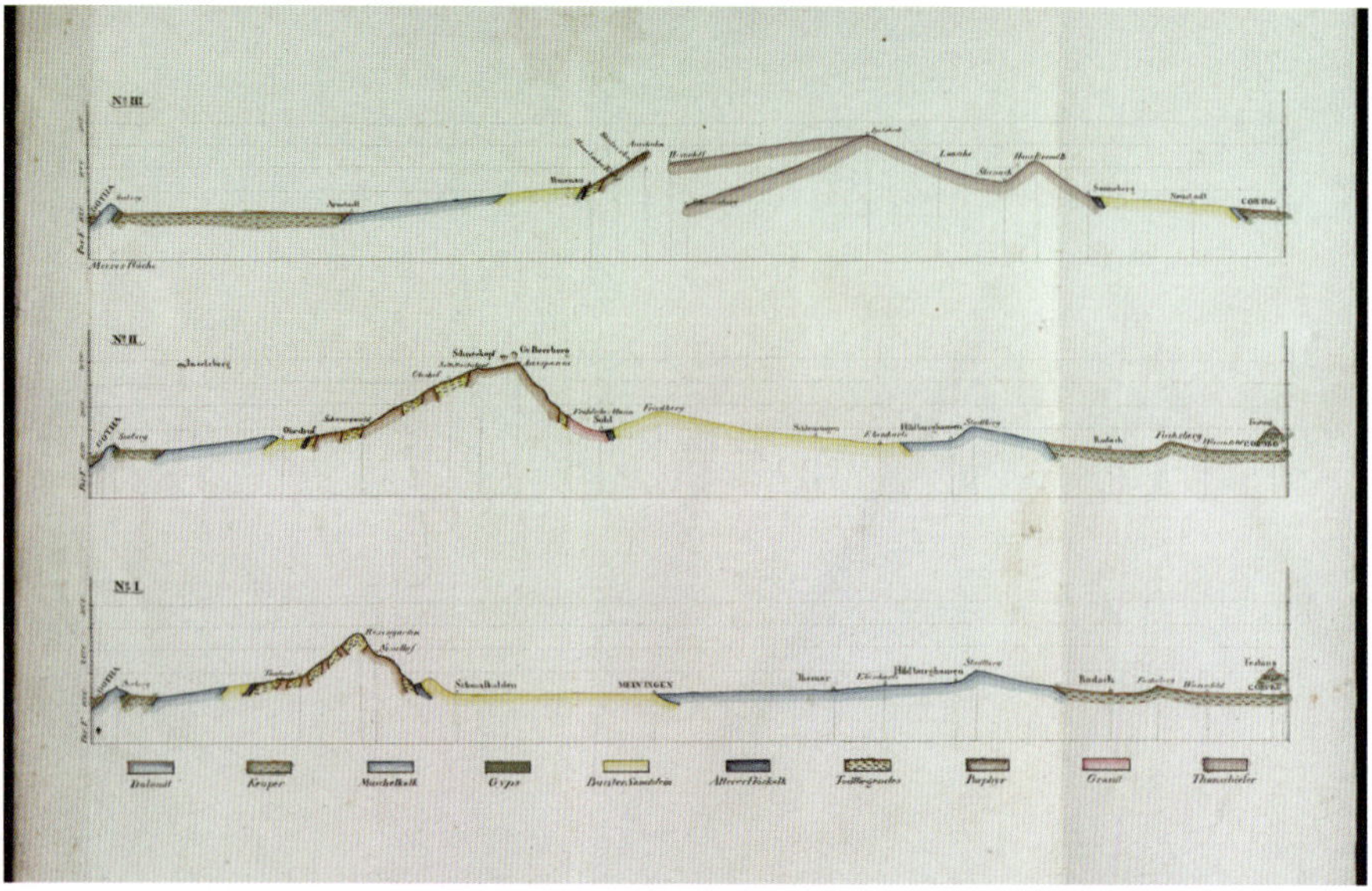

図版 9　ホッフの「高度計測」を示した彩色石版印刷地形図（1828）
ThULB 所蔵（Sig.: 2-Phys-V-6），同館の許可による．本書第三章，138 頁参照.

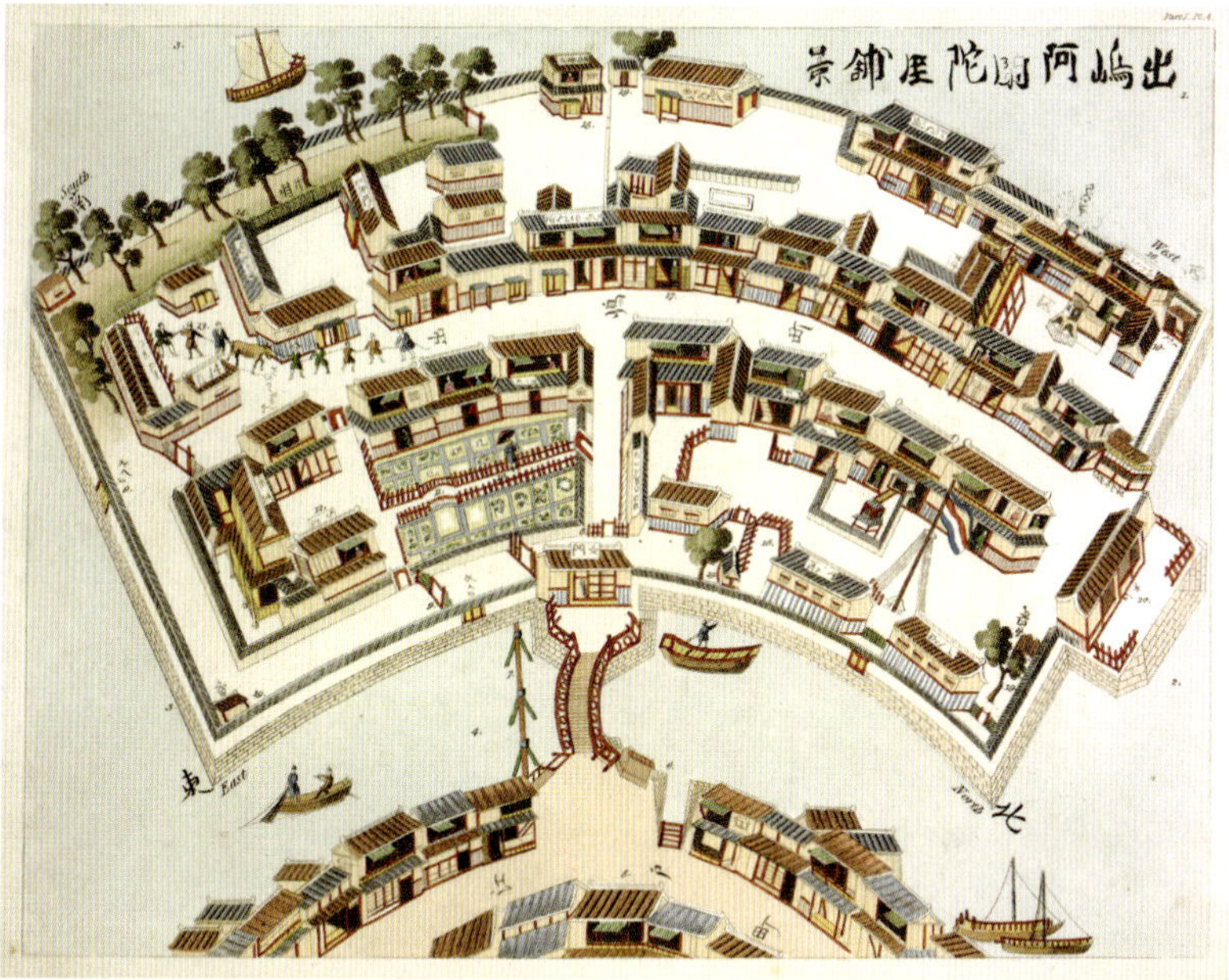

図版 10　出島のオランダ商館見取り図　ティチングの『日本風俗図誌』（1822 年）より．
HAAB 所蔵（Sig.: Th D 2 : pr［7］），KSW の許可による．本書第四章，174 頁参照．

図版 11　日本・浅間山の噴火　ティチングの『日本風俗図誌』（1822 年）より．
HAAB 所蔵（Sig.: Th D 2 : pr［7］），KSW の許可による．本書第四章，191 頁参照．

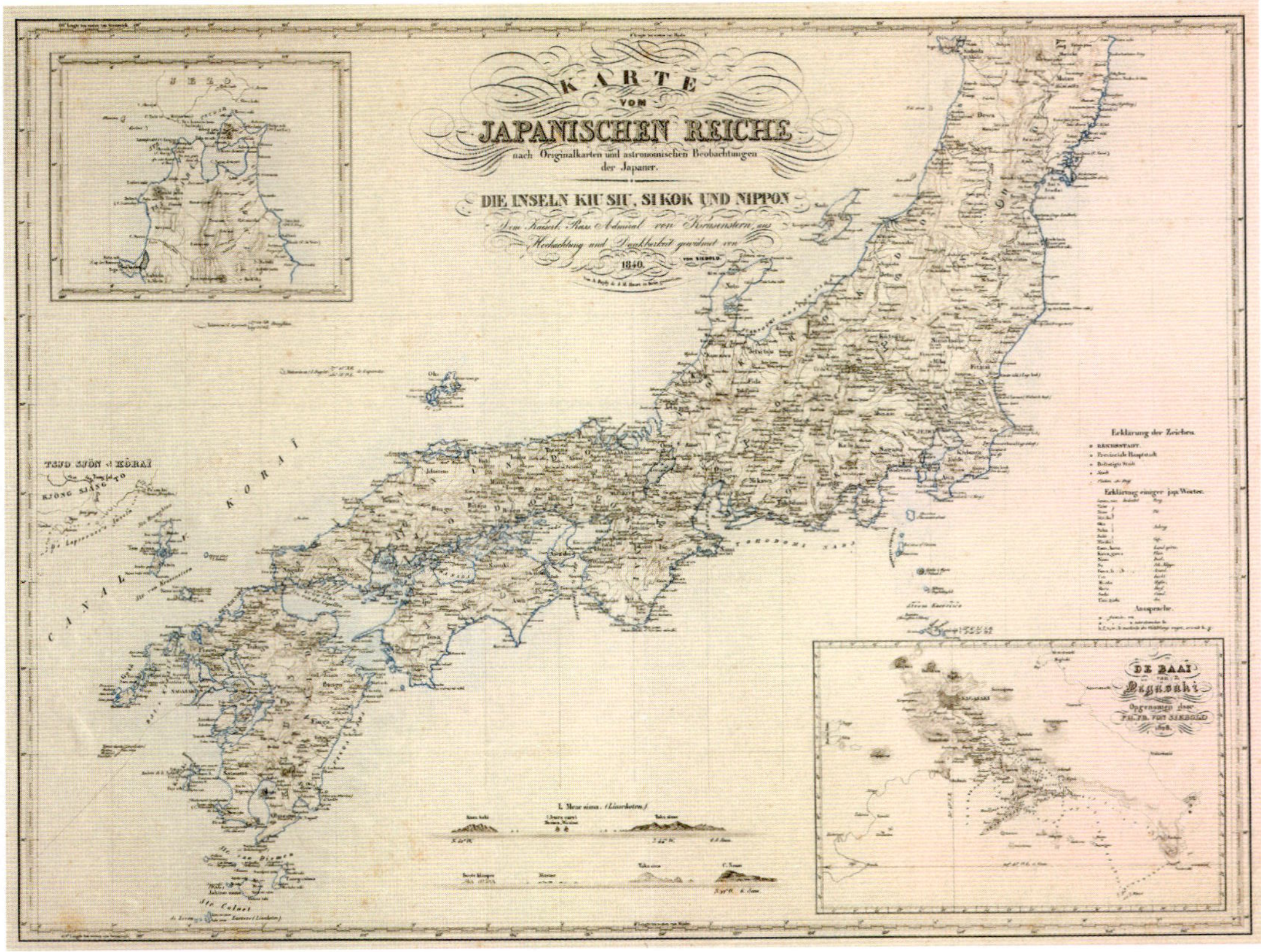

図版 12　シーボルトの『原図日本国図』（1840 年）
HAAB 所蔵（2 枚のうち Sig.: Kt 055-29E），KSW の許可による．本書第四章，216 頁以下参照．

近代測量史への旅／目　次

＊　本書の口絵や本文内に掲載した図版のうち、ドイツおよび日本の図書館や文書館、博物館、所蔵者個人などの権利者から特別の許可を得て使用したものについては、「〜の許可による」などとキャプションに明記しました。これらの図版の他媒体への転載はすべて固く禁じられています。

凡例

一、本書は、著者のドイツ語著作 *Die Vermessbarkeit der Erde. Die Wissenschaftsgeschichte der Triangulation* (Königshausen & Neumann, 2011) を日本語読者向けに大幅増補・改訂し、図版も新たに多数追加したものである。

一、本文中に引用されたドイツ語などの外国語文は、特に断りがないかぎり、著者自身の訳である。

一、引用・言及する欧文著作物の表題には、邦訳の有無にかかわらず、原則としてその直後に原文綴りを配した。

一、人名・地名などの固有名は、現地での発音に近い表記とした。ただし、一般的にあるいは慣習として使用されている語についてはその限りでない場合がある。なお、主要な人名の原文綴りは、巻末の索引に示した。

一、基本的に『 』は文献著作および地図名、「 」は引用符や論文・記事名、《 》は絵画・独立した図版名、〈 〉は強調、［ ］は引用者による補足を示す。

一、引用はできるかぎり原典に忠実に行ったが、一部、旧仮名遣いや古い正書法などを改めたものがある。

一、主に標高や距離（フィートやメートルなど）の数値を漢数字で示す場合、必要に応じて「、」で桁区切りを、「・」で小数点区切りを使用した。

一、注は行間に（ ）を挿入し、すべて巻末に置いた。

一、図版下部のキャプションには、資料の説明とともに、所蔵者名・権利者名を適宜明記した（前頁の注意事項参照）。

一、ドイツ語の主な略号のうち、S. は「頁数」、f. は「該当頁と次頁」、ff. は「以降の複数頁」、vgl. は「参照」、Hrsg. は「編者」を意味する。

はじめに

人はいったいどこから来て、どこに行くのか――。

それは生を享けた人間にとって、一生の、そして永遠の問いである。と同時に各人に与えられた人生の舞台となる地球や宇宙がどんなものなのか、そして自分がたとえどんなにちっぽけな存在で、ほんのつかの間の出番にすぎなくても、その壮大な舞台のどこに立っているのか、確認したくなるのは当然だろう。

近代自然科学の発展とともに、宇宙や地球についての知識が深まり、馬車と船の時代から、新しく発明された鉄道・車・飛行機など移動手段も多様になり、人類の活動空間も飛躍的に拡がった。どうやら人間は、地球上のさまざまなものを見聞きするだけでなく、自分の足跡を何とか刻みつけたいと思うらしい。旅行好きの人なら、壁に貼った世界地図上のこれまで訪れた地にピンで印をつけたり、スマートフォンで行った先の風景を写真に撮って経緯度を記憶させたりしたことはないだろうか。「次はどこに行こう、今日はどこに行けばいいのか」と考えながら地図を眺める時の未知の場所に対する好奇心と高揚感は、誰でも多かれ少なかれ経験しているはずだ。

ところで、「現在、自分が地球の経緯度座標のどこに位置しているか」という興味の前提条件を考えると、「いつ・誰が経緯度座標を整備したのか」、また「それら経緯度を精確に書き込んだ、現在私たちがなじんでいる近代的測量地図はいつ頃から存在したのか」という問いが浮かんでくる。

一　本書のねらい　近代科学史の一研究として

本書はドイツ、フランス、日本の三国を中心とした学術と文化の歴史的アスペクトを扱う。特に対象となるのは、筆者が専門とするドイツを代表する詩人ゲーテ（一七四九〜一八三二）が生きた時代、ドイツ語では〈ゲーテ時代 Goethezeit〉とも呼ばれる十八世紀後半から十九世紀前半にかけてである。学者を主人公にした悲劇『ファウスト』をライフワークとしたゲーテは、詩人であるとともに、小さな公国に仕える高級官僚であり、自然研究者でもあった。彼が生まれた頃、科学と文学は幸せな蜜月を謳歌していたが、彼が亡くなる頃には、素人の参加を拒む〈自然科学者〉集団が出現し、文学と科学は急速に袂を分かっていった。

学問は人類に変革をもたらす原動力になる一方で、先代から継承した文化遺産でもある。自然科学の知識は、真理を追究するだけでなく、それを育み、獲得した時代の精神や文化を反映している。本書が扱う測量技術も例外ではない。一七八九年の大革命後、フランス政府は、これまで王の権威・布告によって、あるいは慣習的に継承されてきた古い度量衡制度を廃止し、人類が共に用いるに値する、自然を基準にした新しい度量衡の導入を決めた。こうして私たちにおなじみの〈メートル〉が誕生したのだが、当初は「北極から赤道までの距離の一千万分の一」と定義されていた。そして今日、〈メートル〉はほぼ世界中に普及・席巻したかのようだが、それでもまだ不採用の地域がわずかに残っている。その代表格であるアメリカ合衆国は、一九九九年に巨額の費用を注ぎ込んだ火星探査機マーズ・クライメート・オービターを失った致命的理由が明らかになっても、メートル体系を導入していない。NASAの原因調査により、主要な二つの技術チームのうち、一方はアメリカで伝統的なヤード法を、他方はメートル法を用いたのが失敗原因だったと判明してもなお、だ。

他方、携帯デバイスやカーナビゲーション・システムで日常に浸透したGPS技術がある。もっとも私たちが一般的に使うハンディタイプのGPSは、少なくとも今のところまだ位置精度が低く、観測値も不安定だから、専門家から見れば、お話にならないほど粗雑に映るようだ。だが現代の測量もGPSを使った測量が主流になっている。複数――四個以上――の幾何学的配置のよい人工衛星からの電波を使って精確な位置を割り出すのだが、多かれ少なかれゲーテ時代の測量術における発見や改良を受け継ぎ、昇華したものと言える。

近代ドイツ文学の研究を専門とする筆者が面白く感じたのは、こうした測量技術革新やGPS機能向上と並行して、二〇〇〇年前後から、欧米でゲーテ時代の測量をテーマにした文学作品が次々と発表されるようになったという事実だ。たとえばドゥニ・ゲージュの『子午線　メートル異聞』(原書初版一九八七年)、ケン・オールダーの『万物の尺度を求めて　メートル法を定めた子午線大計測』(原書初版二〇〇二年)、そしてドイツ語圏では十九世紀を代表する実在の博物学者アレクサンダー・フォン・フンボルトと数学者ガウスのふたりを主人公とし、ダニエル・ケールマンの出世作にしてドイツ語圏でベストセラーとなった『世界の測量』(原書初版二〇〇五年、二〇一三年映画化)が挙げられる。しかもケールマンが『世界の測量』最終章を執筆中に、フンボルトの主要著書二作、それもひとつは執筆から二〇〇年近くを経てようやくドイツ語で初版が出た『コルディリェラ山脈の眺望とアメリカ先住民の記念建造物』[1]および大著『コスモス』の新版が刊行されたので、「フンボルト再発見」の相乗的キャンペーン効果があった。さらにもうひとりの主人公ガウスについても、作家フーベルト・マニアによるガウスの新しい伝記[2]が出版されたり、ベルリン工科大学で天文・地学教授を務めたレルゲマンによるガウスの測量領域に注目した研究書[3]が刊行されたりして、文学作品と自然科学研究の間で、新たな影響関係が認められている。

こうした欧米言語圏の文学傾向と呼応するかのように、日本でも三角測量をテーマにした作品のリバイバル現象が見られたのは興味深い。明治時代の実在の測量技師・柴崎芳太郎をモデルにした新田次郎の小説『劒岳　点の記』(一九七七年)が、劒岳測量から百年を経た二〇〇九年に木村大作監督により映画化・公開された。こちらも映画製作と連動するかのように、国土地理院の記念事業として劔岳に三等三角点が設置されたり、柴崎の先駆者である明治時代の測量官たちの再評価が進んだり、文学と科学史の間での相互影響が認められる。また三角測量と直接関わりはないが、天体観測の実践という点で見過ごすことのできない、江戸の天文学者で『貞享暦』を作成した渋川春海を主人公とする沖方丁の時代小説『天地明察』（二〇〇九年）も好評を博し、こちらは二〇一二年に滝田洋二郎監督によって映画化された。

〈知の歴史〉としての科学史は、科学者の思考や研究方法を彼らが活動した時代のコンテクストに置き、現代人にとってはむしろ奇妙に映る、あるいは支持しかねるような見方・方針をも評価する。と同時に、対象を民俗学的な立場から考証する。ゆえに科学史の研究対象は、いわゆる〈成功の歴史〉から外れているように見えることが少なくない。これは天文学において実り豊かな時期のひとつに数えられる、十八世紀末から十九世紀初頭にもあてはまる。そう、地球測量の歴史は、あろうことか測量データに生ずる〈誤差〉の歴史でもあった。言い換えるなら、現代科学の研究成果が「誤りを含むこと」を運命として受け入れるまでの長い道のりだった。これについては本書第一章のフランスにおける子午線大計測（一七九二～九八）との関わりで詳細に論じたい。

加えて当時の天文学と数学には区別がなかったことも忘れてはならない[4]。この分野の専門家、つまり数学者兼天文学者たちは、さらに測地学にも携わった。天体観測の必要性から発達した〈最小二乗法〉を、地球の測量に利用したのが良い例だ。これは数学者のアドリアン＝マリー・ルジャンドルとカール・フリードリヒ・ガウスがそれぞれ独自に発明した、計測データ処理に有効な統計学的手法である[5]。ガウスはこの最小二乗法を使って、ゴータの天文学者フランツ・クサーヴァー・フォン・ツァッハが一八〇一年に発見しながらもまもなく見失ってしまった小惑星ケレス（セレス）[6]を再発見するのを助けた。ちなみにツァッハは、ゲーテの後期作品『ヴィルヘルム・マイスターの遍歴時代』に登場する「天文学者」の歴史的モデルのひとりとされている。

この天文学者を「家友 Hausfreund」と呼び親しむ年老いた貴婦人マカーリエは、『遍歴時代』決定稿（一八二九年刊行、初稿は一八二一年に成立）で初めて登場する、謎めいた女性である。最初のドイツ語単著『マカーリエと宇宙 *Makarie und das Weltall*』（ケルン、一九九八年刊行、邦訳なし）で筆者は、この女性登場人物の役割や意味を十八・十九世紀の宇宙に関するイメージおよび天文学との関わりから解明しようとした。当然ゲーテの天文学あるいは数学に対する興味を浮き彫りにしようと試みたのだが、二十世紀末のドイツ文学研究において、当時そのような研究は皆無だった。(7) せいぜい「彗星」や「小惑星」といった天文トピックに絞って、その言葉が出てくるゲーテ作品の出典箇所を箇条書きのように示す程度で、科学史的説明も乏しく、ようやく入手しても、かなり昔の先行研究を、しかも誤りまで踏襲して転用した論文や雑誌記事が数点といった有様だった。だが詩人でありながら、自然研究者兼エリート官僚でもあったゲーテは、生涯を通じて自然科学全般に興味と関心を持ち、さまざまな領域の研究者と文通や接触を図っていた。彼の場合、小国とはいえ内閣総理大臣相当の肩書を持っていたことが幸いして、その交友関係の記録、すなわち当時の第一線の科学者たちと交わした書簡や対話記録が比較的よく残っているため、科学史研究にゲーテ関係資料（自然科学論文や日記・書簡など）は、格好の足がかりになる。むろん詩人ゲーテのさまざまなジャンルにわたる文学作品は、近代測量学に文化的視点から迫るうえで、重要な役割を果たしてくれる。

しかしこの課題に挑む直接のきっかけは、十年以上、筆者の脳裏を離れなかったある登場人物ゆえだ。その人物とは、作品タイトルは測地学よりも化学との結びつきで有名な、ゲーテの実験小説『親和力』（一八〇九年）に登場する「大尉」である。(8) 現在も通用する化学用語をそのまま作品タイトルに使ったこの実験小説では、自然と合理主義の対峙が読者に示される。自然への合理的対応とドイツ・ロマン派の自然哲学の考察は、確かに重要な課題のひとつであるけれども、本書で『親和力』を論じるのであれば――しかもこれまでこの観点からは、ほとんど論じられたことがなかったのだが――三角測量を通して、当時最新の自然科学動向を反映しているという見方こそ、より注目に値するだろう。

もっとも大尉は架空の登場人物である。しかし作中で、彼は十八世紀の時代精神を体現している。他方、近代三角測量史に関する専門文献は思いのほか乏しい。(9) 三角測量は、オランダ・ライデン大学のスネリウス（またはスネル）が十七世紀前半に用いたのが最初と言われる。十七世紀末、ジャック・カッシーニ（カッシーニ二代）は、その父ジョバンニ・ドメニコ・カッシーニ（カッシーニ初代）とフランス国内の基準測量（弧度設定の三角測量）を遂行した。この測量データから、地球は赤道よりも極のほうが引き延ばされた扁長の回転楕円体であるという仮説が導かれた。喩えるなら地球は卵あるいはレモン、もしくはラグビーボールを立てた形にイメージされた。これに対してイギリスのニュートンは、地球の回転によって遠心力が働くが、これは均一に働くのではなく、赤道で最大になるはずだと予想した。したがって地球は赤道で膨らみ、極が平らな扁平楕円体――洋風に喩えるならオレンジ、和風なら蜜柑だろうか――になると主張した。両者の仮説のどちらが正しいか、そして地球の真実の姿を実際に経験によって証明すべく、一七三五年にパリ科学アカデミーは、ペルーとラップランドにそれぞれ探検隊を派遣した。両探検隊の測定データは、ニュートンの地球扁平楕円体説が正しいことを裏づけるものだった。またこの間、カッシーニ三代目のセザール＝フランソワ・カッシーニ・ド・テュリは、フランス全土を網羅する三角網を整備・測量し、その作業過程で同様に地球は極が平らな回転楕円体であることを確認していた。彼とカッシーニ四代にあたる息子ジャン＝ドミニクがまとめた『フランス測地図』は、広い面積の基礎測量に三角測量を用いた最初の地図となった。ちなみに、このいわゆる「カッシーニ図」を北に延長させ、連結させたのがオーストリア陸軍中将フェラーリ伯爵だった。こうしてフランス全土の三角測量が一段落した後は、フランスのパリおよびイギリスのグリニッジ天文台を通る、天文学的に定められていた子午線間の距離を測地学的に確認すべく、両天文台が三角鎖で連結された。このプロジェクトには、ゲージュやオールダーの文学作品に登場する天文学者、パリ子午線大計測関係者のメシャンやルジャンドルも参加していた。こうして十九世紀の天文学は、ヨーロッパ中に緊密なネットワークを張り巡らせていったのだが、その初期にオーガナイザーとして重要な役割を果たしたひとりが、ドイツ・ゴータの天文学者ツァッハだった。一八〇三年から〇九年の間、彼は天文・測地学的測量プロジェクトの指揮をとり、フランスを手本にテューリンゲンの三角鎖を緯度・経度測量に発展・連結させようと試みた。ゴータ・ゼーベルク天文台の基線測量時には、ゲッティンゲンからガウスも駆けつけ、作業を手伝った。

二　調査の対象と研究方法について

文学および文化史の研究方法はさまざまだが、本書の特徴は、文献学的手法を用いたことにある。つまり一次および二次文献、場合によっては手稿にも批判的に目を通し、分析・評価を下していく作業をさす。ゲーテ時代の科学史を忠実に再構築するために、当時の専門書、旅行記、新聞および雑誌、挿絵や図版、自然科学者間の書簡を調査対象とし、できるだけ多面的かつ網羅的に目を通すよう心がけた。文献調査・収集のため、日・独両国を中心に、複数の関連研究施設および図書館に実際に足を運んだので、結果として、フィールドワーク的特徴が強い作業になった。特にアレクサンダー・フォン・フンボルト研究財団フェローとしての二〇〇九年四月から二〇一〇年三月末まで、この一年間のドイツ研究滞在期間を、著者はイェーナのフリードリヒ・シラー大学（FSU）を拠点とし、主にゲーテ時代の測量事業の歴史的背景を探るために費やした。そのため資料の多くは、イェーナ大学総合図書館（ThULB）および同文書館（UAJ）、また隣町ヴァイマルのアンナ・アマーリア公妃図書館（HAAB）、ゲーテ・シラー文書館（GSA）、ゲーテ自身の蔵書コレクションを含む国立ゲーテ博物館（GNM）で収集したものである。またヴァイマル古典主義財団（KSW、旧SWK）は、後者三館所蔵の資料掲載を快諾して下さった。加えてヴュルツブルクのシーボルト博物館、ミュンヒェンのドイツ博物館およびバイエルン州立測量局、ドレスデンのドイツ連邦軍博物館、フリーデンシュタイン城内のゴータ博物館、インスブルックのアルプス山岳会博物館、また当然のことながらフランクフルト・アム・マインおよびデュッセルドルフのゲーテ博物館の展示資料、図版、目録等も調査・活用させていただいた。フライブルクのドイツ連邦軍文書館、ベルリンのドイツ外務省附属文書館をはじめ、ドイツ国内のさまざまな関係文書館の方々も問い合わせに快く応じて下さった。また国内では母校・慶應義塾大学の図書館および現在の本務校・東京大学附属図書館の所蔵資料はもとより、国立公文書館の外交文書等も参照し、国土地理院や立山博物館ほか本テーマに関連する各研究施設・博物館等のご担当者およびOBからのご協力および個人的な資料のご提供を得た。ここにあらためて心からお礼申し上げる。

今から六～七年以上前になるが、当初の研究計画で筆者は、ゲーテ時代の測量の歴史的背景を探り、それを文学的視点から天文学および数学の歴史に多少貢献できれば上々と考えていた。しかし歴史的に興味深い一次文献が見つかるにつれ、本研究はドイツ文学・文化研究の境界を超越し、予想以上に時空間のスケールを拡大し、三角測量史そのものを扱うに至った。

余談ながら「ゲーテ博物館 Goethe-Museum」を名乗る施設は、ドイツ国内に三箇所ある。ひとつは金融都市フランクフルト・アム・マインにある彼の生家（実家）、続いて成人・出仕後、彼が半世紀以上暮らした東ドイツの古都ヴァイマルの邸宅、最後が老舗出版社の経営者でありながら、ゲーテの大コレクターだったキッペンベルク夫妻のコレクションを所蔵するライン河畔の州都デュッセルドルフにある瀟洒なイェーガー城である。この三つ目、デュッセルドルフのゲーテ博物館一階、正面入り口から入って左手にある「自然科学の間」の窓際には、少なくとも著者の最初の訪問時から、ヴィルブラントとリトゲンというふたりの医師が作成した一幅の彩色図が架かっている。比較的大判だが、あまり人目につかない場所にあるので、多くの見学者は通り過ぎてしまうようだ。でもあえて足を止め、近づいてタイトルに目を凝らせば、《地球上に分布する有機的自然の景観図 *Gemälde der organischen Natur in ihrer Verbreitung auf der Erde*》と記されている（**口絵図版7**）。ゲーテの言葉を借りれば、「感覚的だが、肉眼では絶対に把握できない対象を象徴的描写によって眼前に提示し、残りを想像・記憶・理性に委ねる」という試みである（ゲーテの自然科学論文『形態学について』*Zur Morphologie*, MA 12, S. 259f.）。当然ここで使われている〈描写・絵画 Gemälde〉という語は、〈タブロー Tableau〉と同義である。[10] 象徴的な自然景観図という点において、本作品はゲーテにおける自然哲学から博物学者アレクサンダー・フォン・フンボルトの厳格な自然科学への移行期を示していて、大変興味深い。ヴィルブラントとリトゲンの本文説明を詳しく読み、それに先行する類似の彩色図版、具体的にはゲーテが考案して描かせた絵図《新旧大陸の標高比較》（一八〇七年）とフンボルトによる《アンデスの自然景観図》（一八〇七年）などと相互に比較することによって見学者は初めて、この彩色図がどんな意味をもつ自然科学的描写であるか、またなぜゲーテが称賛を惜しまなかったのか、を理解できる。

前述の一次文献調査と並んで、本書のもうひとつの特徴は、比較文学的研究メソッド、つまりドイツないしはヨーロッパ文学と日本文学の関係性や類似点、共通点を明らかにしていく手法である。筆者はこれまで、「日本」というキーワードを極力研究で使わず、日本人研究者であることも意識しないよう努めてきた。具体的には第二作目ドイツ語単著『ゲーテの自然という書物 *Goethes Buch der Natur*』（ヴュルツブルク、二〇〇五年刊行、邦訳なし）では、ゲーテが関与したさまざまな自然科学分野――たとえば地学、物理学、化学、植物学、動物学――について言及したが、植物学の章で、日本の銀杏と長崎・出島に勤務したドイツ人医師ケンペル（ドイツ語読みはケンプファー）に関するエピソードなどは別として、日本との相互交流などを前面に押しだそうとはしなかった。なぜなら当時鎖国中の日本に関する知識は、ヨーロッパの知識人とて「非常にお粗末」というより「ほぼ皆無」だったので、ゲーテの執筆活動においても、日本という国やその文化は意識されず、何の役割も果たしていなかったからだ。

しかし本研究プロジェクトでは、初めて著者が「日本語を母国語とする」ことを前面に出す必要性を感じた。その発端となった出来事が、著者の長年の仕事場のひとつ、ヴァイマルのアンナ・アマーリア公妃図書館が所蔵していた歴史的地図との出会いだった。ご禁制の日本地図を所有していた罪により、一八三〇年に国外追放処分を受けたドイツ・ヴュルツブルク出身の医師兼日本研究者フィリップ・フランツ・フォン・シーボルトは欧州帰還後、一八四〇年に『日本人の原図および天体観測に基づく日本国図』を刊行した。この地図は初版枚数が極端に少なかったため、後に価値が跳ね上がったという代物である。ドイツ国内でも所蔵している図書館が皆無に近いのに、あろうことかヴァイマルのアンナ・アマーリア公妃図書館はオリジナルを二枚も比較的良い保存状態で所蔵していた。その由来と理由――この件についてはまだ不明点が多く、今後も調査・検討が必要であるが――を調べていくうちに、江戸城の「紅葉山文庫」に相当するような「軍事文庫 Militärbibliothek」をゲーテの主君・ヴァイマル公カール・アウグストが個人的に所有していた事実に突き当たり、さらにその孫カール・アレクサンダー大公が日本に一方ならぬ関心を寄せていたことが判明した。この結果、まったく予期せぬことながら、日本と比べると知名度が格段に低いドイツ語圏でのシーボルトの日本研究を見直すことになり、前述したような明治期のヴァイマル大公国と日本間に作用していた不思議な結びつきも次第に明らかになっていった。プロイセン＝ドイツと日本の外交関係が正式に結ばれてから一五〇年を経た現在、かつてゲーテが活躍したドイツの小公国と日本を結ぶエピソードをいくつか本書でもご紹介できると思う。

これほど科学技術が進歩した現代社会で、一枚の基本地図をつくるために、かつて人々が実際に自分の足で距離を測ったと想像するのは容易ではない。だが、電話もインターネットもなかった詩人ゲーテの時代に、早くも日本とヨーロッパ間で学術交流は始まっていた。本書は、日本人ドイツ文学者という立場から、忘れ去られた過去の、具体的に言えば一八〇〇年前後からの日独学術交流の記録を再発見し、できる限り忠実に再構築しようとする試みでもある。

なお本書に登場する人名・地名や著書は必ずしもメジャーなものばかりでなく、また定訳がないものも多い。読者の便宜をはかって、主要なものには次章からの本文初出時に原語表記（注を含む）も添えた。古い原綴を保持したので、現代表記に慣れた方にはかなり違和感があると思うが、ご了承いただきたい。

三　本書の構成

本書は、二〇一一年夏にドイツ・ヴュルツブルクの学術出版社ケーニクスハウゼン＆ノイマン社から刊行された著者自身のドイツ語単著 *Die Vermessbarkeit der Erde. Die Wissenschaftsgeschichte der Triangulation*（直訳するなら『地球の可測性　三角測量の学問史』）をもとにしているが、その忠実な「翻訳」ではないことを予めお断りしておく。なぜなら日本およびドイツの読者に向けるのとでは、読者の興味・関心や知識背景がまったく異なるからである。たとえば日本の読者にシーボルトや伊能忠敬が何者であるか、懇切丁寧に説明する必要はないだろう。逆にゲーテやフンボルトについてはドイツ語版より詳しい説明をしたほうが親切だろうし、言語上、直訳では意味が通じない表現箇所も多くある。よってドイツ語版にある部分を割愛したり、逆に解説や補足をしたり、あるいはまったく自由に書き換えた部分が多々ある、つまりドイツ語版のある意味「増補改訂版」的内容となっていることをご了承いただきたい。また二〇一一年夏にイェーナ大学科学史研究所（エルンスト・ヘッケル・ハウス）の同僚たちが中心になって企画した――測量地図よりも、学校用地図や地球儀等を重点的に扱っていたが――ヴァイマル市立博物館特別展「ヴァイマルからの世界 *Die Welt aus Weimar*」や二〇一四年三月に初めて存在を知って訪ねたドルトムント市立美術・文化史博物館内常設展示「測量史」の充実したコレクションを見学した成果も本書にはできる限り採り入れようと試みた。展示はもちろん、ドイツ語版刊行からまだ数年しか経っていないとはいえ、その間にも本テーマに関する新しい出版物が次々と刊行されている。そうした研究成果もできる限り吸収し、反映・紹介するよう努めた。

以下、簡単に章立てを述べたい。本書は五章から成りたつ。第一章は、三角測量の前史として、地球の本当の形状に関する議論を起点とする。この問題を解明するため、十八世紀にフランス・アカデミーがラップランドとアンデスに派遣したふたつの探検隊がもたらしたさまざまな研究成果について、続いて〈メートル〉の基準を定めるための子午線大計測までを追う。ここで読者は十九世紀までのヨーロッパにおける三角測量の歴史を概観できるはずだ。

第二章では、まずゲーテの後期小説『親和力』の主要登場人物のひとり、測量を本業とする「大尉」の実在モデルを検証し、あわせて作品の歴史的背景を解説する。ただし本章では文学作品も扱うが、まずはふたりの実在した天文学者、フランス・パリ在住のラランドとドイツ・ゴータ在住のツァッハの国境を越えた友情の物語から始めたい。そして後者が企画し、ラランドも招いてゴータで一七九八年に開催した最初の国際天文会議について、さらにガウスと彼の最小二乗法との関わりに言及したのち、一次文献を駆使して再構築したツァッハ主導のテューリンゲン三角測量計画の実態を明らかにする。

第三章の中心テーマは、当時の学術的絵画描写技術、すなわち三角測量の芸術的アスペクト、近代的製図である。この関連において、ゲーテが関与したヴァイマルの自由絵画学校は、どんな役割を果たしたのだろうか。またイェーナ大学専属絵画教師とはどんな職業だったのだろうか。そして彼らの授業が測量作業に不可欠だった理由とは？——さらに本章では測量データを二次元平面に、しかも視覚的にも効果的に写し取る試みについても言及する。たとえばイェーナ大学数学教授ゲルステンベルクは、等高線の前段階と言えるケバ付けによって山の高さを表現する方法を編み出した。気圧計を読み取り、かなり粗っぽい方法ではあるが、その数値からおおよその高度を割り出すことで、アレクサンダー・フォン・フンボルトを筆頭に、ゴータ、イェーナ、ベルリンなどドイツ各地の天文学者や気象学者は、ゲーテ時代特有の〈自然景観図 Gemälde der Natur〉を視覚的にわかりやすい形で表現・提示しようとしたのだった。なお、三章までは日本の外での話が多く、登場人物もカタカナ名が頻出するが、後半を理解する上でどうしても必要な情報なので、何とかこらえて、日本に舞台が移るまで、おつき合いいただければ幸いである。

第四章では、あまり顧みられることのなかった十九世紀のヨーロッパ＝日本間の自然科学における相互影響関係を探る。本章の重要なキーワードは、学術発展の〈同時性 Parallelität〉だ。ヨーロッパで三角鎖が拡大し、連結されていくのと並行して、日本では、江戸の天文学者にして和算家でもあった高橋至時《よしとき》が、フランス人天文学者ラランドの主要著書をオランダ語から重訳する作業に着手した。彼の死後、その翻訳は息子たちに引き継がれたが、翻訳の過程で「緯度一度の長さ」が問題になり、そこから伊能忠敬の一大測量プロジェクトが芽吹き、『大日本沿海與地全図』（略称『伊能図』）に結実した。至時の息子・高橋景保は『新訂万国全図』により最新情報を盛り込んだ正確な世界地図の出版を目ざしたが、その目的達成のため、欧州の最新地図と引き換えに、『伊能図』をシーボルトに渡した。

本章の締めくくりには、長崎・出島のドイツ人医師シーボルトと日本の知識階級の間で繰り広げられた政治スパイ活動、名高い「シーボルト事件」に当時の天文学および測地学の視点から言及する。

最後の第五章はドイツ・プロイセンから強い影響を受けた近代日本の三角測量史を、日本アルプスでの過酷な三角点設置作業も含めて紹介する。これにより三角測量の歴史が、国際的学術交流の好例であることを証明して、本書を締めくくりたい。それではさっそく本題に入ろう。

近代測量史への旅

ゲーテ時代の自然景観図から明治日本の三角測量まで

第一章　地球の形状と三角測量

一　地球の真実の形状をめぐる議論

測地学とは「地球を測ること」で、それに伴う実務的作業を含む学問のことを言う。しかしこの言葉の由来とは裏腹に、数学の歴史においては、近世まで主に理論的抽象的な測地学だけが扱われてきた。というのも、高尚な学問である数学と器具を扱うような卑しい手職とは、伝統的に相容れなかったからだ。ところが十五～六世紀になって、所有面積に従って税金が課せられるようになると、地所や耕地の正確な測量が切実な問題になり、一般の関心が高まった。とすると、三角測量はいつ頃始まったのだろう？　また現代的な意味での測地学はいつ成立したのだろうか。

まずヨーロッパにおける三角測量の歴史をその始まりから十九世紀まで概観してみよう。(1)　三角測量への言及については、おそらく一五三三年、オランダ・ルーヴァン大学の数学教授ヘンマ・フリシウス（一五〇八～五五）が入門書『位置描写の技法について *Libellus de locorum bescribendorum ratione*』で二地点間の距離を光学的に測る方法として、三角測量的技法を紹介したのが始まりだと言われている。(2)　その後まもなく、南ドイツ・バイエルンでは、フィリップ・アピアン（一五三一〜八九）[3]が同様の手法を彼の『バイエルン国図 *Bairische Landtafeln*』（一五六八年、縮尺四万五千分の一）で用いた。彼はこの地図を作る基礎として、天文学的に定めた約三〇地点を三角測量の原理を用いて測定したのだった。

二次元平面における三角測量の基本原理は簡単に説明できる。この場合、前提としてまず知らなければならないのは、三角形の一辺の長さだ。だが理論上はともかく、現実に三〇〜五〇キロメートルを実測するのは長すぎるので、もっと短い区間とし、実際には定点A－B間の数キロメートルを、測量用の定規・巻尺・鉄鎖などを用いて精確に測るのがふつうだった。この実測された二点A－Bを結ぶ直線が、「三角網の基線《ベースライン》」である。この二点間の距離さえわかれば、残りの辺の長さはすべて三角関数を使って導き出せる。つまり経緯儀――トランシットやセオドライトとも呼ばれる[4]――のように角度が測れる機械を使って、基線A－Bの両端の角度を測れば、おのずと頂点C点がわかり、三角関数によって残る二辺A－CおよびB－Cの長さを計算できる。こうして三角点の位置関係は座標軸に表示されるのだが、実際の測量では、平坦地での基線測量と並行して、天体観測も必要になる。地球は球形に近く、もっと正確に言うなら回転楕円体なので、二次元平面上で展開される三角法だけでは不十分だからだ[5]。

最初の三角測量は、一六一五年から二二年にかけてオランダの天文学者で光の屈折法則を発見したことでも知られるスネリウス（スネルとも呼ばれる、一五八〇または一五九一〜一六二六）がオランダでの（弧度設定のための）基準測量で使用したことに始まるらしい。スネリウスは一六一五年、アルクマールからベルヘン・オプ・ソームまでの子午線を測量し、この作業経験を著書『オランダのエラトステネス *Eratosthenes batavus*』（一六一七年）で発表した[6]。だが三角測量とは言っても、彼の適用範囲は非常に狭かった。広範囲の測量で使う場合は、測量点の高度差や地球の形状を厳密に考慮する必要がある。

さて、人々は山や谷を目にし、地上が均一な高度を保たず、凹凸があることを視認していたにせよ、ギリシア・ローマ古代からジャン・ピカール（一六二〇〜八二）の子午線測量に至るまで、長い間、基本的に地球を球形と考えてきた。そして地球球体説は、コロンブス（一四五一～一五〇六）のアメリカ新大陸発見およびマゼランの世界一周（一四八〇?～一五二一）により、支持者を増やしていった。

ピカールは修道士だったが、天文学者および測地学者として、さまざまな測量機器の発明や改良に努め、フランス国内の厳密な測量を行った最初の人物だった。地球が球形という仮定のもと、彼は科学アカデミーの委託により、一六六九年から翌七〇年にかけて、アミアンからパリの南にあるマルヴォワジーヌまでの子午線上の距離を測った。この作業時、ピカールは望遠鏡を取りつけた十フィート方位四分儀を用いることで測定精度を高め、信頼に足る観測データを得た。ピカールは緯度四九度のパリ付近で緯度差一度の子午線弧長は五七・〇六〇トワーズという値を導き出し（一トワーズは約一・九四九メートルに相当）、この値からさらに彼は地球半径の長さは六、三七二キロメートルと計算した。この計算結果は、現在知られている地球半径六、三七一キロメートル（なお地球を回転楕円体と見た場合の長軸・赤道半径は六、三七八・一四〇キロメートル、短軸・極半径は六、三五六・七五五キロメートルとのこと）に驚くほど近い。(7)

ジョバンニ・ドメニコ・カッシーニ

このピカールによる初の子午線測量に加わっていたのが、太陽王ルイ十四世によってボローニャからパリに新設されたフランス王立科学アカデミーに招聘されたジョバンニ・ドメニコ・カッシーニ（フランス語読みではジャン・ドミニク、一六二五～一七一二）だった。この初代カッシーニは、一六七二年に完成したパリ天文台長に就任し、フランス国内で夥しい数の測量をこなした。だが、精確な測量データをとるには、もちろん正しい時を刻む天文時計が不可欠である。だがイギリスの天才時計職人ジョン・ハリソン（一六九三～一七七六）(8)がクロノメーター（精密機械時計）を発明するのはこれよりずっと後の話、よってこの時代は振り子時計だけが頼りだった。

さて、初代カッシーニは、振り子時計の吊糸が一分でちょうど一周するよう、パリでその長さを調節し、南米仏領ギアナのカイエンヌでの観測に赴く同僚のリシェ（一六三〇～九六）に同じ振り子時計を持たせ、実験を指示した。振り子時計が一周する時間は、吊糸の長さと地球の引力に左右される。カイエンヌでリシェは、パリでは正確に作動した振り子時計が毎日必ず二分二八秒遅れることを確認した。しかもカイエンヌで長さを再調整し、正しく時を刻んでいた振り子時計をパリに持ち帰ると、今度は必ず二分二八秒進むことが明らかになった。今日ではアイザック・ニュートン卿（一六四二／四三～一七二七）の万有引力の法則に基づき、地球の中心からの距離の違いから、パリのほうがカイエンヌよりも地球の引力が強く作用すると説明できる。[9] すなわち地球の回転により遠心力が働き、物質は赤道上でより押し出されるので、赤道上のほうが極よりも膨らみ、二極を結ぶ半径よりも赤道上の半径が長くなる。よって地球は極でやや平らになった扁平楕円体だという仮説をニュートンは導き出した。

今では問題なく受け入れられているニュートンの万有引力の法則だが、彼の説に対してパリ王立科学アカデミーが当初懐疑的だったことを忘れてはならない。余談になるが、ドイツ詩人ヨーハン・ヴォルフガング・フォン・ゲーテもまたニュートンに向こう見ずな戦いを挑んだことで有名である。ゲーテはニュートンの『光学』を、光を自然界から切り離し、暗室で拷問にかける野蛮な実験として真っ向から批判し、独自の『色彩論 *Farbenlehre*』を提唱した。[10] さすがに十九世紀前半のアマチュア自然研究者ゲーテは分が悪かったが、その一昔前は、フランスの学者たちですら、『自然哲学の数学的諸原理 *Philosophiae naturalis principia mathematica*』（一六八七年）、略称『プリンキピア』をすんなり受容したわけではなかったのだ。

ニュートンがフランスで受け入れられるまでだいぶ時間を要したのは、大御所ルネ・デカルト（一五九六～一六五〇）が説いた「渦動説」[11] のためだ。デカルトは、果てしない宇宙空間を想定し、あまたの恒星がその奥に引き込まれるとイメージした。彼は真空の存在を否定し、宇宙空間は物質で充満しており、直線で自由に動ける余地がないため、すべての物質は渦巻き状の動きをすると考えた。この場合、大きな物質は中心で渦を巻く一方で、小さな物質は中心からどんどん離れていき、末端でひしめき合うことになる。

　そしてフランス知識人の多くが、このデカルトの渦動説を支持した。その急先鋒が、一六九七〜一七四〇年までフランス王立科学アカデミー終身書記を務めた長老格のベルナール・ル・ボヴィエ・ド・フォントネル（一六五七〜一七五七）だった。彼の一般向けの天文学入門書『世界の複数性についての対話』（一六八六年）[12]は、デカルトの渦動説をもとに、当時最新の天文学知識が、筆者と思しき「学者」によって、ぬばたまの夜を思わせる漆黒《ブルネット》の髪つややかな、美しく聡明な貴婦人に伝授される。黙って拝聴するだけではなく、鋭い突っ込みも入れる淑女と、機知に富む受け答えをする紳士が、星月夜の庭園をそぞろ歩きながら六夜（すなわち六章）にわたって知的な会話を楽しむ設定だ。このチャーミングな入門書は、啓蒙主義時代空前のベストセラーになった。それどころか作者の死後も第一線の天文学者によって内容修正や補足が行われ、なんと刊行後一七〇年もの間、読まれ続ける驚異的ロングセラーになった。なお、フォントネルはニュートン理論が一般常識となり、デカルトの渦動説が時代遅れとなっても、終生後者を支持していた。

　この間、初代カッシーニとその息子ジャック（カッシーニ二代、一六七七〜一七五六）[13]はフランス国内の測量をせっせと続けた。一六八三年から一七一八年まで、ふたりは北海側のダンケルクからフランス南端で地中海沿岸のコリウールまで、約九五〇キロメートル――約九〇〇キロメートルは、およそ東京から旭川までの距離とのこと[14]――を測り終えた。巡る季節の中、測量地点だけでなく、測量器具や方法も変えながら、父と子はひたすら作業を続けた。四十年間のデータ蓄積をもとに、一七二〇年に彼らがはじき出した子午線弧長の数値は、北緯五〇度がメートル法で換算すると一一一・〇一七キロメートル、そして四九・六度では一一一・二八四キロメートルだった[15]。カッシーニ父子は、低緯度地域のほうが高緯度地域よりも長いことから、地球はレモンを立てたような形、すなわち扁長楕円体という仮説を導いたのだった。

　ちょうどこの頃、若きアカデミー会員ピエール＝ルイ＝モロー・ド・モーペルテュイ（一六九八〜一七五九）が留

ピエール＝ルイ＝モロー・ド・
モーペルテュイ

学先のイギリスから帰国し、ニュートンの物理学をフランスに紹介しようとしていた。フランス王立科学アカデミーの正会員に任命された（一七二五年）後、一七二八年にロンドンでニュートンの万有引力の法則を学んだ彼は、一八三二年以降、ニュートン力学をフランスでも認めさせるべく、『天体形態論』を著して積極的に働きかけた(16)。すでに地球が球体でなく、回転楕円体であることは周知されていたものの、終身書記フォントネルをはじめとする年配のアカデミー会員たちは、デカルトの渦動説を信奉し、カッシーニ父子の測定値に絶大な信頼を寄せていた。よってシニア世代の会員たちが地球扁長楕円体説を擁護したのは当然の流れだった。これに対してモーペルテュイのようなアカデミーの若手会員は、万有引力の法則を含むニュートンの物理学を支持した。彼らはカッシーニ父子の測定データに疑念を抱き、赤道のほうが極部分よりも膨らんだオレンジのような形、つまり地球扁平楕円体説を主張した。こうして地球の真の姿をめぐる議論の火蓋が切って落とされたわけだが、この議論はパリの王立科学アカデミーにおける新旧世代の対立という性格を多分に持ち合わせていた。そして両テーゼを経験的に検証するため、すなわち地球の正確な形状を知り――当時は知る由もなかったが――後のメートルの基礎となる数値を得るべく、一七三三年にフランス王立科学アカデミーは、現在のエクアドル／ペルーとラップランドへの探検隊派遣を決定したのだった。

二　モーペルテュイとラップランド測量遠征

「地球は扁長か、あるいは扁平か」という問いに答えるため、一七三五年五月、数学者兼天文学者ピエール・ブーゲ（一六九八～一七五八）、地理学者シャルル＝マリー＝ド・ラ・コンダミーヌ（一七〇一～七四）、数学者ルイ・ゴダン（一七〇四～六〇）のフランス王立科学アカデミー会員三名が、パリから当時ペルーの総督領キト（現在はエクアドルの首都）に向けて旅立った。彼らがキトを目的地に選んだのは、ゴダンの以下の理由づけによる。すなわち赤道直下の国々の多くは三角測量の妨げになるような鬱蒼とした熱帯雨林に覆われているが、アンデスの中央山岳地帯はキトの谷を挟んで子午線と並行に、つまり南北に都合よく二列あるいは三列の山脈が走っているので、キトに近いアンデス山脈は測量作業に好適地のはずだ、と彼は説いたのだった。[17] さらに当時のペルーは、他の南米諸国と比べて社会情勢が比較的安定しており、またヨーロッパ人やその子孫・混血も多く住み、ヨーロッパ文化・社会交流が望めるというのも長所に数えられた。

さて、これと同時に王立科学アカデミーは、数学者モーペルテュイにラップランド遠征隊の指揮を任せた。こちら北へ向かったチームは、隊長モーペルテュイを筆頭に計八名の男性諸氏から成り立っていた。モーペルテュイ以外の王立科学アカデミー会員は、シャルル＝エティエンヌ＝ルイ・カミュ（一六九九～一七六八）、アレクシ＝クロード・クレロー（一七一三～六五）、ピエール＝シャルル・ル・モニエ（一七一五～九九）の三名だった。これにアカデミー

上から，ピエール・ブーゲ，シャルル＝マリー＝ド・ラ・コンダミーヌ，ルイ・ゴダン

通信会員兼聖職者のウティエ（なお以下、三名とも生没年不明）、アカデミー書記ソメルゥ、画家エルブロが加わった。特筆すべきは最後のひとり、スウェーデン人天文学者アンデルス・セルシウス（一七〇一〜四四）である。彼は弱冠二十九歳でウプサラ大学の天文学教授に任命されたが、スウェーデン国内にまだ天文台がなく――ウプサラに天文台が建設されたのは一七四一年のこと――、ある意味、職があっても仕事場がないままヨーロッパ諸国を訪問中、この遠征計画が持ち上がった時、偶然パリに居合わせたのだった。彼は学生時代、分類学の大御所カール・リンネ（一七〇七〜七八）に引率され、ラップランドで植物採集のフィールドワークも経験したが、今回の研究課題は植物学ではなく、地球磁気それもオーロラ出現時の地球磁気だった。〈測定〉という行為を考えるならば、もちろんセルシウスが提唱した水が氷になる点を零度、沸点を百度とした百分割（すなわちメートル法）目盛による実用温度計も忘れてはならないだろう。

ペルーへの遠征隊がパリを出発した後、モーペルテュイとクレローは遠征準備のため、カッシーニ家の領地トゥリーに赴き、一七三五年の夏は国内に留まったままカッシーニ当主の指導のもと、測量技術の腕を磨いた。(18) ラップランド遠征隊が北極付近の子午線弧長を計測するため、パリを発ったのは一七三六年四月二〇日のこと、そして同年七月にはボスニア湾北端のトルネ川下流の町トルニオに上陸した。幸運かつ理想的にもトルネ川は南北に流れており、トルネオからキチスまでの全長約一七〇キロメートルの川沿い、東西幅約五〇キロメートル内に三角網（全体形状に広がりのあるものをさし、帯状の場合は三角鎖と呼ばれる）を作り、七月から九月まで計画的に作業を進めた。しかもこの三角網も単純に同じような三角形を連ねる「単鎖形」ではなく、ひとつの三角形の内角の和を一八〇度、中心角総和を三六〇度とするといった幾何学的条件も満たす「複鎖形」をとり、測定精度の向上と誤差発見にも細心の注意を払った。

モーペルテュイは組織力・統率力も抜群のリーダーだったに違いない。夏の執拗な蚊の大群や冬の身も凍る寒さ、そんな気候的悪条件やその他もろもろの困難にもめげず、この一大プロジェクトをきっちり計画通り二年間で、統率・遂行・終了してみせたのだから！　彼はまず遠征チームを二班に分け、各班内で協力し、作業を行わせた。たとえば測定結果は、両班が個々に独立して測定したデータの中間値と定めた。三角網測定終了後、基線測量は一七三六年の師走、平坦なトルネ川が完全凍結するのを待って行われた。凍った川面にさらに深く雪の降り積もった冬至の日（十二月二十一日）からの一週間、ペルー遠征隊が持参したのと同じ標準尺をもとに現地の樅《もみ》で作った約十メートルの長さの副標準尺を四本ずつ用いて、二班はいつものように別々に実測し、両者の値を比較・検討して、相対精度約十五万分の一という当時としては十分満足できる結果を得たのだった。ところで科学史の教科書や事典では、この数値だけが淡々と記されるし、またそれが当然だが、高緯度圏の冬至と言えば、最も日照時間が短く、夜が長い。過酷な作業について多少なりともイメージを膨らませるために、モーペルテュイの回想文を添えておこう。

> 重い棒を何本もかかえて二フィートの深さの雪の中を歩き、棒を雪の中に寝かせ、また持ち上げるという作業を繰り返すというのがどういうことかを考えてもらいたい。寒気はことのほか厳しく、液体の状態を保っていたのはブランデーだけだったが、それを少し飲もうとしてカップを口に当てると、舌や唇は凍りついてしまい、引き離すと血まみれになった。(19)

実際に凍傷にかかった隊員もいた。ともかくも得た基線の長さからモーペルテュイは北緯六六～六七度間の一度あたり、すなわち高緯度圏の子午線弧長を約一一一・九五キロメートルとはじき出した。もっともメンバーはこの値に完全に納得したわけではなく、モーペルテュイ自身も近い将来、再度測量を試みようと画策していたようだ。(20)ともあれパリ帰還の翌一七三八年、ラップランド遠征隊の研究成果として『王立科学アカデミーにより派遣され、北極圏子午線弧長を測定した遠征隊による地球の形状報告 *La figure de la terre déterminée par les messieurs de l'Académie royale des sciences, qui ont mesuré le degré du méridien au cercle polaire*』（パリ／アムステルダム）が刊行された。この北へ向

セザール＝フランソワ・カッシーニ

かった遠征隊は、確かに地球が扁平楕円体であるというニュートンの仮説が正しいことを証明したが、伝記を書いたビーソンに言わせると、パリ帰還後にモーペルテュイが置かれた立場はそう甘くはなかったようだ。[21]

反対陣営の学者たちの多くは、ラップランド遠征隊の結果を無視し、依然として地球が扁長回転楕円体であるという説を支持した。この背景には、おそらく心理的な要素が多分に絡んでいた。厳寒のトルネ川で基線を実測したと言っても、二年弱で終了できる作業など、学者たちにとっては言わば気軽な遠足のようなものに映った。かたや四十年以上の歳月をかけ、今や測量の名門カッシーニ家の初代・二代がライフワークと大家二代にわたる労作を、若造研究者が二年もかけずにまとめた報告で一蹴してよいものか――。どちらを支持すべきか、その判断は容易ではなかった。誰もが迷い、躊躇った。このためモーペルテュイは、学界でゆうに二年間、完全に孤立した。四面楚歌状態の一七四〇年、彼は著書『パリ＝アミアン間の子午線弧長』を上梓する。[22] せめてもの救いは、この出版とほぼ同時に、カッシーニ家三代目セザール＝フランソワ（一七一四〜八四）がアカデミーに、初代の祖父および二代目の父の計算間違いを誠実に報告したことだった。カッシーニの三代目が検算・修正した地球の形状は、モーペルテュイの値の正確さを裏づけた。この修正によりモーペルテュイの立場はやや改善されたが、とはいえペルーに向かった遠征隊が戻らないことには、彼の遠征の完全な成功を祝えない。パリ王立科学アカデミーにおける唯一のニュートン支持者として、あまりに長い間、不当な孤独に耐えなければならなかった彼の心は、限界に達していたのだろう。[23] 待ちわびたペルー遠征からの最初の帰還者ブーゲがパリに戻った一七四四年、入れ替わるようにモーペルテュイはプロイセン大王フリードリヒ二世の招聘に応じてパリを後にし、ベルリン科学アカデミーに着任したのだった（一七四六年以降は同会長に就任）。

「レディ・ニュートン」こと
シャトレ侯爵夫人

興味深いのは、このラップランド遠征隊メンバーとニュートン力学との深い縁である。フランス語における最初の『プリンキピア』完訳は、ひとりの女性によってなされた。哲学者ヴォルテール（一六九六〜一七七八）に「レディ・ニュートン」とも呼ばれた彼女は、エミリー・ル・トヌニエ・ド・ブルトゥイユ男爵令嬢として生まれ、結婚後シャトレ侯爵夫人となった（一七〇六〜四九）(24)。彼女は一七四五年からこの翻訳に着手し、出産で命を落とすまで、情熱を注いだ。といってもこの仕事はラテン語からフランス語への単純な翻訳ではない。ニュートンがあえて古典的ユークリッド幾何学を用いて説明した内容を、当時まだ新しかった微積分法で計算し直し、注釈・解説を加えるという専門的なものだった。そしてこの才女が雇った最初の数学教師が、他ならぬモーペルテュイだったのだ。彼女の愛人ヴォルテールの仲介で、彼女はモーペルテュイがラップランド遠征に出かけるまで、数学の個人教授を受けていた。英国滞在中、ニュートンの葬儀に遭遇したヴォルテールは、モーペルテュイの遠征中、エミリー・デュ・シャトレ侯爵夫人の協力を得て、『ニュートン哲学要綱 *Eléments de la philosophie de Neuton*』をオランダで出版（一七三八年）し、万有引力説のフランス普及のために一役買った。ちなみにこの作品冒頭に掲げた詩で、ヴォルテールは、シャトレ侯爵夫人を「フランスのミネルヴァ、神々しきエミリー、ニュートンの真の弟子」と呼び、手放しの称賛を贈っている。また彼女は彼女で、このヴォルテールの著作への「援護射撃」として、一七三八年の『学者新聞《ジュルナル・デ・サヴァン》 *Journal des sçavans*』に匿名の書評を書き、「いまこそあらゆることを渦動で説明する愚かで権威主義的なデカルト主義者を打ち倒すべき闘いのときだ(25)」と主張した。かつての師モーペルテュイがパリ帰還後、王立科学アカデミーで孤立無援になっているという情報は、むろん彼女の耳にも入っていた。

さらにラップランド遠征隊に参加した若き数学者クレローも、シャトレ侯爵夫人の数学教師を務めたことがあった。彼は十八世紀を代表する数学者のひとりだが、十三歳になるかならぬかで早くも自分で計算した曲線に関する報告を書き、十六歳で空間曲線に関する論文をパリの王立科学アカデミーに提出した。早熟のクレローは、十八歳でアカデミー正会員の席を得た。彼もまたニュートンを支持していたが、おそらく論争好きな性格ではなかったのだろう、ラップランド遠征以降、モーペルテュイからは距離を置き、ある意味、彼を「置き去り」にした。その代わりクレローは、地球が回転楕円体であり、しかもその密度分布は地球を構成する同心同形同軸の回転楕円体殻については一定であると仮定し、後に彼の名を冠する定理となる、地球の形状と重力分布に関する重要公式を導いた(26)。この「クレローの定理」を含む著書『流体静力学の諸定理による地球形状の理論』の発表時、彼は三十歳になっていた。またニュートン力学への貢献としては、シャトレ侯爵夫人が遺した注釈を含む訳稿の編集を引き継ぎ、彼女の死後十年かけてニュートンの『プリンキピア』翻訳を完成・刊行した功績がある。遺稿整理に時間とエネルギーを傾けながらも、彼はあくまでも編者の立場を貫き、翻訳者としてシャトレ侯爵夫人と名を連ねることは決してしなかった。ちなみに一七五九年出版のシャトレ侯爵夫人による『プリンキピア』翻訳は、現在も復刻・刊行されているのみならず、フランス語における唯一の完訳であるという。

三　ペルー遠征隊のゆくえ　その成果と再発見

ペルーに向かった遠征隊は、十名から成り立っていた。そのうちすでに紹介したブーゲ、ラ・コンダミーヌ、ゴダンは、王立科学アカデミーの会員だった。この三名中で最も若いゴダンが隊長に任命されたのは、アカデミー会員に選出されてからの期間が最も長く、しかもアンデスでの基準測量を提案した張本人だったからである。これに植物学者で医師のジョゼフ・ド・ジュシュー（一七〇四〜七九）、技師のヴェルガン、ゴダンの甥で海洋技術者のジャン・ゴダン・デ・オドネ（一七一三〜九二）、地理学助手のクープレ（一七三六没）、技師兼専属画家のモランヴィル（一七四四没）、外科医のジャン・セニエルグ（一七三九没）、時計技師ユゴー（一七四三没）が加わった。

ラップランド遠征隊長モーペルテュイと比較すると、ゴダンは最初からその資質に問題があり、理想の遠征隊長からはほど遠い人物であった。たとえば測量作業開始前のペルーに向かう船内で、遠征費の使い方をめぐって彼と他のメンバーとの間で激しい諍いが起きている。一七三五年六月、キトに到着早々、遠征隊は遠征資金不足により、八方塞りの危機に直面する。資金調達のため、ラ・コンダミーヌがリマに急行する羽目になった。なおキトで、若く知識欲旺盛なふたりの海軍士官がフランス遠征隊グループに加わった。いずれも二十代前半の海軍大尉ホルヘ・ホワン（一七一三〜七三）とアントニオ・デ・ウリョア（一七一六〜九五）は、スペイン王からフランス遠征隊の監視と支援、いわゆる「お目付け役」として派遣されたのだった。

このペルー遠征隊のフランス人それぞれの運命を辿ったフランス語による文学作品のひとつが、一九七九年にフロランス・トリストラムが発表した『地球を測った男たち』（原文タイトル直訳は『星の裁判』）である[27]。一次文献をふんだんに用い、歴史に忠実に再構築されているので、歴史小説というよりは、当時のペルー遠征隊の「伝記」と言うにふさわしい。あるいは第三者によってまとめられた旅行記ないしドキュメンタリーとも言える。この意味でトリストラムの本作品が〈実用書〉というカテゴリー、つまり学問・政治・社会・経済・文化などの分野で新しい事柄や見識をわかりやすく一般向けに語る作品ジャンルとして分類されるのもむべなるかなである[28]。ドキュメンタリー的性格から、この種の文学作品は〈ノンフィクション作品〉と呼ばれ、同義語として〈ドキュメンタリー作品〉という定義も使われる。だが日本語と英語とでは、後者のジャンルを定義する文学用語が一致しているとは言い難いため、以下、本書では〈ノンフィクション〉の語を用いる。

作者トリストラム自身が序文で述べていることだが、当初、彼女は歴史家として学術論文を書くために、ペルー遠征隊の一次文献を調査したという。しかし論文が完成しても、この遠征隊が頭から離れなくなってしまった。自ら収集した資料をもとに、彼女は三年間、ペルー遠征隊の測量作業はもとより、メンバーそれぞれが負った課題と運命について丹念に描写していった。後述するように、ペルー遠征隊は、長期にわたる測量作業中に分裂・崩壊してしまい、各主要メンバーがパリ帰還後にまったく独立して、個々の旅行記を発表している。これら入手できる限りの一次文献を用いて、トリストラムは、信憑性の高い概観を提示すべく、歴史学者の視点から、この遠征隊の必然性を簡潔かつ明瞭に記述することを試みた。

［…］十八世紀の学者にとっては、いかなる理論も、事実によって検証されない限り、それは有効なものとは認められなかった。どんな理論でも、科学アカデミーが自らその根拠を実験的に検証して、初めて実際的に価値のあるものとして登録されたのであり、そうすることがまさしくアカデミーの役目とさえ目されたのであった。実証を、他人まかせにすることには断じて甘んぜず、常に、自分の手で確証できたものにだけ、保証を与えるという姿勢を崩さなかった。提出された理論について、必要な実験をすべて行い、その結果それが有効だと認定されると、その保証は、その理論の支持者ばかりでなく、その時代の学会全体への保証となったのである。

このことは、アカデミー派遣の三人が、ペルーからどんな成果を持ち帰るかが、いかに重要であったかを物語っている。と同時に、学者たちがいかに重い責任を背負わされていたか、も示している。(29)

「アカデミー派遣の三名」とは、もちろんブーゲ、ラ・コンダミーヌ、ゴダンをさし、実際彼らが主要メンバーとしてペルーの三角測量を実施した。トリストラムの作品は、十年の遠征期間にふさわしい、息の長い筆致で描かれているので、ここで結果のみ端折ることをお許し願いたい。彼らの課題は、ほぼ〇度、つまり赤道上のコチェスキから南に約三度の地点タルキまでの弧長基線の測量だった。ラップランドでは主に平坦地で測量が行われたのに対して、ペルー測量隊はアンデス山脈に三角網を展開しなければならなかった。合計四三の三角形、具体的には一二九の角を測定し、四三の緯度地点を観測した三角網は、測った長さにして延べ三四五キロメートル以上に及んだ。そのうち七つの測量地点は、海抜四千メートル以上に存在していた。そんな高さまで、ずっしり重い測量機材を背負って登り、頂上で好天を一週間も待ちわびるのが日常茶飯事だった。メンバーの平均年齢が三十代で、総じて若く健康な身体の持ち主であったにせよ、過酷な測量作業はかなりの負荷になったはずだ。事実、まだ測量作業が本格化しないうちに、メンバーのひとり、クープレが黄熱病により異国の地で死去している。

測量は当初二班、後に三班に分けて遂行された。場合によっては高低差が五千メートルにも達するアンデス山脈での作業条件にもかかわらず、一七三七年八月上旬から三九年六月末までに、ブーゲ＝ラ・コンダミーヌ＝ウリョア班は三五の山の測量を済ませ、対するゴダン＝ホルヘ・ホアン班も三二の山の測量を行った（**図版1**参照）。一七四〇年

図版1　「ペルーの三角測量図」
ブーゲの『地球の形状』（1749）より
ThULB 所蔵（Sig.: 4-MS-771），同館の許可による

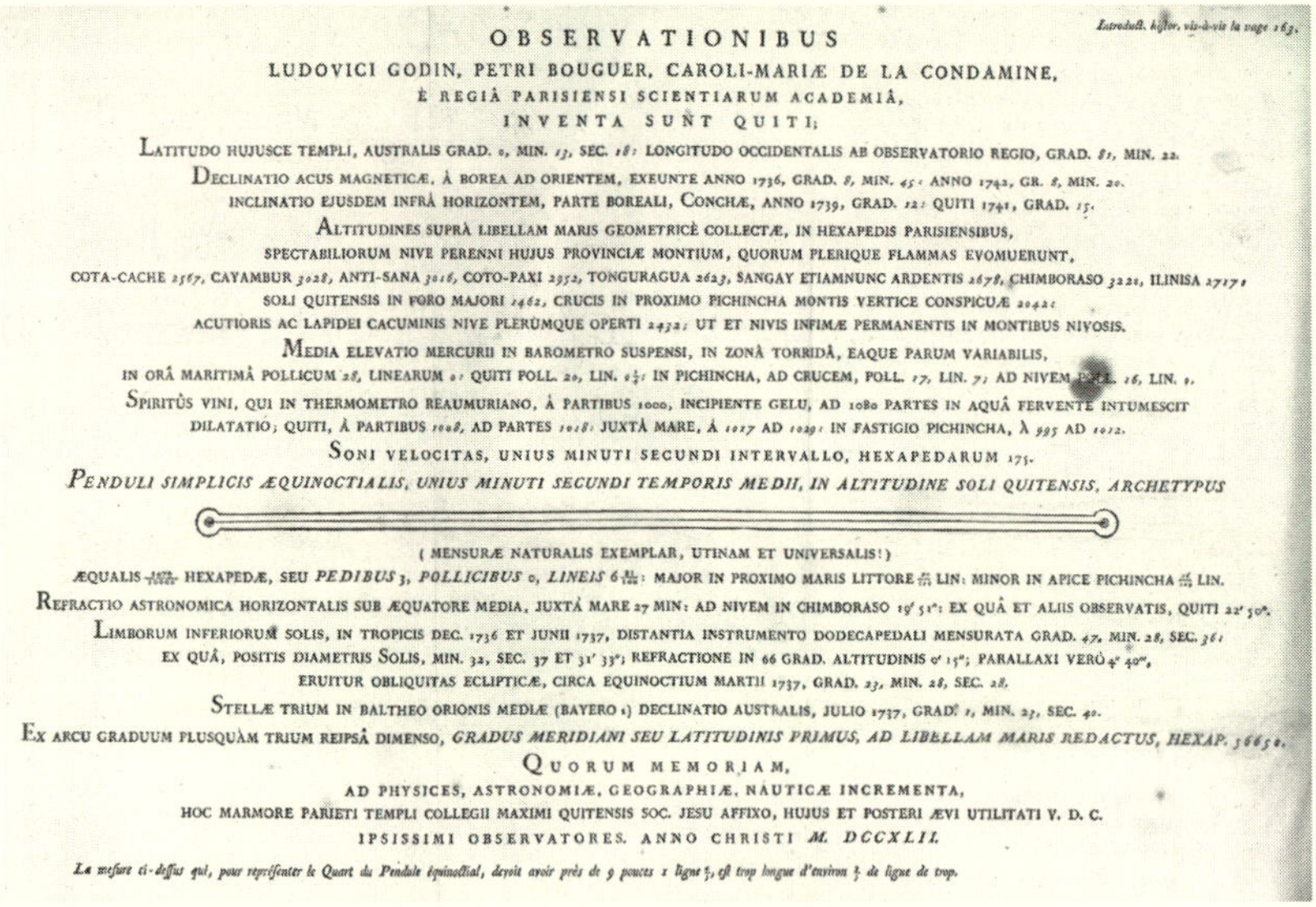
Introduct. histor. vis-à-vis la page 163.

OBSERVATIONIBUS
LUDOVICI GODIN, PETRI BOUGUER, CAROLI-MARIÆ DE LA CONDAMINE,
È REGIÂ PARISIENSI SCIENTIARUM ACADEMIÂ,
INVENTA SUNT QUITI;
LATITUDO HUJUSCE TEMPLI, AUSTRALIS GRAD. 0, MIN. 13, SEC. 18: LONGITUDO OCCIDENTALIS AB OBSERVATORIO REGIO, GRAD. 81, MIN. 22.
DECLINATIO ACUS MAGNETICÆ, À BOREA AD ORIENTEM, EXEUNTE ANNO 1736, GRAD. 8, MIN. 45: ANNO 1742, GR. 8, MIN. 20.
INCLINATIO EJUSDEM INFRÀ HORIZONTEM, PARTE BOREALI, CONCHÆ, ANNO 1739, GRAD. 12: QUITI 1741, GRAD. 15.
ALTITUDINES SUPRÀ LIBELLAM MARIS GEOMETRICÈ COLLECTÆ, IN HEXAPEDIS PARISIENSIBUS,
SPECTABILIORUM NIVE PERENNI HUJUS PROVINCIÆ MONTIUM, QUORUM PLERIQUE FLAMMAS EVOMUERUNT,
COTA-CACHE 2567, CAYAMBUR 3028, ANTI-SANA 3016, COTO-PAXI 2952, TONGURAGUA 2623, SANGAY ETIAMNUNC ARDENTIS 2678, CHIMBORASO 3221, ILINISA 2717:
SOLI QUITENSIS IN FORO MAJORI 1462, CRUCIS IN PROXIMO PICHINCHA MONTIS VERTICE CONSPICUÆ 2042:
ACUTIORIS AC LAPIDEI CACUMINIS NIVE PLERUMQUE OPERTI 2432: UT ET NIVIS INFIMÆ PERMANENTIS IN MONTIBUS NIVOSIS.
MEDIA ELEVATIO MERCURII IN BAROMETRO SUSPENSI, IN ZONÂ TORRIDÂ, EAQUE PARUM VARIABILIS,
IN ORÂ MARITIMÂ POLLICUM 28, LINEARUM 0: QUITI POLL. 20, LIN. 0½: IN PICHINCHA, AD CRUCEM, POLL. 17, LIN. 7: AD NIVEM POLL. 16, LIN. 0.
SPIRITÛS VINI, QUI IN THERMOMETRO REAUMURIANO, À PARTIBUS 1000, INCIPIENTE GELU, AD 1080 PARTES IN AQUÂ FERVENTE INTUMESCIT
DILATATIO; QUITI, À PARTIBUS 1008, AD PARTES 1018: JUXTÀ MARE, À 1017 AD 1029: IN FASTIGIO PICHINCHA, À 995 AD 1012.
SONI VELOCITAS, UNIUS MINUTI SECUNDI INTERVALLO, HEXAPEDARUM 175.
PENDULI SIMPLICIS ÆQUINOCTIALIS, UNIUS MINUTI SECUNDI TEMPORIS MEDII, IN ALTITUDINE SOLI QUITENSIS, ARCHETYPUS
(MENSURÆ NATURALIS EXEMPLAR, UTINAM ET UNIVERSALIS!)
ÆQUALIS HEXAPEDÆ, SEU *PEDIBUS* 3, *POLLICIBUS* 0, *LINEIS* 6: MAJOR IN PROXIMO MARIS LITTORE LIN: MINOR IN APICE PICHINCHA LIN.
REFRACTIO ASTRONOMICA HORIZONTALIS SUB ÆQUATORE MEDIA, JUXTÀ MARE 27 MIN: AD NIVEM IN CHIMBORASO 19′ 51″: EX QUÂ ET ALIIS OBSERVATIS, QUITI 22′ 50″.
LIMBORUM INFERIORUM SOLIS, IN TROPICIS DEC. 1736 ET JUNII 1737, DISTANTIA INSTRUMENTO DODECAPEDALI MENSURATA GRAD. 47, MIN. 28, SEC. 36:
EX QUÂ, POSITIS DIAMETRIS SOLIS, MIN. 32, SEC. 37 ET 31′ 33″; REFRACTIONE IN 66 GRAD. ALTITUDINIS 0′ 15″; PARALLAXI VERÒ 4″ 40‴,
ERUITUR OBLIQUITAS ECLIPTICÆ, CIRCA EQUINOCTIUM MARTII 1737, GRAD. 23, MIN. 28, SEC. 28.
STELLÆ TRIUM IN BALTHEO ORIONIS MEDIÆ (BAYERO ε) DECLINATIO AUSTRALIS, JULIO 1737, GRAD. 1, MIN. 25, SEC. 40.
EX ARCU GRADUUM PLUSQUÀM TRIUM REIPSÂ DIMENSO, *GRADUS MERIDIANI SEU LATITUDINIS PRIMUS, AD LIBELLAM MARIS REDACTUS, HEXAP. 56650.*
QUORUM MEMORIAM,
AD PHYSICES, ASTRONOMIÆ, GEOGRAPHIÆ, NAUTICÆ INCREMENTA,
HOC MARMORE PARIETI TEMPLI COLLEGII MAXIMI QUITENSIS SOC. JESU AFFIXO, HUJUS ET POSTERI ÆVI UTILITATI V. D. C.
IPSISSIMI OBSERVATORES. ANNO CHRISTI *M. DCCXLII.*

La mesure ci-dessus qui, pour représenter le Quart du Pendule équinoctial, devoit avoir près de 9 pouces 1 ligne, est trop longue d'environ de ligne de trop.

図版2　ラ・コンダミーヌのラテン語銘文
Relation abrégée d'un voyage fait dans l'intérieur de l'Amérique méridionale（1775）
ThULB 所蔵（Sig.: 4-MS-1351），同館の許可による

以降、これに加えて天体観測が義務づけられた。しかしグループ間の作業は決して協力的ではなく、悪い意味で他者の力を借りずに行われた。つまり当初は互いに検討し合っていた測量データや中間報告といった情報交換は、次第に行われなくなり、連帯感も希薄になっていった。それどころかこの測量値の精確さをめぐって、後にブーゲとラ・コンダミーヌの間で激しい論争が戦わされたほどだ。一連の作業終了後、ラ・コンダミーヌは基線の両端にそれぞれ石造りのピラミッドを築かせたが、ふたつのモニュメントはまもなくスペイン当局に撤去されてしまった(30)。だが彼は別途ペルー遠征隊の結果をラテン語にまとめ、大理石の銘板に刻ませた（**図版2**）。この文面にあるように、当時はイエズス会教会の壁に設置されたが、現在はキトの旧天文台に現存するという。

ひょっとするとペルー遠征隊のメンバーは、ラップランドのそれよりも個人主義が徹底していたのかもしれない。残念ながら、時の経過とともにグループ内の亀裂は深まり、最終的には完全に分裂、皆がバラバラになってしまった。測量終了後の故国への帰還すら各

人で決断・実行する始末、ともかくも隊の最初の帰還者ブーゲがパリに戻ったのは、一七四四年の秋だった。

　翌一七四五年二月にさっそくブーゲが赤道地点の子午線弧長が五六・七四六トワーズ、メートル換算で一一〇・五九八キロメートルに相当するという独自の計算結果を発表した。つまり赤道地点の子午線弧長は、モーペルテュイのラップランド測量データ（一一一・九五〇キロメートル）よりも、一・三五メートルほど短かった。こうして彼が地球は扁平回転楕円体であるというニュートン力学の正当性を実証した頃、ラ・コンダミーヌはアマゾン河流域での調査を続けていた。「寄り道」をしたラ・コンダミーヌがパリに帰ってきたのは、ちょうどブーゲが自らの値を発表した一七四五年二月のこと、すでにブーゲの計算結果が遠征隊の最終結果として周知されていた。他のメンバーの帰還を待つことなく、相談・検討もないまま自分の計算値を最終結果として報告したブーゲの傍若無人さに腹を立てたラ・コンダミーヌは、遅れて自分が計算した値は五六・七四九トワーズ、すなわち一一〇・六〇四キロメートル相当であることを発表した。両者の値にほとんど差はなく、現在の私たちから見てもいずれの値も信じられないほど精確である。ふたりがまったく連絡を取り合わず、異なる測量および計算方法を用いながらも、たった三トワーズしか違わなかったのはまさに驚異的で、本来なら「よくやった！」と肩を叩きあい、互いを労ってよいはずだ。だが現実は和解や友好とは真逆の方向を辿った。一七四六年刊行の『王立科学アカデミー年鑑』にふたりは別々に独自の成果報告を寄稿した。一七四九年にブーゲがかつての約束に基づき、データを二人の名前入りの長いタイトル付き著書『フランス王命により、赤道付近の子午線弧長を測るためペルーに派遣された王立科学アカデミー会

LA FIGURE
DE LA
TERRE,
Déterminée par les Obſervations de Meſſieurs
BOUGUER, & DE LA CONDAMINE, de
l'Académie Royale des Sçiences, envoyés par
ordre du Roy au Pérou, pour obſerver aux
environs de l'Equateur.
*Avec une Relation abregée de ce Voyage, qui contient
la deſcription du Pays dans lequel les
Opérations ont été faites.*
PAR M. BOUGUER.
v. ZACH
A PARIS, QUAY DES AUGUSTINS,
Chez CHARLES-ANTOINE JOMBERT, Libraire du Roy
pour l'Artillerie & le Génie, au coin de la rue Gilt-le-Cœur,
à l'Image Notre-Dame.
M. DCC. XLIX.

図版３　ブーゲの著書『地球の形状』の表紙
ドイツ・ゴータ初代天文台長ツァッハの旧蔵書スタンプが押されている．ThULB 所蔵（Sig.: 4-MS-771），同館の許可による

員ブーゲとラ・コンダミーヌにより観測・決定された地球の形状』(31)（図版3）を刊行するにあたり、ラ・コンダミーヌはあろうことかこれを阻止しようと無駄な抵抗を試みた。二人の関係はこじれ、ますます険悪になった。議論は陰湿かつ執拗な個人攻撃の様相を呈し、ブーゲが亡くなるまで両者の関係が修復されることはついぞなかった。

他方、元遠征隊長ゴダンは、クスコのインカ文明遺跡をジュシューと見学しながらサン・パウロに向かったが、もともと金銭感覚が鈍く、節約できない性質だったので、港町に到着した時には素寒貧になっていた。冒険の代償は高く、彼は希望に反してすぐペルーを離れることが叶わなかった。帰りの船賃を稼ぐため、彼はリマで天文学教授になった。そうこうしているうちに一七四五年十月十三日を以て、フランス国王はゴダンをアカデミーから追放処分にした。一七五一年にようやくヨーロッパ、リスボンに上陸できたが、一文無しのうえフランスへの旅券を所持していなかったためパリに戻れず、ポルトガル政府の意向でスペインに送られてしまう。フランス人同僚から完全に見放された彼は、そこでスペイン国王からお目付け役として遠征隊に加わったホワンとウリョアの推挙により、カディスの士官学校長の職を得た。その後一七五六年にパリ科学アカデミー会員に再任された折、彼はペルー遠征の研究報告を書き上げた、と報告した。しかしこの報告書が刊行される前にゴダンは脳卒中で急死し、彼の原稿も行方知れずになってしまった。

ラ・コンダミーヌは一七四五年四月二十八日に科学アカデミーで公開講演を行ったが、測定値の詳細には触れず、彼が克明につけていた旅行日誌をもとにアマゾン河流域の旅について報告した。ラ・コンダミーヌは自然科学者だったが、ブーゲやゴダンほど卓越した才能がないことを自覚していた。彼が最後までブーゲと和解できなかったのも、結局はこの嫉妬と羨望が邪魔したのかもしれない。だが、ラ・コンダミーヌには文才があった。そもそも彼の前歴だが、一七三〇年に王立科学アカデミーの化学助手として採用されたが地理学に転向、軍艦に同乗し、一年かけて地中海沿岸を旅した。アルジェリア、アレクサンドリア、イェルサレムなどに寄港した後、さらに五カ月間をコンスタンティノープルで過ごした。この時の地中海旅行記が注目されたからこそ、彼は今回のアンデス遠征への参加が許されたのだった。そして実際、長期に及んだアンデス遠征旅行中、きちんと日誌をつけ、最終的に刊行できたのはメンバーのうちラ・コンダミーヌただひとりだった。

彼のアカデミーでの口頭報告は、一七四五年十一月には早くも『南米内陸旅行についての短い報告 *Relation abrégée d'un voyage fait dans l'intérieur de l'Amérique méridionale*』[32]というタイトルで刊行された。この著作は十八世紀のベストセラーになり、またたく間にヨーロッパの各言語に翻訳された。ドイツ語の例を挙げると、匿名の「複数の知識人による訳」で、『一七四五年四月二十八日にフランス王立アカデミー公開会議で同正会員ラ・コンダミーヌ氏が発表された、南太平洋沿岸部からアマゾン河沿いにブラジル・ギアナまで下った南アメリカ内陸地についての短い報告』という冗長なタイトルで、[33]一七五一年にライプツィヒから刊行されている。

さらに一七五一年にはラ・コンダミーヌの詳細な遠征日記『フランス国王の命により、赤道上〇度から三度までの歴史的意義をもつ子午線計測を行った学者たちの旅行記 *Journal du voyage fait par ordre du Roy, à l'Équateur, servant d'introduction historique à la mesure des trois premiers degrés du méridien*』が刊行された。この旅行記は、ペルー遠征隊に関する報告のなかでも最も重要な基礎文献と位置づけられた（**図版4**参照）。

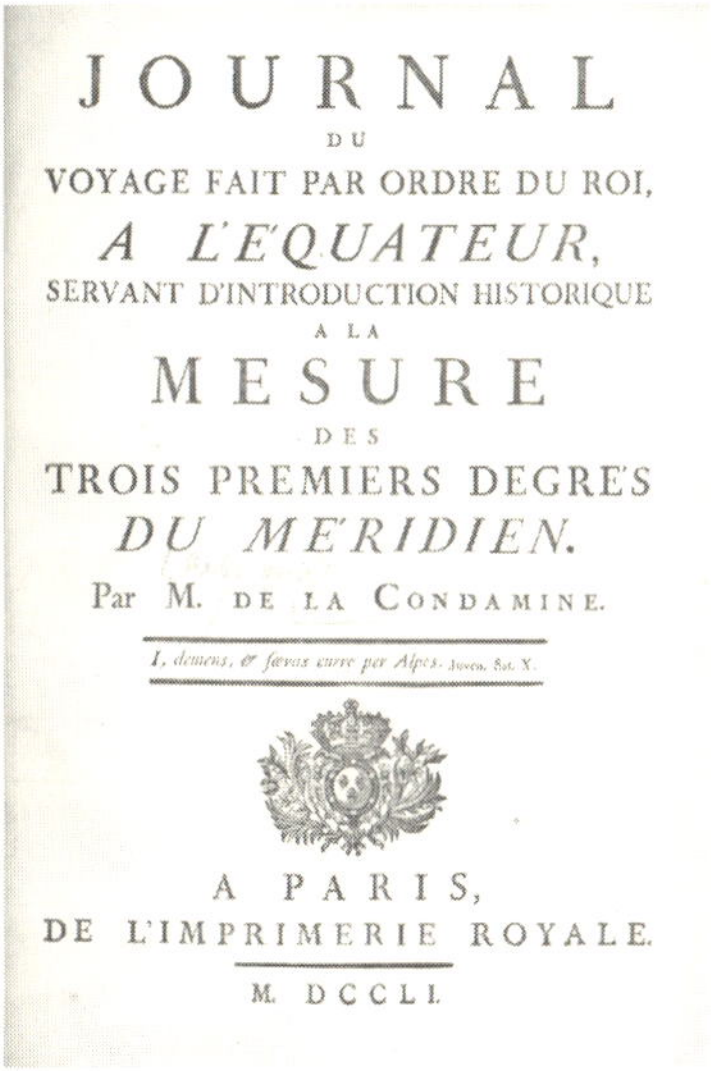
JOURNAL
DU
VOYAGE FAIT PAR ORDRE DU ROI,
A L'EQUATEUR,
SERVANT D'INTRODUCTION HISTORIQUE
A LA
MESURE
DES
TROIS PREMIERS DEGRÉS
DU MÉRIDIEN.
Par M. DE LA CONDAMINE.

I, demens, & sævas curre per Alpes. Juven. Sat. X.

A PARIS,
DE L'IMPRIMERIE ROYALE.
M. DCCLI.

図版4　ラ・コンダミーヌの著作表紙（1751）
ThULB 所蔵（Sig.: 4-MS-1351），
同館の許可による

ラ・コンダミーヌの学術的意味合いの強い上記二冊の旅行記に加えて、遠征に同行したスペイン海軍士官のふたり、ホルヘ・ホアンとウリョアは一七四八年に共著の旅行報告『赤道近辺の子午線弧長の測定とそれによる地球の真の形状を明らかにするために行われた南米遠征旅行誌』[34]をスペイン語で刊行した。この計三作をベースに、ドイツでは一七六三年に匿名で「J・C・S」のイニシャルだけ記した作家が、ペルー遠征について独自に編集し直した非常に長いタイトルの作品『一七三五年から一七四五年までの十年にわたってパリから南米ペルーに赴いた王立科学アカデミー会員ラ・コンダミーヌ氏の旅行記』[35]をエアフルトから出版している。ちなみに、この匿名著作をもとに二〇〇三年、ラ・コンダミーヌ作品の最も新しいドイツ語訳『地球の中心への旅　地球の姿の探究物語 *Reise zur Mitte der Welt. Die Geschichte von der Suche nach der wahren Gestalt der Erde*』が出版されたのも興味深い。

ペルー遠征がもたらした成果は、赤道付近の子午線弧長の長さだけではなかった。トリストラムも注釈で言及しているが[36]、たとえばブーゲが山体引力に注目し、それが鉛直線を偏らせるだけでなく、重力にも影響を及ぼすことを明らかにしたのは画期的な成果だった。帰国後、彼は重力の研究に携わり、通常の鉱石と異なる密度をもつ数種類の鉱石が引き起こす重力異常、すなわち「ブーゲ異常」を発見した。ブーゲが一七三八年十一月にチンボラソ火山の近くで行った実験については、ラ・コンダミーヌも彼の旅行記に詳述している[37]。

四　植物学領域での貢献　ジュシューとキナノキ

十八・十九世紀に編成された学術遠征隊には、「プラントハンター」[38]と呼ばれる植物学の専門家が必ずひとりは加わっていた。最も有名なのはドイツを代表する博物学者アレクサンダー・フォン・フンボルト（一七六九〜一八五九、言語学者で知られるヴィルヘルムは兄）に同行したフランス人植物学者エメ＝ジャック＝アレクサンドル・ボンプラン（本名はグジョー、一七七三〜一八五八）だろうか。南米調査旅行中、彼は何と六万種類以上の植物を蒐集し、そのうち約六、三〇〇点はヨーロッパで知られていない品種だったという。そのフンボルトの学友で、彼と同様十八世紀を代表する地質学者レオポルド・フォン・ブーフ（一七七四〜一八五三）もまた一八一四年〜一五年にカナリア諸島で行った学術調査にノルウェー人の植物学者クリステン・スミス（一七八五〜一八一六）を伴った。それからミュンヒェンの植物学者カール・フィリップ・フォン・マルティウス（一七九七～一八六八）も忘れてはならない。彼は後に詩人ゲーテと植物学上の問題について頻繁に文通したことでも知られるが、それより前の一八一七～二〇年には、ブラジルへの学術遠征隊に加わっていた。この遠征隊は、オーストリア皇帝フランツ一世の第五子にして四女のマリア・レオポルディーネ・ヨゼファ・カロリーネ・フォン・エスターライヒ（一七九七～一八二六、後のブラジル皇后）が、ポルトガル皇太子ドン・ペドロ（一七九八～一八三四、後のブラジル皇帝ペドロ一世）に嫁ぐにあたり、その御輿入れの旅に彼女と縁のあるオーストリア、バイエルン、トスカーナ三国の著名な研究者たちがお供を許されたのだった。[39] レオポルディーネ大公女は、幼少の時から自然科学、たとえば植物学、動物学、天文学、そして特に鉱物学に興味を示した。ちなみに彼女は、同様に自然科学に並々ならぬ好奇心を抱いていた詩人ゲーテと一八一〇年、現チェコ領の高級温泉保養地カールスバートで面識を得ている。ゲーテがロンドン園芸協会（イギリス王立園芸協会 Royal Horticultural Society の前身）正会員でもあった主君カール・アウグスト公（一七五七～一八二八、一八一五年に大公昇格）の委託によるだけでなく、個人的にもこのブラジル遠征隊に大きな関心を寄せたとしても不思議ではない。[40] 当時ゲーテは、ウィーン宮廷鉱物キャビネットの責任者シュライバース（一七七五～一八五二）と文通していた。シュライバースは、後の皇帝フェルディナンド一世および件のレオポルディーネ大公女の自然科学に関する教師役も務めていた。[41] 彼を通じて、ゲーテは遠征隊出発前にブラジルから特定の品、たとえば水腫に効き、吐瀉剤としても有効とされた「黒根 Raiz Preta」なるアカネ科植物の取り寄せを依頼している。[42] このブラジル遠征にバイエルン国王マキシミリアン一世の命により参加し、ミュンヒェンに約六、五〇〇種類の植物と種を持ち帰ったのが、他ならぬマルティウスだった。帰国後、彼は詳細な旅行記『ブラジル旅行 *Reise in Brasilien*』（一八二三～三一）を刊行しただけでなく、その多岐にわたる植物学研究の基礎となる作品を発表した。一八四〇年に第一巻が出版された『ブラジル植物誌 *Flora Brasiliensis*』は、彼の死後三八年してやっと完成した大著で、全四〇巻に二二、〇〇〇種以上の植物が紹介されている。[43] また専門はヤシで、その美装本『熱帯ヤシ科植物図譜 *Genera et species palmarum*』（一八二三～五〇）からマルティウスは「ヤシの父」という渾名を得た。この著作に熱狂し、さっそく好意的な書評を寄せたひとりがゲーテである。一八二三年十月から二九年十二月まで、ゲーテはマルティウスと文通し、たびたび植物学上の質問をしている。なお、マルティウスのゲーテ邸訪問（一八二八年）は、ゲーテ最後の植物学研究論文『植物の螺旋的傾向について *Über die Spiraltendenz der Vegetation*』執筆の契機となった。[44]

さて、詩人ゲーテと植物学者マルティウスを仲介した人物が、ゲーテと自然科学に関する重要な書簡を取り交わす指南役で重鎮のひとり、ネース・フォン・エーゼンベック（一七七六〜一八五八）だった。彼はイェーナ大学に学び、ゲーテも師事した優れた解剖学者で医学教授のローダー（一七五三〜一八三二）および長寿学で有名なフーフェラント（一七六二〜一八三六）[45]のもとで医学を学んだ。卒業後、エアランゲン大学を経て、一八一八年にボン大学教授に就任するが、同年、現在のドイツ国立学術アカデミー・レオポルディーナの前身である、ドイツ自然研究者アカデミー・レオポルディーナ協会会長に選出された。後に彼は日本研究者で知られるシーボルト（一七九六〜一八六六）やジャワで活躍したユングフーン（一八〇九〜六四）とも文通し、若い同僚を積極的に支援した。シーボルトは日本で、ユングフーンはジャワで、それぞれ測量と天体観測を行ったうえ、異国の珍しい動植物の収集に余念がなかった。彼らは貴重な標本をスポンサーであるオランダに送る義務を負っていたが、同時に彼らの理解者ネース・フォン・エーゼンベックにも同様の標本をせっせと送り届けたのだった。

さて、十八世紀の研究遠征につきものの「プラントハンター」の関連から、先頃アメリカ人科学史家ロンダ・シービンガーが、ペルー遠征に加わった植物学者ジョゼフ・ド・ジュシューを再発見した。[46]このジョゼフは、フランス植物学の名門ジュシュー家に生まれている。二人の兄アントワーヌ（一六八六〜一七五八）とベルナール（一六九九〜一七七七）はいずれもパリ王立植物園に勤務し――長兄アントワーヌは同園長だった――、内科医を兼ね、さらに王立科学アカデミー正会員だった。両者がキャリアを考えて繊細な弟をペルー遠征隊付医師に推挙した結果、ジョゼフはその狙い通り、アンデス地方を学問的に調査した最初の植物学者になった。ジュシューのキナノキ、つまりキニーネの原料となる樹木に関する最初の学術論文『キナノキについて*Sur l'arbre du quinquina*』は、ラ・コンダミーヌによってパリに郵送され、ラ・コンダミーヌの名で一七三八年に発表された。興味深いことにラ・コンダミーヌの著作をドイツ語に翻訳したグレーテンコードは「誤ってirrtümlich」と記し、[47] 作家トリストラムは、彼の性格から類推して「当然のことながら」と作中でコメントしている。[48] ちなみにラ・コンダミーヌは自らの『旅行記*Journal du voyage*』でも一七三七年五月にキナノキに言及し、独自の学術的所見を記している。[49]

ところでゲーテが監督官を務めていたイェーナ大学には、英・仏・独の計五名の医者、薬剤師、科学者らがそれぞれキナノキの効用や処方について執筆した『キナノキに関する論文および報告集*Sammlung verschiedener die Fieberrinde betreffender Abhandlungen und Nachrichten*』（一七六〇年、**図版5**）が現存する。その五番目、トリを飾る論文が、ラ・コンダミーヌ著『キナノキに関する報告*Nachricht von dem Fieberrindenbaum*』である。フランス語からドイツ語に訳したのは、ニュルンベルク在住の医学者ゲオルグ・レオンハルト・フートなる人物だが、翻訳者によると、一七三八年に出版された『王立科学アカデミー紀要』に掲載されたラ・コンダミーヌ著とされる論文が原典だという。

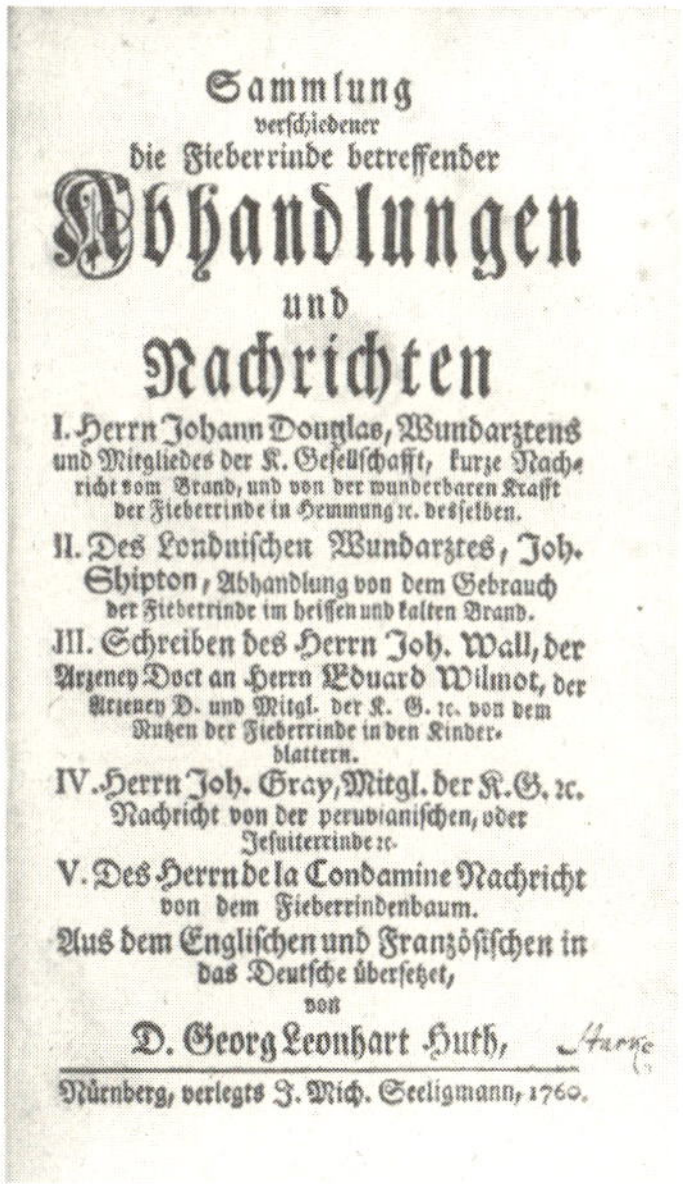
Sammlung
verschiedener
die Fieberrinde betreffender
Abhandlungen
und
Nachrichten
I. Herrn Johann Douglas, Wundarztens und Mitgliedes der K. Gesellschafft, kurze Nachricht vom Brand, und von der wunderbaren Krafft der Fieberrinde in Hemmung ꝛc. desselben.
II. Des Londnischen Wundarztes, Joh. Shipton, Abhandlung von dem Gebrauch der Fieberrinde im heissen und kalten Brand.
III. Schreiben des Herrn Joh. Wall, der Arzeney Doct an Herrn Eduard Wilmot, der Arzeney D. und Mitgl. der K. G. ꝛc. von dem Nutzen der Fieberrinde in den Kinderblattern.
IV. Herrn Joh. Gray, Mitgl. der K. G. ꝛc. Nachricht von der peruvianischen, oder Jesuiterrinde ꝛc.
V. Des Herrn de la Condamine Nachricht von dem Fieberrindenbaum.
Aus dem Englischen und Französischen in das Deutsche übersetzet, von
D. Georg Leonhart Huth,
Nürnberg, verlegts J. Mich. Seeligmann, 1760.

図版5　目次一覧
ThULB 所蔵（Sig.: 8-Med-XXIII-189），
同館の許可による

そして冒頭には、ラ・コンダミーヌがキナノキに関してジュシューと交わした会話が収録されている。

> 私がキトからリマに旅することを、有難いことに皆が必要と認めてくれ、何より雨季のため他にできる作業が何もなかったので、私は一七三七年一月十八日にキトを発った。リマに向かうにはグアヤキルを通るルートとクエンサを通るルートのふたつがあるが、私は敢えて距離も長

く、道も険しいという後者を採った。そうすればロクサを通過し、これまで我々ヨーロッパ人に知識が非常に欠けているキナノキを直接目にする機会を得られると思ったからである。遠征隊メンバーのひとりで、パリ大学医学博士でもあるジュシュー氏——氏の実兄はおふたりとも王立科学アカデミー会員であられる——は、植物観察を熱心に勧め、この樹木がどんな外見かを記述した既存の情報を幾らかは役に立つだろうと私に手渡して下さった[…]。(50)

ちなみにこのドイツ語論文集では「キナノキ」の古い呼び方、直訳すると「熱の皮 Fieberrinde」が使われている。実際、キナという名は、ペルーでは「樹皮」を意味し、この樹皮こそがマラリアを治す薬として用いられた。(51)またインカ帝国での呼称「キンキナ Quinquina」や、リンネが与えた学名——ペルー総督キンコン伯爵夫人がこの木でマラリアから救われた伝説に因む——「キンコーナ Cinchona」も併用された。あるいは十七世紀半ばにイエズス会派修道士がヨーロッパにもたらし、よく効く解熱剤としてもてはやされた経緯から「イエズス会の粉末 Jesuitenpulver」という呼び方もあった。さまざまな呼称についてはラ・コンダミーヌも論文中で触れている。(52)彼が是が非でも立ち寄ろうとしたロクサは、キニーネを多く含む最上質のキナノキの産地として有名だった。

別名「イエズス会の粉末」が示すように、キナノキは植物としてではなく、粉末状の薬あるいは樹皮の形で流通しており、その植生は謎に包まれていた。一七三八年発表のラ・コンダミーヌ論文によって、この薬草がどんな外見で、どこで見つけられるのかをヨーロッパ人は知った。以下、彼の論文から一部を引用しよう。

キナノキは平坦地には見当たらず、高地に植生する。その樹木は周囲の木々と比べて抜きんでて高いので、遠くから、どんな方向から見ても見間違えることはまずない。なぜならキナノキは群生せず、他の種類の木々の間に、ポツポツと個々に点在するからである。(53)

図版6・7　ジュシューが描いたキナノキ
ThULB所蔵（Sig.: 8-Med-XXIII-189），同館の許可による

注目すべきは、この論文に付されたジュシューの描いた植物画二点である（**図版6と7**）。ジュシューは測量ミッションを終了後も引き続き南米に留まり、独りで研究を続けた。パリを発って三十三年後の一七七一年、再び故郷の土を踏んだが、その時、彼は病に侵され、視力を失い、身体が麻痺していた。しかも強度の鬱にかかり、記憶喪失だった。彼の標本と原稿で満杯だったはずのトランクは、八方手を尽くしたにもかかわらず、今も行方知れずのままという。したがって彼の三十余年にわたる研究成果を知る手がかりも、私たちには残されていない。

ちなみにイェーナ大学が二冊所蔵するフート訳のキナノキ論文集のうち一冊には、「C・W・シュタルク蔵書」の押印があり、ヨーハン・クリスティアン・シュタルク初代（一七五三〜一八一一、同名の医学者になった甥がいることから「大シュタルク」とも呼ばれる）の所有だったことがわかる。[54] シュタルク初代と言えば、ゲーテ時代のイェーナ大学でも名高い医学者で、ゲーテの主君カール・アウグストやその母アンナ・アマーリア公妃も、詩人ゲーテやシラーもお世話になった名医である。このことからもペルー遠征隊が当時の天文学者や数学者だけでなく、医学者や植物学者にも大きな学問的意味・成果をもたらしたのは明らかだ。同時にまだ電話も電報もなく、郵便だけが頼りだった当時の欧州知識人たちが、驚くほど相互に緊密かつ広範囲に学術ネットワークを張り巡らせていたことがうかがえる。

さて、キナノキはマラリアの特効薬として、長らく南米の重要な輸出品のひとつに数えられていた。独占取引のため、苗の持ち出しは厳格に禁じられていたが、一八五二年、オランダ政府の委託により、ドイツ人植物学者ユストゥス・カール・ハースカール（一八一一～九四）が、非合法的に（!）いくつかの苗をペルーからジャワに持ち出すことに成功した。一八五四年から、彼はジャワでキナノキのプランテーション設営のため、試行錯誤を重ねていく。そのプランテーション統括者を一八五六年に後任として引き継いだのが、オランダ直轄領インドで最初の三角測量を手がけたユングフーンだった。しかしオランダが優良種のプランテーションに成功するまでにはだいぶ歳月を要し、彼の存命中はまだ軌道に乗せられていなかった。

五　カッシーニ三代とフランス測地図

再び本来のテーマ、三角測量の歴史に戻ろう。すでに述べたように、ラップランドおよびペルーに赴いた遠征隊は、三角測量の技術を主として地上の二点間の距離を測るために用いたのであり、地図を作成しようとしたわけではなかった。しかも彼らが用いたのは、厳密に言えば——多少複雑にして精度を上げているが——三角形を縦に繋ぎ合わせた〈三角鎖〉に留まり、広範囲にわたる〈三角網〉ではない。彼らは三角鎖の両端で天体観測による緯度・経度の測定を行い、そのデータから子午線弧長を割り出した。[55] これと同じ子午線弧長の割り出しをパリで行ったのが、カッシーニ一族だった。カッシーニ二代ジャックと三代セザール＝フランソワは一七三三年から十二年かけてフランス全土を覆い尽くす三角網——基線十九本、約八〇〇の三角形を含む——の整備とその測量に従事しながら、弧長測量から広範囲の土地を対象とした近代地図作成へと徐々に課題をシフトさせていった。彼らは測定データを繰り返し慎重に吟味した(56)。この作業を通じて彼らは、気温の上昇による鉄製標準尺の膨脹も考慮しなければならない、といった実用的知識も獲得していった。

三角測量を用いた地図作成は早くから意図されていたものの、それを実現するにはまず測量技術を洗練させる必要があった。一七四五年にカッシーニ三代セザール＝フランソワは、王立科学アカデミーにこれまでの測量成果を縮尺八万六四〇〇分の一の地図十八葉にまとめて提出したが、これは後の『フランス地図』の大雑把な骨組みにすぎず、細かな地形情報は記載されていなかった。一七四七年七月七日、ようやくフランドル地方の軍用地図の見事な出来栄えをルイ十五世に認められ、三角測量を用いたフランス全土の地図作成を拝命したのだった。以後、さらに丹念な測量を行い、彼亡き後は息子でカッシーニ四代ジャン＝ドミニク（一七四七〜一八四五）が事業を引き継ぎ、一七九三年に待望の『フランス測地図 *Carte géométrique de la France*』を上梓した。こちらは一八一枚（縮尺八万六四〇〇分の一、一葉のサイズは約九〇×約五六センチメートル）の地図に三角網概要一枚と二枚の継ぎ合わせた図版付き、計一八四枚から成り、測量に使った三角形の数は四万を超えた。カッシーニの『フランス測地図』は、事実、広範囲の土地を対象に三角測量を本格的に使った最初の地図となった(57)。

フランスをお手本に、まもなくオランダも三角測量を用いた地図作成を開始した。またオーストリア陸軍中将フェラーリ伯爵（一七二六〜一八一四）は、このカッシーニ地図をさらに北へ展開するプロジェクトを一七七〇年から約八年かけて行っている。またカッシーニ四代は、フランス全土の三角測量終了後ただちに、ヨーロッパの二大拠点たるパリそしてグリニッジ天文台を結ぶ新プロジェクトに着手した。このプロジェクトは、天文学的に計算された緯度・経度差を地理学的に検証することを目的とした。一七八四年から八七年までかかったこの事業のメンバーには、次節で詳しく言及することになる天文学者メシャン（一七四四〜一八〇四）と数学者ルジャンドル（一七五二〜一八三三）が加わっていた。

六　原初メートル　ドゥランブルとメシャンのパリ子午線計測

十九世紀の天文学者たちは、ヨーロッパ全土に緊密なネットワークを張り巡らせていた。彼らは頻繁に連絡を取り合い、観測および測量データを交換していたので、面倒な再計算の必要を省くためにも、ともかく早く共通の単位が欲しかった。この要請に応えるべく一七九七年、フランス人天文学者兼数学者ラプラス（一七四九〜一八二七）は、「北極から赤道まで、つまり子午線弧長四分の一にあたる長さの一千万分の一」を未来の長さの共通単位〈メートル〉とすることを決議した。これを受けて、一七九二年から九八年まで、革命で騒然とするパリを通る子午線の大計測が、ふたりの天文学者メシャンとドゥランブル（一七四九〜一八二二）によって進められた。このパリ子午線測量は自然科学のみならず国家的にも十八世紀を代表する一大事業となった。

十九世紀の測量史を扱ったドイツ語圏文学作品としては、ダニエル・ケールマンが二〇〇五年に発表した小説『世界の測量 *Die Vermessung der Welt*』[58]が筆頭に挙げられる。主人公は数学者のガウス（一七七七〜一八五五）と博物学者アレクサンダー・フォン・フンボルトの「ダブルキャスト」、いずれも十九世紀を代表する大科学者だ。だが作家自身が折に触れてコメントしているように、また文学研究者たちも指摘していることだが、このケールマンのベスト&ロングセラーはノンフィクションではなく、〈歴史小説〉である。多くの史実を組み込んでいるが、それと同量のフィクションとファンタジーも詰め込まれていて、〈風刺小説〉に分類されることも少なくない。[59]

ケールマンの小説とは別に、測量を題材にした新しいノンフィクションが欧米文学で健闘しているのも事実である。すでに紹介したトリストラムのフランス語作品『地球を測った男たち』だけではない。たとえば一九九五年、ケールマンの小説に匹敵するベストセラーとなったデーヴァ・ソベルの『経度への挑戦 *Longitude; The True Story of a Lone Genius Who Solved the Greatest Scientific Problem of His Time*』[60]は、クロノメーターを発明したイギリス人天才時計職人ジョン・ハリソン（一六九三～一七七六）の生涯を扱い、すっかり忘れられていた一技術者の偉業をその名とともに一躍有名にした。従来の振り子時計に代わり、ハリソンの発明による、海上でも狂いのない正確無比な航海用時計の登場は、子午線測量に必要不可欠な前提条件だった。さらにドゥランブルとメシャンのパリ子午線大計測については、フランス語および英語で少なくとも二つの文学作品が発表されている。フランス語のほうは四半世紀前の刊行

ジャン＝バティスト＝ジョゼフ・ドゥランブル

ピエール＝フランソワ＝アンドレ・メシャン

なのでもはや最近とは言えないかもしれないが、数学者でもあるドゥニ・ゲージュ作『子午線 *La Méridienne: le mètre*』[61]（パリ初版、一九八七年）。そして英語のほうは、アメリカの科学史家ケン・オールダーが二〇〇一年にニューヨークで出版した長編『万物の尺度を求めて *The Measure of All Things. The Seven-Year Odyssey and hidden Error that Transformed the World*』[62]。ふたりの歴史的に実在した主人公ドゥランブルとメシャンは、いずれの作品でも明快なコントラストをもって——ただし必要以上に劇的な脚色はされていない——描かれ、ガウスとフンボルトのふたりを主人公に据えたケールマンの小説構造を先取りしている。つまり実際的で社交性と政治・外交の才に富み、自分の課題に対して自分の立場を常に明確にしている合理主義者のドゥランブルに、繊細かつ几帳面で、孤独を愛する完璧主義者のメシャンが見事に対置されている。

　ノンフィクション作品を通じて読者が鮮明に認識させられるのは、自然科学が革新的な力となるだけでなく、文化史の一端を確実に担っているという事実だ。自然科学の知識は、それを生み出した国の文化

や社会と無縁ではいられず、それどころかその時代背景を如実に反映している。だからこそゲージュもオールダーもフランス革命と密接に結びつく〈メートル〉が生まれた政治的・思想的背景をじっくり説明している。たとえばゲージュは作品『子午線』中で、こんなふうに記述している。

単位、尺度はいうまでもなく量の問題である。しかしまた、《質》の問題でもある。人々が求めたのは、普遍的で永久不変の単位や尺度であった。孤立したもの、根拠のないもの、不規則なものが恒久的であったためしはない。それは長い歴史が証明していた。

新しい尺度単位を選ぶ際の基準として、不変的でないもの、時代の変化にともない人間や状況に左右されるものはすべて除外されることになった。いかなる国のものでもなく、あらゆる人々によって受け入れられるような、そんな体系。こうした要素を持つものが、自然以外にあるだろうか。そしてその自然の中で、普遍性恒久性を保証できるもの。それにはこの地球以上のものが他にあろうか。

すべてが揃っていた。時代も、人も、機構も、そして技術も。いよいよ正式な決定が下された。地球の一部すなわち《子午線の四千万分の一》を、長さの新単位とすることが定められた。[63]

他方、『万物の尺度を求めて』のオールダーは、同様の内容をタレーランがフランス議会に提出した議案をもとに、彼の台詞として読者に説明を試みる。[64]

［タレーランは］議会は歴史や王の布告に基づく度量衡を採用するのではなく、全人類共通の財産である自然をもとに、その基準となる度量衡を決めるようにと求めた。自然をもとに作り上げた度量衡のみが永久不変であると彼は断言した。なぜなら、その度量衡を実際の形に表すために人間が作成した基準器が歳月を経て劣化した際に、

これを作り直すことができるのは、度量衡が自然を基準にしたものである場合だけだからだ。たとえばパリの「トワーズ」――国王の布告した「ピエ（フィート）」の六倍と定義されていた――の長さは、実際には、荘厳なシャトレ裁判所の建物の階段の、上り口の壁にはめ込まれた鉄の棒が基準になっていた。だが、誰もが知っていたように、建物が移設された際にこの鉄棒はひどく曲がってしまい、一六六六年に交換された。一七五八年ごろには、この新しい棒（ルーブル宮殿の入り口の幅の半分の長さ）も、見るからに古びてきた。寿命がこれほど短い基準は、人間の権利の上に樹立された新政権にはふさわしくない。自然を基に決めた度量衡のみが、どの国家の利益をも超越していると認められ、それゆえに全世界から受け入れられ、世界中の人々が平和な通商を行い、障壁なく情報を交換することができる日の到来を早めることができるのである。(65)

事実、このような経緯で一七八九年のフランス大革命を機に、フランス議会はこれまでの「歴史や王の布告に基づく度量衡」を放棄し、自然から求めた新しい度量衡を「全人類の共通遺産」として使用する決定をした。さまざまな提案と議論がなされたが、最終的に「北極から赤道まで、つまり子午線弧長四分の一の距離の一千万分の一」を新しい単位〈メートル〉とすることに決まった。この新しい「自然な」単位、言い換えれば「永久不変の自然の尺度」は、地球と直接的な関わりを持っていた。しかも当時の知識人たちは、理論・公式から導いただけの暫定的数値の定義では決して納得しなかった。学者たるもの、直接自然と〈対話〉し、自らの身体と知能を存分に使って完璧に測定したものしか真実として認めない。だから誰かがパリ天文台を通過する子午線のドーバー海峡沿岸ダンケルクからスペイン・バルセロナまでの距離を何が何でも、たとえ机上で理論的に概算・決定できたとしても、実地で測量しなければならなかったのである。この測量プロジェクトを任されたドゥランブルとメシャンは、ふたりともパリ天文台長ラランド（一七三七〜一八〇七）の弟子だった。前者は北のダンケルクからフランス南部のロデーズまで（直線距離で八〇〇キロメートル相当）、後者はロデーズからピレネー山脈の国境を超え、スペインのバルセロナまで（直線距離で三〇〇〇キロメートル相当）を担当した。メシャン担当の南の区分は、直線距離だけを考えるとドゥランブルが担当する北と比べて長さにして半分以下だが、北部はデータとしては古いものの、カッシーニ一族を中心にすでに測量済みの部分であるのに対し、メシャン担当の南部はまだ測量に関しては前人未到の地だったから、責任は重い。しかも高峻なピレネー山脈が横たわる過酷で困難な作業場がメシャンを待っていた。これに大革命の社会不安と政治的動揺も加わり、測量ミッションは予定より大幅に遅れ、一七九八年十一月にようやく終了した。ダンケルクからバルセロナに至る三角鎖は、長さにして一、〇七九キロメートル、計一一二〇の三角形を連ねた(66)（図版8参照）。

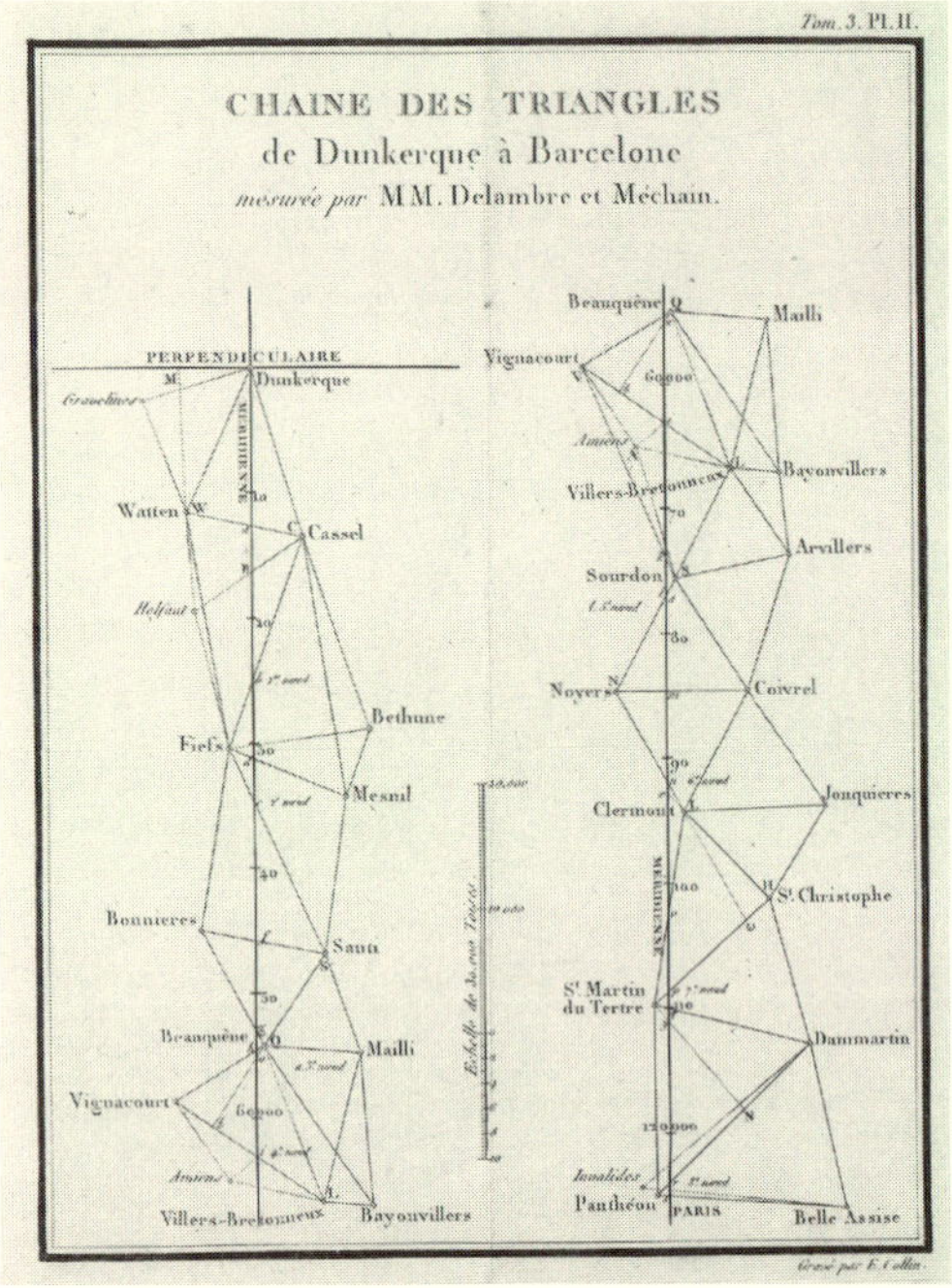

図版8　メシャンとドゥランブルの三角鎖一部
HAAB所蔵（Sig.: 19B 128 (3)），
ドゥランブル著『メートル法の起源』第三巻，1810年より，
KSWの許可による

パリ帰還後の一七九九年、ドゥランブルはさっそく彼の測量成果を『子午線弧長決定のための解析法』(67)のタイトルで出版した。ここで彼はペルー遠征に参加したブーゲとラ・コンダミーヌの測量データから導いた地球扁平率一／三三四を用いて子午線弧長の四分の一の長さは五、一三〇、七四三・七トワーズと計算した。これがそのまま「度量衡委員会の扁平率」に採用され、新しい長さの単位〈メートル〉は、〇・五一三〇七四〇七トワーズと決まった(68)。

だがさらなる問題が生じる。ドゥランブルとメシャンがパリ子午線計測を行った前提には、彼らが計測した子午線は、地球上の無数の子午線と等しいという考えがあり、よってメートルは普遍的共通単位となるべきものだった。ところが任意であったはずのパリ子午線は、地形の凹凸から見ても当然のことながら、決して滑らかな曲線を描かず、不規則かつ独特なもので、測量結果に多かれ少なかれそのことが影響すると判明したのだ。よって一八〇〇年前後に再度、地球の形状が問題とされる。たとえば詳細なプロジェクト報告『メートル法の起源 *Base du système métrique*』(一八〇六〜一〇年)でドゥランブルは、本当に地球が均整のとれた回転楕円体なのか、という疑問を呈した。彼は測量データを比較するうち、子午線がどこも同じ長さで規則的なカーブを描くという前提の崩壊を確信するに至ったのである[69]。

この報告書をもって、ドゥランブルはフランスにおける重要な科学史家のひとりになった。完璧を求め続けたメシャンは、一八〇四年、彼のスペインにおける第二回子午線測量の途上、マラリアにより客死した。この測量旅行にアシスタントとして同行していた彼の愛息オーギュストから亡父の遺稿の測量データを届けられて初めて、ドゥランブルは同僚メシャンがこれまで何に苦しんできたかの理由を知る。メシャンはバルセロナとモンジュイ要塞を結ぶライン上での天体観測と測量データ不一致の原因がどうしても突き止められず、悩みに悩んだ挙句——モンジュイで再計測が認められれば、彼の心の平安は保てたのだろうが、政情不安の軍事基地での作業やり直しが認められるはずがなかった——わずかとはいえデータの隠匿・改竄を行っていたのだった。ドゥランブルはこのデータ不一致が、ペルー遠征隊員ブーゲの研究成果として紹介した「ブーゲ異常」つまり山体引

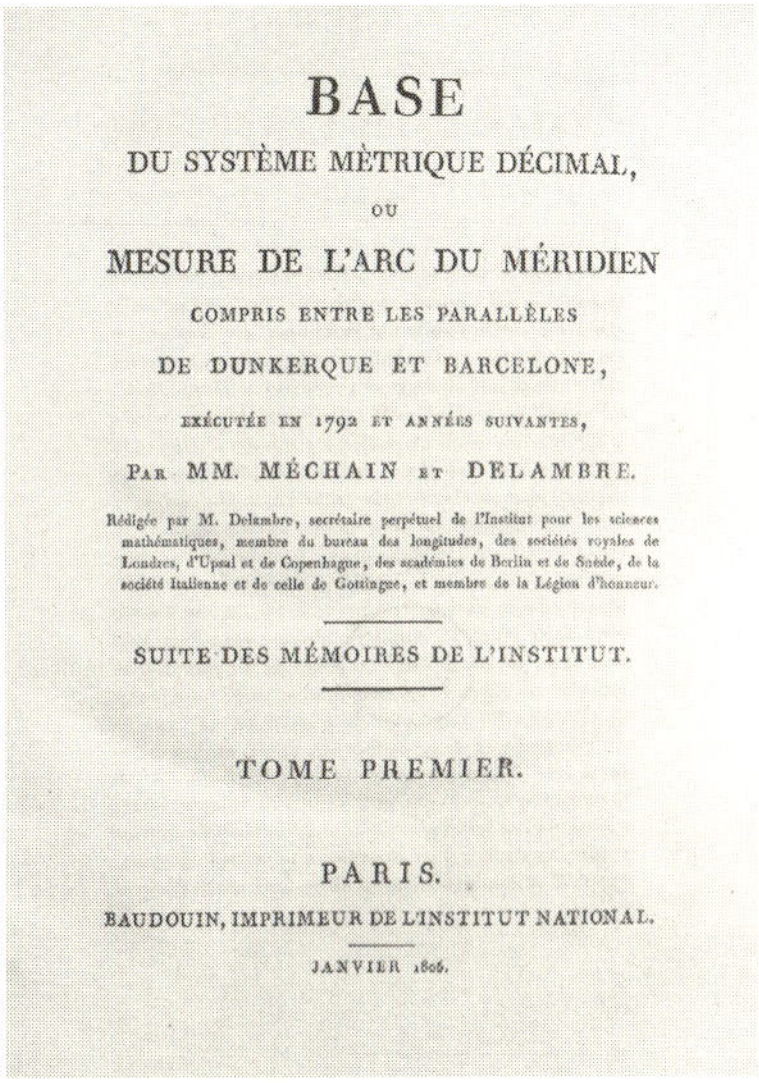
BASE
DU SYSTÈME MÈTRIQUE DÉCIMAL,
OU
MESURE DE L'ARC DU MÉRIDIEN
COMPRIS ENTRE LES PARALLÈLES
DE DUNKERQUE ET BARCELONE,
EXÉCUTÉE EN 1792 ET ANNÉES SUIVANTES,
PAR MM. MÉCHAIN ET DELAMBRE.
Rédigée par M. Delambre, secrétaire perpétuel de l'Institut pour les sciences mathématiques, membre du bureau des longitudes, des sociétés royales de Londres, d'Upsal et de Copenhague, des académies de Berlin et de Suède, de la société italienne et de celle de Gottingue, et membre de la Légion d'honneur.
SUITE DES MÉMOIRES DE L'INSTITUT.
TOME PREMIER.
PARIS.
BAUDOUIN, IMPRIMEUR DE L'INSTITUT NATIONAL.
JANVIER 1806.

図版9 ドゥランブル著
『メートル法の起源』第三巻表紙
HAAB 所蔵 (Sig.: 19B 128 (3)),
KSW の許可による

力によるものではないかと推測した。またR・シュミットが一九七〇年に刊行した研究書でも、垂直に下ろしたはずの糸が山体引力で実は傾いていて、その修正をしなかったため、せいぜい一・八五キロメートルほどしか離れていない二点間で三秒すなわち九〇メートル近いずれが生じたと解説されている。もっとも子午線計測時には山体引力の問題はまだ解明されておらず、(70)メシャンが計測時に誤りを犯したという以外に説明ができなかった。かといって再計測も許されず、彼は苦悩の末、バルセロナでの計測データを秘匿し、一切これを計算に利用しなかったのである。(71)

このように地球測量の歴史は、同時に測定誤差を克服する歴史でもあった。言い換えれば現代科学が誤差を含むことを宿命として認めるまでの長い道のりだった。ゲージュとオールダーの両作家とも、メシャンがデータの不一致を自分自身の技術的欠陥に帰し、死ぬほど恥じ、悩み、苦しんだことを克明に描き出している。しかしゲージュが才能ある自然科学者メシャンの弱さと苦悩に焦点を当て、その記述に留まったのに対して、オールダーが十八世紀の自然科学者たちのメンタリティーの問題はもちろん、現代統計学の視点からメシャンの名誉回復を試みているのは注目に値する。というのもメシャンがデータ改竄・隠匿する前のオリジナル測定値のほうが、今日天文台の緯度として認められている数値に近いことが判明したのだ。(72)すなわちメシャンの死後四半世紀を経て、ニコレ（一七八六～一八四三）が、メシャンが遺したデータを徹底的に検討し、その卓越した観測技術そして驚異的精度の高さを証明した。ニコレはラプラスの弟子で統計学、特に誤差理論を専門にしていた。作品中オールダーも解説しているように、現代統計学は、膨大なデータ処理をその課題として発展してきたのだが、つまりここでは平均値を求めるスタンダードな数学的技法、具体的には仏・独の数学者、ルジャンドルとガウスがそれぞれ独立に開発した最小二乗法——これについては次章で言及する——が必要不可欠になる。

いずれにせよ、かくして一七七九年に〈一メートル〉は、「赤道と極の間の子午線弧長の一千万分の一」と定められた（〇・五一三〇七四〇七トワーズ）。プラチナ製の確定メートル原器（別名「アルシーブ［保管局］のメートル原器」）が名工エティエンヌ・ルノワール（一七七四～一八二二）によって製作された。一八八九年に国際度量衡局により、この古いメートル原器はプラチナ九〇パーセント、イリジウム一〇パーセントの合金製「国際メートル原器」に取り換えられた。一九六〇年に〈メートル〉は形あるものの常として、いずれ風化し、摩耗する運命の「ものさし」というハードウェアから離脱し、まずは「クリプトン八六原子の特定のエネルギー遷移によって放出される光の波長の一六五〇七六三・七三倍に等しい」というソフトウェア定義に代わった。さらに一九八三年以降は、「真空中を光が原子時計で計って一／二九九、七九二、四五八秒に進む距離」に再定義されている[73]。

またかつてレモンかオレンジかで議論された地球の形状については、人工衛星の活用により地球の凹凸がより緻密に測定できるようになった結果、近年ではその凹凸に限って言えば、つまり海洋等の水で覆われた部分がむき出しになった姿を考える場合、誇張表現を許していただけるなら、それはいびつで、むしろ「じゃがいも」に近いという理解になっている[74]（本書扉裏、ドイツ中央測地学研究所提供の最新ジオイド参照）。

第二章　テューリンゲン測量とミュフリング大尉

一　パリとゴータ間の相互影響関係　ラランド、ツァッハ、ガウス

1　ラランドとツァッハの共同事業

地球の真の形をめぐる長い議論の末、赤道が極よりもやや出っ張った回転楕円体であることが証明された。現在では扁平率一／二九八・二五七が最もその真の姿に近いとされ、「地球楕円体」と呼ばれている。これは楕円形を回転させたものだが、球に近いとすれば、楕円のふたつの焦点がかなり接近しているわけで、本当に一致すれば円になる。

さて、楕円は平面上の二焦点からの距離の和が一定となる点の集合によって作られる曲線である。地球の形を熱心に議論していた〈ゲーテ時代〉の天文学ネットワークには、そんな天文学者たちが作る楕円の「焦点」ともいうべき、ふたりの人物がいた。パリのラランドとドイツ・ゴータのツァッハ（一七五四〜一八三二）である。後者はゲーテの長編小説『ヴィルヘルム・マイスターの遍歴時代』（一八二九年）後半で登場する「天文学者」の歴史的モデルになったことでも知られる。(1) 両者およびその勤務先の両天文台間では、一七八六年から一八〇三年まで、非常に緊密な連携

ジョゼフ＝ジェローム・ド・ラランド

フランツ・クサーヴァー・フォン・ツァッハ

があったことが判明している。[2]

ラランドとツァッハは、気質の似た実務家だったようだ。理論中心ではなく、実際に観測を行うという点でも、また当時欧州で先導的役割を果たしていた天文学雑誌の編集責任者という点でも共通していた。フランスではラプラス、ラグランジュ（一七三六〜一八一三）、ドゥランブルの三名の科学者の提唱により、一七九五年から経度局が設置されていた。経度局の重要な仕事のひとつが、一七九八年以降、最初はラランドが、彼の死後はドゥランブルが責任者を引き継いだ天文学雑誌『フランス天文暦 *Connaissance des temps*』の編集・刊行作業だった。この雑誌は一般的な天文年鑑であるとともに、天文学者の専門雑誌という機能を兼ね備えていた。[3] 他方、ドイツではベルリン科学アカデミー所属の天文学者ボーデ（一七四七〜一八二六）が、一七七六年以降、『ベルリン天文年鑑 *Berliner Astronomische Jahrbuch*（略称B・A・J）』を毎年発行していたが、[4] リアルタイムの情報提供というよりは、いわゆる「ジャーナル・アーカイブ」としての性格が強かった。むろん重要なコミュニケーション手段ではあったが、最新研究成果の伝達・交換には役立たなかった。[5] ボーデの『ベルリン天文年鑑』の副編集長を務めたのち、ツァッハは一七九八年初頭、期せずしてラランドと同じ時に、ヴァイマルの出版者ベルトゥーフの賛同を得て、[6] 独自の月刊雑誌『一般地理学暦 *Allgemeinen Geographischen Ephemeriden*（略称A・G・E）』を創刊した。天文学に限らず、地理学、地質学、測地学、地図製作も対象とした雑誌で、一八〇〇年までツァッハは編集責任者として刊行に携わった。しかし一八〇〇年以降、この『一般地理学暦』を一般向けの啓発的雑誌にしたいと考えるベルトゥーフと、経営戦略上の意見の違いから袂を分かつ。ゴータの出版社ベッカーに鞍替えし、心機一転、天文学者対象の専門誌『地球と天空の知識を促進するための月間通信 *Monatliche Correspondenz zur Beförderung der Erd- und Himmelskunde*（略称M・C、日本語では以下『月間通信』と略す）』を刊行した。ツァッハの発行した両雑誌に論文が掲載されることは、当時のヨーロッパで活躍していた研究者たちにとって特別な意味を持った。喩えるなら、現在の『ネイチャー』や『サイエンス』に論文が載るのとほぼ同じ感覚と言えるだろう。そのくらい専門家にとっては、新しい発見や報告をするのにふさわしい、憧れの専門誌としての評価を得ていたのだった(7)。

さらにラランドとツァッハのふたりは、天文学がいかに発展してきたか、その歴史にも関心を寄せていた。ドイツ天文学史に詳しい研究者ブロシェは、「その大半は他の研究者の論文を翻訳したものであったが、ラランドは彼の『フランス天文暦』で引き続き［…］、ツァッハは『ゴータ宮廷暦』で専門的な情報はあまり載せなかったが、一般への啓発活動として効果的役割を担った」と指摘する(8)。たとえばこの『宮廷暦』で、ツァッハはメシャンとドゥランブルのパリ子午線測量について報告している。さらに二人の親密なコンタクトの証拠となるのが、イェーナ大学総合図書館が所蔵する一八〇三年、パリで出版されたラランドの著書『天文学文献案内　一七八一年から一八〇二年までの天文学史付 *Bibliographie astronomique; avec l'histoire de l'astronomie depuis 1781 jusqu'à 1802*』である（**図版1**）。著者名ラランドの後には、「前パリ天文台長」を筆頭に、フランス国立経度局の研究所員およびロンドン、ベルリン、ペテルスブルク（現サンクトペテルブルク）、ストックホルム、パリ、ボローニャの計七つの国立科学アカデミー会員と

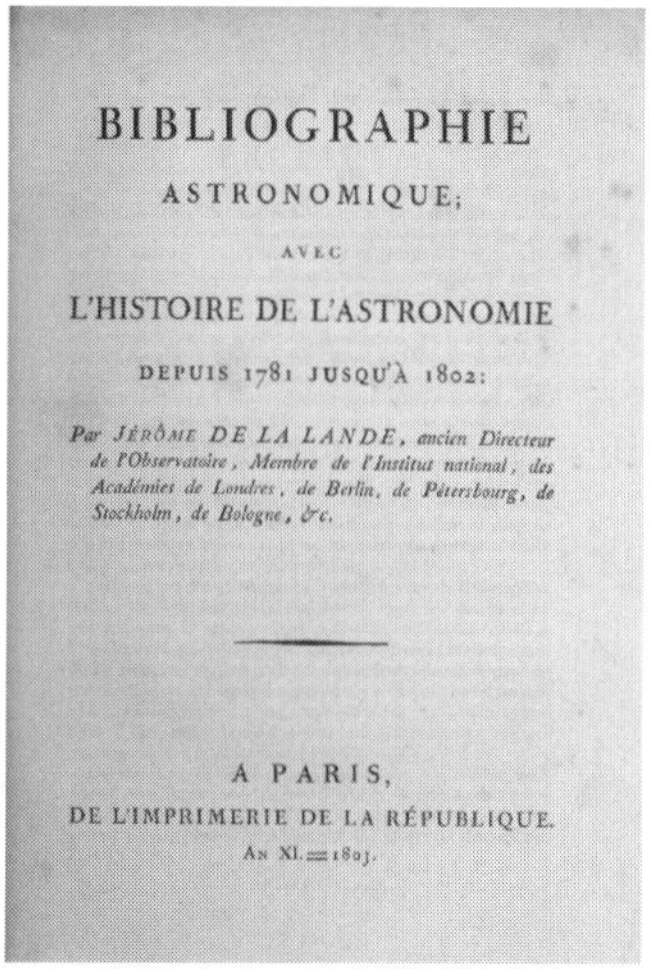
BIBLIOGRAPHIE
ASTRONOMIQUE;
AVEC
L'HISTOIRE DE L'ASTRONOMIE
DEPUIS 1781 JUSQU'À 1802;
Par JÉRÔME DE LA LANDE, *ancien Directeur de l'Observatoire, Membre de l'Institut national, des Académies de Londres, de Berlin, de Pétersbourg, de Stockholm, de Bologne, &c.*
A PARIS,
DE L'IMPRIMERIE DE LA RÉPUBLIQUE.
AN XI. = 1803.

図版1　ラランドの著書表紙
ThULB の許可による（4-Ms-3754）

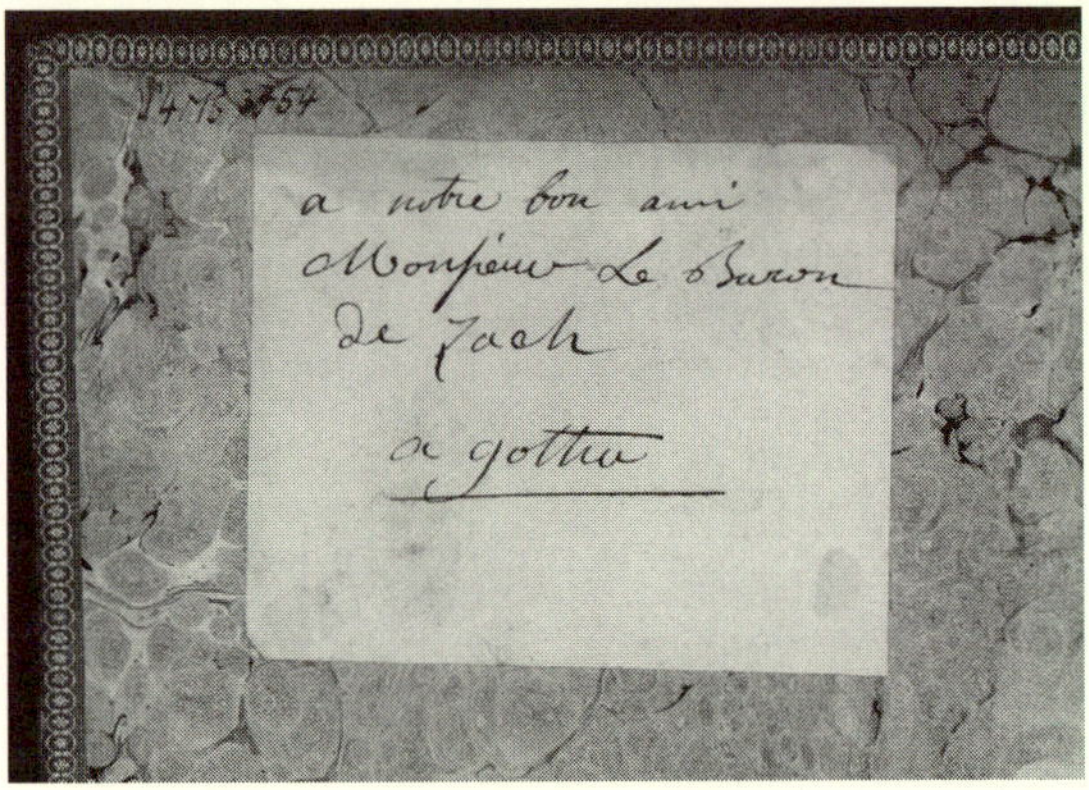

図版2　表紙の裏に貼られた献辞ラベル
ThULB 所蔵（4-Ms-3754），同館の許可による

いう彼のすべての肩書きがものものしく記されている。タイトルからわかるように、これはラランドがまとめた当時欧州における最新の天文学研究論文および文献案内書（巻末に年表付）であり、かつてツァッハの蔵書だったと判明している。表紙裏に貼られた手書きラベルには、水茎鮮やかなラランドの直筆で、ツァッハへの献辞「私の良き親友、ゴータのツァッハ男爵へ」と記されている（**図版2**）。他方、ツァッハは別の機会にラランドを「私の心から敬愛する友、すべての天文学者のお爺ちゃま」と呼びかけている。[9]

ラランドの『天文学文献案内』でツァッハの名前が初めて挙がる箇所は、英語圏で最も伝統ある学術雑誌『フィロソフィカル・トランザクションズ』（『哲学紀要』とも訳される）の一七八五年第七五巻に掲載された天体観測の報告者として、である。他の研究者の場合と同様、ラランドは初出箇所で、ツァッハの短いプロフィールを紹介している。[10] ラランドが報告しているように、ツァッハは一七五四年にハンガリーのペスト（双子都市ブダペストのドナウ川東岸の方）に、軍医として名高かったヨーゼフ・ツァッハ（一七一四〜九二、父親は貴族階級出身ではない）を父として生まれた。軍人家庭に育った彼は、オーストリア帝国＝ハンガリー王国技術士官、それもイエズス会神父ヨーゼフ・リースガニッヒ（一七一九〜九九）の助手として、ガリチア（ポーランド南東部からウクライナ北部にわたる地域）におけるオーストリア帝国測量プロジェクトに参加した。[11] 一七八〇年にツァッハはパリに赴き、ラランドおよびラプラスと知己を得た。一七八三年秋にロンドンに移り、そのまま数年間、在英ザクセン公使で同時にアマチュア天文愛好家のハンス・モーリッツ・フォン・ブリュール伯爵（一七三六〜一八〇六）家に家庭教師兼相談相手として身を寄せ、伯爵と一緒に天体観測にも勤しんだ。このブリュール伯の仲介により、ツァッハは運命の人、ザクセン＝ゴータ＝アルテンブルク公エルンスト二世（一七四五〜一八〇四）と出会う。といってもこの時のエルンスト二世は、兄が存命中で第一公位継承者に目されていなかったから気ままなもの、いずれは高級将校となって兄を助けようと、好きな自然科学の勉強に熱中していた。兄の逝去により、思いがけなくゴータ公を継ぐことになっても、エルンスト二世の自然科学への関心は尽きることなく、特に天文学には強い興味を生涯持ち続けた[12]。大好きな天文学の知識を深めるため、彼は高度な専門知識をもつ指南役、すなわちツァッハを必要としたのであった。

ツァッハのゴータ到着（一七八六年六月）を鶴首して待っていたエルンスト二世は、その荷解きを待つのももどかしく、さっそくツァッハを伴って、天体観測器具の買いつけにイギリスに出立した。ふたりがイギリスで購入した品のひとつに、精巧な望遠鏡作りで定評のあったラムスデン（一七三五〜一八〇〇）作の八フィート望遠鏡がある。この最高級望遠鏡は——正確にはこの望遠鏡が据えられたゴータ天文台内の架台となるが——、のちにテューリンゲン三角測量の定点として機能した。ちなみにこのゴータ由来の逸品は、現在、ミュンヒェンの「ドイツ博物館」に展示されている。

ゴータ公エルンスト二世

さて、同じ一七八六年九月にこのイギリス買付旅行から戻ったツァッハは、今度はゴータ公一家の数カ月にわたる南仏旅行の供をした。むろんこの旅行には望遠鏡をはじめとする観測器具を忘れず積み込み、旅行中、機会があれば、ゴータ公一家と天体観測や経緯度測定を行った。フランスからの帰途、一七八七年初夏には、気圧計を使ってモン・ブラン峰の標高を測定しようと試みている。続く一七八八年から九二年まで、彼はエルンスト二世とゴータ・フリーデンシュタイン城内の仮設天文台で観測を行いつつ、当時最新の技術をふんだんに採り入れた天文台の新設工事を指揮した。現在は鬱蒼とした木々が観測視野を遮り、むしろ森林浴に適した地になっているが、まだ当時は樹木もまばらだったはずで、小高いゼーベルクの丘に建てられたモダンな天文台は、「ヨーロッパの模範的《スタンダード》天文台」(13)と称賛された(14)（**口絵図版1**）。彼の著書『天文学』（改訂第三版、一七九二年）執筆時、ラランド自身はまだゼーベルクに訪れていなかったが、その序文には、次のように記されている。

ゴータでは、天文学の熱心な庇護者であるゴータ公が、大がかりな天文台を建てた。初代天文台長にはハンガリー生まれの有能な天文学者ツァッハ氏が任命された。この最新設備を誇る天文台は、市内から一リュー［旧フランスの距離単位でおよそ四キロメートル］ほど離れた高台にあり、高級石材が使われている。イギリスの名匠ラムスデンの子午環［前述のイギリスで求めた望遠鏡］が装備されている。(15)

さて、ここで先に話題にしたラランドが執筆したツァッハの経歴紹介に戻ろう。同僚ツァッハに関する短いプロフィールに続けて、ラランドはさらにエルンスト二世の妻でザクセン＝ゴータ＝アルテンブルク公妃マリー・シャルロッテ・アマーリエ（一七五一～一八二七）について数行を割いて記述している。(16) 彼女はゲーテ後期の長編小説『ヴィルヘルム・マイスターの遍歴時代』に登場する天体と神秘的な関わりをもつ知的な老貴婦人マカーリエの歴史的モデルのひとりと考えられている。そして事実、聡明なゴータ公妃は天文学を好み、自ら天体観測を行い、いくつかのデータ計算も手がけたという。さらに最近の研究では、彼女が夫君エルンスト二世亡き後、ツァッハを侍従長に任命して片時も離さなかったこと、また一八六〇年以降、ふたりは居城のあるゴータを永久に去り、極秘結婚（ドイツ語で「左手婚」と呼ばれる身分違いの結婚）をしていた可能性が非常に高いと判明している。(17)

少し脱線したが、ゴータ公妃についての記述に戻ると、さらに「彼女は私［ラランド］たちと仕事をさせるために、一七七三年四月三十日にライプツィヒで生まれた天文学者ヨーハン・カール・ブルクハルト［一七七三～一八二五］

を［パリに］送りこんだ[18]とある。ブルクハルトは、ゴータでツァッハに約二年間師事し、次いでラランドのもとに赴く前に、[19]ラプラスの全五巻に及ぶ大著『天体力学論 *Mécanique céleste*』第一巻をドイツ語に訳しており、その翻訳書を彼のパトロネスであるゴータ公妃マリー・シャルロッテ・アマーリエに捧げている。[20]ラプラスの『天体力学論』の最初の二巻は、一七九七年にパリで初版されたが、このドイツ語訳をブルクハルトは一八〇〇年および一八〇二年に完成させ、ベルリンで出版したわけだ。この翻訳二巻をガウスが所有しており、一八〇四年六月二十八日付の友人でハンガリー出身の数学者ボーヤイ（一七七五～一八五六）宛書簡で「ブルクハルトの最初の二巻は、非常に良い翻訳だ」と高評価を与えている。パリ移籍後、ブルクハルトはまずラランドの助手としてキャリアを積み、ラランドの死後はパリ士官学校附属天文台長を継ぎ、一八一八年には経度局局長にまで上り詰めた。

さて、ラランド同様ツァッハも才能ある後進の育成には熱心だった。たとえば商社で見習いをしていた若きベッセル（一七八四～一八四六）の卓越した計算能力を見抜き、天文学の道にスカウトしたのを筆頭に、新しい才能を見出し、若手研究者たちの仕事をできる限り支援した。いくつか具体例を挙げるなら、ブレーメンで活躍した医師兼天文学者のオルバース（一七五八～一八四〇）、ゲッティンゲンの数学者ガウスと博物学者アレクサンダー・フォン・フンボルト、第四章であらためて言及するロシア海軍総督クルーゼンシュテルンの世界周航に同行したヨーハン・カスパー・ホルナー（一七七四～一八三四）、そしてツァッハ自身の後継者、第二代ゼーベルク天文台長に就任したリンデナウ

ヨーハン・カール・ブルクハルト

ヴィルヘルム・オルバース

（一七八〇～一八五四）は、いずれもツァッハの薫陶を受けた人物である。もっともリンデナウは、その後まもなく卓越した政治外交手腕を買われ、彼自身の夢だった天文学者のキャリアを断念せざるをえなくなるのだが――。

さらにツァッハは前章で紹介したラランドの高弟メシャンとも親しかった。ツァッハは、完璧主義で気難しいメシャンが、あの長期にわたる困難なパリ子午線測量中に文通していた、数少ない信頼できる同僚のひとりだった。よってメシャンとドゥランブルによるダンケルクからバルセロナまでの子午線測量作業について、『月間通信』の読者は、ほぼリアルタイムの最新情報を得るという恩恵に与った。特筆すべきは『月間通信』一八〇〇年七月号で、ツァッハ自身が「メシャンについて *Über Pierre-François-André Méchain*」というシンプルな題の短い伝記を書いていることだ。なお、この時のメシャンの肩書きは、パリ国立天文台特別監督官にしてパリの経度局兼国立研究所の所員となっている。[21]

2　ゴータ開催の第一回国際天文会議

ラランドは若かりし頃（一七五一年）、ベルリンに滞在したことがあり、その折にモーペルテュイと親交を結び、翌一七五二年には彼自身もベルリン科学アカデミーの会員に選出された。カンポ＝フォルミオの和約後、ラランドはツァッハにゴータのゼーベルク天文台を見学し、ドイツの同僚とも知己を得たいという希望を伝えた。おそらく背後には、フランス新政府が採用したメートル法と革命暦（テルミドール暦）を宣伝する意図が隠されていただろう。少々厄介なラランドの打診にツァッハは最初の国際天文会議という形で応じ、オーガナイザーとしての本領を発揮した。

一七九八年夏、かくしてゴータに公式の記録では国際色豊かな、といってもフランス、スイス、ドイツの諸公国という欧州圏内に限られるが、十五名の天文学者が集った。[22] その内訳は、主宰者であるゴータ天文台長ツァッハとその助手ホルナー、パリからはラランドと彼の姪兼助手のマリー＝ジャンヌ＝アメリー＝ルフランソワ（一七六八～一八三二）、ベルリンからはボーデ、ゲッティンゲン大学天文学教授ザイファー（一七六二～一八二一）、ドレスデンのツヴィンガー宮殿内に現存する数学物理学サロン監督官ケーラー（一七四五〜一八〇一）とその助手クリューゲル（一七三九〜一八一二）、ハレ大学物理学・数学教授ギルベルト（一七六九〜一八二四）と同様にハレ出身の観測機材製作技者ピストー（一七七八〜一八四七）、ヴュッテンベルクからは牧師でもあるヴルム（一七六〇〜一八三三）、スイス・バーゼルからは天文学者フーバー（一七三三〜九八）および建築監督官兼測量師フェール（一七六三〜一八二三）さらにマイニンゲンのギムナジウム校長シャウバッハ（一七六四〜一八二三）だった。

会議ではさまざまな議題が扱われた。たとえば各自が利用している測量機器や天体観測方法とそのデータ処理について議論されたり、最新の星図が披露されるとともに、〈印刷機〉座と〈熱気球〉座なるふたつの新しい星座の運用が提案されたりした。むろんラランドの旅行の最重要目的、すなわちフランス革命の思想が結晶したメートル体系の紹介も果たされた。(23) 実はこの情報を事前に入手していたために、何人かのドイツ諸侯は、あえて自国の天文学者にゴータでの会合参加を許さず、旅券発行を拒否したのだった。それゆえゴータ会議は、ラランドが紹介したメートルに決して好意的賛同は得られなかったものの、メートル体系に関する初の国際会議と位置づけられる。ちなみにフランスが公式にメートル法を導入したのは、一七九八年十二月十日のことだった。もっともこれについては別の解釈も成りたつ。つまりゴータでの会議を一種の前哨戦と見なすなら、メートル体系をめぐる議論は一定の学問的レベルに達したとはいえ、期待した反応は得られず、ラランドの宣伝は事実上失敗に終わった。彼の帰国後すぐパリで、一七九八年九月から翌九九年七月まで、外国人研究者を含むメンバーにより国際的な度量衡会議が催されたことに、研究者ブロシェは、ゴータでの不首尾を何とか忘れたいフランス側の意図を読み取っている。(24)

ゴータ国際天文会議のハイライトは、おそらく一七九八年八月十四日の、参加者全員でのテューリンゲンの森の西側丘陵で最も高い山「大インゼルスベルク」――ベルクが山という意味なので「大インゼルス山」と呼ぶべきかもしれない――(標高九一六・五メートル)への遠足だった。むろん普通のハイキングではなく、各人が持参のクロノメーターや六分儀を用いて、互いに測定データを比較し、観測精度を競ったのである。(25) 遠足後、ゴータ公妃の名で歓迎の宴が催されたのは、政治的理由から、エルンスト二世が意図的に会議への関与を控え、自らの代理として公妃に客人たちのもてなしを委ねたためであった。(26)

3　ガウスと彼の発明した最小二乗法

ラランドのゴータ訪問目的である、メートル法を魅力的にプレゼンテーションする試みは失敗した。他方、本会議の重要なテーマのひとつは、新たな惑星もしくは小惑星を組織的に探索することだった。そして影のホスト役・ゴータ公エルンスト二世は、彼の「ゼーベルク天文台で、火星と木星の間に未知の惑星あるいは小惑星を発見したい」、あるいは正確に言えば「発見させたい」という野望を抱いていた。

一七八一年にフリードリヒ・ヴィルヘルム・ハーシェル（一七三八〜一八二二）が太陽系の新たな惑星「天王星 Uranus」を、(27)そしてまもなくその衛星を発見した。しかもこの発見は、かつてティティウス（一七二九〜九六）が提唱し、ボーデが広めた太陽系の惑星間距離を数学公式で表現した「ティティウス＝ボーデの法則」と見事に一致した。さらにボーデは、火星と木星の間、または土星の外側にさらに未知の惑星が存在する可能性を指摘したが、当初彼の仮説をほとんどの天文学者は本気にしなかった。ところがハーシェルが発見した天王星の軌道間隔は、ティティウス＝ボーデの法則の正しさを裏づけるものだった。これを受けて、人々は火星と木星の間にまだ発見されていない惑星があると信ずるに至った。

十九世紀初頭、ヨーロッパの天文学者たちは、緊密なネットワークを形成していた。彼らは頻繁に連絡を取り合い、測量データを交換した。たとえばツァッハは一八〇〇年にブレーメンからさほど遠くないリーリエンタール在住のシュレーター（一七四五〜一八一六）(28)を訪ねている。シュレーターは当時ヨーロッパ最大の反射望遠鏡を備えた私設天文台を築き、観測を行っていることで有名だった。このツァッハ訪問の折、一八〇〇年九月二〇日には初の天文学を専門とする学術協会「統一天文学会」が設立され、初代会長にシュレーターが就任、ツァッハは書記として活動の中

ヨーハン・ヒエロニムス・シュレーター

心的役割を担うことになった。おそらく火星と木星の間に予想される未知の惑星の存在が設立動機のひとつであり、計画的かつ組織的に「未発見の惑星」を探索する国際連携が必要と考えられたのだろう。シュトルンプフによれば、[29] 参加する天文学者は「黄道十二宮を分割し、決められた領域を監視」することになったので、学会員は「天空警察」と揶揄されたとか。初期会員二四名のリストには、[30] ツァッハと親交あるフランス天文学者、たとえば読者もおなじみのブルクハルトやメシャンの名も掲載されていた。

ただし彼らの同僚ドゥランブルは参加を拒んだ。これが以後、ガウスとの関係に影を落とすことになる。もっともガウスとて、この時点では、新惑星ないしは新小惑星探索に関与できる立場ではなかった。[31] ガウスが当時住んでいたブラウンシュヴァイクには天文台がなかったので、一八〇三年六・七月にブレーメンの医師兼天文学者のオルバースのもとで、続く八月はゴータのツァッハのもとで天体観測の実践的経験を積んだ経緯がある。そんな自分のことは棚に上げ、ガウスは当時を回想しつつ、次のようにドゥランブルをこき下ろしている。

> 今から七年前、まだ新小惑星ケレスの発見前にリーリエンタールでツァッハ氏が、一定数の天文学者間で、全天を分割し、続く小惑星を探索する計画を提唱された際、ドゥランブルも参加を要請されたのだが、あの時の彼の冷酷さは、私を遠ざけるに十分だった。ドゥランブルはそんな比較は非常に面倒だし、退屈だと言ってのけたのだ。[32]

カール・フリードリヒ・ガウス
最小二乗法の釣鐘曲線のついた旧西ドイツ10マルク紙幣の表

パリ経度局メンバーの一員として、一七九八年のゴータ国際天文会議にドゥランブルは、師のラランドともども招待されていた。しかしドゥランブルは招待を断り、同僚たちとは意図的に距離を置いた。実用主義と冷静さこそ、彼がメシャンと担当したパリ子午線計測という、気の遠くなるような長期間の孤独な作業を完遂させた長所だったのだが、どうやらガウスは気に入らなかったらしい。以後、ガウスは事あるごとにドゥランブルの三角測量計算のややこしさを批判する。ガウスによれば、ドゥランブルには「エレガントな「数学的」感覚」[33]が致命的に欠如しているのだった。さらにガウスは自身が歴史に興味がなかったので、数学史に貢献したドゥランブルを真の数学者ではなく、科学史家として見下してさえいたという。

話をゴータに戻そう。「次の新惑星の発見は何としてもゴータで」という、エルンスト二世とツァッハの悲願は、その涙ぐましい努力にもかかわらず、間接的にしか成就しなかった。一八〇一年元旦、イタリア・パレルモのピアッチ（一七四六～一八二六）が偶然、しかも「統一天文学会」の連携監視とは無関係に、夜空に暗く光る星を発見した。この火星と木星の間で最初に発見された小惑星は「ケレス」と名付けられたが、翌二月には太陽の強い反射光に邪魔されて、視認できなくなった。

ここで注意しておきたいのは、いわゆる〈ゲーテ時代〉には、数学と天文学の間に明確な線引きがなかったことだ。数学者はさらに測地学にも従事していた。これらの領域の密接な結びつきは、本来は天文学分野の必要性から発達した最小二乗法が、地球測量に利用されていることを想起すれば、一目瞭然だろう。これはいわゆる「曲線あてはめ」、つまり近似曲線を得るための数学的標準処理方法で、フランスのルジャンドルとドイツのガウスがまったく独立して発見・発展させた手法である。実際、天体観測や経緯度測量において、「偶然性や恣意性を徹頭徹尾取り除いた曲線あてはめ」[34]がこれほど緊急に必要とされた時代はいまだかつてなかった。

早熟の天才ガウスは弱冠十七歳で、偏差の二乗和を最小にすれば、膨大な観測データを補正できることに気づいたという。[35]一七九八年頃には理論上の確からしさを証明できる方法を導き出し、この「新しく、非常に簡単で、大変便利な手法」（一八〇一年のガウス自身の日記による）を使って、一八〇一年、ピアッチのわずかな観測データだけで正確なケレスの軌道計算を行い、その実力と数学手段の有効性を世界的に認めさせた。事実、ガウスの軌道計算のおかげで、一八〇一年の大晦日にゴータのツァッハが、そして年が明けて一八〇二年元旦にブレーメンのオルバースが、それぞれ行方知れずになっていた小惑星ケレスを再発見できた。余談ながら、天文学史でやや混乱をきたすのは、最初のケレス再発見者が必ずしもツァッハと記されていないためである。[36]これはツァッハがオルバースよりも一日早くケレスを再認したのは明白な事実だが、プレス公表についてはオルバースが先んじたという事情による。もっともこちらは些細な先取権の問題で済んだが、ガウスとルジャンドルにとっての最小二乗法の先取権はそう簡単な話では済まなかった。[37]

ガウスは自ら開発した最小二乗法で、さらに一八〇二年に新しい小惑星パラスの軌道計算を行い、親友オルバースの発見に貢献した。そしてオルバースの仲介により、一八〇九年、ハンブルクの老舗出版社ペルテスから、ラテン語単著『天体運行論 *Theoria motus corporum coelestium in sectionibus conicis solem ambientium*』を刊行し、小惑星の軌道計算に役立った最小二乗法を披露した。他方、一八〇五〜〇六年にかけてパリでは、ルジャンドルが『彗星の軌道の決定のための新方式 *Nouvelles méthodes pour la détermination des orbites des comètes*』を刊行していた。その付録には、ルジャンドルが *Méthode des moindres quarrés* と名づけた、ガウスが開発した最小二乗法とほぼそっくりの数学的処理方法を紹介していたのだった。ちなみにガウスはこの著作を一八〇五年の時点で知っていたという。実はツァ

アドリアン＝マリー・
ルジャンドル
（2008年に発見された彼の
唯一のカリカチュア風肖像画）

ッハが書評をガウスに依頼したのだが、ガウスは結局何も書かずじまい、代わりに自著『天体運行論』でルジャンドルの最小二乗法を引用しつつもなお、この手法は自分がすでに一七九五年に発見しており、先取権は自分にあると強く主張した。

　このガウスの攻撃的態度にルジャンドルは辟易し、深く傷ついた。ルジャンドルもガウス同様、天文学者および数学者として、輝かしいキャリアを築いてきたのだ。パリ王立科学アカデミーの委託で一七八四～八七年、グリニッジとパリ両天文台を結ぶ英仏三角網プロジェクト（イギリス側はロイ、フランス側責任者はカッシーニ）に参加したことにより、彼は一七八九年にラプラス、カッシーニ、メシャンとともに英国王立協会フェローに任命されている。さらに一七九一～九二年はドゥランブルに交代するまでのほんの短い期間ではあったが、ダンケルク＝バルセロナ間のパリ子午線測定にも参加した。一連の実践的成果をまとめ、ドゥランブルとの共著で発表したのが一七九九年の『子午線弧長決定のための解析法』だった。それから数年にわたってルジャンドルはガウスと先取権をめぐって闘わざるをえなくなるのだが、研究者ライヒが興味深い指摘をしているので紹介しておく。ライヒによれば、ここでガウスが嫌ったドゥランブルの冷静さと実用性がいい意味で発揮されているという。ドゥランブルは数学界の大御所ガウスに認められたいという望みを抱いていたが、ついぞ成功したことがなく、決して理想的な立場ではなかった。だが、その実用主義で竹を割ったような性格ゆえ、彼はラプラスの新刊『定積分論 *Mémoire sur les intégrales définies*』（一八一二年）書評でも、特にガウスにおもねらず、「ルジャンドルとガウスそれぞれの最小二乗法という点で、ラプラスは非常に公正《フェア》な比較をした」[38]と明言した。このラプラスの態度には、『万物の尺度を求めて』の作者オールダーも一目置いており、作品中、以下のように総括している。

ルジャンドルは、彼の最小二乗法を、実際的でもっともらしいひとつの手段として**提示した**。一方ガウスは、最小二乗法によって求められる「最も確からしい」曲線は、誤差が「釣鐘曲線」（今日では「ガウス曲線」と呼ばれている）の形に分布しているということを示し、最小二乗法を理論的に**正当化したのである**。この「確からしさ」に基づいた考え方に刺激されて、ラプラスは一八〇一年から翌年にかけて、最小二乗法には次のような利点があることを示した。一つめは、測定の回数が増えるにつれ誤差が減少すること。二つめは、それによって不規則《ランダム》な誤差（精密度）と一定《システマティック》の誤差（正確度）をどのように区別すればよいかがわかったこと。三つめは、選ばれた曲線が**どの程度最適なのか**を教えてくれること。これは画期的なことだった。長年にわたって完璧さという捉えどころがないものを追求してきたが、学者《サバン》たちはここにきてついに、種類が異なる誤差を区別する手段を学んだばかりか、誤差を定量的に扱うことができるようになったのである。一八〇五年から一八一一年にかけての期間は、一つの新しい科学理論が誕生した時期であった。すなわち、自然に関する理論ではなく、誤差に関する理論である[39]。

4　テューリンゲン三角測量へのツァッハの貢献

三角測量は、自然科学の発展に貢献するだけでなく、政治的な影響も及ぼした。経済および軍事にも正確な地形図は不可欠だった。興味深いのは、テューリンゲンを治めるふたりの公爵、ゴータ公エルンスト二世とヴァイマル公カール・アウグストのどちらもが、ほとんど同時に、だが異なる理由で自国の地形図を作成しようと考えたことだ。前者は純粋に天文学への知的関心から、後者は軍事目的から新しい地図を望んだ。ふたりの領主は、それぞれの計画を当時軍用地形測量技師として名声を馳せていたプロイセン参謀本部付の陸軍大佐シュメッタウ伯爵（一七四二〜一八〇六）に持ちかけた。相談を受けたシュメッタウは、彼の愛弟子のひとりで測量技師であるヴィーベキング（一七六二〜一八四二）を紹介した。両公はいずれもザクセン選帝侯エルネストを始祖とするエルネスティ系、つまり縁戚関係にあり、さらに領地も隣同士のよしみだったから、紹介されたヴィーベキングに軍用地図の作成を一括依頼した。こうして作成されたのが、『シュメッタウ式ヴァイマルおよびゴータ両公国およびシュマルカルデン同盟国の原測地図 *Uraufnahmen der Herzogtümer Weimar und Gotha und der Herrschaft Schmalkalden in Schmettau'scher Manier*』(一七八五〜八七)[40]である。

十八世紀後半のヨーロッパでは、まだ正確な――いやそれどころか一部の地域ではまったく――緯度も経度も知られていなかった。精確な測地情報を得るためには、六分儀(もしくは可動式子午環)一台と、経度測定に必要なクロノメーター一個が絶対不可欠だった[41]。ゴータ公エルンスト二世は希少価値の高いクロノメーターを複数所有しており、そのうちの二個はイギリスの名匠エメリーが手がけた逸品、シリアルナンバー一〇三八番および一一五一番だった[42]。しかも公はそんな高価な精密時計を所有するだけでは満足せず、一七八八年から一八〇一年までほぼ毎日『クロノメーター・ジャーナル』なる日誌をつけ、彼の時計の進み具合、言い換えれば時間の遅れを逐一記録したのである。そう、彼の天文学的知識は、通常の趣味領域をはるかに凌駕していた。だからこそ一七八九年にヴィーベキング作の二万五〇〇〇分の一より心もち小さめの地形図が献上されたとき、一目で測量の質の悪さを見抜いてしまった。公は製図プロジェクトの総監督を務めた大臣トリュンメル(一七四四〜一八二四)宛に労をねぎらう礼状を書いたが、専門家としての視点から、地図の出来映えには辛い評価をつけている。

この方法では今もって不十分であり、幾何学的にもまた三角関数的にもまだまだ不正確です。再度測量し、数学的天文学的修正を行った場合、誤差、それもかなり致命的な誤りが発見されることでしょう[43]。

ヴァイマル公カール・アウグストもほぼ同意見だったが、もっともそれは軍用視点からだった[44]。彼は一七八七年十二月から、プロイセン軍所属アッシャースレーベン甲騎兵第六連隊長に就任しており、軍事作戦にも即転用可能な良質なテューリンゲンの地図を必要としていた。当時のヴァイマルと言えばヴィーラント、ゲーテ、シラーといった文人が集い、「ミューズの宮廷 Musenhof」としての名声に浴していたが、その平和な光景の裏では、歴代ヴァイマル公のプロイセン軍に仕える伝統が厳格に保持されていた。カール・アウグスト自身は陸軍少将としてキャリアを始め、一七九二年のフランス出陣後、中将に昇進するとともに、騎兵隊組織に関する報告書を提出している。そしておそらく同じ頃、プロイセンの高級将校教育の一環で、「連隊もしくは将校図書館 Regiments- oder Offiziersbibliothek」の存在を知ったと推測される。

ここで特筆すべきは、一六三〇年から一九三〇年まで三百年間、ヴァイマルに軍事文庫が存在したという事実である。江戸城で言えば〈紅葉山文庫〉に相当する、このヴァイマル軍事文庫は現在、アンナ・アマーリア公妃図書館に合併吸収されているが、「ドイツ国内で最も完全な形で残る古典的軍事文庫[45]」とも形容される。文庫の核となる部分を整備したのが他でもないカール・アウグスト公で、前述のヴィーベキングに地形図を依頼した時期と重なる一七八五年頃、彼の個人蔵書を軍事文庫に拡張する計画に着手したらしい[46]。一七八六年に初めて蔵書カタログを作り、翌八七年には前述したシュメッタウ作成の大型地図コレクションを購入した。さらに彼はシュメッタウが仲介したヴィーベキングの測量図が出来上がるや否や、ザクセン出身の将校にヴィーベキングの地図に欠けていたテューリンゲン南部の測量を命じた。この測量データをもとに、続く一七九八年から一八〇〇年にかけてヴァイマルの「地図局」で最初の『テューリンゲン全図[47]』が作成された。三十三（三十六とも。不完全な形でＨＡＡＢ所蔵）枚からなる一連の地図は、

ヴァイマルのカール・アウグスト公騎馬像
後ろはアンナ・アマーリア公妃図書館旧館（著者撮影）

ブラウフース（一七六九〜一八五〇）らの手で美しく彩色されたので、一般に『ブラウフース地図』と呼ばれる。(48)

ところがお隣ゴータ公エルンスト二世は、同じ時期に宮廷天文学者ツァッハと三角測量に必要な角度を測定し、測量方法の改良に勤しんでいたにもかかわらず、ヴァイマル公カール・アウグスト主導の軍事用地図測量プロジェクト支援を一度拒否した。(49)このことは、正確な期日が記されていないが、おそらく一八〇三年の復活祭前にカール・アウグスト公がゲーテに書き送った以下の書簡から裏づけられる。

これまで最大の障害だったゴータ公が急に測量計画に乗り気になって、それにツァッハが満足な説明ができないほどだ。カッセル方伯［ヘッセン＝カッセル方伯ヴィルヘルム九世］だってこれまでヘッセンの経緯度を測ることを拒否していたくせに、どういうわけか関心を示し、測量術を身につけさせるべき天文学者をひとり調達したということだ。状況は打開し、必ずすばらしい仕事になるだろう。(50)

ゲーテやヴァイマル公カール・アウグストにとっては狐につままれたような気分だったろうが、エルンスト二世が「急に測量計画に乗り気に」なった理由を探るのは、実はさほど難しくない。事の起こりは、プロイセン王フリードリヒ・ヴィルヘルム三世（一七七〇〜一八四〇）がツァッハに宛てた一八〇二年十月十八日付親書であった。この手紙で国王はアイヒスフェルトとエアフルト（現在のテューリンゲン州都）一帯を測地学的に把握し、テューリンゲン全土の軍用地図を作りたいという希望を述べ、参謀本部付きの将校を派遣するから「ぜひとも貴殿［ツァッハ］の専門知識を伝授し、本プロジェクトの総指揮を執ってほしい」と記した。さらに同じ箇所には、貴殿の仕えるゴータ公はもとより、プロイセン国王に忠誠を誓っている隣国ヴァイマル公カール・アウグストからも本件については必ず支援・協力が見込めるであろう、という確信犯的文言も添えられていた。(51)

だが、手紙の受取人ツァッハはさらに一枚上手だった。彼には国王の意志を「許す限り拡大解釈し、ほぼ同じ労力と費用で学術的に最適化する」[52]才能があった。プロジェクトの発端と計画については、ツァッハ自身が主宰する『月刊通信』九号（一八〇四年一月発行）に詳しく書き記している。[53]「プロイセン国王の御意によるテューリンゲンおよびアイスフェルトの三角兼天文測量、そして地球の真の姿を求めるためのザクセン＝ゴータ公国子午線計測」と題されたこの記事をもとに、その後の経過を簡単にまとめてみよう。プロイセン国王の書状を受け取ったツァッハは、これをプロイセン軍専属測量将校たちと学問的遠征を行う好機と捉えた。実は、国王が要求したレベルは、緯度・経度ともに二度ずつ計測すればもう十分だった。だが、地球の扁平率と真の姿を見極めるべく、ツァッハとエルンスト二世は、「緯度にして三～四度、経度にして五～六度分」計測する大がかりなプロジェクトを立案した。[54]むろん中心になるのは、ゴータ・ゼーベルク天文台でなければならぬ。同じ『月刊通信』九号の二月号続編記事で、ツァッハはかつてのラップランドおよびアンデスへの両遠征、さらにメシャンとドゥランブルのパリ子午線計測を挙げ、次のように続けた。

ほとんどの欧州諸国が、ほぼすべての文化国家が、多少なりとも我々の住む地球の姿についての知識を得るために貢献してきたというのに、ドイツだけが、これまでまったく寄与していない。天文を司る女神ウラニアのため、ドイツに美しき殿堂［ゼーベルク天文台をさす］を寄進された天文学の徒でもある我が主君ゴータ公は、寛大ですばらしい庇護を約束され、この崇高な学問のために多大な援助を惜しまないとの仰せである。［…］[55]

続けて緯度・経度の正確な目標数値を掲げるわけだが、これと並行してツァッハは用意周到にプロイセン国王が書状に名を出した、ふたりの心強い支援者となりうる人物、すなわちヴァイマル公カール・アウグストと陸軍中将ゴイザウ男爵（一七三四～一八〇八）に正式な協力を依頼した。どちらもこれまでわざと無関心を装ってきた相手である。先のゲーテ宛私信では急なゴータ側の変貌に戸惑いを見せたものの、利害は一致したので、カール・アウグスト公はツァッハの依頼を承諾した。[56]もう一方のゴイザウ男爵は、以前、陸軍少将ルコック（一七五四～一八二九）[57]が指揮し

「プロイセン三角測量の父」
カール・フォン・ミュフリング

たヴェストファーレンの子午線計測のアシスタントを務めた経験があったので、プロイセン参謀本部長としてすぐにツァッハの意図を見抜いた。そこで彼はプロイセン国王ヴィルヘルム三世にツァッハの計画を紹介する際、この計画がルコックの子午線計測に連結でき、またアンスバッハおよびバイロイト地域にも拡張できると口添えし、国王から首尾よく許可を得た。プロジェクト遂行要員としてプロイセン軍からは、陸軍少尉のキューネマンおよびシュメッタウ伯爵の二名と大尉のミュフリング男爵（通称ヴァイス、一七七五～一八五一）が派遣された。この三名のうち、ミュフリングについては、のちほど詳しく言及することになる。

さて、ゴータ公エルンスト二世とツァッハは、プロイセン国王の測量遠征許可を得るや否や、迅速に動いた。ツァッハが測量機材の整備や学問上の準備を周到に行う一方、エルンスト二世は政治外交上の障壁を可及的速やかに取り除いていった。公は、近隣諸国の為政者にこの測量作業に対する理解を払い、また実際に作業を進めるにあたって不可欠な旅券発行を含む便宜を図ってくれるよう、自ら依頼状を書き送ったのである。この関連で論文等によく引用されるのが、一八〇三年十二月三日付、ブラウンシュヴァイク公カール・ヴィルヘルム・フェルディナント（一七三五～一八〇六）宛の書簡である。受取人は、ヴァイマル公カール・アウグストの実母アンナ・アマーリア公妃の実兄で、ガウスのパトロンでもあった。

今なお十分に解明されたとは言えぬ地球の真の姿を明らかにする一助とすべく、余の家臣ツァッハ男爵に余のゼーベルク天文台を起点とし、緯度にして四度から五度、また経度にして五度から六度相当を測量させる所存である。さすれば今もって十分な解答を得られていない、地球の真の姿の探究に一条の光を投げかけることができるように思う。[…] というわけであるから、余の忠臣ツァッハが貴公の治める領地に足を踏み入れることをお許し賜り、何卒この測量事業をお助け下さらぬか。(58)

この書状が送られてから十日後、一八〇三年十二月十三日には、ブラウンシュヴァイク公から快諾の返事が届いた。同様の手段で、エルンスト二世は次々と近隣の諸侯から許可をとりつけていった。たとえば現代でも公的な書類提出時に決まったフォーマットがないと、どう書き始めるべきか思い悩んで作成に時間がかかってしまう。そんな遅滞を事前に回避すべく、ツァッハの旅券発行の例を挙げるなら、エルンスト二世は依頼状にクアヘッセンおよびブラウンシュヴァイク両公の旅券コピーを見本として添え、ドレスデンのザクセン王に類似のものの作成を依頼するなど、卓越した外交的手腕を発揮した。(59) 思えばペルー測量遠征以来、天文学者たちの旅券発行の遅れは、いつも測量作業の最も大きな障害になっていた。テューリンゲン測量ではこのストレスなしで、スムーズに作業が運んだ背景には、ゴータ公の才知と機転、言いかえれば強力な後押しがあったのだ。

他方、ツァッハは測量技術の改良に熱中した。彼は粉状火薬で作った閃光信号――文脈から閃光弾と同義と思われる――を現地時間の伝達に使い、経度を決定しようとした。一八〇三年八月にブロッケン山上での閃光信号を使った実験にはゲッティンゲンからガウスも参加したので、おそらくこれがツァッハとガウスの初顔合わせだったろうと推測される。(60) この後、ふたりは一緒に下山してゴータに行き、ガウスは続く三カ月をツァッハの指導の下、ゼーベルク天文台で実習を行った。ブロッケン山およびゼーベルク天文台の二点で行った天体観測により、一八〇四年に早くも地理的緯度が定まり、テューリンゲン測量の基本となる三角形の基線も正確に測り終えた。余談ながらこの基本の三角形を作る固定三点は、ゼーベルク天文台内のラムスデン製八フィート子午環、インゼルスベルク山上の八角形の小屋、ゴータ近郊シュバープハウゼンに固定された大砲だった。(61) これによりゼーベルク天文台は名実ともにドイツにおける子午線最初の測量の起点となり、ツァッハはのちに「ヨーロッパ経緯度測量の祖父」と呼ばれた。

しかしこの測量プロジェクトの最中、一八〇四年四月二十日にエルンスト二世逝去の訃報が入る。ツァッハは当初故人の遺志を継ぎ、戦争勃発の暗雲立ち込める世情でもプロジェクトを完遂するつもりだった。これについて再びヴァイマル公カール・アウグストがアイゼナハ近郊のヴィルヘルム峡谷から一八〇五年七月六日付でゲーテに宛てた興味深い書簡が残る。

> ツァッハの助手であるミュフリング大尉、彼はここで軍務というよりは学問のために旅を続けているわけだが、彼との作業は楽しかった。ツァッハが私に〈インディアンの火〉を送ってきたので、我々は人里離れた辺鄙な山中で着火してみたのだが、大成功だった。[62]

すでに名前が出たミュフリング[63]は一七七五年、ドイツ・ハレ駐屯地勤務のプロイセン大尉を父として生まれた。軍人家系の習慣に則り、十二あるいは十三歳でプロイセン軍に仕官する。[64]一七九二年から九四年にかけてのフランス包囲には、ゲーテも大臣としてしばらくの間、プロイセン軍の連隊長を務める主君カール・アウグストにお供したのはよく知られているが、その戦場には弱冠十八歳のミュフリング少尉の姿もあった。軍人としてのキャリアを歩み始めた彼だったが、数学で頭角を現し、一七九八年から一八〇二年まで、先にも話が出たルコック少将が指揮するヴェストファーレン地図測量に参加し、三角網の確定作業に携わった。その直前一七九七年に、ミュフリングはミンデン伯領で平板測量を担当していたので、このプロジェクトではその暫定国境線に沿ってヴェストファーレンに向けた三角測量および天体観測データも活用された。[65]一八〇二年冬、エアフルトのヴァルテンスレーベン伯歩兵第五九連隊に配置換えになるが、翌一八〇三年には前述の経緯から、テューリンゲン測量プロジェクトのプロイセン側アシスタントという特別任務のため、ツァッハの指揮下に入る。この「プロイセン大尉」ミュフリングは、まもなくヴァイマル公一家やゲーテと親交を深めるだけでなく、プロイセン測量を実施・統括する重要人物として成長していくことになる。[66]

さて、ここでもう一度、カール・アウグストがゲーテに宛てた手紙に戻ろう。注意深い読者は、〈インディアンの火〉という言葉に首を傾げたのではあるまいか。キャンプファイアーを連想された向きもあろうが、こちら測量時に用いられる閃光信号の一種を指すらしい。『月刊通信』掲載のツァッハの作業計画には、経費削減に有効な手段のひとつとして記されている。

三角測量作業では、教会や城の尖塔のような即利用可能な目印がない場合、信号竿を組むことになる。[…]既存の目印がない場所に、信号竿ではなく、最近の英仏合同測量で実験的に使われた閃光信号を夜中にあげることにすれば、だいぶコストを削減できるだろう。イギリスの測量関係者は、夜に〈インディアンの火〉なる白炎が出る火薬を、角度測定に用いた。この闇夜を煌々と照らし出す光は、黄色い粉末状の弾薬に着火して作るが、爆発で飛び散ることなく、明るく輝き、たとえ降雨や霧の悪天候でも二万トワーズ離れたところから視認できる。強いて短所を挙げるなら、この光は短時間に限られ、持続せず、かなり高価なことだ。[67]

イェーナ＝アウエルシュタットの戦い（一八〇六年）でプロイセン軍は敗走、それからややあって一八〇八年、ゼーベルク天文台第二代天文台長にリンデナウが就任し、中断していた測量を再開させたが、彼の退任（一八一七年）までには完成しなかった。この間、初代天文台長ツァッハはゴータに別れを告げ、二度と帰らなかった。待望の完成を見たのは、第四代天文台長ハンゼン（一七九五～一八七四）の就任（一八二五年）後である。ハンゼンはシューマッハーの弟子で、後者が指揮したデンマークおよびヘルゴランドの測量に携わった経験をもつ。一八三七年頃からハンゼンの指揮で、二一の主要三角点と一七二の副次三角点——文献には三角点の等級でなく、正・副という記述があるのみなので——を決め、[68] 一八四〇年に全プロジェクトが終了した。その後、地球の形状を決定すべく、国際的な経緯度測量プロジェクトが遂行され、一八六二年には「中央ヨーロッパ経緯度測量常任委員会」が発足したが、初代会長をハンゼンが務めた（在任期間は一八六四〜六八年）。

二　ゲーテの『親和力』とミュフリング大尉

本節ではゲーテの後期作品で、化学と縁の深い小説『親和力』（一八〇九年）を扱う。あまり聞きなれないタイトルは、当時使われ出したばかりの化学用語で、スウェーデンの化学者ベリマン（一七三五〜八四）の著書名『選択的引力（あるいは化学的親和力）の研究』（一七五五年、ドイツ語訳 *Untersuchung über die Wahlanziehungen*, 一七八四年刊）から採られた。AとB、およびCとDからなる化合物が反応して、新たにAとC、BとDという化合物を作る自然現象、すなわち〈親和力〉を主人公四人の人間関係に当てはめた実験小説である。『ヴィルヘルム・マイスターの遍歴時代』の挿話として書き出されたが、予想外の長編になってしまい、独立刊行された経緯がある。その主要登場人物のひとり、測量専門家の「大尉」に、ミュフリングの面影が認められることは見過ごせない。

ゴータの天文学者ツァッハが『遍歴時代』における天文学者でマカーリエの〈家友〉の実在モデルである可能性については別の箇所で触れたが[69]、「天文学者」の肩書きだけで、一切名前が明かされない。『親和力』の〈大尉〉は、オットーというファーストネームがありながら、これまた例外的に肩書きで呼ばれる。これについて研究者ラートブルッフは、『遍歴時代』の天文学者同様、大尉も自然科学の原理・法則を体現するため、個人名は二の次なのだ、と説く[70]。

実際の親和力の化学実験には化合物が二種類必要なように、小説の主役もカップル二組、計四名である。うちエードゥアルト、シャルロッテ、オッティーリエの三名は、ファーストネームで呼ばれるが、実際面白いことに第四の人物は、オットーという名前があるのに、肩書きの「大尉」で、昇進してからは「少佐」と呼ばれる。むろん軍人だが、彼の専門分野は近代的測量術であり、地図の作成に従事しているため、職業は「測量官」とも言える。先に紹介したラートブルッフは、ファーストネームを滅多に使わないのは、自然科学の客観性の体現、すなわち「特定の人物と結びつくのではなく、法則の中で誰にでも変更可能である」ことを示している、と指摘している。しかし逆説的だが、作家が自然科学原理を描写するためには、実在モデルがいたほうが便利に違いない。

残念ながら、ゴータ公お抱えの天文学者ツァッハが、『遍歴時代』に登場する天文学者の実在モデルとの確証はない。だが、プロイセン大尉ミュフリングが『親和力』の大尉オットーの実在モデルであることは、伝聞記録とはいえ、同時代人ファルンハーゲン・フォン・エンゼ（一七八五〜一八五八、作家兼将校、一八一九年よりベルリンで外交官として勤務）の証言が決め手になる。

リューレ将軍は私［ファルンハーゲン・フォン・エンゼ］に、ゲーテ自身から聞いたことを教えて下さいました。（…）読者はシャルロッテにルイーゼ公妃を、大尉に現在ベルリン総督に任じられているミュフリング男爵を、ルチアーネにライツェンシュタイン嬢の面影をそこはかとなく、また他の登場人物、たとえば画家にはカッセル出身の若い芸術家との類似を認めるだろう、と。(71)

けれども従来のゲーテ研究には、大尉の任務に注目した形跡がほとんどない。唯一の例外と言えるのが、ヴェーバーの見開き二頁足らずの短い論考（一九五九年(72)）だが、これも大尉の測量作業にはまったく言及していない。

実験小説『親和力』でゲーテは、エードゥアルト・オッティーリエ夫妻に彼らの姪オッティーリエと大尉を対峙させた。この小説の構図には、自然と合理主義の間の、相入れない矛盾が示されている。作品冒頭、恋人同士であったにもかかわらず、慣習に従ってお互い違う相手と愛のない結婚をした後、再婚同士としてやっと結ばれたシャルロッテとエードゥアルト夫妻が登場する。夫エードゥアルトは、妻シャルロッテに有能なのに不遇をかこっている親友の大尉を館に招き、領地を測量してもらおうと提案する。ようやく手に入れたふたりの日々を誰にも邪魔されたくない、と難色を示すシャルロッテに、夫は言う。

以前からこの領地と周辺を測量したいと考えていたのさ。彼ならそれを引き受けて、やってくれるだろう。今の小作人との契約が切れたあかつきには、将来、領地を自分で管理したいというのが君の望みだったね。(73)

最終的にエードゥアルトはシャルロッテの説得に成功する。招待を受けた「大尉」は両者の聖名祝日——カトリック信者は誕生日同様、自分の洗礼名をとった聖人の祝日も祝う——に到着したというくだりから、読者は「大尉」とエードゥアルトが実は同じ洗礼名オットーを持つことを知る。そして大尉は友の期待に応えるべく、即刻測量に着手する。

「大尉」の境遇は、先に述べた敗戦により軍役を一時諦めざるをえず、ヴァイマル公のもとに身を寄せ、公国測量に従事したミュフリングを連想させる。一八〇六年のイェーナ＝アウエルシュタットの戦いでプロイセン軍が瓦解した後、カール・アウグストは不幸な身の上の戦友・ミュフリングをヴァイマルに客として招待した。ヴァイマル公カール・アウグストがミュフリングに宛てた招待状には、温かな心遣いが感じられる。

貴殿が配属替えになるまで、余のもと、ヴァイマルに来なさい。軍役が我らを繋ぎとめているのだし、貴殿には非軍事的任務を用意しましょう。ご家族を呼び寄せて暮らすための住居も提供します。(74)

ミュフリングはこうして一時カール・アウグスト公のもとに身を寄せる。解放戦争が勃発する一八一三年まで、ミュフリングは測量の仕事だけでなく、行政に関わる重要な役職も任された。たとえば景観協議会副委員長、枢密院メンバー、ヴァイマルの民間および道路建設委員長などを兼務している。[75] 当然彼が出席した重要会議には、一八〇四年以来、単なる名誉職ではなく、実質上の枢密顧問官として、「閣下」の称号付で活躍していた詩人ゲーテも出席していたので、ミュフリングとは定期的に顔をあわせることになった。しかも『親和力』発表の一八〇九年には、ミュフリングをトップに据え、「測量局 Vermessungsbüro」(当初は「数学局 Mathematisches Büro」と呼ばれていた)が開設された。[76] この測量局は一八〇九年三月十日、測量に関する実務一般をマスターし、より高い技術を運用できるようヴァイマルに設置されたという。その主たる業務内容は、以下の四点に分類される。

一、耕地の測量と検定
二、測量官の試験と監視
三、度量衡の監督
四、地図の保管・管理[77]

測量局の局長として最初にミュフリングが行った仕事は、ザクセン゠ヴァイマル公国に共通する長さの単位を導入することだった。このとき導入された一ヴァイマル゠ルートは、古いヤード゠ポンド体系で言えば八エル、メートル法なら四・五一メートル相当となる。ちなみにヴァイマルにメートル法が導入されたのは、ザクセン゠ヴァイマル゠アイゼナハ大公国に昇格した後の一八七一年十二月二十三日のことである。[78]

さて、ゲーテの『親和力』では、大尉の仕事ぶりが具体的に描かれている。まず大尉は磁針を使って、測量対象の地域を測定することを提案する。

大尉はこの種の測量作業に熟練していた。彼は必要な器具を持参しており、速やかに作業を開始した。彼は、助手役を引き受けたエードゥアルトに加え、数人の猟師と農夫に作業の段取りを教えた。作業にはもってこいの日和だった。晩と早朝、彼は図面引きと高低のケバ付けに費やした。迅速にすべてに陰影や彩色が施され、かくしてエードゥアルトは自分の領地がその紙からはっきりと、まるで新しい創造物のように姿を現すのを目にしたのだった。彼は今になって領地を知り、ようやく本当に自分のものにした思いだった。(MA 9, S. 304)

作業を進めるうち、シャルロッテの造園計画の稚拙さが大尉の目に付くようになる。[79] 迂回するのではなく、邪魔な岩塊を除去さえすれば、散歩道はさらに美しく快適になる、と合理的に彼は考え、彼女の夫でもあるエードゥアルトに「内緒の話だが」と断って、自説を開陳する。

奥方［シャルロッテ］は、あの地味で目立たない岩角をひとつ取り除きさえすればいいんだ、あれは小さな部分から成り立っているのだし。そうすれば綺麗に弧を描くような上り坂ができるし、同時に爆破して余った石を使って、道が狭く変形しそうな場所に積んで補強もできたのさ。でもこれは君を信頼しての内緒の話だから。奥方にお話したら、きっと混乱されてご不快になるだろうからね。(MA 9, S. 305)

だが、せっかく内緒だと念押しした大尉の意見を、軽はずみなエードゥアルトは妻に伝えてしまう。シャルロッテは頭では大尉の批判に納得しながらも、当初は内心傷つく。その間も大尉は順調かつ精力的に作業を進めていった。

まもなく出来上がった領地とその周辺地域を含む地形図は、かなり大きな縮尺で、線と彩色により特徴が一目で判るよう描かれており、大尉によるいくつかの三角測量がそれを確実なものにしていた。この男ほど少ない睡眠で、日中は目下の目的を果たすことに集中し、夕刻にはいつも何かしら完成させているような活動的人物は他に見当たらなかったろう。（MA 9, S. 309f.）

三角測量を実施する『親和力』の大尉は、測量術を習得したタフな科学技術者である。ここで大尉は、感情的で夢見がち、心の赴くままに行動するエードゥアルトと対照的に位置づけられる。大尉は勤勉で思慮深く、理性によって感情を律する人物として描かれる。事実、彼の職業である測量官とは、自然と理性的に対峙し、明確な目的をもって世界を把握するのが任務である。シャルロッテも基本的に類似の傾向をもつ、理性が勝った人物である。だからこそ彼女は自分の気持ちを隠し、大尉の作業に協力を惜しまない。第一部第六章で、大尉はすべての測量を終えた後、シャルロッテの造園計画に再度言及する（MA 9, S. 331）。ここで彼女も感情を抑え、理性の力で自らの造園計画の誤りを潔く認め、大尉の土地整備計画に全幅の信頼を寄せる。「そのことは、シャルロッテが最初の造園計画において、選り抜き、飾り立てた美しい休憩所を大尉の計画に従って撤去させることになっても、不快な思いをまったく抱くことがなかったのが、確かな証拠と言えるだろう」（MA 9, S. 332）。

実はこの造園エピソードも、おそらくゲーテ自身が体験した史実を反映している。もっとも主だったゲーテ全集のどこにもそんな注釈は見当たらないが、道路建設委員会長としてミュフリングがヴァイマルで最後に手がけた仕事がある。[80] それはヴァイマルから程遠くない湯治場バート・ベルカを結ぶ、非常に込み入った、しかも険しい道路区間をめぐる問題の解決だった。道路建設委員の多くが難色を示したにもかかわらず、ミュフリングは測量データに基づき、旧道の何箇所かを爆破すれば、快適な連絡道路になると主張、二四〇人の失業者を投入して、計上予算内で見事に新道を完成させた。一八〇七年の開通式にはカール・アウグスト公も臨席した。結果的に、交通が快適になったばかりか、ヴァイマルとバート・ベルカ間の距離が二キロメートル短縮できたという。むろんこのエピソードは、『親和力』でシャルロッテが自然のまま迂回させようとした散歩道を、邪魔な岩塊を除去すれば、散歩道はさらに美しく快適になる、とコメントした大尉の合理的な提案を連想させる。道路建設委員だった——イタリア旅行前は委員長も務めた

――ゲーテが、ミュフリングの合理的かつ科学的な視点による新道建設に強い印象を受けたことは容易に想像できる。加えて『親和力』が発表された一八〇九年には、先にも述べたが、ヴァイマルにミュフリング指導のもと、測量局が設置された。またミュフリングは、ゲーテが監督官として関与したイェーナ大学附属天文台建設に際しても多くの助言を与え、その整備に貢献している。

作品中ではオッティーリエとエードゥアルトが感情を制御できずに破滅していく一方で、シャルロッテと大尉は理性と厳しい自己抑制によって危機を乗り越える。オッティーリエは、シャルロッテと対照的な人物で、エードゥアルト同様ロマン派自然哲学を体現している。自然哲学との関わりも『親和力』の重要なテーマのひとつであるが、これについては参考文献も豊富にある。本書ではむしろゲーテ研究で無視されてきた十九世紀初頭の最新科学のひとつ、三角測量との関係に注目して話を進めよう。というのも測量技術者である大尉には、一八〇〇年前後の科学史が見事に投影されているからだ。

三 ジャン・パウルの小説『カッツェンベルガー博士の湯治旅行』 凛々しき登場人物・トイドバッハ大尉

ゲーテの『親和力』が刊行された同じ一八〇九年に、もうひとりの「大尉」がジャン・パウルの小説『カッツェンベルガー博士の湯治旅行 *Dr. Katzenbergers Badereise*』に登場するのは興味深い。この大尉の姓はトイドバッハと言い、同様に数学者であり、測量が専門である。ゲーテとジャン・パウル（一七六三～一八二五、本名ジャン・パウル・フリードリヒ・リヒター）は、互いに知らぬ仲ではなかったが、間違っても親友と呼べる関係ではなかったので、この一致はとても気になるところだ。

他方、「大尉」という役柄は、架空の登場人物とはいえ、十九世紀の精神文化における演劇的役割を投影している。

この観点から、作品の人物描写が一致する部分があっても不思議ではない。実際、天文学史家ブロシェは、『カッツェンベルガー博士の湯治旅行』を具体例として挙げてはいないが、ジャン・パウルはツァッハが主宰・責任編集していた両専門誌『一般地理学暦』と『月刊通信』を読み、そこから必要な学問的知識を得ていたと指摘する。[81] ブロシェによれば、ジャン・パウルは「新ゴータ公アウグスト〔エミール・レオポルト・アウグスト公、一七四七〜一八二二、エルンスト二世が崩御した一八〇四年に即位〕の御代になってから重んじられ、ゴータとの関係が深まった作家であるが、それ以前からそれなりの繋がりはあった[82]」ということである。

ジャン・パウル

　事実、ジャン・パウルのかなり早期の小品『ギムナジウム校長フローリアン・フェーベルとその高学年生のフィヒテルベルクへの旅 *Des Rektors Florian Fäbels und seiner Primaner Reise nach dem Fichtelberg*』（一七九一年）に棹や縄、平板といったおなじみの測量器具が登場する。[83] 表題からも容易に想像できると思うが、主人公がギムナジウムの生徒を引率する修学旅行を扱った作品だ。フィヒテルベルク山（あるいはフィヒテル山）とそこまでの道のりが測量実習に最適と考えたフェーベル校長は、徒歩で行く生徒各自に測量棹を持たせ、平板や測量用の縄を馬車に積み込む。[84] だが彼は、学問領域のアマチュアにすぎず、測量の分野では間違ってもスペシャリストとは言い難い。よって測量器具を不用意に、あるいは間違って扱ってしまい、不運続きの旅となる。数々の不運は何とかくぐり抜けたものの、おしまいには彼の「自然科学への情熱」はすっかり消え失せてしまう（JP I-4, S. 254）。

　続くジャン・パウルの『湯治旅行』では、最後に初々しいカップルが誕生する。同年発表のゲーテの『親和力』では姦通をテーマに悲劇的結末に至るのに対して、明るいハッピーエンドの構成は、見事なまでに対照的だ。解剖学教授カッツェンベルガー博士は、実の娘テーオダとマウルブロンへの湯治旅行を計画する。だが、湯治というのは表向きの理由で、その裏というか、本当の旅の目的は、一方では彼の著作を批評した温泉専属医師ストリュキウス氏に「目に物見せてやる」ため、他方では名付け親になるのを回避するためだったというから、話は最初からかなり込み入っている。絶対に同行者など見つからぬよう念には念を入れたはずなのに、フォン・ニースと名乗るエレガントで礼儀正しい紳士がカッツェンベルガー父娘の旅の道連れになる。ニースというのは実名だが、いつもは併記する、テーオダが大ファンの今を時めく舞台詩人としての筆名トイドバッハについては、最初は故意に伏せている。というのも道すがら、「友人」トイドバッハ——実際は彼自身のこと——の良い噂ばかりをして、テーオダの気をひこうと企《たくら》んでいるからだ。彼はマウルブロンに着いてから、詩人ニース＝トイドバッハとして自作の詩を朗読し、自分こそ詩人トイドバッハだと知らせてテーオダを驚かせようという魂胆だった。ところがその朗読会に同じくトイドバッハ姓を名乗る若きプロイセン将校が颯爽と登場する。

入ってきた男性は、フォン・トイドバッハ氏と書く、プロイセン軍在籍の大尉であった。古いドイツの生活スタイルを当てはめるなら、彼はまだ青年、すなわち三十歳であった。そして彼の花のような顔だちと生命力で言えば、もっと若々しかった。暗褐色の瞳は、雲がかかったオーロラの如く、煙るように輝いていた。彼はこれまでその視線をオイラーやベルヌーイの数学公式以外に向けたことがなく、またケーホルン、リンプラー、ヴォーバンの戦術が彼を堅固にしたもの以外に美しいものを征服しようと試みたことがなかったのである。これら数学的雪の下で、彼の春を待つ心は冬眠し、人知れず成長を遂げていたのだ。ひょっとすると、薔薇色の頬と輝く瞳、何カ月にもわたる雷鳴のような胸騒ぎを秘めて机に向かい、羽ペンを手に、ひたすら代数学の解明に勤しむ若者の姿と仕事ほど、刺激的なコントラストは世に存在しないのかもしれない。女どもは熱狂した、なんてこと！　彼の心はまだ無垢なまま、誰にも捧げられていないだなんて！　どの女性も彼に自分の手もとに残っているありったけのものを差し出す気持ちになる。

(JP I-6, S. 203f.)

「軍用数学」に関する著者でもあるプロイセン大尉という設定は、実際に「ヴァイス」という筆名で軍事関係著作があるミュフリングを想起させる。(85) ジャン・パウルがツァッハ指揮下のテューリンゲン測量についてさまざまな方面、たとえばツァッハの『月刊通信』はもちろん、ゴータやヴァイマルの関係者から情報を得ていたことは、まず間違いない。

数学者でもあるトイドバッハ大尉は、詩人ニース＝トイドバッハの朗読会で、かねてからお忍び旅行をしているという噂があった詩人に与えられるべき称賛を誤って受ける。双子やドッペルゲンガーのモティーフを好んだジャン・パウルらしい見せ場である。こういう場合、総じて両人物は類似点と魅力があり、恋人はどちらを選ぶのか決めかねる、というのが定石だ。トイドバッハ氏はともに文筆家という共通点がある。一方は著名な劇作家であり、他方は「軍用数学」こと数学あるいは測地学の著者である。だが、今回は登場からすでに数学者のほうに明らかに分がある。眼光鋭く、振る舞いも堂々とした偉丈夫トイドバッハ大尉と並ぶと、小柄な詩人ニース＝トイドバッハは貧相に映った（JP I-6, S. 207）。同姓による混乱はまもなく解決されるが、テーオダは数学者トイドバッハと恋におち、ふたりの結婚をカッツェンベルガー博士も認め、ニース＝トイドバッハの思惑は外れる。文学から数学への優越権の移行が目をひく。

文学的なものから数学的なものへの移行が予め計算して組み込まれている作品構造は、注目に値する。「しかしなぜまた数学が、文学がもはや発揮できなくなった機能を引き受けるのか？」という疑問については、研究者フリッツのもっともな理由づけがある。フリッツの言葉を引用するなら、「ジャン・パウルがおそらく意図的に導入した〈数学者トイドバッハ大尉〉こそ、全体を反映する文学的原理も、変化する客観的条件の前では変化していかざるをえないという、新しい形態を体現している」。(86) 詩人ニース＝トイドバッハの姿が示すように、文学はすでに現実社会を制御できなくなっている。しかも彼の熱狂的ファンだったテーオダの好意を悪用しようとした結果、彼は朗読会で嘲笑され、自作への拍手喝采すら得られない。対する数学者トイドバッハは、技術的合理性の体現者であり、新しい時代の主人公となる。詩人が天才と崇められた時代は終焉を迎え、自然科学者の時代が到来したのだ。

ゲーテとジャン・パウル作品に登場するふたりの大尉は、両作品が刊行された一八〇九年には文学と自然科学がまだ微妙な平衡を保っていたものの、もう一歩で合理的な自然科学が文学を凌駕しようとしていた状況を予感させる。この文脈で、ゲーテは『親和力』におけるオッティーリエの死で、文学の権威失墜を印象的に描いたとも解釈できるだろう。自然科学的で合理的な思考ができるカップル、大尉とシャルロッテは生き残る。他方、ジャン・パウルの『カッツェンベルガー博士の湯治旅行』では詩人が胡散臭い人物として描かれる。テーオダが詩人ではなく、数学者のトイドバッハを結婚相手に選ぶ結末は、自然科学の優越を予感させる。さらに注目すべきは作品のフィナーレ、ここで思いがけず、カッツェンベルガー博士の表情に「悪魔」、そして喜びの祝祭空間に魔女らが集う「ヴァルプルギスの夜」という形容が用いられるのには驚かされる。

> 代わりに小さな部屋は、敬虔な愛が勝利する教会に、喜びの魔法が踊るブロッケン山頂になった。そしてカッツェンベルガー博士自身もこの多くの魔女が集うヴァルプルギスの夜で、踊りの輪の中のブロッケンの主人、つまり原型の悪魔以上に華麗に振舞ったのだった。
> (JP I-6, S. 308)

ジャン・パウルの作品翻訳を長年手がけてきた恒吉法海は、解題でこの箇所に言及し、「キリスト教の文化から発生した自然科学者の素性を的確に暗示しているのではないか」と述べている[87]。「悪魔」カッツェンベルガー博士に導かれ、トイドバッハ大尉もこの「ヴァルプルギスの夜」の場面に加わる。以降は著者のイメージによる勝手な連想だが、さらにゲーテの『ファウスト』第二部最終第五幕で、高齢のファウスト博士がメフィストに手伝わせて、堤防建設による大規模干拓事業に専念する姿に繋がりはしないだろうか――。

というのも当時、数学および測地学の知識を駆使して、世界中で大運河の建設が華々しく進んでいたのである。一八二七年二月二十一日付のエッカーマンの対話記録によると、ゲーテは「パナマ運河、スエズ運河、さらにはドナウ＝ライン運河の開通を生きているうちに経験したい」と漏らしたという（MA 19, S. 539参照）。それから二年後の一八二九年二月十日にゲーテを訪ねたエッカーマンは、老詩人が非常に関心を持っていた大規模港湾建設事業、すなわちブレーメンの外港都市ブレーマーハーフェン（一八二七年完成）の地図や設計図を部屋中に広げているのを目撃している（MA 19, S. 281）。

大運河建設に並々ならぬ関心を抱いていたのに、ゲーテは自作でファウストの計画を失敗させた。擬人化した〈憂い〉に息を吹きかけられ失明した、休みなく活動する主人公ファウストは、メフィストの指示で手下たちがファウストの墓穴を掘るスコップの音を聞きながら、死期が近いことを悟る。ひょっとすると、ここで表面化している「自然科学との付きあい方の問題点や難しさ」は、十九世紀文学の新テーマのひとつと言えるのかもしれない。

事実、ゲーテの戯曲『ファウスト』は、ゲーテを崇拝し、敬愛したドイツ作家シュトルム（一八一七〜八八）の代表作『白馬の騎手 *Schimmelreiter*』（一八八八年）に直接的影響を及ぼしたという指摘がある。[88] その主人公ハウケ・ハイエンには複数の歴史的モデルがいるが、そのひとりが、実在の算術家兼天文学者、さらには航海術指南者としても有名だったハンス・モムゼン（一七三五〜一八一一）である。だが同時にハウケ・ハイエンはゲーテの戯曲主人公ファウストとも多くの類似点がある。ハイエンもまたファウスト同様、休むことなく活動を続け、自然の荒ぶる力に怯むことなく立ち向かい、自然を征服し、勝利をおさめるまであともう一歩というところで落命する。ちなみに作品中、ハイエンが飼っている白馬に対して、「あれ［白馬］は悪魔の乗り物に違いない」[89] というコメントがある。優れた数学の才を持ち、理論家でもある堤防建設技師ハウケ・ハイエンは、経験だけを頼りにする前任者と衝突しても、住民の迷信や偏見に邪魔されても、自分を信じ、己が道を突き進む。だがその粘り強い努力と恵まれた数学的能力をもってしても、彼は破滅の道を辿るしかない。優秀な自然科学者である彼は、社会にふさわしい居場所を見つけられない。[90]

ここではもはや自然科学の優越性は見いだせず、むしろ天才的自然科学者のどうしようもない疎外感・孤独感が問題になっている。

四　トランショとミュフリングによるライン地方地図測量

このあたりで再び『親和力』の実在モデル・ミュフリングに話題を戻そう。一八一三年三月、プロイセン王の宣戦布告を受け、忠臣ミュフリングも軍籍に復帰し、シレジア軍隊付参謀将校として参戦した。解放戦争後、政情が落ち着いてきたところで、彼はプロイセン王フリードリヒ・ヴィルヘルム三世から、ルコック作成の地図を南に延長するプロジェクトを委託される。このとき、ミュフリングはニーダーライン駐在軍の参謀本部付少将だったが、「まだライン川沿岸には地形図の欠落部分が目立つ。大部分を測量し直し、ルコック作成の地図もあわせて詳細に検討せよ」[91]と命じられたのだった。

プロイセン王がミュフリングに置く信頼はことのほか篤く、ワーテルローの戦いの後、一八一五年四月には彼を英国ウェリントン将軍（一七六九〜一八五二）とのプロイセン側連絡将校兼パリ駐在公使に任命した。このパリ滞在をミュフリングは測量プロジェクトに利用することを心得ていた。[92] 抜け目なく彼は、天文学および測地学で主導的地位にあったドゥランブル、ラプラスらと接触している。[93]

さらにミュフリングは、フランス陸軍大佐トランショ（一七五二〜一八一五）が遺した測量データの移譲をフランス陸軍省測量部（Dépôt de la guerre）にかけあった。[94] もとの意味は「軍事関連機密文書を保管する文書館」だが、ここから派生して、当時フランスの地図作成を総監督する部局となっており、ここで働く専門家たちは「測量技師」の肩書で呼ばれていた。

トランショは一七七四年、弱冠二十二歳でフランス王室付三角測量技師に任じられ、初仕事としてコルシカ島の三角測量を行っている。革命政府に政権が交代してからは、コルシカ島からサルディーニア島北部およびトスカーナ公国沿岸と同国が治める島々まで、三角測量を延長・拡大する任務を命じられた。一七九〇年からしばらくの間、パリの海軍局で地中海の海図作成に従事したこともあった。特筆すべきは、彼が一七九二年六月にパリ子午線大計測でメシャンが担当する南半分の測量遠征の助手に任じられたことだ（本書第一章六節参照）。あの繊細で完璧主義のメシャンでさえ、トランショには例外的に全幅の信頼を寄せ、いくつかの角度測定を単独で任せたという。このことからもトランショの腕の確かさ、技術の高さが推測できるというものだ。だが一七九三年にスペイン＝フランス間で戦争が勃発、測量作業中にトランショは逮捕され、パリに強制送還されてしまう。パリ子午線測量を中断せざるをえなかった彼は、やむなく一七九四年四月からパリで、フランス陸軍参謀本部付水路測量師として働き始める。一七九八年にはパリ子午線大計測のフィナーレとして、ドゥランブルが指揮したメランとペルピニャンでの基線測量に協力した。一八〇一年夏にトランショは陸軍測量技師隊大佐となり、ナポレオンが設置したライン左岸四県統括測量製図局長(Bureau topographique des quatre départements, réunis de la rive gauche du Rhin) に任命され、ライン河西岸部の測量および軍事的に有効な地図作成を命じられる。一八一四年初頭には中部フランス・サントル旅団長に就任、ライン河西岸の測量を指揮した。しかし一八一五年四月三〇日、トランショは三角測量用信号を準備している最中に脳卒中に見舞われ、任務の途中で帰らぬ人となった。

ちょうどこの頃[95]、ミュフリングがパリ駐在公使に着任する。彼はトランショ急死で中断した測地図完成のため、フランス陸軍省測量部と協定を結ぶために奔走する。フランス側に同地図の複製《コピー》を渡す算段を整えたうえで、一八一四年五月三十日、パリ講和条約に基づき、ミュフリングはようやくトランショの原図を入手した。ここにパリ子午線測量を含むフランス経緯度測量とドイツ側の地球の形状計測というふたつの異なる流れが一緒になり、十八世紀から十九世紀への移行期を代表する、歴史的に重要な地図が誕生した。すなわちトランショとミュフリングの共作『ラインラント測量図 *Kartenaufnahme der Rheinlande*』（一八〇一～二八年に作成）である。

『ラインラント測量図』とドゥランブルからの専門的助言を得て、ミュフリングはさらにダンケルクとゴータ・ゼーベルク天文台を北緯約五一度の三角測量で結ぶ計画を立案した。ツァッハに師事した彼は、師のやり方を忠実に継承しようと思ったのか、時間伝達のシグナルには「十五の閃光信号打ち上げ場所からなる、かなり大がかりな信号列[96]」の使用を考えた。しかしこの計画は実現せず、後にガウス発明の回照器《ヘリオトロープ》を使ってようやく成功したのだった。

一八一六年から二〇年まで、ミュフリングはライン河地域からテューリンゲンまでの三角網を測定し、一八〇九年に完了していたテューリンゲン三角網に連結させ、トランショが測量したライン左岸を補足するとともに、ライン右岸のプロイセン、ナッサウ、テューリンゲンに三角網を拡大した。一八一七年にミュフリングはコブレンツの測量製図局長となり、一八二〇年九月二十日には全プロイセン軍測量の最高指揮官に任命される。この間、ミュフリングはヨーロッパの主だった天文学者や測量学者たち、特にゲッティンゲンのガウスと頻繁に連絡をとっていた。

さて、測地学者としてのガウスは、若い時から地球の形状に関心を抱いていた[97]。メシャンとドゥランブルのパリ子午線測量データに当初から興味を抱いていた彼は、一七九九年の時点で彼の知り得た情報をゴータのツァッハに書き送ってもいる[98]。一八一六年、ゲオルグ四世からハノーファー王国領測量を命じられたガウスは、コペンハーゲン大学教授兼アルトナ天文台長に着任した弟子シューマッハー（一七八〇～一八五〇）と共同で三角測量を実施した。シューマッハーはデンマーク領内を担当し、これを南に延長したゲッティンゲンまでがガウスの担当と取り決められた。しかも一八二〇年、ガウスはハノーファー領内測量中、三角測量の目標物に使った教会堂のガラスに日光が反射していることにヒントを得て、信号灯に代わる「回照器《ヘリオトロープ》」を考案する。余談ながら、ガウスの肖像画を使った旧西ドイツ十マルク紙幣の裏面には、六分儀と組み合わせたタイプの回照器が描かれていた。これを使えば、夜中に火薬を使う必要もなく、日中四〇キロメートルくらいは軽く、気象条件さえ揃えば一〇〇キロメートル先まで反射光を送って合図ができた。一八二一年から二五年まで、ガウスはハノーファー領内およびデンマーク・ホルシュタイン北限までの実地測量に従事した。彼が測定した三角測量点は二六〇〇点、処理したデータは一〇〇万件を超えると言われる。

なお彼が手がけた最大の三角測量は、ホーアー・ハーゲン＝ブロッケン山＝インゼルベルク（各辺長七〇km＝一〇七km＝八七km）の三点だった。回照器を用いたこの大三角測量には、ミュフリングも参加した。

ガウスの肖像画を使った旧西ドイツ 10 マルク紙幣（本書 64 頁参照）の裏
彼の発明したヘリオトロープ付き測量機器．右側は彼が担当した三角鎖が描かれている

ガウスは一八二五年まで実測に携わったが、当然この間、彼は測量を行うだけでなく、四〇カ所の主要三角点に関する百万を超す膨大な測量データはもとより、約二六〇〇の補助測量点のデータまでたったひとり、むろんコンピュータなしで計算処理していたのだった[99]。もちろん適宜誤差修正も施しつつ、である。これはガウスが卓越した数学者というだけでなく、同様に優秀な測地学者であり、また習熟した測量技術者であったことを物語る。彼が構築した経緯度測量のための三角網は、その偉業のひとつに数えられている。何より経緯儀とその台脚、そして回照器を組み合わせたシンプルな装備だけ、しかも比較的低コストで、ガウスは驚異的に精確な測量値を導き出したのである[100]。実際の測定値が内包する誤差は、彼の「最小二乗法」により平均化・最適化された。また実測値に近い地球楕円体を考える必要から、楕円体面から最初は球面経由で平面化する相似二重投影法を考案し、さらに楕円体面から直接平面に投影する「ガウス＝クリューゲル図法」と呼ばれる投影法に改良した[101]。そしてこれら一連の成果は、同時に測地学においてフランスが握っていた主導権が、ドイツに移ったことを意味した。

五　ミュフリングとプロイセン測量

一八一六年にドイツ（＝プロイセン）における測量作業は、フランス陸軍省測量部と同様、一八〇五年創設のプロイセン王立統計局からプロイセン陸軍省参謀本部に移管されるとともに、既存の国土測量局（Büro für Landesvermessung）と統合され、すべて参謀本部に一括管理されることになった[102]。

ミュフリングは一八二〇年九月二十一日付でプロイセン測量の最高責任者に任命されるや否や、測量作業の指導要領を起草した。さらに約四カ月後の一八二一年一月十一日にプロイセン王室参謀総長に任命された（一八二九年十一月まで）。その四日後の十五日には、方法論基礎にあたる『プロイセン王室参謀本部測量作業指示書 *Instruction für die topographischen Arbeiten des Königlichen Preußischen Generalstabes*』を提出し、翌月五日には早くも国王フリードリヒ・ヴィルヘルム三世の承認を得ている。

> 余は貴殿が先月十五日に提出した『参謀本部測量作業指示書』を大変好ましく思うとともに、これが今後、軍事測量作業の基礎となり、また士官学校、軍事学校、幼年学校の授業の入門書としても用いられることを強く望み、ここに承認する[103]。

この測量作業指示書をもって、ミュフリングは技術上の作業メソッドを確立し、将来のプロイセン地図を規格化した。事実、一八二一年に発効された指示書には、『プロイセン王室参謀本部測量作業用測地図見本 *Instruktion nebst Musterblättern für die topographischen Arbeiten des Königlich Preußischen Generalstabes*』（一八一八年）が添えられ、十九世紀末までこの方式が踏襲された。特に等高線が導入される以前に、地形の高低を示すために使われた通称「ミュフリング式ケバ付け」[104]は、参謀本部およびその他の地図に頻繁に用いられた。測量技術的観点からは、平板を導入し、必ず一枚の測図上に三角測量点を三点以上入れることを義務づけることで、地形を迅速に把握し、かつ精度を高めるのに成功した。かつてヴァイマルで行ったように、ミュフリングは共通単位の「プロイセン＝ルート」を導入した。一プロイセン＝ルートは、ほぼ三・七七メートルに相当する長さになる。さらに彼は独自の計算により、地球の扁平率を一対三一〇と算出した。このいわゆる「ミュフリング楕円体」（一八二〇年）は、一八六七年まで続いたプロイセン全土の測地作業で準拠楕円体として採用された。かつてミュフリングが師事したツァッハを「ヨーロッパ経緯度測量の祖父」と呼ぶなら、ミュフリングはまさに「プロイセン三角測量の父」と呼ばれるにふさわしい人物だった。

こうして出来上がったミュフリングのテューリンゲン測量図は、縮尺二万八八〇〇分の一で、四四センチメートル四方――メートル法を採用していないため、半端な数値になっている――の八六枚から構成され、『ミュフリングの迅速測図 *Müfflingsche Eilaufnahme*』（一八一八～二三）と呼び慣わされている。急いだ割に雑な印象を受けないのは、製図手引書および凡例によりも彩色やケバ付けの方法などについて厳格な条件や手本を提示したのが功を奏したのか。短所や改良点は多々あるものの、ミュフリングの迅速測図はプロイセンにおける最初の規格化された地形図だったが、あくまでも短時間で王国の地形を把握するのが目的の「急ごしらえ」のものとされ、決して巷に出回ることはなかった。[105] 手描きで丁寧に線を引かれ、美しく彩色されたオリジナル地図は、ベルリン国立図書館に保存されている。確かにこの地図は一度として一般に公開・出版されなかったが、十九世紀前半のドイツにおける土地利用を忠実に模写した資料として大きな意味を持つ。特に産業化が始まった時代の鉄道や道路整備状況などを把握するには、第一級の史料と言えるだろう。

第三章　学術図版と自然景観図

一　ゲーテとヴァイマル自由絵画学校

ゲーテの小説『親和力』に登場するオットー大尉は、陽のあるうちは測量器具を使って三角測量を行い、早朝と晩は「図面引きと高低のケバ付け」に勤しんだ。彼が「迅速にすべてに陰影や彩色を施した」（MA 9, S. 304）というくだりから、大尉が水彩絵具を使った高度な彩色・描画技法を習得していたことがわかる。この技術を大尉はどこでマスターしたのだろうか。その答えは、ゲーテ時代の美術と自然科学の結びつきの中にある。

写真が発明される前の十八世紀、学術的な絵画・図版は、自然科学分野の研究において重要な役割を果たしていた。そして学術的絵画技法を学びたい者には、当時、ふたつの選択肢があった。〈絵画学校 Zeichenschule〉に通うか、〈大学専属絵画教師〉が開講する授業に出るか、のいずれかである。本章では近代地図製作に欠かせない、両教育機関に注目する。

まず〈絵画学校〉について言えば、十八世紀には選帝侯あるいは国王主導でドレスデンやベルリンに〈芸術アカデミー Kunstakademie〉が設立されたのと同時に、ドイツ語圏の諸都市で私立あるいは公立の絵画学校が開校した。一七一八年にニュルンベルクで市立絵画学校が開校されたのを皮切りに、一七四九年には、偶然にもゲーテ誕生の年に彼の生誕地フランクフルト・アム・マインで、一七五三年には南ドイツの金融都市で有名なアウクスブルクで、一七六三年にはライン河畔のデュッセルドルフで次々と私立の絵画学校が産声を上げた。[1] ハインシュタインとヴェークナーの調査報告[2]によれば、さらに中部ドイツでは、一七六四年に「小パリ」と呼ばれた学問と出版の都ライプツィヒ、一七六五年に大学都市イェーナ、一七七二年にエアフルト、一七七五年にヴァイマル、一七八四年にアイゼナハ、一七八六年にハレ、一七八七年にゴータでも絵画学校が開校した。芸術アカデミーがフランス国王ルイ十四世（一六三八〜一七一五）創設の「王立絵画彫刻アカデミー Académie royale de peinture et sculpture」を模範とし、芸術のプロフェッショナル養成を目指していたのに対して、これらの〈絵画学校〉は、当時の〈素人趣味 Dilettantismus〉の影響を強く受けていたのが特徴である。[3]

さて、ゲーテが出仕する前後のヴァイマルは人口六千人弱の貧弱な、これといった特産物もなければ、商業交通ルートからも外れた「村」に近い城下町だった。人口の大部分は職人か農民で、二〇人にひとりは乞食だった。一七七四年八月、ベルトゥーフ（一七四七〜一八二二）は、当時まだカール・アウグスト公子が成人に達していなかったので、摂政を務めていた彼の生母であるザクセン＝ヴァイマル＝アイゼナハ公妃アンナ・アマーリア（一七三九〜一八〇七）に『低予算での当地絵画学校設立建白書 *Entwurf einer mit wenigen Kosten hier zu errichtenden freyen Zeichenschule*』を提出した。[4] この草案を通して、ベルトゥーフは市民の芸術的教養と産業促進の二兎を追うつもりだった。つまり職人養成と（幼少時からの）将来の芸術家育成を、彼は絵画学校の目標に据えた。当時ベルトゥーフはヴァイマルで文筆活動を行っており、啓蒙主義作家でありながら未成年のカール・アウグスト公子の養育係を務めていたヴィーラント主宰の雑誌『トイチェ・メルクール *Teutscher Merkur*』の共同編集者でもあった。スペイン文学に興味のあったベルトゥーフは、セルバンテスの名作『ドン・キホーテ』をドイツ語に翻訳し、またヴァイマル宮廷用に戯曲を書き下ろしもした。同時に彼は演劇好きの素人だけで構成される劇団員でもあったため、アンナ・アマーリア公妃に謁見する機会があった。公妃の長男で、成人とともに即位したカール・アウグスト公は、一七七五年、ベルトゥーフを枢密院書記兼御手許金管理者（一七九六年まで就任）に任命した。そのうえで絵画学校開校が許可され、翌一七七六年、クラウス（一七三七～一八〇六）を校長とする、ヴァイマル公公認の「自由絵画学校」がヴァイマルに開設されたのであった。

フリードリヒ・ユスティン・ベルトゥーフ

ヴァイマル公妃アンナ・アマーリア（カール・アウグスト公の実母）

絵を描くことは、十八世紀において良き趣味とされ、また同時に社交上の利点がある流行の娯楽でもあった。しかしどうやらアンナ・アマーリア公妃は幼少期に絵画レッスンを受けていなかったらしく、ヴァイマルに御輿入れ後、一七七五年あたりから絵を描き始めたようだ[5]。当初、彼女はヴァイマル宮廷お抱えの画家シューマン（一七三三～八三）やハインジウス（一七三一～九四）に師事したが、満足できなかったらしく、外部の芸術家すなわちライプツィヒ絵画学校長兼ザクセン宮廷お抱え画家のエーザー（一七一七～九九）[6]、またヴァイマル自由絵画学校が開校してからは同校長クラウスを宮廷に招き、指導を請うた。エーザーは一七七二～八五年の間、規則的にヴァイマルを訪れて個人レッスンを行っている。公妃のライン地方旅行後は、特に実践的指導に力を入れ[7]、さらに後にはヴァイマルの公園整備にも参画した。他方、クラウスは、ゲーテと同郷のフランクフルト・アム・マインで、一七六七年に早くも絵画アカデミー開設を目論んだ。残念ながらこの計画は失敗し、やむなく彼はフランクフルトの自分のアトリエで私立絵画学校を開いたのだった。ベルトゥーフはヴィーラントにクラウスを紹介され、まもなくその挿絵画家としての才能に注目するようになる。ベルトゥーフ翻訳の『ドン・キホーテ』にクラウスが挿絵を提供したのを機に、両者は絵画学校の構想を一緒に練る。

さて、クラウスの指導のもと、アンナ・アマーリア公妃は、線描スケッチ、水彩画、腐食銅版画《エッチング》、影絵《シルエット》など様々な絵画技法を学んだ。描写力を高めるため、なかでも人体のバランスや構図を理解するために、彼女はオランダ人解剖学者カンパー（一七二二〜九二）の著書も読み込んだという。ちなみにカンパーと言えば、ゲーテがイェーナ大学解剖学教授ローダーと発見した痕跡器官「人間の顎間骨」の存在を否定したことで有名だが、それでもゲーテはカンパーの仕事を高く評価し、頻繁に引用している。しかも当時、芸術作品の模写は、絵画技法を向上させるに最も有効な教育手段と考えられていた。そしてそんな模写や写生の折、公妃は、あらゆる対象を正しい比率で画用紙に投影できる補助器具「カメラ・オブスキュラ」[8]を使った。また一七九〇年頃には、自分の絵画用机を特注するほどの熱の入れようだった[9]。

だが、前述したように、絵を描くことは当時、社交活動でもあったから、公妃はひとりで部屋に籠って黙々と筆を動かすことはせず、彼女の侍女たちやロイヤルファミリー、つまり次男のコンスタンティン王子（一七五八〜九三）や義理の娘にあたるカール・アウグスト公妃ルイーゼ（一七五七〜一八三〇）らとともに、和気藹々とレッスンを受けていたらしい。

ヴァイマル公一家は、こんな風にプライベートな絵画レッスンに謝金を支払うのはやぶさかでなかったが、残念ながらエーザーやクラウスのような、外部の芸術家に新たな宮廷画家のポストを用意して、専属のお抱えにするほど懐が温かくなかった。他方、この時期になると、市民も絵画やスケッチの教育的価値を認識するようになった。こうした文化・教育政策の重要な使命を担っていたのが、他ならぬ〈絵画学校〉だったのである[10]。ややローカルな話題になるが、ヴァイマル自由絵画学校は、当初ヴァイマル公の居城内に置かれ、その後、しばらく同じ旧市街ではあるが「赤の城」に移され（一七八一〜一八〇七）、一八〇八〜一六年まで再び居城内に戻っている。研究者クリンガーはこの経緯について、「一七八〇年頃、絵画をたしなむヴァイマルの宮廷人が、「赤の城」内の市民にも開放された新しいレッスン室を訪れることにより、絵画学校が宮廷の構成員と市民との接触点になった」ことに注目している[11]。

さらに興味深いのは、一七八一年に「赤の城」へ引っ越したのを機に、絵画学校が複数のクラスを開講したことである。第一クラスは男性ばかりで、すでに技能を身につけた者、貴族、宮廷に仕える小姓たちに校長クラウス自らが指導した。第二クラスは、同様に男性ばかり、ただし初心者や駆け出しの若い職人に下級教員が手ほどきをした。下級教員は第三の女性ばかりのクラスも担当した。なお、この女性クラスの三分の一以上は貴族階級であった。つまりゲーテの女友達として名高いシュタイン夫人はもちろんのこと、女優コロナ・シュレーター(一七五一~一八〇二)やカール・アウグスト公の愛妾となり、ハイゲンドルフ夫人と呼ばれるようになるカロリーネ・ヤーゲマン(一七七七~一八四八)もこのクラスを受講していた。しかも以上の三クラスはすべて、十二歳以上なら無料で受講できた。

測量と地図作成に関しては、しかし特別に、第四の一般非公開のクラスが存在した。こちらは、専門職人と軍人のために限定開講されており、授業内容も数学および高度な絵画技法に費やされた。なお、この上級クラスでどんな授業が行われていたかも、最近の研究成果から詳細が判明しつつある。特にハイネマンの論文[12]によると、たとえば一七九六年師走から、シュタイネルト(一七七四~一八四〇)という新任教師が「幾何学」を開講した。ヴァイマル絵画学校で教鞭を執る前の一七九五年秋から九七年夏まで、彼はイェーナ大学で数学に関する複数の講義、たとえばフォークト(一七五一~一八二三)やゲルステンベルク(一七四九~一八一三)の授業を聴講していた。一七九七年十月に専任ポストを得ると、測量成果の実践的描写、なかでも遠近図法を教えるようになった。具体的な授業内容は、シュタイネルトが教授兼自習用にまとめた教科書『芸術家および専門家、そして家庭と生活に必要な製図技法と図法幾何学』(ヴァイマル、一八二八~三五、全三巻)[13]からおよそ推測できる。ちなみに原文タイトルにある「図法幾何学 géométrie descriptive」の語は、フランスのエコール・ポリテクニークの創案者にして数学者モンジュ(一七四六~一八一八)[14]が講義をもとに執筆した著作『画法幾何学』(一七九九年)から採ったものだという。

ここで読者に想い出していただきたいのが、ミュフリングの貢献である。彼が後年手がけた仕事は、プロイセン軍測量に大きな影響を及ぼし、新時代の幕開けとなった。前章終わりに紹介した、ミュフリング起草の『プロイセン王室参謀本部測量作業指示書』は、デッカー少佐が地図清書用の説明と描写規則を書いた『プロイセン王室参謀本部測量作業用模範地図解説』（ベルリン、一八一八年）をもとにしている。この指示書には、どんな地形を描写するにしても、特定の共通記号と色を使う厳格な規定があった。[15]ゆえに陸軍測量部所属士官には、画材の使い方や彩色技法の正確な理解・修得が求められた。「まだ合成絵具がなかった時代ゆえ、清書する際は忍耐強く、絵の具を塗り重ねて自然なトーンを出すしかなかった」[16]からである。ヴァイマル絵画学校設置の特別養成コースは、測量を専門とする士官のためのものだった。

そんなわけだから、プロイセン・アカデミーが比較的早くからヴァイマルの絵画学校に興味を持ったとしても何の不思議もなかった。ベルリン芸術工芸アカデミーは、ベルトゥーフを一七八八年にまずは名誉会員に、翌一七八九年には正会員に任命し、経験と知識豊富な彼から、アカデミー附属絵画学校へのアドヴァイスを受けられるよう画策した。事実、一七八九年にさっそくベルトゥーフは同アカデミー勤務で、ゲーテとも親交のあった作家兼美学研究者のカール・フィリップ・モーリッツ（一七五六〜九三）が編集した『ベルリン芸術工芸アカデミー月報 *Monatsschrift der Akademie der Künste und mechanischen Wissenschaften zu Berlin*』第三号に、自らが設立と運営に関与した絵画学校モデルに関する論文『ヴァイマル自由絵画学校について *Beschreibung der herzogl. Freyen Zeichenschule in Weimar*』を寄稿している。

他方、ベルトゥーフはプロイセン国内にあるラテン語学校などを工業経営者や商人を育成する実用学校《レアルシューレ》（Realschule）に移行させる教育改革の実情を知る。研究者クリンガーは、そもそもベルトゥーフは最初から絵画学校に、イギリスの問屋制家内工業《マニュファクチュア》をお手本に、さらには不動産や財産のない人々が働いて日々の糧を得られる「ワークハウス」的機能も与えようとしていたと指摘する。[17]並行してベルトゥーフは、一七九一年三月二十六日にカール・アウグスト公に出版事業特許権を申請し、一八〇〇年には専用印刷所を設立し、一八〇二年からは「公国産業印刷所 Landes-Industrie-Comptoir」と名乗った。彼が印刷・発行したドイツ初のファッション雑誌『贅沢と流行 *Journal des Luxus und der Moden*』や情報誌『ロンドンとパリ *London und Paris*』に掲載されたイラストの一部は、絵画学校の卒業生および在籍生によって描かれたことが判明している。[18] さらに印刷所の専門領域が分離・独立する形で、測地学と地図製作に特化した「地図局 das Geographische Institut」が発足した。

むろんゲーテの貢献も忘れてはならない。一七八一年の秋学期、ゲーテは――それ以外は絵画学校の生徒としてレッスンを受ける立場にあったのだが――芸術家向けに解剖学の講義を行っている。ゲーテは一七九七年に絵画学校の監督官、いわゆる顧問に就任し、以後、二代目校長・画家マイヤー（一八〇六年より）とともに学校経営に関与した。この結果、ヴァイマルの絵画学校は、貴族の知的余暇活動と市民の実益が結びついた産業施設となり、さらには本当の芸術家の養成機関に成長した。展覧会出品者リストには、在校生と並んで、日本でも知名度の高いドイツ・ロマン派の画家フリードリヒ（一七七四〜一八四〇）の名前も認められる。なお、二十世紀に入ってから、同じヴァイマルでバウハウスが産声を上げたのも、この絵画学校以来の文化的・精神的土壌があったからではないか、と関連性を指摘する研究者さえいる。

二　イェーナ大学専属絵画教師

1　大学専属絵画教師という職業

写真が発明される前の十八世紀、啓蒙主義の流れにおいて、学術的な絵画・図版は、自然科学分野で絶対不可欠な要素だった。鋭い観察眼と、観察したものを精確に絵画で再現することは、科学の認識プロセスにおいて重要な作業のひとつだった。[19]「専属絵画教師のいない大学は、不利になるどころか、学問を阻害する」[20] という言葉が示すように、十八世紀後半にドイツの主要大学は、専属絵画教師（Univeristätszeichenlehrer あるいは akademischer Zeichenlehrer や Zeichenmeister などと呼ばれる）のポストを設け、卓越した画才をもつ人物を積極的に登用した。

大学専属絵画教師の役割については、ドイツ国内でもまだ本格的な研究が始まったばかりで、他のヨーロッパ諸国との比較検討まで至っていない。現時点で大まかに言えるとしたら、フランスやイギリスの専門美術教育、つまり芸術アカデミーなどの芸術家養成プログラムにおいては、解剖学が重視されていた。そしてたとえば医学者は研究成果の発表（解剖図版作成）のためにプロの画家を雇う、という医学と芸術家の分業・連携システムが確立していた。他方、小国が分立していたドイツでは、英仏のような中央集権的な教育システムが確立できず、各大学が独自に研究環境の向上に努めなければならなかった。つまり自然科学系の学術的絵画や研究書用図版をそう簡単にプロに外注できないため、自然科学専攻学生の絵画教育に力を入れ、学問上の「自給自足」を図る戦略を図ったのだろう。方向性として、ヴァイマルの絵画学校設立の産学振興戦略にも一致する。ゲーテが亡くなるまで大学監督官を務めたザクセン＝ヴァイマル＝アイゼナハ公国のイェーナ大学は、お世辞にも豊かとはいえなかったが、何より先見の明があった。一七六五年、イェーナ大学は、専属絵画教師を雇ったドイツ最初の大学のひとつになったのである。

もともと宮廷騎士教育の伝統に基づき、イェーナ大学では自由選択科目として、ダンス・乗馬・フェンシングと同列に絵画の授業が提供されており、授業料さえ払えば、毎週レッスンが受けられる仕組みだった。新ポストに就いた専属絵画教師は、常に二重の機能を果たすことが要求された。つまり一方は、学術的に通用する挿絵や図版を完璧に描くという自然科学的機能、そしてもう一方は自然科学専攻の学生たちに、意識的に物事を見ることを教える、言い換えれば観察の訓練をさせる芸術的機能である。特に後者の観察訓練あるいは観察したものを精確に再現する技術を必要としたのが、医学のなかでも解剖学だった。ゲーテが師事した解剖学者ローダーは、プライスラー（一六六六〜一七三七）の『画家の解剖学 *Deutliche Anweisung und gründliche Vorstellung von der Anatomie der Mahler*』をゲーテに買わせ、その銅版画模写を通じて、骨学を学ばせた。[21] ゲーテが一七八一年十月十九日付で女友達シュタイン夫人宛に書き送った手紙には「今宵は解剖学スケッチをし、足りない知識を補充しようと真面目に取り組みました」(WA IV-5, S. 205) とある。この経験はゲーテを突き動かし、先にも軽く触れたが、一七八一年十一月から翌年一月まで、ヴァイマル絵画学校で直ちに画家たちに解剖学の講義を行い、新知識を伝授するという入れ込みようだった。[22]

さて、医学と芸術の間に古くから密接な相互影響関係があったことは、レオナルド・ダ・ヴィンチの解剖スケッチ例などからも簡単に予測できよう。日本の例をとるなら、江戸時代、前野良沢や杉田玄白らによるオランダ語からの重訳『解体新書』(一七七四年)には、平賀源内に洋画法を指南された秋田藩士の蘭画家・小田野直武(一七四九もしくは五〇～八〇)が模写した解剖図が不可欠であった。[23]『解体新書』の底本が、ドイツ人医師クルムス(一六八九～一七四五)の『解剖図譜 *Anatomische Tabellen*』(初版一七二二年)だったのもよく知られている。

イェーナ大学ではローダーが、一七八八年に『解剖学教本』第一巻を刊行し、彼とゲーテの解剖学共同研究の賜物である「ヒトの顎間骨発見」にも言及した。[24] 一八〇三年には九年の準備期間を経て、ヴァイマルのベルトゥーフの出版印刷所から大判の全二巻から成る記念碑的大判美装本『人体解剖図大全 *Tabulae anatomicae quas ad illustrandam humani corporis fabricum*』を上梓した。[25] これはローダーが三十年近く在職したイェーナ大学での研究集大成であり、同時にハレ大学に移籍が決まった彼の別れの品となった。この図版のために、ローダーは画家三名と銅版画家十四名を投入、そのなかには第一級の学術絵画教師と謳われたルー(一七七一～一八三一)も含まれていた。研究休暇中、イギリスで師事した解剖学者兼外科医ハンターが、解剖図の出来栄えに細心の注意を払うのを見たローダーは、解剖学図の精巧さが研究成果を左右することを知り、自らも視覚的効果と完璧さに心を砕いた。

ローダーはイェーナ在任中から、学生たちにつねづね正確な観察眼を養うために解剖図のスケッチを練習し、学術的絵画技法を習得するよう説いていたという。[26] 彼は、医学生に絵画的素養が欠けていることを問題視していた。人体の有機的関連を把握するためには、解剖標本を正しく描写・再現できる能力が重要だ、というのが彼の持論だった。ローダーの時代から、医学生たちのスケッチ能力低下が問題になっていたようだが、その後、十九世紀後半になってもヴィルヒョウ（一八二一〜一九〇二）やビロート（一八二九〜一八九四）といった名だたる医学者も異口同音に、学生たちが正しく観察できないことを指摘し、苦言を呈している。彼らもまたローダー同様、「意識して見る」ことを学ぶには、「観察対象を自ら描写するほかない」と主張していた[27]。

だがローダーをはじめとする教授陣が、個性を徹底的に排除した精巧な絵図を要求すればするほど、専属絵画教師は画家としての個性はもちろん、対象の偶然性や個性を打ち出せない、という悩みを深くしていった。自分の独創性を否定し、同僚の意見を尊重するよう強いられる「二番手」の職業画家という立場に甘んじなければならなかったのは、なまじ高い技術を持つゆえに苦痛だっただろう。なお、後に写真技術が発明されると、大学専属絵画教師はしばしば写真家の役割も兼任するようになった。

2 イェーナ大学専属絵画教師 シェンク、エーメ、ルー

イェーナ大学の初代専属絵画教師は、シェンク（一七八五年没）という。ライプツィヒで生まれ、イェーナで結婚し、同大学の学生相手に〈芸術画家 Kunstmaler〉として、絵の個人教授をしていた。一七六四年末頃、摂政アンナ・アマーリア公妃に「イェーナ大学の学生が数学に必要不可欠な絵画技法を学ぶ機会がない」ことを理由に「大学専属絵画教師 academischer Zeichenmeister」任命と年給を願い出[28]、学部長の口添えもあって、希望通りの職を得た。こうしてシェンクは一七六五年春学期から、自然科学および数学に特化した絵画授業を開講[29]、以来、亡くなるまで二十年間、学術的絵画技法を伝授した。ハインシュタインとヴァーグナーの共同研究報告によれば、シェンクの授業は、測地学・機械工学・軍用および民間建築技術のほか、必要に応じて植物学や鉱物学など広範囲にわたるものであったという[30]。なお、資料が乏しく、詳細は不明だが、並行してアンナ・アマーリア公妃摂政時代、シェンクがイェーナにも絵画学校を開いていたという証言も残る[31]。

シェンクの死後、二代目後継者となったのが、エーメ（一七五九〜一八三二）で、長寿の彼はその後なんと半世紀

近く、イェーナ大学専属絵画教師として在職した。エーメは両親を早くに亡くし、ヴァイマルの親類に引き取られた。画才を示したので、一七八一年から自由絵画学校の下級教員として働き、同校長クラウスの推薦により、イェーナ大学専属絵画教師のポストを得た幸運児だった。しかしエーメは自然科学系学術絵画には関心を示さず、もっぱら通常の絵画制作に力を入れたので、初代シェンクが行ったアカデミックな医学や数学に特化した絵画技術の指導は疎かになった。

この欠落を穴埋めしたのが、シェンク亡き後、後継ポストをめぐってエーメと争ったライバル、ゲルステンベルク(一七四九〜一八一三)だった。一七八六年に彼は私講師になり、一八〇一年にはイェーナ大学准教授の職を得て、財政学の講義を担当した。同時に彼は測量と製図の専門家でもあった。彼の測量分野における貢献については、次節であらためて詳しく述べることにしたい。

まもなくエーメの直弟子のひとり、ルーがその卓越した絵画技術と多才さにより、師の地位を脅かすようになる。ルー自身はイェーナで生まれ育ったが、その先祖は十八世紀初頭にフランス・リヨンから移住してきたフランス語教師だった。事実、彼の祖父も父もイェーナ大学のフランス語学教師として教鞭を執り、その方面の著作を執筆・刊行している。一七九一年にルーはイェーナ大学で数学を専攻し始めるが、物理学や医学の講義も受講した。ローダーの解剖学に出席していたルーは、ここでヴュルツブルク出身の医学生バルトロメウス・フォン・シーボルト(通称バルテル、一七七四〜一八一四)[32]と知り合う。苗字から即連想した読者もいらっしゃるだろう、そう、のちに長崎・出島を訪れるフィリップ・フランツ・フォン・シーボルトの叔父のひとりである。バルテルの医学論文(一七九七年提出)のために、学生のルーが描いた四枚の精緻な解剖画は、早くも研究者たちの注目を集めた[33]。遅くとも一七九五年末頃から、ルーはイェーナ大学植物学教授バッチュ(一七六一〜一八〇二)の依頼により植物画も手がけるようになり、バッチュの植物学解説書『開かれた花園 *Der geöffnete Blumengarten*』(ヴァイマル、一七九五〜九八刊行)に精密な植物画を提供した。

だがルーの名声を不動不朽にしたのは、前述したローダーの『人体解剖図大全』に提供した一連の挿絵である。一七九六年から一八〇三年の間、ルーは少なくとも五〇枚の挿絵を実際の人体解剖や標本から直接写生したという[34]。絵画による学問的貢献が評価され、ルーは一八〇六年に博士号（Ph. D.）を得たが、ローダーの移籍後は、その画才を発揮する機会に恵まれなかった。それでもルーは、イェーナで主に医学部生を対象に、医学教育の一環として、絵画を教え続けた。それはかつてローダーが唱えたように、医学者が持つ観察眼の獲得のためであった。他方、ルーはヴァイマルの絵画学校とも良好な関係を築いていた。彼がイェーナで教えていた生徒たちは、ヴァイマル絵画学校の毎年恒例の展覧会に参加・出展を許されていた。

後継者育成や貧弱なカリキュラムに思うところがあったルーは、一八一二年に医学部生をはじめとする自然科学系の学生に必要な学問的絵画技法を教える「芸術アカデミー Kunstakademie」をイェーナに新設する建白書を、ゲーテを通してヴァイマル公カール・アウグストに提出した。ゲーテはもちろん、公も乗り気で、請願を即刻受理したのだが、残念なことにイェーナ大学運営権を持つ他の諸侯たち――たとえばザクセン＝ゴータ公、ザクセン＝コーブルク公、ザクセン＝マイニンゲン公ら――にはっきりしない理由で抵抗を受け[35]、賛同が得られなかった。ゲーテは引き続きイェーナに芸術アカデミーを新設する根回しをする心づもりで、アカデミー開校後のことも考え、ルーに二回の在外研究を勧めた。

一八一三年、ルーはイェーナ大学学生の銅版画および絵画教育用に新設された職を得、その数カ月後、家族とともに一年間、南ドイツ・スイスへの研究旅行に出かけた。しばらく間を置いて、一八一六年には再び一年間、今度はハイデルベルク大学に留学した。二度目の帰国後になる一八一七年夏、ルーはほぼ毎日イェーナでゲーテと会い、特に色彩学に関する共同研究を行っている。

有能なルーをイェーナに慰留したいゲーテは、彼にヴァイマル公女マリーおよびアウグスタ両姫君の絵画教師の口を斡旋する一方、根回しを続けた。けれども状況は好転せず、イェーナでこれ以上のキャリア形成は無理と判断したルーは、一八一九年、ハイデルベルク大学から提示された「解剖図専門教授」就任を承諾した。ゲーテが落胆したのは言うまでもないが、幸いルーは移籍先ハイデルベルク医学教授のティーデマン（一七八一〜一八六一）という新たなパートナーを得て、その卓越した画才にさらに磨きをかけていった。また大学移籍後もルーは、ゲーテとは文通を続けた。

3　数学教授ゲルステンベルクとケバ付け技法

前節で名前だけ挙げたゲルステンベルクは、法律家の息子としてヴァイマル近郊のブットシュテットに生まれた。生まれ故郷の学校を卒業後、一七六六年十一月にイェーナ大学に学籍登録を行い、法学・数学・哲学を専攻した。一七七〇年にいったん休学し入隊、九年間、ヴァイマル砲兵隊に勤務した。この兵役期間に彼は砲弾軌道計算を筆頭に、他の兵器・機械・建造物の計算を学び、同時にスケッチやエッチングの技術を身に着けた。一七七九年にイェーナ大学に復学し、一七八五年に哲学修士号を得た。そして同年、前述したように、シェンクの死により空席になった大学専属絵画教師のポストに応募したが、不採用だった。そこで彼はまず私講師となり、一八〇一年にイェーナ大学准教授に就任した。

ゲルステンベルクが得たのは、物理学、数学、財政学を教えていたズッコウ（一七二二〜一八〇一）[36]の後任教授ポストだった。だがゲルステンベルクの得意分野は、何よりも測量と製図だった。すでに私講師時代から、彼はこの分野でさまざまな実習授業を提供していた。たとえば一七九五年には「遠近画法演習」、翌九六年には「フィールドワークを含む実践測地学」、また九五、九六年ともに「測地描写をマスターするための実習調査旅行」など、いずれも夏学期に開講している[37]。あわせて彼がさまざまな測地器具を用いた測量技術用教本を執筆・刊行したのは言うまでもない。

特筆すべきは、彼が丘陵や山などの標高を決定・描写する独自の技法、「山岳描写システム Bergzeichnungssys-tem」を発明したことである。だが、まずは彼以前に、人がどんなふうに地図上で山の高さを表現していたのか、簡

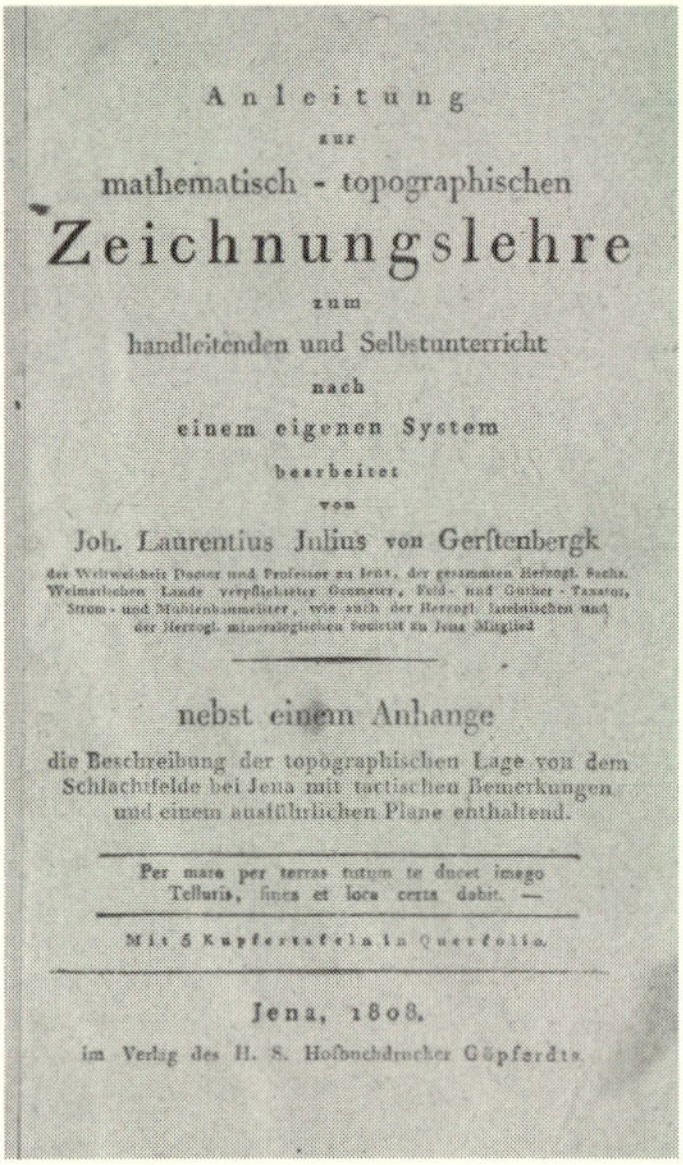

Anleitung
zur
mathematisch - topographischen
Zeichnungslehre
zum
handleitenden und Selbstunterricht
nach
einem eigenen System
bearbeitet
von
Joh. Laurentius Julius von Gerstenbergk
der Weltweisheit Doctor und Professor zu Jena, der gesammten Herzogl. Sachs. Weimarischen Lande verpflichteter Geometer, Feld- und Guther - Taxator, Strom - und Mühlenbaumeister, wie auch der Herzogl. lateinischen und der Herzogl. mineralogischen Societät zu Jena Mitglied

nebst einem Anhange
die Beschreibung der topographischen Lage von dem Schlachtfelde bei Jena mit tactischen Bemerkungen und einem ausführlichen Plane enthaltend.

Per mare per terras tutum te ducet imago
Telluris, fines et loca certa dabit. —

Mit 5 Kupfertafeln in Querfolio.

Jena, 1808.
im Verlag des H. S. Hofbuchdrucker Göpferdts.

図版1　ゲルステンベルクの著作表紙（1808）
ThULB 所蔵（Sig.: 8-Math-III-40），同館の許可による

単に説明する必要があるだろう。[38] それまで地形、すなわち地球上の凹凸はレリーフのように表現されるのが常だった。古い地図上の山は、側面から見た、あるいは折り畳んだ形で、測地学的根拠なくどれも型通りの記号で示されるのが常だった。ようやく十六世紀になって、特に軍事目的のため、いわゆる「騎士あるいは将校目線」と言われる、やや高いところから斜めに見下ろした山の表現描写が導入された。この地形描写がその後〈ケバ付け〉手法により、改善されていく。〈ケバ付け〉には、急勾配のある方向に伸ばされた細かな線で、その線の太さや長さで地形の傾きを示す〈傾斜ケバ付け〉、もしくは北西からスポットを当てた形で濃淡をつける〈濃淡ケバ付け〉の、ふたつのヴァリエーションがあった。[39]

興味深いのは等高線と水深線の導入にタイムラグがあることだ。コールシュトックの解説によれば、[40] 水深線はすでに十七世紀の航海図に、深さを示す水面から垂直等間隔の線として書き込まれていた。これに対して、詳細に標高を示した最初の地図が出来たのは、ようやく十八世紀末、あの『フランス測地図』が始まりだった。けれども等高線が普及したのは、さらに遅れて十九世紀後半のこと、なぜなら測地用測量器具の発達とその機材を駆使して得た精確なデータがあって、等高線は初めて導入できるからだ。ゲーテが生きた時代は、まだ等高線は使われておらず、〈ケバ付け〉技法すらやっと発明されたばかりだったのである。

ゲルステンベルクの「山岳描写システム」は実は〈ケバ付け〉技法とまったく同じものを意味する。一八〇八年、彼は『独自システムによる数学的地形学的絵画法入門手引き自習書 *Anleitung zur mathematisch-topographischen*

Zeichnungslehre zum handleitenden und Selbstunterricht nach einem eigenen System』をイェーナで出版した（図版1）。その表紙には、彼の長い肩書「世界に知を誇るイェーナ大学教授兼博士、ザクセン゠ヴァイマル公国専属測量技師、耕地・土地鑑定人、水路・水車設計技師、イェーナにおける公国ラテン語協会および公国鉱物学協会会員」が並ぶ。最後の肩書に関して言えば、一八〇六年に彼はイェーナ鉱物学協会で彼が編み出したケバ付け技法に関する講演を行い、協会報告書に内容が掲載されているが、一般には入手しにくいものだから、この教科書であらためて彼が改良した「最新描写システム」を紹介しようと考えたという（序文参照）。

ここでゲーテの小説『親和力』での、大尉の仕事ぶりを想い出していただきたい。彼はひねもす屋外で「必要な器具」を用いて測量を行い、晩と早朝を「図面引きと高低のケバ付けに費やした」（MA 9, S. 304）。作者ゲーテは、大尉が当時最新のケバ付け技法を自家薬篭中のものにしていたことを明確に書き込んでいるわけだが、いったいゲーテはどこでこの情報を入手したのだろうか。

在イェーナ公国鉱物学協会の『報告書』第一巻（一八〇六年刊行）を参照すると、ゲルステンベルクはこの機関誌に彼の山岳描写システムに関する論文を寄稿したのではなく、先んずること一八〇四年一月三十日に同協会で公開講義を行ったことがわかる。そして同『報告書』のために、協会書記ヘーガーマン博士のプロトコルによれば[41]、カール・アウグスト公の妻、ザクセン゠ヴァイマル゠アイゼナハ公妃ルイーゼの誕生日を記念して、この日、第二四回総会が開かれ、その席上でゲルステンベルクが講義したのだった。協会会員しか入手できなかった抜き刷りの講義題目は、『信頼に足る山岳地図作成法および山岳表面積の測量データ表現の可能性について *Ueber die zuverlässigste Ausfertigung der Bergcharten und der Ausführbarkeit, der gradmäsigen Bezeichnung der Aussenfläche eines Gebirges*』[42]だった。講師ゲルステンベルクの言葉を引用しよう。

小生は長らく地学および数学的根拠に基づく山岳描写メソッドの開発に従事して参りました。この方法は、山の表面積を垂直方向の視点から眺める、つまり三次元物体を二次元平面に投影する方法で、自然のオリジナルに忠実に、数学データを利用して、その傾斜・陥没・成層の状態までも表現できるのです。久しくこの方、小生の山岳描写方法が、山岳地図製作における外部と内部を結びつけられるのではないか、たとえばあらゆる観点から鉱山開発に参考となるような表現ができるのではないかと考え、さまざまなアイディアを駆使し、試行錯誤を続けて参りました。(43)

この鉱物学協会は、イェーナ大学教授ヨーハン・ゲオルク・レンツにゲーテが賛同・協力する形で、一七九七年十二月八日にイェーナで発足し、翌年一月七日に最初の総会が持たれた。初代会員は十六名で、会員は三つのカテゴリーに分けられていた。正会員は、イェーナ在住で、鉱物学と物理あるいは化学の知識を持つ者でなければならなかった。これに加えて、名誉会員と通信会員があった。たとえばゲーテはイェーナが主たる居住地ではなかったので――イェーナとヴァイマルはよく双子都市と呼ばれたが、そうはいってもやはり隣町ヴァイマルの住民だった――彼の名前は、「外部在住の名誉会員」のリスト上に、ベルリン在住の枢密顧問官兼医学者フーフェラントや上級鉱山官アレクサンダー・フォン・フンボルト男爵、またイェーナ大学OBでヴュルツブルク大学解剖学兼外科学教授に就任していたJ・B・シーボルトの名前と並んでいる。活動は活発だったようで、会則第七条によれば、正会員の通常の会合は一週間ごと、ただし比較的大きな会合は二カ月ごとの開催とされ、後者には名誉会員も招待された。今は存在しないイェーナ城――現在はイェーナ大学の本館が建っている――の広間が、会場として使われた。続く会則八条を読むと、通常会合では会長が鉱物学領域の最新情報を紹介していたことがわかる。短めの論文や会員からの報告があわせて読み上げられることもあった。重要な論文や報告については、名誉会員も参加する総会で伝達された。

ただしゲーテは、ゲルステンベルクが一八〇四年一月に行った講義を直接聞いていない。(44)だがおそらく鉱物学協会と良好な関係にあったゲーテは、さほど日を置かずに新しいケバ付け技法の情報を入手しただろう。同年に着手されたヴァイマル公所有のイェーナ公園改造をゲーテはゲルステンベルクに任せ、その公園敷地の測量をあわせて命じている。[45] ゲルステンベルクが描いた『ヴァイマル公所有イェーナ公園下部とその分割平面図 *Grund-Riß ueber den untern Theil von den Hochfürstl. Gaerten in Jena und dessen Vertheilung*』（一八〇四年六月）は、ゲーテの地図コレクションに入っている。

さて、ゲルステンベルクの「山岳描写システム」に話を戻そう。『報告書』によると、ゲルステンベルクは講義で前史を振り返り、平面幾何学を用いた地図作成が始まるも、山の形状については、特定の高所から見下ろす観察者の視点でシルエットが描かれること、つまり鳥瞰図的表現が多かったと指摘する。一七〇〇年頃になってようやく山についても平面幾何学的手法がとられ、その傾斜面は〈ケバ付け〉で表現されるようになったという。[46]

次頁の**図版2**、左上方の図1（Fig.1）をご覧いただきたい。これは円錐状の山を描写する場合の理論的根拠を示している。ゲルステンベルクは説明文で、読者に「山の真ん中、その上で太陽の印☼がついているaが光源」を考えるよう促す。この光源aから光線ac、ad、ae、af、agのように、あらゆる方向に向かって光が照射されるので、山の明るい部分は、地平線上と成す角度に従って決まる。この図1を使って、彼は二つの視点を一枚の紙面に表現する方法を説明していく。山を地図上に表現するにあたり大切なのは、二種類の主要観察方法である。一方は地平線と山の斜面が成す角を平面上に写し取り、等しい高さの点を結んで標高を描きだしていく視点であり、もう一方はその地形全体を結びつけて、山裾の広がりや傾斜などを含め、自然に即したシルエットを再現する包括的視点である。

図1の上にある光源を起点にすると、一定の規則に則って引かれた無数の線が、その間隔の密集度によって傾斜の緩急を示していることが読み取れる。言い換えればケバ付けの濃淡により、勾配の度合いがわかる。むろん段階的なケバ付けの規則を定めているからこそ、こうした正確で有効な山の描写が可能になるのだ。

本メソッド改良の経緯については、ゲルステンベルク自らが著作序文で説明している。起点となったのは、刊行から約三十年以上前と言うから、彼がヴァイマル砲兵隊に所属していた時期である。何人かの技術者たちと実践的作業

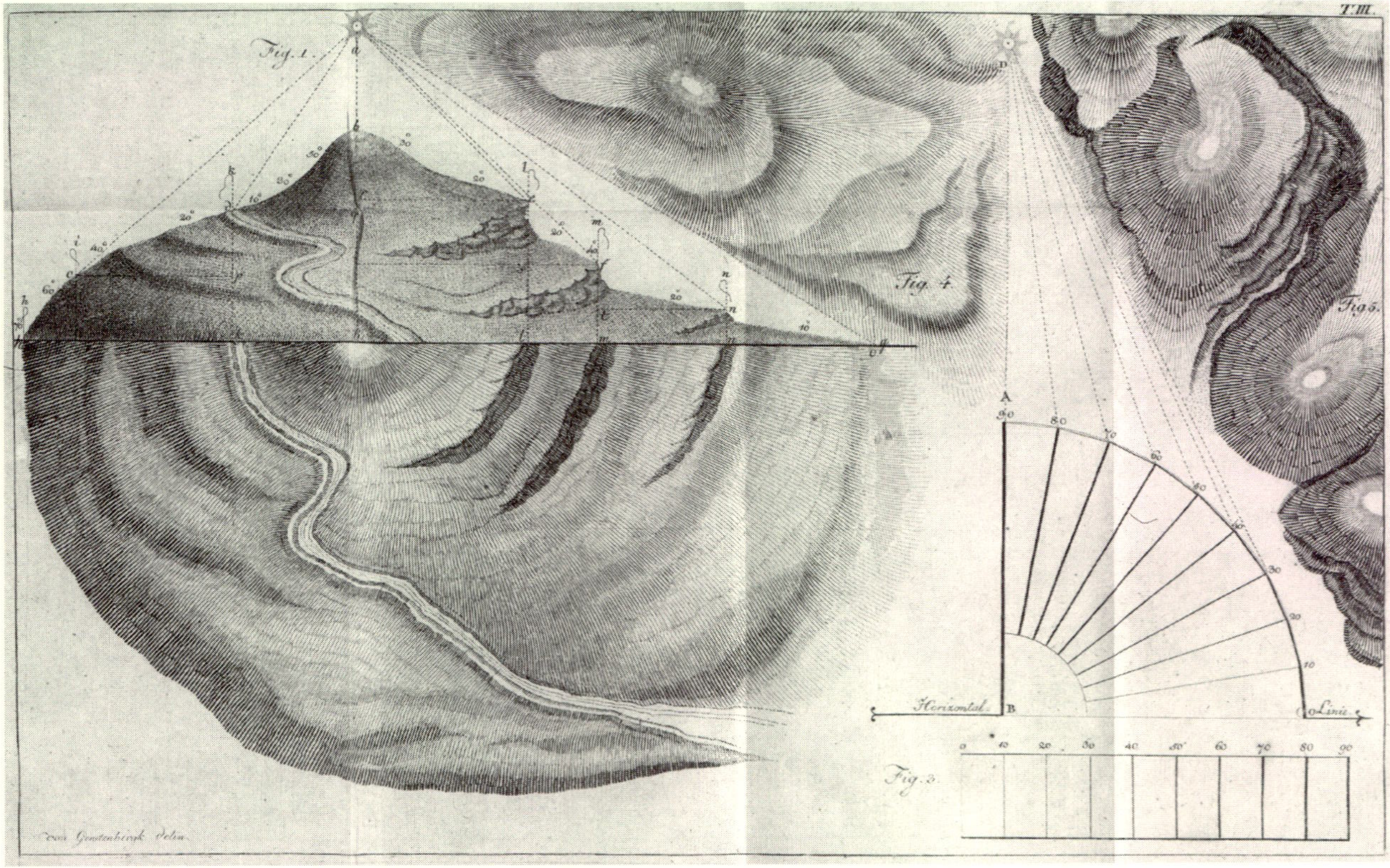

図版2　ゲルステンベルクの「山岳描写システム」（＝ケバ付け技法）
ThULB 所蔵（Sig.: 8-Math-III-40，ただし 8-Min-I-4b と同じ），同館の許可による

をしなければならなかった折、ゲルステンベルクはエアフルト在住だったかつての友シャイヤーと一緒に、このすばらしい「山々の形状を斜面角度に忠実に平面上に写し取る方法」[47]を発明したという。シャイヤー[48]は「バーデン＝ヴュッテンベルク大公国技術大尉兼建築担当長」の肩書を持ち、同時にサンクトペテルブルクのロシア皇帝自由経済協会、ハレのプロイセン王国自然研究者協会、ライプツィヒのザクセン選帝侯経済学協会、チューリッヒの自然科学者協会ほか名だたる協会の正会員でもあった。

ちなみに一八〇六年にナポレオンがイェーナに送り込み、この地域全体の測量・作図を命じた「測量局」のフランス人測量技師たち[49]とゲルステンベルクが個人的に接触していたかどうかは不明である。だが、少なくとも彼は、何人かのドイツ人測量専門将校が似たような技法をまったく独自に開発していることを知っていた。前述の著作序文に、彼は二名の執筆者とその著作を挙げている。

一、バッケンベルク大尉の『ザクセン王国騎士アカデミー用軍事教本 *Lehrbuch der Kriegswissenschaften für die Bedürfnisse der Königl. Sächs. Ritterakademie*』（ドレスデン、一七九七年）

二、レーマン少尉の『勾配平面図化あるいは山岳図表現の新理論 *Darstellung einer neuen Theorie der Bezeichnung der schiefen Flächen im Grundriss oder der Situationszeichnung der Berge*』（ライプツィヒ、一七九九年）

両者はいずれも一七八〇年から一八二五年にわたる大規模なザクセン三角測量プロジェクトに参加していた。[50]作業時には平板が常時使用され、測量共通単位として、「小ザクセン＝マイル」（一小ザクセン＝マイルが一万二千ドレスデン尺に相当）が使われたため、これは『マイル地図 *Meilenblätter*』と呼び慣わされてきた。この地図で注目すべきは、地形描写、特に標高の違いを示すために、ザクセン軍所属の科学者兼地図制作者バッケンベルク大尉（一七三二〜一八〇四）考案のケバ付け技法が導入されていることである。そして「勾配が急になるほど、ケバ付けの密度がより濃くなる」[51]というシステムを開発したのが、ドレスデンの陸軍測量隊所属で数学の素養をもつレーマン少尉（一七六五～一八一二）であった。

実はこのレーマン少尉、プロイセン大尉ミュフリングとも重要な関係がある。一八一六年から開始されたプロイセン測量（本書第二章五節の『ミュフリングの迅速測図』参照）でミュフリングは体系的なケバ付けを必要とした。彼は基本をレーマンの新しいケバ付け技法としながらも、さらにシーネルト、シュナイダー、フォン・フンベルトがそれぞれ開発した他三種類のケバ付け技法を組み合わせた。たとえば傾斜一五度までは、シーネルトのスケールに則った線状の表現を、一五度以上二五度以下の傾斜は波線を変形したシュナイダーのスケールを使って、そして二五度以上の勾配にはレーマンのオリジナル＝スケールを用いた表現を使う、といったように。[52] 一八二〇年頃から数十年間、プロイセン陸軍参謀本部はいわゆる「ミュフリング流儀」を忠実に守り続けた。

三　気圧計を用いた標高測定

1　一八〇〇年前後の「見る欲求」と気圧計による標高測定

ゲルステンベルクのケバ付けによる山岳描写システムは、確かに進歩的だったが、基本的に水平方向の描写だけを問題にしていた。もっとも当時は、ほとんどの山の標高が不明だったし、いくつか知られていた山の高さも、百パーセント信頼するには程遠い、気圧計による測定値しかなく、これも仕方のないことだった。

前節では〈ケバ付け〉技法を紹介したが、これと並んで山岳を表現するために、「パノラマ」手法も使われた。[53]「パノラマ」という言葉は、ギリシア語の「すべて」を意味する〈παν〉と「見たもの、現象」を意味する〈όραμα〉を組み合わせたもので、三六〇度全周を一望できる特殊な風景画をさす。この絵画形式は、一七八〇年から九〇年の十年ほどの間、さまざまな画家により、個々に発展・改良された。ここで見過ごしてはならないのは、一八〇〇年前後の「見ることへの欲求・渇望」傾向との関連性だ。美学研究者エッターマンは、彼のパノラマ史に関する研究著作の序文で、ゲーテがシュトラースブルク大聖堂に登った際の有名な描写を引き合いに出している。大学生ゲーテが、シュトラースブルク（現在はフランス領ストラスブール）に来て、いの一番にしたのは、彼の「見る欲求」を鎮めるため、聳え立つ大聖堂の尖塔に登ることだった。エッターマンに言わせれば、ゲーテの学生時代、教会の尖塔はもはや「信仰篤き人々が仰ぐ道標」ではなく、そこから「下界を見下ろす」、つまり神に近くなることを叶えてくれる場所になっていた。さらに十九世紀半ばを過ぎると、ドイツでは無数のビスマルク塔が建設された。水平線の遥か向こうまで見晴らすことを目的とする点で、ゲルマン民族の勝利を称える「ヘルマンの戦い記念碑」はもとより、あのエッフェル塔でさえも、これらビスマルク塔と同類と見なせるという。

かつてゲーテが登ったシュトラースブルク大聖堂（著者撮影）

　しかしまもなく人々は塔から見た眺めでは満足しなくなる。そこで始まったのが登山だ。ヨーロッパのスポーツ登山《アルピニズム》[54]は、十八世紀の終わり頃に開始され、十九世紀半ばまでに、山岳地帯での学術研究を目的とする計画登山とともに発展を遂げた。スポーツ登山の始まりは、地平線の発見、言い換えれば今までにない広い精神的視野を発見した時代と重なる[55]。ほとんど同時期に気球旅行が実現したというのも興味深い符合である。気球に乗った人間は、まさに「パノラマ眺望」、すなわち鳥瞰図的視野を手に入れたのだ。

　世界で数ある山々のうち、当時ヨーロッパ人にとって是が非でも登頂せねばならぬ山と言えば、モン・ブランだった。初登頂は一七八六年八月七日、ジャック・バルマと医師ミシェル＝ガブリエル・パッカールによる。翌八七年にもバルマは他の登山隊と第二回目のモン・ブラン登頂に成功、

オラース・ベネディクト・ド・ソシュール

同年八月には早くも第三回目の登頂に挑んだ。この時、一緒のパーティーで頂上に到達したのが、ソシュール（一七四〇～九九）であった。ソシュールの目的は、山頂で物理学的観測を行い、アルプス連山を一枚の地図に描くことだった。彼の探検登山はヨーロッパ中に興奮の渦を巻き起こし、哲学者カントは「道徳的崇高 das Sittlich-Erhabene」の一例を見たという。ちなみにゲーテは一七七九年にジュネーヴでソシュールと知己を得ている。

パノラマは当時「地球創生学 Geognosie」と呼ばれていた、要は地図製作・生物学・地学・地理学を一緒くたにした総合学問の参考資料として、重要な役割を果たした。なかでもソシュールはおそらく、学術的な〈水平パノラマ〉を作った最初の人物だった。[56] 彼の地理学的著作『アルプス山脈の旅 *Voyage dans les Alpes*』第一巻（一七七六年）にソシュールは、自らが彫った銅版パノラマ地図『アルプス連峰の全周景観 *Vue circulaire des montagnes*』を付録として添えた。観察者は、パノラマ中央に立ち、ぐるりと山々に囲まれた山頂に居る設定だ。観察者の水平方向に投影した画像は、今日の読者にはなじみのない不可解なものとして映るかもしれないが、前節で扱ったゲルステンベルクの山岳ケバ付け技法の背景を知っていれば、これもまた単純な水平方向描写のひとつであることが即刻理解できるだろう。ソシュール作成の〈水平パノラマ〉は、当時の地形学的イメージと視覚的慣習を見事に反映している。

他方、私たちが今日見慣れている〈垂直パノラマ〉の創始者は、エッターマンによれば、リントのエッシャー（一七六七～一八二三）であるという。スイス・アルプスを全展望型垂直パノラマで表現しようとしたイギリスのロバート・バーカーやドイツのヨーハン・アダム・ブライシッヒらとは無関係に、エッシャーは独自のパノラマ表現を発展させた。[57] 彼の職業はジャーナリスト兼政治家であり、同時に技術者兼自然研究者でもあった。一七九二年に彼はゴットハルト山頂で三六〇度全景スケッチを完成させたという。しかし自然科学的知識に則った半円形垂直パノラマは、これまたエッターマンによると、物理学者兼数学者のミケリ・デュ・クレスト（一六九九～一七六六）が自らの著作『雪山の地形展望』[58]（一七五五）に最初に使った人物とされる。利用した測定器具は素朴で、測定結果も間違いだらけだったが、地形や風景を図式化する発想は天才的だった。すなわちパノラマは地形描写を助け、世界や自然を一幅の絵として表現する新しいアイディアと結びついたのである。たとえばアレクサンダー・フォン・フンボルトは早くも一八〇二年に、地球上の動植物はもちろん、空中や水中の動物種もすべて描いた一幅の絵図を構想している。さらに彼はその絵画に新旧大陸の最高峰を比較できるよう、同時に描き込もうと計画した。そこには当時の最新情報にもとづき、旧大陸の最高峰としてはスイス・アルプスのモン・ブランが、そして新大陸の最高峰としては、アンデス山脈のチンボラソ火山が描き込まれるはずだった[59]。

だがここで、かつて人々が山を地球の「醜い瘤」や「潰瘍」だと考えていたことを想い起してほしい。アルプスの美しさが発見されたのは、実はようやく十八世紀後半になってからだ。この新たに見出された美しい「風景」は、しばしば観光史の研究対象にもなってきた。アルプス登頂という観点から研究者シャルフェは、二〇〇七年発表の著書『山中毒　一七五〇～一八五〇年における初期アルプス登山の文化史』において、アルプス登頂で陸軍将校たちが果たした役割はこれまでほとんど研究されておらず、またその存在すら認識されていないことを指摘している。事実、彼の「近代における三角測量、地形調査、地図作成プロジェクトが今日の我々にアルプスについての知識をどんなに多くもたらしたかを、決して軽視してはならない[60]」という意見は、至極もっともだと頷ける。

2　A・v・フンボルトの『チンボラソ山登頂の試み』

一八〇〇年前後のヨーロッパを支配していたのは、「見る欲求」に他ならなかった[61]。当然、A・v・フンボルトが当時世界最高峰と考えられていたアンデス山脈の火山チンボラソ登頂を試みた時は、世界中の注目を浴びた。一八〇二年六月二十三日に彼は同行のボンプランとカルロス・モントゥファルとともに世界最高峰の頂をめざし、勇敢な一歩を踏み出した。残念ながら高山病の症状が出て、フンボルトの申告によると「ラプラスの気圧交換公式によると五、八七八メートルの地点」で、登頂は断念せざるをえなかったが、ともかくもこれまで人類未踏の高さまで彼らが到達したのは疑いのない事実だった。下山後ただちにフンボルトは、チンボラソ山麓でその「自然の景観」をスケッチした。彼は水彩絵具を使って、チンボラソ山近辺の赤道直下の地形に、その高さで観察されたありとあらゆる関連を持つ自然現象を描き込んだ。(62) なるほど彼がドイツ自然研究者・医師協会総会で、公式のチンボラソ登山報告をしたのも、それが年鑑に発表されたのもずっと後になってから、一八三七年のことだ。フンボルトはさらに報告をリライトし、『チンボラソ山登頂の試み *Uebe̲r einen Versuch den Gipfel des Chimborazo zu ersteigen*』の題で、一八五三刊行の『小論集』に収めた（**口絵図版2**）。だが、同時代人たちは彼の南米学術探検中（一七九九～一八〇四）にリアルタイムの情報を、たとえばベルトゥーフの雑誌『一般地理学暦（A・G・E）』やツァッハの『月刊通信（M・C）』から得ていたのである。(63)

同時代人が彼のチンボラソ山登頂挑戦に異様な熱狂と関心を寄せたのとは裏腹に、当のフンボルトは、最新流行のスポーツ登山への興味をひとかけらも持ちあわせていなかった。彼を支配し、突き動かしたのは知的欲求以外の何ものでもなく、持参した精巧な最新測量機材を用いて、描くべき物理学的自然景観図のために出来るだけたくさんの正確なデータを収集することが彼の望みだった。ちなみに山々の〈脱神秘化 Entmystifizierung〉というテーマも含めて、登頂自体に重きを置くのではなく、登山中の測量こそ重要と考える態度は、本書第五章で紹介する近代日本の測量技師・柴崎の剱岳登頂と面白い比較になるはずだ。

当時の最高峰・チンボラソの標高を知ることは、フンボルトにとって何よりも重要な課題だった。ゲーテに捧げたドイツ語版著書『植物地理学試論』（一八〇七年）(64) の序文で、フンボルトは気圧計を用いた標高測定に言及している。

ドゥランブル氏は私の山の標高絵図（Tableau der Berghöhen）を彼独自で測定した未公表のさまざまなデータで

満たしてくれた。私のデータの一部は、ラプラスの測高公式に則って、プローニー氏が計算してくれたものである。同氏は、ご親切にも四〇〇以上の測量データの計算を快く引き受けて下さった。（S. VIII-IX）

早くも序文で、チンボラソ山の標高が問題になっている。フンボルトはまず彼の求めたデータを、第二章ですでに言及したフランス王立科学アカデミーが派遣したペルー探検隊、特にブーゲとラ・コンダミーヌの数値と比較した。

私はアンデス山脈の断面図を、その最高峰であり、南緯一度二七分、キトを通る子午線よりも西に一九度のところにあるチンボラソ山で割ってみた。この巨山の標高は、一七四一年にフランスおよびスペインの天文学者たちが測定し、また一八〇二年には私自身が測定した。(65)

続く箇所でフンボルトは、彼の先人たちのデータを紹介する。チンボラソ山の標高をラ・コンダミーヌは約六、二七五メートル（三、二二〇トワーズ、一トワーズは一・九四九メートル相当）と計上、これに対してスペイン人測量技師ホルヘ・ホアンは、六、五八六メートル（三、三八〇トワーズ）という値を導いている。ホルヘ・ホアンとウリョアについては、第一章三節で紹介済みだが、フランス王立科学アカデミーが派遣したペルー探検隊、特にブーゲとラ・コンダミーヌの見張り兼手伝いとして同行したスペイン人将校だった。そしてデータ比較のため、フンボルト自身も新都リオバンバ滞在中に三角測量を試み、(66)チンボラソ山標高として、六、五四三メートル（三、三五七トワーズ）という数値を導き出した。こうしてみると、些細な誤差としては片づけられない、明らかな差異があることがわかる。フンボルト自身も気圧計で測定した山の標高のばらつきを気にして、さらに既知のデータの比較を試みるのだが——。

メシャンとドゥランブルの最新データは、それ以前の測量値と比べて歴然とした差がある。ピュイ・マリー火山はカッシーニによると九五六トワーズだが、ドゥランブルによれば八五一トワーズ。モン・ドールは、カッシーニの計測では一、〇四八トワーズだが、ドゥランブルの数値は九六八トワーズ。ピク・デュ・ミディ山はメシャンによれば一、四七〇トワーズだが、ヴィダルによれば一、五〇六トワーズ。モン・ブランの標高は、ドリュクによると二、三九一トワーズ、ピクテは二、四二六トワーズ、そしてソシュールによれば二、四五〇トワーズ。(67)

とまあこんな調子で、いったいどれが最も信頼できるデータなのか判断しかねる状況だった。ところで水銀気圧計は、一六四三年にイタリア人物理学者トリチェリ(一六〇八～七四)が発明した測定器具である。その後フランスのパスカル(一六二三～六二)がさまざまに高度を変えて実験を行い、水銀柱の高さ、つまり気圧と海抜が一定の関係性をもって推移することを明らかにした。以来、気圧計は高度計としても使われるようになった。高度が上がれば、気圧は低くなる。この原理を応用して、たとえば山の標高は、その山の頂に登って気圧と気温を測り、これを山麓の標高が判明している地点の気圧と気温を基準に(水蒸気の関与などは無視)、静力学から導かれる測高公式で概算できる。(68)しかしこの測定方法は常に観測点の地形条件などに左右されるので、フンボルトは三角測量を使って精確なデータを得ようとした。彼はたとえば一八〇二年十一月二十五日付の兄ヴィルヘルム宛書簡で、「ラ・コンダミーヌは、チンボラソ山の標高を三、二一七トワーズだと測定した。僕が異なる条件で二回行った三角測量から求めた標高は、三、二六七トワーズで、僕自身の測定値を信頼できるいくつかの理由がある」(69)と記した。同様に彼の報告書『二回にわたるチンボラソ山登頂の試み *Ueber zwei Versuche den Chimborazo zu besteigen*』(一八三七年)で彼は三角測量の正確さを強調している。

最高峰登頂は、たとえそれが万年雪の下方限界線から遥か上方にあったにせよ、学問上の関心は低いもので、短時間で済ませるべきことだった。気圧計を使ってその場で即標高を決定しようとしたのは、とにかく迅速に測定結果が得られるという長所ゆえである。だが山頂はたいてい高原に囲まれており、三角測量には適しているから、そこですべての測定要素を繰り返し調査できるはずだ。これに対して気圧計を使っての、たった一度きりの標高測定は、山塊斜面の気流上昇および下降に左右される上、さらにそれが原因で気温の測定値も変わるため、結果として見過ごすことのできない誤差を生む(70)。

フンボルトが先の引用で名前を挙げたメシャンとドゥランブルは、読者がご存じの通り、一七九二〜九八年までパリ子午線測量プロジェクトの統括責任者を務めた二人のフランス人天文学者である。彼らの測量データは当時世界で最も精確だと評価されていた。一八〇〇年頃までに、経緯度測定技術は洗練され、三角測量によって地球上に無数の測量点が設定された。これに対して、標高データは非常に乏しく、お粗末としか言いようがなかった。他方、人々はパリ子午線測量の結果を通して、より一層地球の真の姿、言い換えるなら地球の凹凸状況に興味を抱くようになっていた。こうして測量研究は次の段階に移り、重要な学問テーマのひとつとして標高測量が注目の的となったのである。

3　W・A・ミルテンベルクの『地球の標高』

ミルテンベルク（生没年不明）なる人物が、一八一五年に刊行した『地球の標高』(71)という興味深い書籍がある。ミルテンベルクはフランクフルトのギムナジウム教師で、当初、自分の授業用に集めた「地球上の高度データを整理し、まとめた」と言い、刊行の動機は「最近では、地球の自然な描写により関心が高まっており、その点で、特に地球上の山々の標高がより正確に測定されているから(72)」だという。彼が主要データとして用いたのは、前章で紹介したツァッハが刊行していた学術雑誌二誌、すなわち『一般地理学暦』と『月刊通信』だった。もっとも彼には強力なオブザーバーがいた。「近代地理学の父」と呼ばれるリッター（一七七九〜一八五九）その人である。もっともリッターは当時ゲッティンゲンで、彼の主要著作となる『地理学(73)』の執筆に励む日々だったのだが——。

『地球の標高』第一部で、ミルテンベルクは地球上の「山々・渓谷・そして同様の高い地点」のリストを、フランス＝フィート（約三二センチメートル相当）を共通単位として一覧掲載した。その表には、著名な観測者の名前とその人物が実際に計測・報告した数値が添えられた。たとえば二頁目にあるリストのイタリア・ナポリのヴェスヴィオ火山（現在の標高は一、二八一メートル）を参照すると、ふたつの標高データが載っている。ひとつは「近代登山の創始者山岳研究家」と呼ばれるスイスの自然科学者ソシュールの測定で、「三、六五九フランス＝フィート」（以下、単位は省略、換算すると約一、一七一メートル）とあり、もうひとつはドイツの博物学者A・v・フンボルトの計測で、「三、五〇四」（一、一二一メートル相当）が記されている。さらに頁を捲っていくと、一三頁には当時「旧大陸の最高峰」と呼ばれ、現在でもアルプスで最も高い山「モン・ブラン」（標高四、八一〇・九メートル）がある。こちらソシュールによると「一四、六七六」（約四、六九六メートル相当）、また同じくスイスの地質学者ドリュク（一七二七〜一八一七）の計測では「一四、三四六」（約四、五九一メートル相当）となっている。以下、いくつかの例を簡単にまとめて紹介しよう。

例一（原文七〇頁より）「インゼルスベルク」の標高（現在は「大インゼルスベルク」と呼ばれるゴータとヘッセンの国境にある山。第二章のゴータ開催国際天文会議の遠足目的地に同じ。標高九一六・五メートル、フランス＝フィートに換算すると約二、八六四フランス＝フィート相当）。

三、一二七　フォークト
二、八三二　ツァッハ（ゴータ初代天文台長）
二、七九一　ホッフ
二、四四九　リンデナウ（ゴータ第二代天文台長）

例二（原文九六頁より）「モン・ドール」（フランスとスイス国境付近、ジュラ山脈にある山、日本でも付近で生産さ

れるこの山の名を冠したチーズが有名。標高一、四六三メートル、換算して約四、五七二フランス＝フィート）

六、二八八　カッシーニ
五、八二〇　メシャン
五、八一四　ドゥランブル
五、七五一　ベルガー
五、六五五　ブーフ

測定者は当時の学界を牽引する天文学者や地質学者ばかりで、その大半を読者はすでにご存じだろう。そんなトップレベルの研究者が測定したのに、気圧計観測の限界とも言えるが、その数値は不揃いな印象を与える。現エクアドルの最高峰チンボラソ山（標高六、二六七メートル、換算して一九、五八四フランス＝フィート相当）の数値もかなりばらつきがある。

例三（原文一一六頁）キト近郊のチンボラソ山
二〇、二八〇　ホルヘ・ホアンとウリョア
二〇、一四八　フンボルト
一九、三二〇　ブーゲとラ・コンダミーヌ

ミルテンベルクの著作には、イラストや図版が一切含まれていない。垂直あるいは水平方向のパノラマ図もない。その代わり第二部では、世界の名山のプロフィールが、文章で紹介されている。確かに図版がないのは現代の読者にとって違和感があるが、本文からは当時の「見る欲求」が伝わってくるようだ。以下、前述のチンボラソ山のプロフィール冒頭から中ほどまでを引用しよう。もちろん登山者は酸素ボンベなど背負っていないし、高山病の症状も初めて身をもって知った時代なので、描写は臨場感に溢れる。

チンボラソ山は、今日までに知られている限りで、地球上の最高峰とされる。冬の長雨が続いた後に突然空気が澄むと、南太平洋沿岸から、空に浮かぶ一片の雲のように姿を現し、アンデス山脈の中でもひときわその雄姿を誇る。かつて活動火山であり、もしかすると将来再び噴火の可能性もあり、フンボルトは自ら一八、一八六フランス＝フィートの高さまで登頂し、そこに軽石や溶岩を認めた。ブーゲは、その麓で雨は降っていないが、雪以外は何も認められず、また雪で覆われている部分は、標高四、八〇〇フランス＝フィート以上であると主張した。一八〇二年六月十三日［ママ］にフンボルト、ボンプラン、モントゥファルは雪の中から南面に切り立つ細い稜線を伝って、この巨山登頂を試みた。濃霧が立ち込め、空気が希薄になったが、前述の通り、一八、一八六フランス＝フィートまで到達した。だがこの地点で、登山者たちは不快感と疲労を強く感じるとともに、吐き気を催し、唇からは血が滴り落ちた。また彼らはもはや耐えがたい全身疲労のため、残る一、四〇〇フランス＝フィートを登り切り、丸みを帯びたチンボラソ山頂を制覇することは断念せざるをえなかった。［…］[74]

軽石だらけの岩棚で、高山病の危険も知らぬ冒険家たちは万年雪の下方限界（雪線）やその広がりを観察し、動植物を探し、計測器を用いて気圧・気温の変化を丹念に調べ続けた。フンボルトの登頂記録では、登山中の高揚する感情よりも、さまざまな機材を使った具体的なデータ記述が前面に押し出されているのが興味深い。当時、「見る欲求」のみならず、おそらく「測る欲求」も顕著だったと読み取れるからだ。

ちなみに鎖国中でヨーロッパの国々のデータ入手がきわめて困難だったはずなのに、十九世紀前半の日本でも地理学分野で同様に、世界中の山の標高データを集めた著作が刊行されている。江戸時代の地理学者のひとり、箕作《みつくり》省吾

（一八二一〜四七）は、一八四二年に新しい世界地図『新製万国輿地全図』を編集した。そのよりよい理解のため、彼は自身の地理学研究成果をまとめた『坤輿圖識』全三巻（一八四五年）、さらに補足『坤輿圖識補』全四巻（一八四六年）を刊行した。[75]そこには箕作が約二十種類のヨーロッパの専門書や学術雑誌を通読して集めた、地理学の新知識がまとめられ、紹介されている。むろんチンボラソ火山の情報もあり、箕作によれば、件の山の標高は「二一四六四尺」、当時の一尺は約三〇・三センチメートルだから、実際よりもだいぶ高い六五〇三・五九メートルと記されている。

4　ヴァイマル大公カール・アウグストとゲーテが気象学に関心を持った理由

ミルテンベルクが『地球の標高』を刊行したのと同じ一八一五年、ゲーテが気象学に興味を持つ決定的な出来事があった。主君カール・アウグストがヴァイマルの北端にある小高い山エッタースベルク（標高四七七・八メートル）に「シェーンドルフ測候所」の設置を命じたのである。この指示を通じて、さらにゲーテはイギリス人薬剤師でアマチュア気象学研究者ハワード（一七七二〜一八六四）の雲の研究を知る。刻々と姿を変えていく雲をハワードは巻雲（Cirrus）、積雲（Cumulus）、層雲（Stratus）の計三つの基本タイプに分類した。ハワードの雲の分類は、ゲーテが長年従事してきた形態学研究に合致する上、その形態学的思考を空に浮かぶ雲の規則的変化にも読み取れるというものだったから、彼はすぐにこの分類研究に引き込まれた。

雲を分類したルーク・ハワード

しかしながらこれまでのゲーテ研究では、なぜこの時期にカール・アウグスト大公とゲーテが気象学にこれほど魅了されたか、その十分な理由づけがなされていなかった。他方、ハワードの伝記『雲の「発明」』の著者ハンブリン[76]は、一七八三年の突然の気象変動、すなわち異常気象がまだ生徒だったハワードの将来に決定的な影響を与えたのではないか、と指摘する。北部ヨーロッパはこの年、稀にみる異常気象によって一種のパニック状態に陥っていた。その引き金は、よりにもよって日本を皮切りに、世界中で火山活動が急に活発化したことにあった。以下、ハンブリンの著作等を参考に簡単にまとめると、まず一七八三年三月に本州の岩木山（現・青森県）が十二日間にわたって噴火し、広範囲に火山灰を含む雨を降らせた。続く四月には、東京から南へ三五〇キロメートルほど離れた伊豆諸島の青ヶ島の火山が噴火した。この時点で、ほぼ日本上空の対流圏全体に霞がかかったという。だが、話はまだ終わらない。同じ年の五月、そしてさらに八月にも浅間山が大噴火を繰り返し、近隣の一、五〇〇人以上の住民が命を落とした。この噴火の影響で、北日本上空は数カ月にわたり太陽光線が遮られて不作となり、世にいう「天明大飢饉」が起きた。一七八七年までにこの飢饉で実に三〇万人を超す人命が奪われた。現代の分析では、おそらく当時、気温は通常よりも二度ほど下がったと推測される。

北半球の別の地域でも火山活動は活発化した。浅間山と同時期、つまり一七八三年五月に、アイスランド沖の島レクジャンスリガーが噴火し、翌六月にはラキの比較的大きな火山断層が活動を始め、ほぼ半年間にわたって噴火を続けた。日本と同様、アイルランドでも不作のため飢饉が起こった。フッ素汚染による疾病も加わり、一説によると人口の四分の一が失われたという。一七八三年から八四年にかけての冬は、アジアおよびヨーロッパに限らず、アメリカ合衆国東部も厳しい寒さに見舞われた。当時早くもベンジャミン・フランクリンが、この酷しい寒さは大気中に浮遊する大量の火山灰の影響ではないか、と推測している。厳冬をようよう超えた直後の一七八四年二・三月、中部ヨーロッパをさらに大洪水が襲った。

一八一五年十二月八日付の日記に、ゲーテは「ハワードによる雲の生成」（WA III-5, S. 195）と記した。これが彼にとって最初のハワードの雲の分類についての記述である。翌日、ゲーテは『物理年鑑 *Annalen der Physik*』第五十一巻（一八一五年）に掲載されたハワードの論文「雲の物理と自然史の一試論 *Versuch einer Naturgeschichte und Physik der Wolken*」を読了した。これは一八一一年のニコルソンの『ジャーナル』に掲載された論文「雲の自然史 *Natural Story of Clouds*」（第三改稿版、一八〇三年）をハレ大学物理学教授ギルベルトがドイツ語に訳したものだった。

同じ一八一五年の四月、今度はインドネシア中東部のスンバワ島にあるタンボラ火山が大噴火した。過去二百年来の記録にないほど大規模で、この噴火が直接の原因でスンバワ島およびロンボク島の住民のうち最低でも一万一〇〇〇～一万二〇〇〇人が命を落とした。大気中を火山灰による霧が一八一九年頃まで漂い続け、ふたたび世界的な温度低下の原因を作った。このため一八一六年は、「夏のない年」とも呼ばれる。[78] さらなる火山噴火の報告が世界各地から伝えられた。ちなみにこの年、日本ではまたしても浅間山が噴火した。

ヴァイマルのゲーテ・シラー文書館（略称GSA）には、おそらくゲーテのために友人クネーベルが書き写した異常気象に関する報告記事「一八一五年のいくつかの気象観測 *Einige meteorologische Beobachtungen vom Jahre 1815*」が残っている。執筆者はベルギー人薬剤師兼化学者ファン・モンス（一七六五～一八四二）で、一八一六年にブリュッセルで刊行されたものらしい（LA II-2, M 9.2, S. 141-143 所収）。この短い記事で、ファン・モンスは一八一五年冬の異常な寒さに触れ、気候変動の理由のひとつに複数の火山噴火を挙げている。不作と飢饉に直面していたカール・アウグスト大公とゲーテが、タイムリーな気象学に大きな関心を寄せたのは、当然の成りゆきだったと言える。

さて、イェーナ大学附属天文台[79]には、天体観測と気象観測というふたつの主要業務があった。後者については、それ以前にも、ヴァイマルでは図書館司書クロイター（一七九〇～一八五六）が、またイェーナでは図書館付書記コンプター（一七九五～一八三八）が非公式に観測日記をつけていたことがあった。だが公式には一八一九年から、イェーナの天文台でポッセルト（一七九四～一八二三）が定期的な気象観測を始める。毎日三回、八時・十四時・十八時に、気圧と気温が測定された。一八二〇年師走には、助手のシュレーン（一七九九～一八七五）が、最初の気象観測図表をまとめた。一八二〇年代になるとイェーナ大学附属天文台の業務は明らかに天文学よりも気象学に重きが置かれるようになる。これはシュレーンが第三代天文台長のポストを得たことからもうかがえる。なぜならシュレーンは先代、つまり初代天文台長ミュンヒョウ（一七七八～一八三六）や第二代でガウスの愛弟子のひとりだったポッセルトのような数学者でも天文学者でもなく、測量技師としての教育を受けた人物だったからである。

第二代天文台長ポッセルトは一八二三年三月末に二十八歳の若さで肺結核により逝去した。この年、シュレーンは一八一八〜二〇年の気象観測データをまとめ、『一八二二年公表、ザクセン＝ヴァイマル＝アイゼナハ大公国領における気象観測記録』(80)として発表し、これに対して博士号を授与された。できるだけ広い空間での気象変化を探るため、この時、大公国内の以下の八カ所に測候所が設置された。(81)

一、テューリンゲンの森の尾根部分にあるヴァルトブルク城（中世の歌合戦の舞台、またルターが匿われて聖書翻訳をした場所としても有名）
二、アイゼナハ
三、イルメナウ
四、ヴァイマル
五、エッタースベルク山上のシェーンドルフ
六、ヴァイマル中心市街から一時間ほどの丘の上のベルヴェデーレ離宮
七、大公国領南東国境の森林地帯にあるヴァイダ
八、イェーナ大学附属天文台

5　初代イェーナ大学附属天文台長シュレーンと公国内気象観測網

ゲーテ監督下のイェーナ大学の歴史に詳しいシュミットによると、一八二三年一月三十一日付で、大学監督官すなわちゲーテにより、シュレーンが行うべき気象観測業務が提示され、その遂行が命じられた。それはおよそ次のような内容だった。

気象観測日誌の記帳。それぞれの観測場所において記録された経験と、毎月適切に算出した中間結果数値の比較。気圧計・温度計の全推移を記載した、一目でわかるグラフおよび天候一覧表の作成。毎月フロリープ氏［ベルトゥーフの娘婿］が発行する文学新聞に印刷される観測結果の記事執筆と校正。(82)

就任から数カ月後、新天文台長シュレーンは、ベルリン王立科学アカデミーから（一八二三年三月二十一日付）「気圧計による高度測定参加のご案内 *Einladung zur Teilnahme an barometrischen Höhenmessungen*」(83) を受け取った。この案内状は、『物理年鑑 *Annalen der Physik*』からの計七ページの抜き刷りで、次のように始まる。

凍てつく北極や焼け焦げるようなサハラ砂漠など遥か遠方まで旅して、私たちが住む惑星・地球に関する知識をさらに深めたいと望む、あらゆる知を愛する時代において、偏見なき観察者は、私たちの暮らす大地についての知識がかなり欠けていることに、きっともうお気づきであろう。その知識を私たちは地球の反対側に住む人から、細心の注意を払って集め、十分得てはいるのだ。つまり私たちはコルディリエーラ山系、コーカサス、ヒマラヤの標高は知り得たものの、私たち自身の住まいからどのくらいの低さで、海の波濤が砕けているのかを知らぬ。(84)

執筆者はポッゲンドルフ（一七九六～一八七七）(85) で、彼もちょうど一八二三年、シュレーンと同様、ベルリン王立科学アカデミーの気象観測者としてポストを得たばかりだった。さらに見過ごせないのが、イェーナ大学宛に送られた抜き刷りの最終頁にあるポッゲンドルフの署名の近くに、もうひとつ、プロイセン王室参謀本部三角測量部長エースフェルト陸軍少佐（一七四一～一八〇四、一七八六年に貴族の称号を得る）の自筆署名があることだ。

エースフェルトはもともと地図専門画家、地図制作者および軍事著作家そして測量部の絵師として職業訓練を受けた人物だった。一七八八年以降はプロイセン王室枢密顧問官を兼務した。彼の上司、つまりプロイセン参謀総長（一

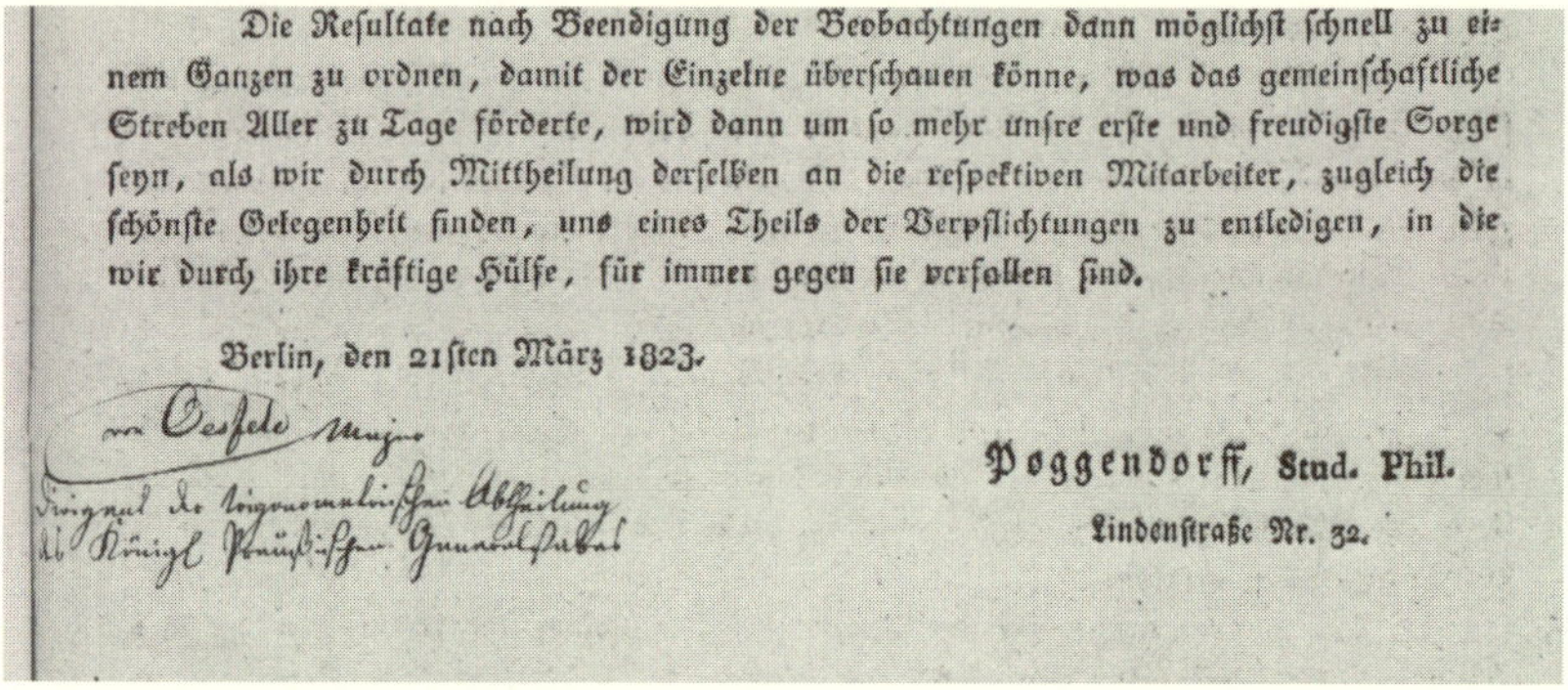
Die Resultate nach Beendigung der Beobachtungen dann möglichst schnell zu einem Ganzen zu ordnen, damit der Einzelne überschauen könne, was das gemeinschaftliche Streben Aller zu Tage förderte, wird dann um so mehr unsre erste und freudigste Sorge seyn, als wir durch Mittheilung derselben an die respektiven Mitarbeiter, zugleich die schönste Gelegenheit finden, uns eines Theils der Verpflichtungen zu entledigen, in die wir durch ihre kräftige Hülfe, für immer gegen sie verfallen sind.

Berlin, den 21sten März 1823.

v. Oesfeld Major
Dirigent der trigonometrischen Abtheilung
des Königl. Preußischen Generalstabs

Poggendorff, Stud. Phil.
Lindenstraße Nr. 32.

図版 3　イェーナ天文台に参加を促す抜き刷り最終頁にあるエースフェルトの自署
イェーナ大学文書館の許可による（Sig.: Bestand S Abt.XLIII. Nr. 16, Bl.38）

八二一～二九年の間）は、あのカール・アウグスト大公やゲーテとも懇意にしていたミュフリングだった（本書第二章参照）。案内文中、ポッゲンドルフは共同気象観測の主たる目的を次のように説明している。

北ドイツ、ハルツ山脈から、フィヒテル、エルツ、リーゼン山地より下方では、わずかな例外を除き、さして特徴のない平凡でなだらかな丘陵地帯が広がる。他の地域よりもずっと気圧計共同観測には適しており、何より北部は海に接しているので、直接海洋と結びついている地の利を活かして、満潮や干潮で紛らわしい水面の平均高度を正確に求める作業にうってつけの海岸観測点を確保できる。すなわち適切な観測器具を用いて、注意深く観測が続けられ、同時に一定数の熟練した観測者が内陸部のさまざまな観測地点で決められた時間に同時に気圧計の数値を読み取る申し合わせをしておけば、十分多角的な観測ができた日には、これらの地点の標高をかなり高い精度で求めることができるはずだ。(86)

気圧計を用いた観測の主たる利用方法のひとつが、「同時に複数地点で行う気圧計測定から算出したデータを使って正確な高度差を得る」ことだ。(87)それゆえポッゲンドルフは、ベルリン科学アカデミーの委託により、複数地点で観測を行う計画を立案したのだった。彼の計画書から一部引用しよう。

当地ベルリンの王立科学アカデミーの委託により、エルマン教授の積極的なご参加による心強いご支援を受け、私は来る五月末にクックスハーフェンに赴き、そこでベルリンの正確な海抜高度を決定するべく、気圧計および補助器具を用いて十四日間、(88) 毎日、午前八時から夜十時まで二時間おきに計八回、観測を行う所存です。エースフェルト少佐は——今回の研究プロジェクトの規模拡大の大半は氏の功績によるものです——、ベルクハウス少尉とベルリンでの観測を引き受けて下さいました。さらにシャミッソー博士がグライスヴァルトに赴いて、バルト海沿岸で同じ期間、気圧計での観察を遂行して下さいます。異なる二つの海面でベルリンの海抜高度を決めるというだけでなく、これほど離れた場所での気圧計測定値がどうなるのかという点でも非常に価値があることと思われます。(89)

引用文にある通り、本プロジェクトにはプロイセン科学アカデミー会員たちが参加した。ハンブルクの外港クックスハーフェンにポッゲンドルフと同行したエルマン（一七六四～一八五一）はベルリン大学（現在のフンボルト大学）創設（一八〇九年）時から物理学の正教授の任にあり、同時にプロイセン科学アカデミーの数学・自然科学部門書記だった。だがそれよりも重要なのは、「ベルクハウス少尉」という記述だ。彼こそ後にゴータとヴァイマルを拠点として活躍した屈指の地図製作者ベルクハウス（一七九三～一八八四）その人である。ベルクハウスはミュンスターの学校に通った後、一八一一～一三年までフランス軍の測量技師として勤務した。彼は、本書第二章で触れた、ツァッハとガウスが協力して測量し完成させたルコック伯爵のヴェストファーレン地域地図の複製《コピー》を、非の打ちどころなく、美しく仕上げたのがきっかけで重用されるようになった。フランス軍在勤中、フランス側の委託でライン川北東部のフランス行政区画リッペの二〇万分の一縮尺の地図を手描きで仕上げながら、同時にベルトゥーフのヴァイマル地図局の専門画家としても仕事を受けていた。マールブルク大学卒業後、一八一五年早春にはプロイセン軍とともにフランス入りし、プロイセン軍パリ司令官を務めていたミュフリングを訪ねている。ミュフリングはベルクハウスを、当時パリに住んでいたA・v・フンボルトに紹介した。これがフンボルトとベルクハウスのその後三十年以上、絶えず続くことになる学術交流の始まりだった。ずっと後になるが、たとえばフンボルトの著作『中央アジア *Central Asien*』(一八四四年)のために、ベルクハウスは縮尺一千万分の一地図『中央アジアの山脈と火山 *Gebirgsketten und Vulkane in Central-Asien*』を描いている。ベルリンで大学に通いながら、一八一六年、彼は陸軍省専属地図製作技師に任命され、一八二一年にベルリンの王立建築アカデミーの「実用幾何学と土地見取図作成」講座の教員として招聘されるまで、プロイセン王国内の三角測量作業に従事した。その後(一八三〇年以降)、彼は総合建築学校教授に就任し、高等測地学を教えた。

ベルクハウスに次いで、ドイツ文学者にはなじみ深いロマン派詩人シャミッソー(一七八一～一八三八)の名前がある。シャミッソーは『影をなくした男』こと『ペーター・シュレミールの冒険』の素敵な物語で知られる作家であるが、同時に優れた自然科学者でもあり、一八一五～一八年まで、ヴァイマル出身のコッツェブー船長(一七八八～一八四六)率いる学術探検航海に参加し、アラスカ沿岸の大部分を地図にした功績がある。[90] ベルリン主導の気圧計を用いた標高測定プロジェクトは、このように地図作成に不可欠な測量作業とも密接に関わっていた。

研究組織の説明とともにポッゲンドルフは他の研究機関にも参加を呼びかけており、自分自身は港町クックスハーフェンで四週間にわたって、毎日四～五回、定期的に気象観測を行う予定であると記している。

イェーナとヴァイマルの関係者にこの観測計画が知らされたのは、一八二三年五月初旬のことだった。一八二三年五月二日付でポッゲンドルフはまず個人的にイェーナ大学天文台勤務のシュレーンに参加を打診した。[91] その後のやりとりから推察するに、イェーナからは快諾の返事を送ったようだ。むろん大学兼天文台監督官の職に在ったゲーテも本プロジェクトについて十分な情報を得ていた。同月後半にゲーテはベルリン在住の法律家兼プロイセン王室枢密顧問官シュルツ(一七八一～一八三四)に次のような手紙を書き送っている。

このたびはベルリンから気圧計を使った高度測定プロジェクトのご案内を頂戴しまして、私どももできるだけ協力させていただきたい所存です。抜き刷りを拝読した限りでは、クックスハーフェンとグライスヴァルデでは海面すれすれ(海抜零度)で観測なさるご予定とのこと、同時に他のいくつかの場所で、信頼に足る観測をするようにとのご指示です。

(WA IV-37, S. 322)

一八二三年六月一日付でベルリンから、ポッゲンドルフは、再度詳しい観測方法を記した書簡を送って寄越し、決められた期日までに観測データを表にまとめてベルリン王立科学アカデミーに発送するように依頼してきた。六月十日にシュレーンはこの手紙をゲーテに転送し、観測は「六月二十一日から四週間継続で七月十九日まで」と報告している。(92) 六月以降、シュレーンはゲーテだけでなく、ヴァイマル在住のプロジェクト参加者ヘッカーなる人物(ファーストネームおよび生没年不明)とも頻繁に連絡をとっている。

ゲーテは当時、ちょうど気圧の上昇と下降は地球重力に起因するという新しい思いつきに夢中になっていたので、このプロジェクトに大変な関心を寄せていた。証拠のひとつに、一八二三年六月二日付のフランス人同僚ソレの記録が残る。ソレによれば、ゲーテとの対話で気象学が話題になった際、ゲーテが気圧計観測データを公開する気があると言い、「気圧計の上昇・下降の動きは、地球の影響を受けている、つまり大気圏における地球の引力の影響を受けている」(93) という自説を開陳した。同時にゲーテは、皮肉を添えるのも忘れなかった。もっとも自分は素人で、その道の専門家ではないから、「学者たち、特に数学者たち」は、「私の理論を片腹痛いと思うか、完全に無視するだろう」と彼は自嘲気味に語ったという。ゲーテは好奇心旺盛で、プロジェクトを興味深く見守っていたが、専門研究者に対して慎重に距離を置いた。この基本姿勢については、彼がシュルツに送った一八二三年六月十一日付書簡から読み取ることができる。

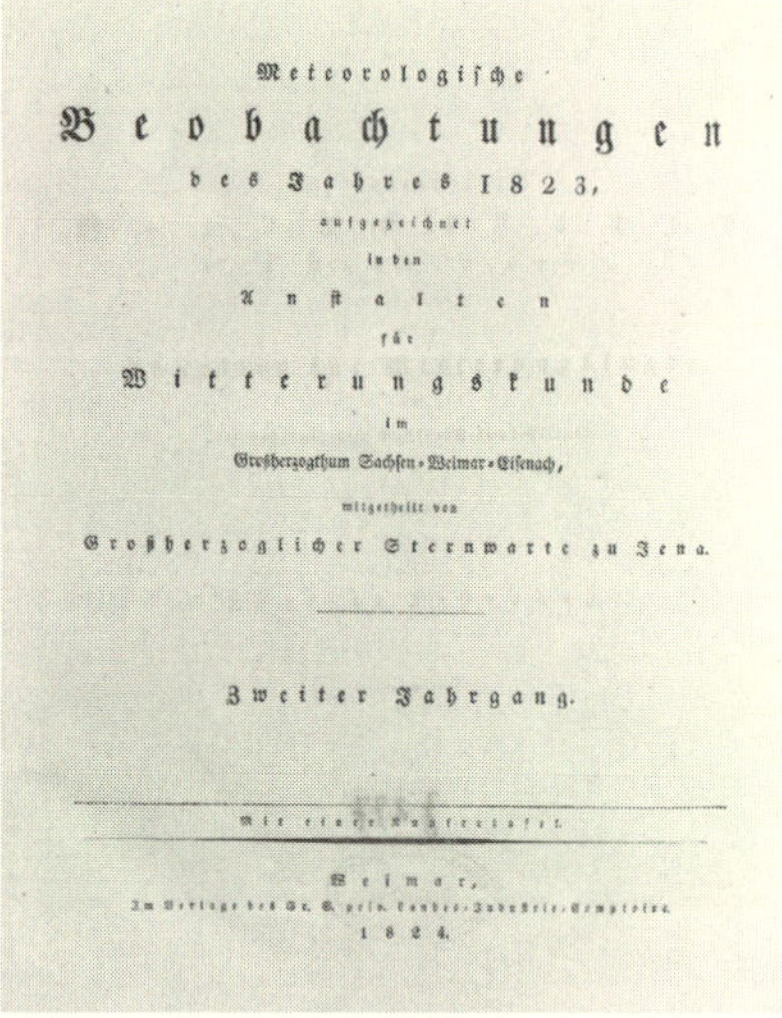
Meteorologische
Beobachtungen
des Jahres 1823,
aufgezeichnet
in den
Anstalten
für
Witterungskunde
im
Großherzogthum Sachsen-Weimar-Eisenach,
mitgetheilt von
Großherzoglicher Sternwarte zu Jena.

Zweiter Jahrgang.

Weimar,

1824.

図版 4 『1823 年公表，ザクセン・ヴァイマル・アイゼナハ大公国領における気象観測記録』（ヴァイマル，1824）表紙．HAAB 所蔵（Sig.: Z 277 (1823)），KSW の許可による

> 現在、バルト海および北海沿岸で観測に従事しているプロイセン派遣の研究者たちは、我どもにも参加を促し、私どももまた必要な貢献ができることを祈念しております。ネットワークが拡大されているので、多様な経験が得られることを期待しています。さらに彼らが岸からある程度離れた洋上でも相互に観測しようという考えに至るかどうか、興味深いところです。私にとっても重要な関心事なのですが、あえて直接関与しないようにしています。ひょっとすると違う形で関与するかもしれません。
> （WA IV-37, S. 69）

ゲーテは意図的にプロジェクトの傍観者としての姿勢を貫いた。けれども気圧計観測というテーマは、その後も彼の書簡のそこここに、気象学との関連で必ず登場する。執筆が集中するのは一八二四・二五年で、気象学に関する独自の考えを結晶させた『気象学試論 *Versuch einer Witterungslehre*』（ゲーテの没後に遺稿として公表）も一八二五年の成立である。その「気圧計《バロメーター》」と題された章は、次の文で始まる。

> あらゆる気象観測において、気圧計の指し示す値は主要現象、即ちあらゆる天候観察の基盤と見なされる。この私も、それはまったく正しいことであると確信している。（FA I-25, S. 276）

プロジェクトの研究成果は、シュレーンの『一八二三年公表、ザクセン＝ヴァイマル＝アイゼナハ大公国領におけ

る気象観測記録 *Meteorologische Beobachtungen des Jahres 1823, aufgezeichnet in den Anstalten für Witterungskunde im Großherzogthum Sachsen-Weimar-Eisenach*』(ヴァイマル、一八二四年)で公開された。同論文には、気圧計を用いた複数観測点の標高数値だけでなく、彩色された気象観測グラフも添えられていた(**口絵図版8**)。

6 ホッフによる携帯用気圧計を使った地形測量

前節で紹介したイェーナ＝ベルリン間で組織された気圧計による高度計測学術プロジェクトと並行して、ゴータでは旅行用気圧計を用いた高度計測プロジェクトが実施された。精確なデータは得られるが、複数の、しかもどれも決して軽量ではなく、精密機器ゆえに常に注意を払い、毎回組み立てては解体・収納しなければならない面倒な測量機材を使う三角測量と比べると、比較的持ち運びが簡単な気圧計だけを使う計画だ。プロジェクトの統括者は、ゴータの地質学者ホッフ(一七七一～一八三七)[94]であった。

一八〇一年にホッフは新しい雑誌『総合鉱物学マガジン *Magazin für die gesamte Mineralogie. Geognosie und mineralogische Erdbeschreibung*』を創刊した。彼はベルリン在住のA・v・フンボルトやブーフ、ゴータのリンデナウ、そしてヴァイマルのゲーテとも学術的親交があった。一八〇七年と一八一二年に、ホッフは友人ヴィルヘルム・ヤコブスと共同で最初のアイゼナハからゾンネンベルクまでの「テューリンゲンの森」——現在のドイツの地図ではほぼ中央付近に位置する全長約一五〇キロメートル、幅約三五キロメートルに広がる樹木豊かな中低山地をさす——に関する詳しい地質解説(二巻本で、各巻にホッフ自身がデザインした地図が付いている)を出版した。一八一〇年以降、ホッフは「テューリンゲンの森」を通る出張やハイキングの折には必ず高度測定を行い、測定結果をあの『月刊通信』第二五巻(一八一二年)に発表した。もっとも彼自身は、携帯用気圧計の性能の問題や旅行中に繰り返し起きた破損・故障のため、その測定値には甚だ不満であったらしい。[95]満足のいく高度測定ができる気圧計を手に入れるまで、ホッフはプロジェクトの開始をかなり長い間待つ羽目になった。ようやく一八二七年夏にホッフは実験条件を満たす、

「旅行時の観測に使いやすく実用的で、非常に精確な測定が可能な気圧計」を二基手に入れた。このふたつの携帯用気圧計に加えて、さらに四基の似た造りの気圧計をゴータ在住機械兼光学技師エルンスト・クラインシュトイバーに作らせた。この精密気圧計の一本（シリアル番号四番）をホッフは常に携帯し、旅の途上の観測に使った。一八二七年秋から翌春まで、彼は計六回の旅に出て、「テューリンゲンの森」の高度計測を行っている。

ルート1　一八二七年九月二～七日
　オーアドゥルフ→ズール→ヴィーゼンフェルト
ルート2　一八二七年十月十七・十八日
　ローダッハ→シュマルカルデン→タムバッハ
ルート3　一八二七年十月二十四・二十五日
　タムバッハ→シュマルカルデン→ヒルドブルクハウゼン
ルート4　一八二七年十一月二十八・二十九日
　テーマル→ネッセルホーフ→タムバッハ
ルート5　一八二八年一月十一～十五日
　ノイシュタット→シュバルツブルク→イルメナウ→アルンシュタット
ルート6　一八二八年二月四・五日
　タムバッハ→シュマルカルデン→ヒルドブルクハウゼン

同時に同僚たちが協力・分担し、さまざまな場所で気圧計観測を行った。たとえば⑴ゴータの自宅でクリース教授が、⑵ゴータ・ゼーベルク天文台では、第四代天文台長ハンゼンが最新式クラインシュトイバー作気圧計を使って、また第六回目はたまたまゼーベルク天文台に滞在中のイェーナ大学から出張中だったシュレーン博士も加わって、(3)コーブルク在住のシュテーテフェルトはクラインシュトイバー作気圧計（シリアル番号三番）を用いて、時には彼が家庭教師を務めていたホッフ家の住まいで、(4)コーブルクの武器庫で宮廷書記官ゲーベルが、同様の気圧計を用いて観測を行った。

(2)にハンゼン天文台長の客として名前の挙がっているシュレーンは、ご存じのように、後のイェーナ大学附属天文台長で、彼が早くもこのプロジェクトに参加しているのは興味深い。一八二四年にイェーナ大学で博士号を得たものの、シュレーンは数学分野にまだ不安があり、専門知識を完璧にすべく、名門天文台での研修を必要とした。そこでカール・アウグスト大公は、シュレーンの研修先として、まずゲッティンゲン大学を提案し、それからゴータを経て、さらにケーニヒスベルク（現在ロシアのカリーニングラード）天文台のベッセルの助手として腕を磨くよう指示した。そして研修旅行の最後にシュレーンはゴータのハンゼンのもとに一年間滞在し、さらに研鑽を積んだ。一八二九年三月にイェーナに戻ったシュレーンは、ハンゼンの推挙により、直ちにイェーナ大学附属天文台監督官兼観測者のポストを得た。(96)

さて、こうして得られた実験結果をホッフは一八二八年、ベルリンで開催された第七回ドイツ自然研究者・医学者協会総会で報告するとともに、『気圧計を利用したゴータとコーブルク間のいくつかの観測点及び山々の高度測定の試み』(97)というタイトルで刊行した。この著作には彩色された石版印刷による「テューリンゲンの森」の地形地質図が付いている。こちら垂直パノラマというだけでなく、パノラマ形式による地質描写、さらにはゲーテ提案の彩色パターンに則っているという点でも歴史的意味がある。

話は前後するが、イギリスでは、ホッフの観測よりも遡る一八一五年、「現代地質学の父」のひとりとされる技師兼測量師ウィリアム・スミス（一七六九～一八三九）(98)が、世界初そして全国規模の地質図『イングランドとウェールズおよびスコットランドの一部を含む地層図』を完成させた。(99) タイトルが示すように、スミスの地図には地表でなく、地質構造が表現されていた。各地質の分布は二〇色で塗り分けられていたが、その色分けは学術的な関連というよりは、視覚的な効果を狙って決められていた。

まもなくドイツでも、ハレ在住の法律家にしてアマチュア地質学者であるケーファーシュタイン(一七八四〜一八六六)がスミスと似た形で、中部ヨーロッパの地質分布を地図にした。この地質図作成の折、色彩選択の忠告を仰いだのが、『色彩論』の執筆者でもある詩人ゲーテだった。こうしてドイツ最初の地質図は、ゲーテの提案に基づいて彩色された。[100] 一八二一年の初めにケーファーシュタインは、自分が主宰する雑誌上で、労作『地形生成学および地質学的に描写したドイツ地図 *Teutschland, geognostisch-geologisch dargestellt, mit Charten und Durchschnittszeichnungen, welche einen geognostischen Atlas bilden*』を発表した。

だが、この時すでに、ドイツにはいくつかの地質学図が他にも存在していた。[101] 早い例では、一七六一年、ルドルフシュタット在住の医師兼資料編纂者フュクゼル(一七二二〜七三)が、ヴァイマル=ザールフェルト間の一色刷り地質図を刊行している。一七七八年にはザクセンの地質図がシャルパンティエ(一七三八〜一八〇五)によって、また一七八九年には最初のハルツ地方地質図がラジウス(一七五二〜一八三三)によって作成・発表された。だが、先にも述べたように、ケーファーシュタインの『中部ヨーロッパ地質図』はその製作・編集過程にゲーテが関与したという点で特別な意味を持つ。

ゲーテはケーファーシュタインの求めに応じ、一八二一年三月、その『総合地質図』上の各地質に対応する彩色分類表を提案した。この彩色分類表は、ベルトゥーフの地図局に渡され、『中部ヨーロッパ地質図』作成時の彩色に使用された。[102] またケーファーシュタインだけでなく、ホッフもゲーテと学問上のコンタクトがあったから、ホッフの『テューリンゲンの森の地質図』付録の彩色石版印刷による垂直パノラマ地形図(一八二八年)もゲーテ提案のカラーチャートに従って塗り分けられていることには何の不思議もない(**口絵図版9**)。逆に興味深いのは、ゲーテが選び、考案した色彩が、ほとんど変更なしで、現在の地質分布図の塗り分けに、引き続き利用されているという事実である。[103]

四　ゲーテ時代の自然景観図

1　ゲーテの自然景観図《新旧大陸の標高比較》とフンボルトの修正

引き続きA・v・フンボルトのチンボラソ火山登頂の試みを、違う視点から検討したい。つまり前節では、気圧計を用いた標高計測が問題になっていたが、ここでは〈自然景観図 Naturgemälde〉、言い換えれば一幅の絵に地質学的かつ物理学的な自然景観を集約して描いた図譜を扱う。たとえばフンボルトも、一枚の自然景観図譜上に、赤道直下地帯のありとあらゆる観測および測定数値を、その標高に則してびっしり書き込んでいる。

ご存じのようにフンボルトは、一七九九年から一八〇四年まで、相棒の植物学者ボンプランと南アメリカ熱帯地方の学術探検旅行を敢行した。ヨーロッパ帰還後、フンボルトはパリで直ちにドイツ語およびフランス語による自著出版準備にとりかかった。しかし情報満載の著作執筆が一段落するまでには数十年の歳月を要した。比例してボリュームもかなりのものとなり、最終的には一四〇〇枚以上の銅版画と約三〇巻の書籍シリーズにまとめられた。その最中の一八〇五年六月五日、フンボルトの兄で、言語学者で政治家のヴィルヘルム（一七六七〜一八三五）はローマから、ゲーテに弟アレクサンダーの植物地理学に関する執筆状況について次のように報告している。

弟はパリで『植物地理学試論』を印刷させ、こちら［ローマ］でドイツ語の推敲をしています。経験分野で比較的大きな仕事を出していくのは難しいものです。この書籍は実際のところ、熱帯雨林諸国地図の解説で、地図自体は、緯度に則して物理や自然史で使える、ありとあらゆる要素が考慮して描き込まれています。一目ご覧になれば、きっとご満足いただけるでしょう。(104)

翌年二月にはアレクサンダー自身が直接ゲーテに刊行が間近であると知らせた。ゲーテは溢れる期待を一八〇六年三月十四日付の親友クネーベル宛書簡で吐露している。

フンボルトの著作〔『植物地理学試論』〕を君はとても気にいると思う。〔…〕ただどうかくれぐれも、まだ誰にもこの手紙を見せたり、内容を話したりしないでくれ給えよ。僕が彼の熱帯世界の景観をどんなに待ち望んでいるか、その切実な理由は今さら説明するまでもない。(105)

(WA IV-19, S. 115)

だがそれからたっぷり一年以上、ゲーテは刊行を待たされる羽目になった。一八〇七年三月半ばにフンボルトの待ち焦がれた新刊がついに出た。長いタイトルをそのまま引用すると、『熱帯諸国の自然景観図付き植物地理学に関する試論、フンボルトとボンプラン両名が一七九九、一八〇〇、一八〇一、一八〇二年および一八〇三年に北緯十度から南緯十度にわたって行った観測と測量データを前者〔フンボルト〕がまとめ、編集出版した』(106)とある。

この『植物地理学試論』をもって、A・v・フンボルトは新しい学問的秩序、すなわち「植物地理学」(107)を創始した。つまり極地方では針葉樹、温帯では落葉樹というような水平方向での植生分布だけでなく、たとえ赤道直下であろうと、チンボラソ山のような高山では、麓は熱帯雨林のジャングルでも、高度が高くなるにつれ、温帯・寒帯地方の植物景観が展開される、すなわち垂直方向での分布が認められることを発見した。

『植物地理学試論』は三部構成で、フンボルトは第一部でまず植物の時間的空間的分布について論じ、第二部で彼の一七九九〜一八〇四年に行った南米旅行の重要な研究成果を発表するとともに、地理学的観点からその動植物界を詳細かつ正確に描写した。「熱帯諸国の自然景観　一七九九〜一八〇三年の間、北緯十度から南緯十度にわたって行った観測と測量データによる」と題されたこの第二部冒頭に、フンボルトは「海面から高山の頂まで登っていくと、次第に大気の循環がもたらす大地の景観も地形的表情も変化していく」(S. 33)と記した。第二部の終わりには、大胆にも「赤道直下の国々の景観スケッチ」を描いた。実はすでに序文で、フンボルトは自作景観図を「地球上および地球をとりまく大気の循環がもたらす、すべての現象を一幅の絵に描き込んだ」（序文、S. II）ものと定義している。同時にそれは「総合的見解、つまりデータで表現しうる確実な事柄を提示」すべきものだった。実際の指標としては、動・植物、地質学的関連、農業、気温、万年雪の下部限界、大気の放電現象、空気の平均密度、空の色の鮮やかさ、気層を通過する際の光線の弱まり具合、地平線での光線の屈折と海面からの高さとともに変わる気化点（S. 38f.）などを真っ先に挙げている。他に興味をひくのは、たとえば「地球上におけるさまざまな地域の山の標高、太陽光線の屈折なしで視認できる距離を添えて」（S. 39）で、フンボルトが熱帯地域で観察したものを、他の地球上の地域のそれと比較・検討していることである。もちろん植生については、それが観察された標高を逐一、気圧計で測定した。第三部は端的かつ一目でわかるように、気圧計もしくは三角測量によって求めた地球上の高さを「地球上の名山の標高 *Höhe der vornehmsten Berge auf der Erde*」（S. 175f.）という表にまとめて提示した。フンボルトによれば、本表は「熱帯の自然景観として提示されるすべての物理的現象を、計測と標高に結びつけようと試みたもの」だった。

一八〇七年三月十六日、ゲーテは待ちに待ったフンボルトのドイツ語版『植物地理学試論』献本を一冊、出版社コッタ経由で受け取った。この書物が『植物のメタモルフォーゼ *Metamorphose der Pflanzen*』の著者ゲーテに捧げられているのは有名だが、ウムラウト表記で「ゲーテに捧ぐ An Göthe」[108]と印刷された扉には、フンボルトの友人で、ローマに逗留していたデンマーク人彫刻家トルヴァルセン（一七七〇～一八四四）が原画を描いたアレゴリーによるビネットが付いている。竪琴を抱いて優雅に立つ、詩と歌を司るギリシア神アポローンはゲーテを具現化している。このゲーテ＝アポローンは、ゲーテの著作『植物のメタモルフォーゼ』により、彼の双子の女神「豊穣のディアナ［またはアルテミス］」あるいは「マグナ・マーテル［諸神の母］」と思しき、複数の乳房を持つ胸像が具現する〈自然〉[109]を覆う秘密のヴェールを捲り上げている。凝った意匠の献呈本を受け取ったゲーテは、むろん非常に光栄に感じ（「アレクサンダー・フォン・フンボルト氏がアレゴリー表現により、意味深長に捧げて下さったご高著により、私は今世紀前半にも大変な名誉に浴した」[110]、ワクワクしながら読み進めようとしたが、すぐにタイトルに予告され、本文以上に待ち遠しく思っていた大きな銅版画が付いていないことを知って、どうしようもないくらい落胆してしまった。ゲーテが鶴首して待っていた図版は、書籍と同時の納品が間に合わず、別途遅れて発送されたのである。終にゲーテがこれを入手したのは書籍受領から一ヵ月半以上を経た一八〇七年五月五日のことだった。

だがすでにゲーテの辛抱は限界に達していた。もはや付録図版を待ちきれず、ゲーテは自分で勝手にフンボルトの『植物地理学試論』に則して、鉛筆と水彩による彩色図版を作ってしまった。この図は現在、ゲーテの《新旧大陸の標高比較 *Höhen der alten und neuen Welt*》と呼び慣わされている。もっとも図版そのものはゲーテの直筆ではなく、ヴァイマル自由絵画学校校長のマイヤーが描いたものと推測される。[111] 一八〇七年の――ゲーテは毎日の日記の延長上で、一定期間ごとに自分の仕事内容を振り返る習慣があった――『年次総括 *Annalen*』としてゲーテは、以下のようにまとめている。

［…］予告にあった付随の地形図は、遅れて発送された。もう待ちきれず、このような作品の私の認識を目の前に留めて置きたくてたまらなくなり、すぐさま私は、フンボルトの報告に基づき、一端に高度の目盛りをつけた紙面を風景画に変えたのだった。規則通り、まず熱帯を右側に、光もしくは陽のあたる部分として描き、それから左側にヨーロッパの山々を陰の部分として対置させ、視線を投げても不快に感じない、象徴的風景を完成させた。[112]

この自作図版（**口絵図版3**）を使って、ゲーテは早くも一八〇七年四月一日に彼主宰の文化サロン「水曜会 Mittwochsgesellschaft」で、フンボルトの新刊『試論』を紹介した。彼の繊細な彩色水彩画（所蔵番号 GGz/2242; 二四×三〇・六センチメートル）は、ヴァイマルの古典主義研究財団が現有し、ヴァイマルのゲーテ国立博物館が所蔵している。同年四月十三日付の日記によれば、ゲーテは四月三日付でフンボルトに以下のような礼状を書き送ったという。

数日前から尊敬する友である貴君にお手紙差し上げるのを躊躇しておりました。［…］私は貴君のご高著を深い関心をもって、繰り返し拝読しました。と同時に予告されながら同封されなかった大判の断面図の代わりに、私の想像で絵図を作成しました。図の片側に四、〇〇〇トワーズまで目盛りを入れ、それに合わせてヨーロッパとアメリカの山々を対置し、万年雪の限界や植生の分布も描き込みました。その複製を一枚、半ば冗談、半ば本気の構想図としてお送りしますので、ペンなり、絵具なりで、お好きなように直接ご修正いただけませんか。あるいは余白にコメントを書き込まれても、別途メモを送って下さるのでも構いません、できるだけ早くお戻しいただければ幸いに存じます。

（WA IV-19, S. 296f.）

こちらの複製画は現在、フランクフルトのゲーテ博物館が所有している。[113] フンボルトはこのコピーをゲーテが自分で描いたものと記しているが、研究者ニッケルの推測では、おそらくこれもヴァイマル自由絵画学校校長のマイヤーあるいはその弟子のひとりの手になるものらしい。フンボルトがゲーテから送られたこの図に直接どんな返答をしたのかは、残念ながら不明である。だが、それから半世紀近く後、一八五四年六月二十四日付でフンボルトが出版業者ゲオルグ・フォン・コッタに書き送った手紙から、フンボルトは多分ゲーテの図版に不満であったことが読み取れる。彼はこの書簡で、ゲーテの試みを大胆だと評価しながらも、「ゲーテが考案した絵画的描写は、遠近法と垂直方向の断面図を一緒にしているので、成功しているとは言い難い」と批判している。[114] もっともフンボルトが老詩人をこれほど待たせなければ、こんな異例の事態は起きなかったはずなのだが——。

そして繰り返しになるが、一八〇七年五月五日、ついにゲーテは待望のフンボルトのオリジナル図譜を受け取った。それはゲーテ作成の図譜とは比較にならないほど生真面目に、学術的にもこの上なく厳密に描かれていた[115]（**口絵図版**

6）。フンボルトの銅版画は、アンデス山脈を東から西に裁った図解断面図になっていた。中央にはチンボラソ山がどっしりと据えられ、その形状は彼が一八〇三年に登頂を試みた後、まだ麓のグアヤキル逗留中に完成させたスケッチ《赤道付近の植物地理学》をもとにしている。そして山のシルエットの内側には、彼が自分の目で観察した植物種目名がびっしりと書き込まれている。この銅版画のおよそ半分の割合を占める、右側および左側の欄には、気象学や物理学に関するデータが比較検討できる表の形で並んでいる。具体的なデータ項目を挙げると、「垂直方向の光の屈折」、「地上のさまざまな場所での標高測定値」、「大気層近くの放電現象」、「真空状態での振り子の揺れによる重力測定」、「気圧計で測定した空気圧」、「気温計の最高および最低温度を示した各層の気温」、「地理学上の分布によって異なる万年雪の下方限界」などが、いずれも〈メートル〉と〈トワーズ〉の両単位で提示されている。ゲーテの構図では絵画的要素が前面に出ていたが、フンボルトの図譜では、絵画よりもむしろ文字やデータが優勢になっているのが、大きな特徴である。ゲーテもフンボルトも、自然をひとつのダイナミックな統合体として眺めていた点では共通しているが、その表現方法はかくも異なっていた。かなり乱暴な言い方を許していただけるなら、フンボルトは学術的正確さを希求し、それに対してゲーテは感覚的に一瞬で全体を把握することを追及していた。

そして「見る欲求」が優勢な時代には、フンボルトの玄人受けする学術図よりも、ゲーテの素人らしい考案画のほうが似つかわしかった。ヴァイマルの腕利き出版業者ベルトゥーフは、ゲーテ考案絵図の価値を見抜き、数年後にこれを印刷原本にして公刊することを勧めた。一八一三年には実際に印刷準備が始まった。初版こそゲーテの草案に忠実に印刷されたが、修正や補足が複数箇所で必要なのは一目瞭然だった。加えて画面の下、中央よりやや左に置かれた石版の絵には「アレクサンダー・フォン・フンボルト氏へ」という献辞が書き込まれた。このデザインは、先に紹介したフンボルトの美しい扉絵に対する、公的返礼の意味を持っていた。もっとも知る人だけがほくそ笑むような洒落た文学的手段で、ゲーテはすでに一八〇九年発表の実験小説『親和力』でフンボルトに感謝の念を示していたのだが——。この作品中、女性主人公オッティーリエは、「せめて一度だけでいいから、フンボルトの講話をじかにぜひ聞いてみたいものだわ」という憧れの気持ちを日記にしたためている（MA 9, S. 457）。

そうこうするうちに第二版が仕上がり、エッチングによる最終バージョンが《新旧大陸の標高比較》というタイトルのもと、一八一三年五月、ベルトゥーフ編集のかの雑誌『一般地理学暦』第四一巻（LA II-2, Tafel 3 参照）に掲載・刊行された。絵の説明文は、ベルトゥーフの序文とゲーテが彼に宛てた一八一三年四月八日付の書簡から成り立っており、後者の書簡中、ゲーテは不完全で補足が必要な自作図絵に対して批判的距離を保とうとしながら、「こういう象徴的な表現は、表データの記述に〈感覚的直観 *sinnliche Anschauung*〉を補充するためのものなので、どうか大目に見ていただきたい」（MA 9, S. 917）と強調している。ゲーテによれば、この図の役割は芸術的でも学術的でもなく、「知識豊かな読者に、既知のものを嬉しく繰り返し思い出させ、初心者には将来、ここで初めて一般的に知り得たことをもっと詳細に知りうるだろうという励ましになる」（MA 9, S. 917）ことにあるという。彼の象徴的景観図は、まさに時代にふさわしい、「見る欲求」を鎮めることを意図していた。おそらくこの意味で、ゲーテにとってゴータ・ゼーベルク天文台長リンデナウの専門家としての批判は驚くに値しない。リンデナウは刊行直後に、いくつかの標高誤記とアジアにヒマラヤ山脈が書き込まれていないことを指摘したのだった。

だがリンデナウの疑義と批判にもかかわらず、ゲーテの《新旧大陸の標高比較》に対する一般の反応は概して非常によく、好意的に迎えられた。これを受けて一八一三年七月にベルトゥーフは抜き刷りを予告し、同年中に発売している。さらに同年十一月にはフランスの書籍出版業機構、パリの一般書店管理部門がゲーテと接触をはかり、彼の図版について頻繁に問い合わせが来ているため、ぜひ再版したい、ついては同時にいくつかの誤りがある部分を修正・改訂し、さらにフランス人読者にあわせて、図版の配置を微妙に変えてもよいか、との申し出があった。ここで興味深いのは、他ならぬ『試論』の著者A・v・フンボルトがフランス向け図版の修正と再配置に積極的に関わったという事実である。

フンボルトはおそらく意図的に、この時点まで、ゲーテが一八〇七年四月に送り届けた構想図コピーを無視していた。自分の学術的に正確無比で完璧な自然景観図ではなく、ゲーテの間違いだらけの象徴的絵図を大衆が熱狂的に受け入れ、こともあろうにそのフランス版をフンボルト自身が、たとえ間接的とはいえ、かつてゲーテが望んだ通り、徹底的に修正しなくてはならない羽目に陥ったのは、フンボルトにとっては最高の皮肉であり、屈辱であったに違いない。

ともかくこの再版用修正過程で、原図（**口絵図版3**）下部に書き込まれていた縮尺無視の巨大ワニが削除された。だが研究者グラチィク[116]が詳しく解説しているように、ゲーテ作図版はそれでもたくさんの楽しい話題要素を提供した。たとえば、画面右側に描かれた「新大陸」のチンボラソ山頂まであと五〇〇メートル足らずの五、八一〇メートルのところにフンボルトらしい人影が認められ、左側に描かれた「旧大陸」で当時「最高峰」と謳われたモン・ブラン山頂に立つソシュールを見下ろす構図になっている。フンボルトの頭上に一羽のコンドルが飛ぶ一方、中央からやや左寄りには、一八〇四年九月十六日にパリで気球の飛行実験を行い、約三、六〇〇トワーズ[117]まで達したゲ＝リュサック（一七七八〜一八五〇）が気球に乗って漂う（いずれも極小の描き込みだが、目を凝らすと黒い汚れではないとわかる）。ゲーテのドイツ語原版を事実に即して徹底的に修正・改訂したフランス語版は、一八一三年に《二大陸の主要名峰のスケッチ *Esquisse des principales hauteurs des deux continents*》なる題で刊行された。

2　ゲーテがルーに依頼した《象徴的雲の形成》原画

ゲーテの《新旧大陸の標高比較》図の受容史自体は、フンボルト自らが加筆・修正を加えた《二大陸の主要名峰のスケッチ》で終わるが、この絵図はその後もゲーテの自然研究に、特に気象学との関連で、重要な役割を果たした。

一八一五年にハワードの雲の分類に関するエッセイを読んだ後、ゲーテは雲の研究に打ち込む。一八一七年にはカール・アウグスト大公の委託により、ヴァイマルのシェーンドルフ地区に新設された測候所の気象観測・勤務内容を規定する仕事にも携わった。

興味深いのは、地形的気象学的アスペクトをひとつの図上で概観できるように描写するというゲーテの着想が、地学研究を気圧計観測と結びつけたホッフの試み（前節6の「ホッフによる携帯用気圧計を使った地形測量」参照）と見事に一致しているという事実である。ゲーテは、かつて自分が手がけた仕事を新しい視野から検討するのはもちろん、必要なら、まったく別の関連で昔の仕事を再度取り上げることにも躊躇しなかった。ゲーテはさっそく《新旧大陸の標高比較》を、フロリープ（一七七九〜一八四七）にまだ彩色していないものと彩色済みのものを各二枚、計四枚注文した。フロリープは、もともと外科・産婦人科を専門とする医学者で、イェーナ、ハレ、テュービンゲンの大学医学部教授を歴任し、その腕を認められて、一八一五年にヴュルテムベルク王の侍医に推挙された。しかし就任から一年も経たないうちに、彼の義父ベルトゥーフを通して――つまり妻の実家の事情が多分に関係していたのだが――主席医学参事官（あるいは上級保健衛生官）としてヴァイマルへの招聘を受け、同時に義父から大公国産業印刷所と出版社および地図局を引き継いでいた。

フロリープはゲーテの注文に即応したが、実際に納入されたのは、無彩色と彩色済みの各一枚、計二枚だった。レオポルディーナ版の編集も務めた研究者ニッケルによれば、ゲーテはこのうち彩色していない方（レオポルディーナ版『ゲーテ自然科学論文集』第二部第二巻掲載の図3と一致する）を準備作業に用い、たとえば「巻雲はだいたい地上から二、二三〇トワーズ付近、積雲はおよそ一、六五〇トワーズで出現」といった情報データを自ら書き込んでいった。さらに白い紙をさまざまな雲の形に切り抜き、それを彩色済みの図に貼りつけた。小さな雲や雨は直接描き入れた。続く数週間、ゲーテはさらに何枚かの図を発注、取り寄せて、試行錯誤を続けた。元の図版は作業用には大きすぎたので（版画そのものは二三・五×三〇・五センチメートル、紙自体は三三・五×四八センチメートル）、彼は原画では右半分のみ、つまり「新大陸」の山々だけを使ったコンパクトな草案図（二〇×一六・三センチメートル）を仕上げた。この小さな自作スケッチを彼は当時まだイェーナ大学で学術用絵画を教えていたルーに送った。一八一七年十二月十三日付のゲーテの日記には、「ハワードの［雲についての］学説の再口述筆記完了。ルー博士に［…］ハワードのためのスケッチを届ける。［…］象徴的な高度描写の方法を研究」（WA III-6, S. 147）とある。天分に恵まれたルーにとって負担ではなかったのだろう、五日もしないうちに完璧な絵画を納めてくれた。十二月十八日のゲーテの日記には「象徴的雲の形成を携え、ルー氏訪問」とあり、翌十九日には「ハワードの学説を完全に描き上げる」（WA III-6, S. 149）と記されている。

ところで、ゲーテがルーに描かせた雲の原画は長い間行方不明になっていた。ヴァイマル古典主義財団が所蔵する古びた白黒写真の一葉（*Corpus* Vb, Nr. 254a, S. 112f.）が、存在した証拠になっていた。ドイツ再統一後の一九九六年、イェーナ大学文書館で、件の白黒写真に少し手を加えた、これまでまったく知られていない原画が発見された。こちらゲーテが監督官を務めていた『イェーナ大学附属天文台』資料（Bestand S, Abt. XLIII, Nr. 16）、しかも一八一七年十二月二十八日付シェーンドルフ測候所での気象観測に関する公文書に挟まれていた。発見された原画(118)はおよそ一〇×一五センチメートルの大きさで、一三×一九センチメートルの白い台紙に貼られ、水彩絵具が使われている（**口絵図版5**）。保存が非常によかったのだろう、ほとんど褪色はなく、鮮やかな色が目に飛び込んでくる。この美しくも細密に描かれた雲の絵図とともに、ゲーテが練った新測候所シェーンドルフの公式気象観測指示書を、天文台長シュレーンは一八一八年元旦にカール・アウグスト大公に提出したわけだ。

一八二〇年以降、ヴァイマル大公国内には気象観測網が張り巡らされていく。イェーナ大学附属天文台やヴァイマルのシェーンドルフ測候所を手始めに、次々と新しい測候所が開設され、この学術ネットワークを用いて、規則的かつ組織的な気象観測が定期的に行われるようになった。

一八二一年九月一日から十六日まで、イェーナ大学附属天文台は、試験的に三〇章から成る新しい作業基準『大公国内測候所の観測者への指示 *Instruction für die Beobachter bey den Großherzogl. meteorologischen Anstalten*』に則った観測を遂行した（LA II-2, S. 72ff.）。これに参考資料として四つの資料が添付されているが、そのうち二番は『ハワードの雲の形状 *Howard's Wolkenformen*』を問題にしている。

多種多様な雲に名を与えることで分類に成功したハワードの学説を観測時に用いようとする者は、彼が示した特徴による違いをしっかり目に焼きつけておき、分類を迷うような形状の雲が現れたとしても、間違うようなことがあってはならない。それよりもそうした見極めが難しい現象を主要分類項目に還元する訓練が必要である。ハワードの専門用語を個々に提示した。さまざまな雲の形を地上あるいは高層圏との関係を示しながら、順に配置している。

(LA II-2, S. 86, M 8.2)

この文書に観測時の参考資料として銅版画《象徴的雲の形成》が添えられ、すべての測候所に送付された。そう、ゲーテは一八一七年にルーに描かせた原画《象徴的雲の形成》の銅版画化をヘス(一七七六〜一八五三)に依頼したのである。ゲーテによる雲の分類図は、以後、気象観測時の重要な基本資料になった。というのも、先に紹介したベルリンのプロイセン王立科学アカデミーからの気圧計を使った標高計測プロジェクトに参加後の一八二六年、イェーナの天文台はまたしても新たな研究プロジェクト参加を要請されたのだ。今度は在エジンバラ王立協会書記ブルースター博士が代表者となっている気象観測計画だった。これについては『イェーナ大学附属天文台』の書類[119]に、個々の気象学者に送られた『化学・物理年鑑 *Jahrbuch der Chemie und Physik*』(一八二六、四巻)からの計三頁の抜き刷りが綴じ込まれている。執筆者ブルースターは、冒頭で次のように計画参加を呼びかけている。

エジンバラ王立協会は共同気象観測のパートナーになって、一年のうち特定の「一日ないし二日」に毎時間観測を一緒に行って、データ交換をして下さる研究機関を募集しており、気象学を愛するすべての友と支援者に、お住まいの地域のできるだけ多くの場所、特に海抜が異なる複数の場所で、信頼のおける観測を行って下さる方を探しています。大変望ましいのは、海面からの高さがはるかにある、標高がとても高いところでの観測です。

この目的にあわせて、七月十七日と来年一月十五日を観測日に定めたく存じます。できればこの観測を数年間、同じ日に繰り返して行いたいという希望もございます。依頼する観測業務をすべて行っていただくために必要な機材をお持ちでない諸氏も、お手持ちの機材で可能な範囲で、ふるってご参加下さい。どうかご遠慮なさいませんよう。

イェーナ大学附属天文台とシェーンドルフ測候所は、この呼びかけに賛同し、実際一八二六年七月十七日と翌二七年一月十五日に共同観測を行った。抜き刷りの後半で著者ブルースターは、観測記録のスケッチ方法やデータ記入の手順を詳しく説明している。この指示に従って、たとえば決まった日の気温を一時間おきに朝の一時から深夜二十四時まで読み取ったり、泉や深い井戸の水温を測ったり、風向きや熱放射はもちろん、気圧計・湿度計・検電器などを使ったデータの精確な数値が要求された。何より忘れてはならないのは、「ハワードの分類特徴」に則した雲の形状の記録だった。「ハワードの雲分類に基づく描写は、信頼できるものを使うように」という注意書きが強調されている。

ちなみにゲーテはその後、もう一度、まったく違う目的で、この雲の絵を引っ張り出し、使いまわすことになる。それは彼のライフワークである悲劇『ファウスト』第二部最終場面の「山峡にて」で、肉体を失ったファウストが浄化されつつ、段階的に天に昇っていく場面構想を練るためであった。(120)

3　ゲーテお気に入りの一幅――医師ヴィルブラントとリトゲンの共作《有機的自然の景観図》

ヘスに委託した銅版画《象徴的雲の形成》と並行して、一八二一年にはまたもやゲーテが原画を描き、専門誌『一般地理学暦』(一八二三年)に掲載された景観図《新旧大陸の標高比較》が、今度は原画に忠実に彩色された銅版画として、これまたベルトゥーフが責任刊行していた『子供のための絵本 *Bilderbuch für Kinder*』に、装い新たに掲載された。『絵本』用新バージョンでは、かつてのリンデナウの批判を考慮し、画面左の「旧大陸」側に峻厳なヒマラヤ山脈が書き加えられた（**口絵図版4**）。この修正により、これまで左側は青空の比率が多く、すっきりした印象だったものが、白雪をいただく重厚な山々がみっしり描きこまれ、非常に圧迫感のある景観図に変貌している。まるでまったく別の絵になってしまったかのようだ。

ところで同じ一八二一年に、『地球上に分布する有機的自然の景観図 *Gemälde der organischen Natur in ihrer Verbreitung auf der Erde*』（以下、『有機的自然の景観図』と略す）なる著作が、ギーセン大学のふたりの医学部教授ヴィルブラント（一七七九～一八四九）とリトゲン（一七八七～一八六七）によって発表された。前者は一八〇九年からギーセン大学で解剖学・生理学・自然史の教鞭を執りつつ、解剖学・動物学キャビネットの管理責任者を兼任していた。後者は前者ヴィルブラントの弟子兼女婿であり、こちらは一八一四年に教授就任、外科と産科を専門としていた。実は、著作自体は小型で可愛らしく、総ページ数も一二八頁と薄い。だが付随するヨーゼフ・ペーリンガー作の彩色石版画が、それは見事な大判図で、しかもゲーテ、A・v・フンボルト、ブルーメンバッハの三人に捧げられているという代物なのだ（**口絵図版7**）。むろん著者のふたりは、一八二二年四月十二日付でゲーテに新著を献呈した。そしてこの小さな冊子は、ゲーテの蔵書票付きで、今もヴァイマルのゲーテ邸所蔵書庫の戸棚に収まっている。[121] ゲーテの書記クロイターによると、ゲーテはしかし「この本に付いていた大きな彩色版画は［…］他の場所に保管した」[122] とある。これを裏付けるようにゲーテは、件の図について早くも『一八二二年の日々と年の総括 *Tag- und Jahres-Hefte zu 1822*』で、「いくつかの重要な意味を持つ作品」のひとつとして、次のように言及している。

水に棲む生き物および標高とも関連した、地球上の有機体を提示したヴィルブラントとリトゲンの大判の自然誌図。その価値を瞬時に理解し、人目を引く美しいその絵を壁に貼って、毎日の利用に耐えるようにし、楽しい語らいの折などにコメントしては、繰り返し学び、使用した。

(MA 14, S. 318)

どうやらこの図版はゲーテに深い印象を与えたようだ。それからまもなくして、一八二二年六月発行の自らが主宰する雑誌『自然科学一般、特に形態学について *Zur Naturwissenschaft überhaupt, besonders zur Morphologie*』の第一巻第四分冊にも再度言及が認められる。

ヴィルブラントとリトゲンの《地球上に分布する有機的自然の景観図》、ペーリンガーによる彩色石版画化。感覚的ではあるが、一目では把握し難い対象を、象徴的描写で眼前に示し、そして残りのものは想像力、記憶、理性に委ねる試みは、これまで幾度となく繰り返され、何度も更新されてきた。今回の積極的な著者による試みは、高い水準で成功している。〔…〕

記憶と想像力が同時に刺激され、我々旅する自然研究たちに伝えられたあらゆる経験が、象徴的に描かれた箇所でまたいきいきと呼び起こされ、同様に大地と海洋が生きとし生けるもので満ち溢れている。(MA 12, S. 259f.)

ゲーテがどんなにこの景観図を気にいっていたかについては、さらに一八二三年九月刊行の『自然科学一般』第二巻第一分冊の文章「この象徴的かつ簡潔に描かれた大判の絵図の鑑賞は、新たに注意深く執筆された作品理解の助けとなるので、手元に離さず置いておく」(MA 12, S. 317) からも読み取れる。驚くべきことにヴィルブラントとリトゲンの彩色石版画は、一八二五年に今度は気象学との連関で再び話題になる。『気象学試論 *Versuch einer Witterungslehre*』における「大気」に関する記述から引用しよう。

〔…〕気象学的事象の注意深い観察者は、さまざまな側面から「地球を取り巻く大気は、気圧計が示すように、海面から上昇するにつれて密度・重力・弾力性が徐々に減少していき、逆に下降すれば増加するだけでなく、この大気圏には密かに同心円状の層が取り巻いていて、機会に応じて稀な特性を発揮する。これが何でどういうものかは、次のように説明できる。

> 何よりもまず、こんな一般的考察にうってつけのヴィルブラントとリトゲンの大判図の前に立つことにしよう。この絵図には雪線が表示されていて、赤道直下の高みから北と南それぞれ海に向かって伸びている。その上方あるいは近くには、溶けることのない氷が存在する。ここには地球上で最も可能な地点で生ずる暖気さえ水の凝固を阻むことができない決定的な地帯がある。そして私たちは、その下方および上方に幾層もの同じ大気の帯を探すように促される。
>
> (MA 13.2, S. 282f.)

繰り返される好意的なコメントから、この彩色石版画は、先のゲーテやフンボルトの後継となる象徴的な自然景観描写であり、非常に興味深く、また重要な意味をもつことが察せられる。しばらくの間、ゲーテはこの図版を壁にかけ、毎日眺めては、細部に至るまで熱心に研究していた。しかし残念ながらゲーテが所有していた肝心の絵図は行方不明になっている。ヴァイマルのゲーテ博物館は、本体の小冊子は持っているが、図版を所蔵していない。他方、デュッセルドルフ・ゲーテ博物館の自然科学キャビネットの壁には、ずっと前からこのヴィルブラントとリトゲンの彩色景観図が架かっている[123]。だがこちらは散文体で詳しく説明した小冊子『有機的自然の景観』を所蔵していない。記録によると、冊子体はかつてヴァイマルのアンナ・アマーリア公妃図書館が一冊所蔵していたらしいが、二〇〇四年秋に起きた大火災の折に焼失した。そういうわけで石版図の解説や刊行の意図を記したオリジナル著作は、ゲーテ関連研究施設では、ヴァイマルのゲーテ邸内自家所蔵書庫に一冊現存するのみである。

ゲーテの言葉通り、「水に棲む生き物および標高とも関連した、地球上の有機体を提示したヴィルブラントとリトゲンの大判の自然誌図」は、確かに象徴的かつ印象的な美しい図版であり、まさに「見る欲求」を満足させる作品だが、同時に〈タブロー Tableau〉形式で厳格に描写された自然科学用絵図である。その特徴としては、何よりも座標システムが挙げられる。横座標軸は緯度と一致し、中心点は赤道、左の横軸の終点は、北極の氷山であり、右側のそれは氷に覆われた南極大陸である。これに対して、縦座標軸は緑と白で彩色された山々で占められる上部および水色で彩色された下部の海洋に一致する。書籍の解説部分冒頭で、著者は景観図の主な狙いを以下のように説明している。

概観

ご覧の景観図は、地球上の動植物分布をできるだけ忠実に描写することを意図している！——我々の住む惑星・地球の固い核は、ふたつの大きな要素、すなわち海洋と大気に包まれている。前者には、決まった陸との境まで、後者には未知の宇宙との境界まで。［…］

［…］生きとし生けるものすべての世界は、関連する総体として、水中で始まり、そこから明るい日光を浴びるため、あらゆる有機的形成の完成型、すなわち人間において完結すべく、大気中に上昇する。（S. 1f.）[124]

ヴィルブラントとリトゲンはフンボルトとまったく同様に、多様で動的な自然生命を学術的に正確に、しかも全情報を一括して一幅の絵画上に表現しようとした。両著者が高度な情報処理能力を有していることは明白で、大量の測量データを逐一あげたり、その膨大な数値分析を記録したりすることなく、見事なまでにチャーミングで見栄えのよい絵図にまとめ上げている。

好例のひとつが雪線だ。この線は「海面を越え、垂直方向に延びる地球上で有機的生命体が見出せる世界の限界」（S. 2）を示し、万年雪に覆われた場所をさす。解説によれば、雪線は両極ではほぼ海面すれすれにあり、そこから「赤道にむかってどんどん海抜が高く」なる。フンボルトの計測によると、赤道直下の雪線は、垂直方向すなわち海抜一五、七六五フランス＝フィートと求められた。この雪線について、著者のふたりは次のような分析を行っている。

観測結果に則って、雪線を景観図上に引いた。だが同じ緯度といえども個々の国の特色により、雪線の高さには幾ばくかの変化が認められる。たとえば北アメリカはヨーロッパの同じ緯度よりも寒くなり、その結果、北緯八〇度の「ノルウェーの」スピッツベルゲン島にはまだいくらか植生が認められる。なおこれに従って、雪線の下方限界高度は中間平均値に基づく。この平均値誤差については、地図上のさまざまな地域に小さな星印で示している。

子午線方向に注意して眺めると、雪線は最終的に楕円をなす緩やかなカーブで描かれている。　(S. 5)

図上には世界五大陸の山脈が暗示されており、どの緯度地域にも名峰とその標高が必ず記載されている。画面後方には世界の屋根と呼ばれるアジアのヒマラヤ山脈が、北緯三〇~四〇度地域に威圧感たっぷりの姿を見せる。そのうち三五度地域に描かれた名峰のひとつには、クロフォードの計測値、標高二三、四二四フィートが書き添えられている。ヒマラヤ山脈の前面に描かれているのは、北から南に伸びる南アメリカ・アンデス山脈だ。両山脈の前には、さらにヨーロッパおよびアフリカ大陸の山々が、そしてオーストラリアの山脈が描き込まれている。ほとんど赤道直下には、当然のことながら、万年雪を頂いたチンボラソ火山が聳え立ち、その横にはフンボルトの測量データ、「標高二〇、一四八フィート」が読み取れる。

しかしデータと文字情報を過剰に提示するフンボルトの絵図とは異なり、この《有機的自然の景観図》は絵画的要素が強く、その意味でもゲーテの趣味によく合っていた。もちろんこちらも無数の動植物プロフィールを含んでおり、北側すなわち画面左側には植物分布が、そして南側の画面右側には動物種の分布が見事に分けて、表示されている。絵の近くに寄って目を凝らすと、観察者は、画面中心から放射線状に延びる無数の黒い線、そのうちいくつかは意図的に強調線になっていることに気づく。これもよく考えた上での表示方法である。

植物の科や属、哺乳類、鳥類、両生類、爬虫類の種目、魚類、軟体動物、昆虫類、甲殻類、［ミミズのような甲殻を持たない］虫類、寄生虫類などの各属類については、地球上の雪線下方限界および熱帯との特定の関係性が直線で示されており、この種族の分布状況により、いずれかの境界に近寄る、あるいは逆に境界から離れる。よく知られた観察結果に基づいて、ある種・属の原生地とされるところは、その属名等を書き加えるだけでなく、直線も太く強調している。（S. 22f.）

画面左側の放射線上には、膨大な数の植物類が提示されている。中心点から植物の種目名とその植生分布を長さと太さで強調した放射線が、少なくとも二〇〇以上、あらゆる方向に伸びている。最初に書き込まれたのが子葉のない植物、つまり海藻、キノコ、地衣類、苔類、シダ類などの分布だった。それに単子葉植物の分布が続く。熱帯の単子葉植物としては、豪華絢爛なヤシやバナナの木が例として描き込まれた。カンナ科やパイナップル科の植物が熱帯・温帯に分布する一方で、サトイモ科の植物は、アマモやカラーとともに比較的涼しい地帯に認められる。百合、水仙、菖蒲（アヤメ）、イ草などの科も同様の線で示される。続いて双子葉植物四〇種類（Dicothyledonen）も同様にシステマティックに線上に書き込まれている。カーネーション、リンドウ、ラナンキュラス（金鳳花）、シオガマギク、さまざまな豆類、シャクナゲ（石楠花）、バラ科あるいは尾状花序類（クルミ科やブナ科）、針葉樹類、ヒース、マツヨイ草、南瓜、ポピー（芥子）、ジャスミン（茉莉花）、月桂樹、ミルテ（銀梅花）、オレンジなど、読み取れる名前・種類は枚挙に暇がなく、それぞれ正しい緯度上に、ふさわしい長さで、分布状況が示されている。

画面の右半分には動物の生息分布が示される。植物は大地に根を張るので分布を特定しやすいが、動物は可動性が高く、特定の場所に拘束されない。しかしながらどんな動物の生息地も「あらゆる有機的生命体の限界との特別な関わり」があり、あらゆる動物種が「雪線の下方限界と並行する、特定の生活圏内で」生きている（S. 66）。有機的生命が溢れだす源、画面中心は赤道直下にある。

図版5　ヴィルブラントとリトゲンの《有機的自然の景観図》部分
デュッセルドルフ・ゲーテ博物館の許可による
目を凝らすと，放射線の太さの違いや，その上に書き込まれた動植物名に気づく

有機的創造はまず赤道下の一定圏内で、均等かつ過剰に流出するため、赤道直下の零度を中心として描かれた円周まで、すべての直線が引かれている。そしてこの円は、有機的創造の源として出現しており、その中心を起点に有機的世界の果てまで自然の生命力が四方八方に拡散する。

画面中心から右に放射線状にのびる各線には、およそ四〇種類の哺乳類の名とその生息分布状況が書き込まれている。《有機的自然の景観図》に先行する景観図と言えば、先に紹介したゲーテとフンボルトのものが真っ先に挙げられるが、ヴィルブラントとリトゲンの図で特筆すべきは、海に棲む動物を考慮した点である。作者の二人は、地上に棲む動物——たとえば鹿、羊、駱駝、馬、犬、猫といった——だけでなく、海に棲む哺乳類、つまり鯨、イルカ、アシカ、アザラシの類も書き込んだ。また空の部分にはさまざまな、総じて六〇種類の鳥類が詳しく記述されている。むろん両生類・爬虫類も含み、蛙、ヒキガエル、トカゲ、蛇、亀などの記述もある。さらに残る生物、つまり魚や昆虫はもとより、甲虫類からカタツムリ・ナメクジ類、幼虫・寄生虫や軟体動物に至るまで、ありとあらゆる情報が可能な限り書き込まれた。

著者のヴィルブラントとリトゲンが本文中で述べているように、いまだかつて、このような植物および動物の地理学的分布を考慮した研究者はいなかった。唯一の例外があるとすれば、それはアンデスを描いたすばらしい景観図で新境地を開拓した先駆者フンボルトとボンプランのふたりだった。

ヴィルブラントとリトゲンの《有機的自然の景観図》は、卓越した情報量を誇るだけでなく、独創性においても唯一無二である。この石版画は地球を北から南に一望できる断面図である。近くに寄って目を凝らせば、画面中央から延びる無数の放射線上に、これまた無数の学術的解説とデータがびっしり書き込まれているのに気づくが、遠くから一瞥するだけなら、とても調和的で柔らかな美しい色合いの印象を与える。絵の下半分に描かれた海の部分の水色が、上半分の地上に繁茂する植物の緑や山を覆う雪の白と絶妙なコントラストを成す。もっとも上半分の緑と白の境界は、楕円形にかたどられた万年雪の下方限界線でしっかり区別されている。この景観図にはゲーテの《新旧大陸の標高比較》のような娯楽性もなければ、フンボルトのチンボラソ登頂の試みのようなセンセーショナルな冒険に裏づけられた情報も描き込まれていないが、赤道にあたる画面の中心は、あらゆる有機的な生命力の源であり、そこから生命エネルギーが溢れ、滔々と湧き出しているように見える。この意味で、ゲーテにとって理想的な景観図であり、それどころか明らかにフンボルトの無味乾燥な景観図よりもずっと良い印象を与えたと想像するに難くない。ひょっとすると刊行が遅れたフンボルトの付録景観図が届くのを今か今かと待ちわびながら、一八〇七年のゲーテはこれに似た図版が届くと想像していたのではあるまいか？　となると一八二二年以来、しばらくの間、機会あるごとにゲーテがヴィルブラントとリトゲンの景観図に言及し、褒めそやしていたのも頷ける。

一次文献の入手しにくさゆえ、今までこの景観図がゲーテにとってどんな意味を持っていたのかを検討することが、ゲーテ研究者間でも非常に難しかった。しかしながら自然景観図を論じる場合、ゲーテとフンボルトの相互影響を分析するだけでは不十分であり、いずれも特徴のある両者の景観図を、当時の同時代の自然研究者が作成・公表した景観図と比較していく必要があるだろう。

古典的著作と言えば、地質学者ブーフの『カナリア諸島の地形解説 *Physikalische Beschreibung der canarischen Inseln*』（一八二五年）も見過ごしてはならない。実はゲーテ研究者は、ゲーテ作品の参考書で当時の地球生成に関する議論のうち特に火山の働きを重視した一派、すなわち〈火成論〉を唱えた筆頭者としてブーフの名前をよく目にするのだが、奇妙なことにブーフが何者で、具体的にはどんな理論や研究を発表していたのかという解説や注釈は見当たらず、あってもほんの数行あればいい方で、彼についての情報はかなり乏しいのが現状である。

ブーフはフンボルト同様、フライベルク鉱山アカデミーで学び、偉大なる地質学者にして〈水成論〉、文字通り、地球生成に水の力を重視する一派の首領A・G・ヴェルナーの薫陶を受けたひとりであった。一八一五年にノルウェー人植物学者C・スミスとカナリア諸島を調査したのがきっかけで、山岳隆起理論を発展させていく。彼の『カナリア諸島の地形解説』は学友フンボルトに、特に火山理論の関係において大きな影響を与えた。なお、ブーフのこの著作については次章で、日本の火山との関わりと一緒に詳しく紹介したい。

火山研究との関連では、ユングフーンのジャワ島研究[125]も忘れてはならない。彼には、ジャワ島旅行のための地形学的・自然科学的アトラス *Topographischer und naturwissenschaftlicher Atlas zur Reise durch Java*』（マグデブルク、一八四五年刊行）や『ジャワ島、その全貌、植物新種、内部構造 *Java, seine Gestalt, Pflanzendecke und innere Bauart*』（一八五七年にライプツィヒから刊行のドイツ語版全三巻、翻訳はユストゥス・カール・ハースカールによる。オリジナルはオランダ語で *Java, zijne gedaante, zijn plantentooi en inwendige bouw*, 一八五〇〜五四年）などの著作がある。ユングフーンはフンボルトが提唱した学術的景観図を意識してお手本にしたので、後に「ジャワのフンボルト」という渾名を頂戴したほどだ[126]。彼と情報交換を行っていたフンボルト自身も、大著『コスモス *Kosmos*』でユングフーンの著作に触れ、「ジ

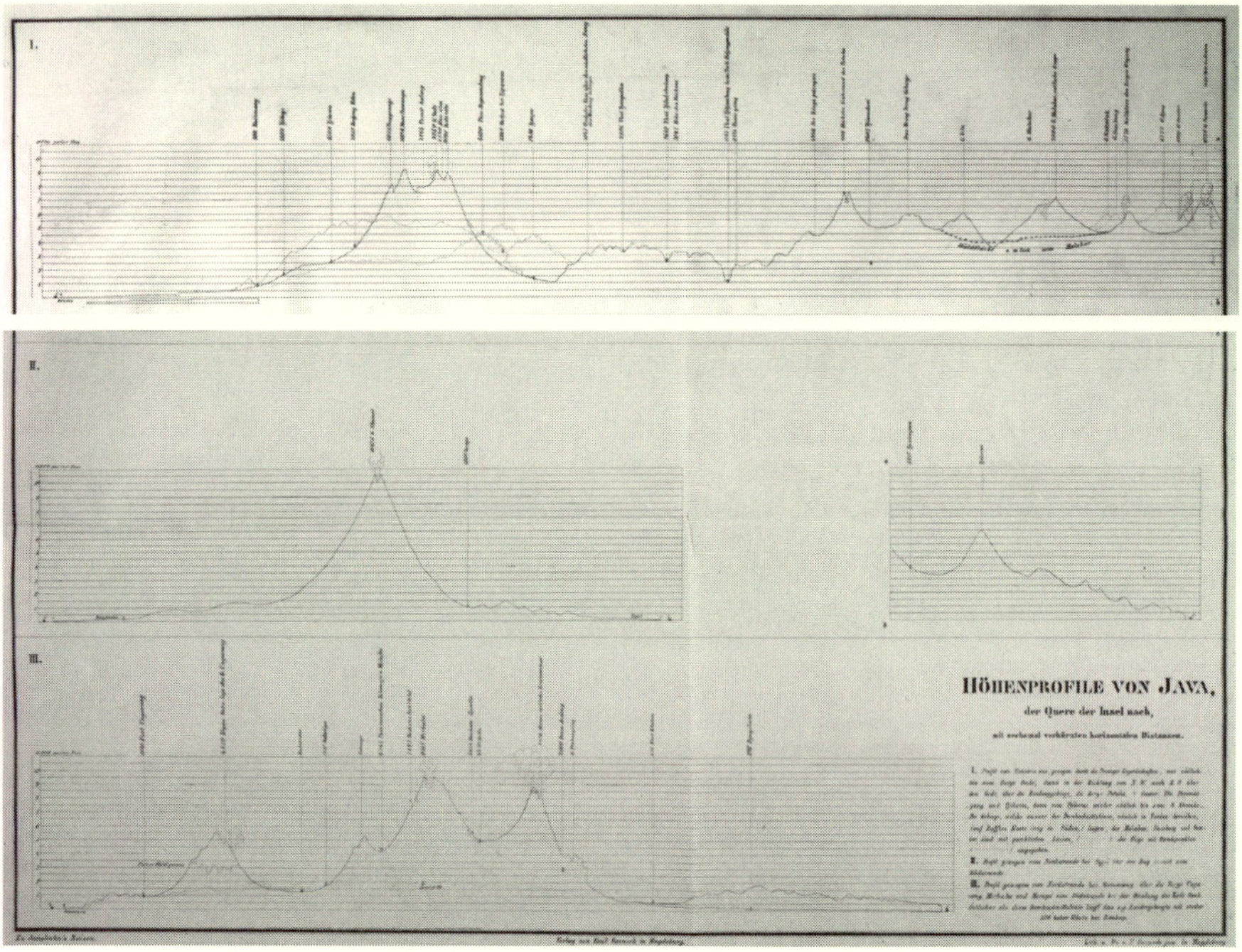

図版6　ユングフーン《ジャワ島の地形断面図》
HAAB 所蔵（Sig.: Vitr1-20），KSW の許可による

ャワ島の地形形成に新しい光を投げかける待望の書」と評した[127]。

　こうして収集された地形・地図情報および新たに獲得された知識や技術が、江戸から明治にかけての近代日本とどのように関わり、影響しあったのか。いよいよ次章から日本に舞台を移して検証したい。

第四章　江戸時代の日欧相互学術交流

一　江戸時代の天文学　ラランドと天文方・高橋至時

　これまで欧州の三角測量等を話題にしてきたが、本章では同時代の日本の数学に目を向ける。つまり実用天文学という点から、ヨーロッパと江戸の学術的発展の同時性を検証するとともに、鎖国下であったがゆえの政治諜報活動とも絡む日独間の人物・学術交流についてもその相互関係を詳しく追っていきたい。

　半世紀余り先取りするが、日本にもドイツのゴータ公エルンスト二世と比較できるような「天文将軍」が存在した。享保の改革を実施したことでも有名な徳川吉宗（一六八四～一七五一）である。将軍の正式タイトルは〈征夷大将軍〉、鎌倉時代からの呼称で、もともとは「夷狄」すなわち蛮族を制圧し、国を護る参謀本部最高責任者という意味をもつ。そう考えると将軍の役割は、ヨーロッパにおける有力諸侯と似たようなものと考えてよいだろう。同様に以下、読者の皆様はご存じのことも多いと思われるが、要点を簡単に確認しておきたい。

　徳川家康（一五四三～一六一六）は、一六〇三年に征夷大将軍に任じられると、新しい政治中枢となる幕府を、ほんの取るに足らない漁村だった「江戸」に置くことに決めた。以来、京都の朝廷にそのまま天皇が座す一方で、江戸は幕府の首都として急速に発展していく。初代・家康の後継者たちは、国家統一と政治・経済の基盤強化に努めたので、それから十五代、二〇〇年以上、奇跡的に長く平和な時代《パックス・トクガワーナ》が続いた。この稀有な戦乱のない時代に、独特の文化が開花したが、なかでも独自の数学〈和算〉は、大輪の花を咲かせたのだった。

一六三九年以降、幕府は鎖国体制を強化し、カトリックの宣教活動が主体となっていたポルトガル人を追放し、同時にキリスト教信仰を禁じたため、宣教師はもとより、改宗を拒んだ日本人信者も殉教の憂き目に遭った。アジアの近隣諸国である朝鮮と中国を除いて、唯一、例外的に貿易を許されたのが、宣教にポルトガル人ほど熱心でなかった新教国オランダ王国だった。だがそのオランダ人も大手を振って市中を歩くことは許されず、長崎港に人工的に造られた扇形のちっぽけな島〈出島〉に隔離され、その生活も行動も制限され、すべてが厳重な監視の下に置かれた。

以後、二〇〇年以上続く長い鎖国体制は、しかし日本の文化ルネッサンスという点では、むしろポジティブな影響を及ぼした。日本独自の発達を遂げた〈和算〉で最初に挙げるべきは、和算家・吉田光由《みつよし》（一五九八頃〜一六七二）の有名な算盤教本『塵劫記』（初版一六二七年、全四巻）だろう。(1) 現代数学はいわゆる「西の数学」で、古代ギリシアを起源とし、もはやギリシア数字は使わずとも、「世界秩序は数学で表現可能」という信念のもとに発展した学問体系である。これに対して「東の数学」は、思考体系というよりは技能を意味し、数学的研究成果は応用問題とその解法としてまとめていく伝統があった。吉田の『塵劫記』も中国の数学書『算法統宗』を手本としつつ、「日本固有の数学遊戯を織り込んで編纂(2)」したことに特徴がある。数学者・平山の言葉を借りれば、それは「江戸時代最善の通俗数学書」であり、両替や年貢の計算などと並んで、検地や川普請・堀普請など測量関係、たとえば堤防の盛り土の量を求めたり、立木の長さを見積もったりする問題もある。これは吉田が、京都・嵯峨一帯の大治水工事に兄・光長と加わっていたがゆえの実体験に基づく出題だったに違いない。吉田は、北嵯峨の水不足解消のため、現存する菖蒲谷池を築き、さらに山腹に長さ一九〇メートルの角倉隧道（トンネル）を開削した。(3)

絵入りのわかりやすさもあってベストセラーになった『塵劫記』を、吉田は一六四一年に大幅に改訂し、全三巻にまとめたうえで、その巻末に算法塾の教師や和算家の同業者に向けて、解答を示さず、難問十二問を載せた。ここから他の研究者が出した問題を解き、その解答者がまた新しい問題を提示していく「遺題継承」の伝統が始まる。全問正解者が出たのは、ようやく一六五四年のこと、和算家・榎並和澄（生没年不明）による。そして榎並は彼が著した『参両録』で解答を発表するとともに、巻末には自ら作った八問の難題を、解答なしで新たに問うたのだった。

「遺題継承」と並行して、寺社仏閣には折々、美しく描かれた「算額」が数学の難題、特に幾何学的問題を首尾よく解答できたお礼に奉納されるようになった。[4] もちろん算額奉納には感謝だけでなく、「その問題を広く人に知らせる」[5]という意味あいも含まれていた。のちに「算聖」と呼ばれる和算の天才・関孝和（一六四〇頃〜一七〇八）が産声を上げたのは、ちょうどこの頃である。榎並の遺題継承の流れを汲む沢口一之（生没年不明）が、一六七一年に刊行した『古今算法記』巻末で、超難問十五問の遺題を出した。あわせて『古今算法記』では、算木と算盤を使って方程式を解く、「天元術」と呼ばれる解法が説明されたことにも注目しておこう。

関孝和

一六七五年に関は、沢口の十五問すべての正解を掲載した『発微算法』で江戸の和算界に衝撃的デビューを果たす。十五の正解以外に記載はなかったが、関が〈傍書法〉を考案したことは見過ごせない。現在では誰もが算用数字をスラスラ横書きで書くのに慣れているが、時は江戸、算盤を使うので筆算自体が珍しく、毛筆で漢数字を縦書きしていた。そんな時代に関は、算木と変数を一緒に紙に書いて計算する「縦書き代数」の手法を編み出した。[6] さらに関は数字係数方程式を論じる過程で、「解伏題」という行列式を発見した。[7] これはヨーロッパではライプニッツ（一六四六〜一七一六）が発見したとされる行列式だが、それを関はライプニッツより十年も前から使いこなし

徳川吉宗

ていたことになる。さらに欧州ではベルヌーイ（一六五五〜一七〇五）が発見したので、彼に因んで「ベルヌーイ数」と呼ばれる特殊な分数列も、関は独力でベルヌーイ以前に発見していたのだった。

　関と彼の高弟のひとりで研究協力者でもあった建部賢弘（一六六四〜一七三九）は、さらに〈円理〉の研究にも携わり、円周およびその一部である円弧の長さを求めるための有理多項式の近似式を求めようとした。関の没後、建部は、無限級数で示す発見、すなわち円周率の自乗（二乗）の展開公式を導き出し、円周率四二桁まで導いた[8]。なお、この公式が最初にヨーロッパの文脈で現れるのは、偉大な数学者にして天文学者兼音楽家でもあったオイラー（一七〇七〜八三）が一七三七年にベルヌーイに宛てた書簡というから、建部の発見より十五年も後のことになる[9]。

　建部は十代から長兄・賢雄および次兄・賢明とともに数学を学び始め、まもなく賢明とともに関の門下生となり、二十代で兄との共著になる数学書数冊を出版した。しかし彼が初めて数学の単著『綴術算経』（一七二二年）をまとめ、吉宗に献上したのは還暦間近、齢五十九の時だった。前述した円周率の無限級数を求める公式への言及が載った日本初の著書である。遅咲きの単著デビューになった理由は、ひとえに出自ゆえだ。徳川家光の右筆を務めた父を持ち、旗本の三男坊であったが、第六代・徳川家宣（一六六二〜一七一二、在職一七〇九〜一二）および第七代・家継（一七〇九〜一六、在職一七一二〜一六）に激務の「御納戸役」で仕えた建部は、「寄合」（城詰だが無役の、事実上の隠居職）になるまで、落ち着いた学術書執筆の時間がとれなかったのだ。

　だが、ようやく隠居できた建部を、自然科学に明るい第八代将軍・徳川吉宗（在職期間は一七一六〜四五）が放っておくはずがなかった。まもなく建部は天文・暦算の顧問役として再び将軍に仕える身となった。しかも彼は実用数学としての測量術にも造詣が深く、吉宗の求めに応じて一七一七年頃から検地も行い、一七二三年に「交会法」を用いた『大日本国輿地図』を完成させている。ここでの「交会法」は、各地点から目標となる山頂の方位角（北からの角度）を測定していく。三角形の幾何学的性質を利用するので、三角測量の一種と言うこともできるが、本書の三章までで扱ったようなヨーロッパにおける基線を設置し、その長さを精確に測った上で、既知点からも未知点からも角度を測る近代的な三角測量は、日本では明治維新後になってから始まる。

このあたりの建部の経歴も、ゴータ宮廷専属天文学者ツァッハとやや似ており、比較してみるのも面白い。しかも仕えた第八代将軍・吉宗は政治家として傑出した才能を示し、始祖である初代将軍・家康に次ぐ重要な徳川将軍になったが、当初は将軍継承順位が非常に低かったので、ゴータ公エルンスト二世同様、好きな自然科学の研究に打ち込んでいたという経緯があった。実際、エルンスト二世がクロノメーターの日誌をつけていたように、吉宗もまたアストロラーベを用いて、天体観測を行っていた。アストロラーベは古典的な天体観測用計算盤で、十八世紀に六分儀が発明されるまでは航海時に必須の測定器具としても使われた。オランダ画家フェルメールの絵画《天文学者》の机上、手元に金色のアストロラーベが置かれているのをご覧になった読者もいらっしゃるだろう（**図版1**）。欧州では六分儀の導入とともに廃れ、また日本は鎖国中で遠洋航海の必

図版1　フェルメール《天文学者》
天文学者が右手で触れている天球儀の下，机の上に広げられた布の上に金色のアストロラーベが認められる．実は彼の開いている天文学書の左頁にもアストロラーベが描かれ，窓際の箪笥にもアストロラーベと星座早見表らしき図が掛かっている．詳しくは小林頼子『フェルメール論』（八坂書房，1998年），207頁など参照．

要がなかったためか、ほとんど普及しなかったのだが、吉宗は例外的にこれを好んで天体観測に用いた。アストロラーベだけでなく、大渾天儀や望遠鏡なども設置し、太陽の南中高度も自ら測定していた。一七三二～三八年まで、高輪谷山の下屋敷と江戸城（吹上御苑内）で同時に行っていた六年越しの観測日誌『江府日景』が残っているほか、一七四四年九月および翌年三月の日食を観測した記録もある[10]。

同時に吉宗は、当時日本で使われていた太陽太陰暦『貞享暦』[11]の改暦に興味を持ち、この目的のため、それまで洋書を訳した漢籍でさえ禁書の対象であったのを、キリスト教に関係しない自然科学関係、特に天文・暦学関係の書物に限って緩和し、輸入・売買を許可した。これを受けて、長崎のオランダ通詞（通訳）は、洋書を中国語訳した漢籍だけでなく、オランダ語の自然科学書からの翻訳にも挑戦するようになった。もっともオランダ語を直接用いて暦を含む天文学の研究が始まるのは、本節で言及する高橋至時の「命を縮めた」という翻訳作業が嚆矢とされる。江戸時代の重要な学問共通語であるオランダ語を駆使して研究する科学者たちは、ゆえに「蘭学者」と呼ばれ、江戸末期に扱う外国語が増えると「洋学者」という呼び名に移行した。ともかく吉宗の輸入書物制限緩和の結果、オランダ語からの重訳で、たとえばニュートン力学は志筑忠雄（一七六〇～一八〇六）[12]の翻訳『暦象新書』（一七九八～一八〇二年刊行）により、またコペルニクスの地動説は司馬江漢（一七四七～一八一八）[13]の翻訳『地球全図略説』（一七九三年）およびその名も『刻白爾《こっぺる》天文図解』（一八〇八年）により日本にもたらされ――宗教裁判沙汰になった欧州とは異なり、日本人はほとんど抵抗なく地動説を受け入れた――、普及したのだった。

さて、江戸の天文台を語るなら、一六八五年に初代「天文方」に任命された安井算哲改め渋川春海（一六三九～一七一五）から始めなければならない。「天文方」は、江戸幕府が新設した天体観測と暦作成のための中央研究所の役割を担っていた。三角測量と直接関わる人物ではないため、本書では詳述を避けるが、彼は競争碁（御城碁）の家元・安井家の二代目であり、当初、算哲を名乗って碁の指南役を務めていた。しかし幼い時から天文学に非常に興味・関心を示し、天体観測を行いながら、中国の『授時暦』を研究して『貞享暦』（一六八四年、翌年から頒布）の改暦に成功し、この功績により碁役を解かれ、天文方を拝命したという異色の経歴を持つ。冲方丁（一九七七〜）が彼の生涯を時代小説『天地明察』（二〇〇九年）に描いてベストセラーとなり、二〇一二年に映画化（ただし原書および史実と異なる場面を含む）もされたので、ご存じの方も多いのではなかろうか。

身分制度が厳格だった当時、数学者および天文学者のポストは基本的に世襲制だったが、有能な人材はしばしば成人養子や婿養子の形で、学者コミュニティーに迎え入れられた。他方、一七八二年には現在の東京・浅草に新天文台が設置された。といっても「天文台」という呼称は当時の人々にとってあまりなじみがなく、代わりに「測量台」、「観象台」、「司天台」などの呼び名が一般的に用いられていた。

天文学に明るい八代将軍・徳川吉宗は、残念ながらヨーロッパの新しい天文学も採り入れようと考えた『宝暦暦』（一七五五〜九八まで採用）の改暦作業中に逝去した。吉宗の死後、改暦作業は、京都「土御門家」の妨害を受け、暗礁に乗り上げた。土御門家は、安倍清明を開祖として、天文事象の報告と暦の解説を司る陰陽道の旧家のひとつだった。結果的に「宝暦暦」は吉宗の理想から乖離し、改暦は失敗した。何よりも日食や月食を正しく予測できなかったことが、人々の批判と攻撃の的となり、再度の改暦が急務となった。

当時の大坂には、天文学と数学を教える私塾「先時館」があり、特に暦に携わる専門家が集っていた。創設者は麻田剛立（一七三四〜九九）[14]だが、この麻田、もとは綾部妥彰の名で、現在の大分・臼杵藩の御殿医を務めていた。彼の経歴はドイツ・ハンブルクのアマチュア天文学者オルバースを髣髴させるが、天文好きが高じて侍医を辞そうとするも、藩主の信望あつく、辞表は受理されず、やむなく脱藩、大阪に住みついたという破格の経歴の持ち主だった。自分で観測器具を開発し、組み立てては天体観測を行い、また部分的に内容が古くなっていたが、西洋天文学の文献、たとえば、ティコ・ブラーエ（一五四六〜一六〇一）、ケプラー、カッシーニ一世などの著書を漢籍（中国語の西洋天文翻訳書）を使って研究していた。

その麻田の高弟、間重富《はざましげとみ》（一七五六〜一八一六）と高橋至時《よしとき》（一七六四〜一八〇四）を、幕府は改暦のために江戸に

間重富
大阪歴史博物館所蔵資料，許可を得て掲載．
ちなみに裕福な間とは異なり，懐に余裕の
なかった高橋父子の肖像画は存在しない．

招聘した。ふたりは幕府天文方に任命され、一七九七年には江戸の同僚たちと改暦を遂行、一七九八年にヨーロッパ天文学に依拠した最初の太陰太陽暦「寛政暦」（一七九八年施行、一八四四年まで導入）を完成させた。

　ここで、本書第二章で言及した一七九八年にドイツ・ゴータで開催された国際天文学会議を想い起こしていただきたい。会議の賓客のひとりが、ツァッハの親友ラランドだったことはすでに述べた。ラランドは四十歳（一七六二年）からコレージュ・ド・フランスの天文学教授として勤めるかたわら、一七六〇年から七六年までフランスで最も重要な天文学年鑑『フランス天文暦』の主幹として刊行を続け、さらに複数の天文学に関する単著を上梓した。その最初の単著が一七六四年発表の二巻本『天文学 *Traité d'astronomie*』だった。これには測量、データ計算、測量器具に関するハンドブック（便覧）も付いていた。一七七一年に第二版にあたる増補改訂版全三巻が出版され、その十年後、一七八一年には最終版が四巻本になって刊行された。このうち第二版、一七七一年出版の三巻からなるフランス語原書をオランダの数学者ストラッベ（一七四一～一八〇五）がオランダ語に全訳した（一七七三～八〇年アムステルダム刊、全五巻）。日本人は、このオランダ語訳書を通して初めて、地球の真の形状が球ではなく、回転楕円形に近いことを知ることになる。

　寛政の改暦から四年を経た一八〇三年、高橋至時は、「さる高貴な御方」の個人所有である、新しく輸入された高価なラランドの『天文学書』オランダ語訳書を十七日間だけの条件で貸与された。吟味を仰せつかった高橋は、ほとんどオランダ語の知識がなかったのに、この著作の重要性を即座に理解した。その興奮と熱狂がどんなに大きかったかは、高橋が書物の返却期限ぎりぎりまで寝食を忘れ、ひねもす著書の研究に没頭していたという証言からも想像に難くない。それどころか彼は、もちろん外国語の壁があるので、理解できる範囲に限られたものの、ラランド著作第一巻の要約まで試みようとした。高橋はラランドの翻訳書を幕府に買い上げるよう要請し、幕府も売り手の八〇両——現在に換算すると五〇〇あるいは六〇〇万円相当とも言われる——という法外な言い値にもかかわらず、即購入を決め、高橋の希望を叶えた。すでに高橋は結核を病んでいたが、その死の間際まで、約半年の余命を使い切り、全力を振り絞って、ラランドの——江戸の天文方は「ラランデ」と呼んでいた——『天文学』における最重要と思われる部分を、オランダ語から日本語に抄訳し続けた。高橋逝去の折、この抄訳原稿が十冊分、遺されていたという(15)。

高橋至時の翻訳プロジェクトをテーマにした日本の〈歴史小説(16)〉に、鳴海風(17)(一九五三〜)の『ラランデの星』(二〇〇六年)がある。この作品には、ほぼ前後してドイツでベストセラーになったケールマンの小説『世界の測量』との類似点がいくつかある。すなわち両作品ともフィクション要素として、父と子の間の葛藤(高橋およびガウスの父子関係)に加え、高名な数学者と女性との恋愛関係を採り入れており、いずれもかなり作家の想像力の飛翔に委ねられているのだが、基本的に歴史的辻褄があうように作られている。鳴海の作品は、偉大なる天文学者の父・至時にコンプレックスを抱く長男・佐助——のちに父の跡を継いで、幕府の天文方に就く高橋景保《かげやす》(一七八五〜一八二九)——の視点から、語り進められる。将来、父の跡を継いで天文方を率いる景保は、小説中では、まだ反抗期の若者・佐助にすぎない。作品中、父・至時がラランデのオランダ語訳『天文学』を借りてきた翌朝、まだ夢の中、深い眠りを貪っていた若い息子は、同僚と徹夜で研究し、興奮冷めやらぬ父親に叩き起こされる。この場面で作家・鳴海は、いかに地球の真の姿に関する新しい知識が、当時の日本人天文学者に衝撃を与えたかを臨場感をもって描き出してみせる。

「佐助。地球は丸くないのだ」

どうだ驚いたろう、面白いだろう、と目が語っている。しかし佐助には、何が驚きなのかすぐには飲み込めなかった。

「完全な球ではない。そうだなー、南北につぶれた蜜柑か柿のような形をしているのだ。丸ではなく楕円形をしているのだ」

「楕円形ですか!?」

楕円形と言われて初めて、佐助はこの事実の重大さに気が付いた。

地球が丸いことを知っている者は、頭の中で地球を、地球儀のように完全な球形だと認識している。それが南北につぶれているとは、いったいどういうことか。球形であること自体、実感として受け入れがたいことだが、果てしなく大きくて完全な球形ならば、この大地が平らに見えても何となく認めていいような気がしていた。それが、蜜柑や柿のようにつぶれているということは、限りなく平らで広い大地も、どこまでも北か南へ進んでいくと、いつかその先が急な下り坂になって落ち込んでいるような感じがする。

[…]

当初容易には受け入れられなかった「地球球形説」でもようやく頭に焼き付いてしまうと、今度は「地球楕円説」というものがとんでもない異説に思えて、やはり受け入れられない。ただ驚くしかなかった。(18)

ララランド翻訳プロジェクトで忘れてはならない高橋の弟子が、伊能忠敬（一七四五～一八一八）である。本小説作品でも重要な登場人物のひとりだが、実在人物でもある伊能は、隠居後、高橋至時に数学を師事した。(19) 師・高橋から多大な影響を受けた彼は、地球の真の姿と経緯度計測に興味を持つようになる。事実、師・高橋至時が問題にし、小説でも重要なキーワードである「北極出地一度」こと緯度一度の長さの測定こそ、伊能を全国測量に駆り立てた動機であった。以下は参考文献から再構築した史実となるが、伊能は自宅のある深川・黒江町と浅草天文台間の緯度差と歩測距離から緯度一分（一度の1/60）を一、六三一メートルと試算した。至時はそんな短距離では誤差が大きくて使いものにならない――実際この時の誤差は約一二%で論外だった――と諭し、蝦夷地の測量と緯度一度を実測する計画が練られ、一八〇〇年に第一次伊能測量隊が北海道に派遣された。実績を認められ、翌一八〇一年には第二次測量隊を本州東岸に派遣。第一次測量は歩幅と歩数に頼る歩測だったが、第二次測量以降は徹底して間縄や鉄鎖を活用し、緯度一度は二八・二里＝一一〇・七五キロメートルと算出された。だが高橋はこの値に満足できず、また伊能も自分の仕事を信用しない師に不満を持つ。そして一八〇三年、運命の書、ラランドの『天文学』掲載の緯度データを換算した高橋は、伊能の二八・二里がほぼ一致することを知った（現在の数値と比べても誤差は〇・二%程度）。高橋至時の次男で後の渋川景佑は、『忠敬伝』でこのことを「師弟は手をとりあって喜ぶこと限りがなかった」と伝えている。

伊能忠敬の生涯や人柄については研究書を別にしても、井上ひさしの小説『四千万歩の男』（一九九二年）を筆頭に、さまざまにドラマ化・映画化されてきたので今さら説明の必要はないのかもしれないが、一八〇〇年以降、徒歩で日本全国を測量したことで知られる。歩幅については諸説あるので断定は難しいが、測量のために彼が歩きまわった距離は、約三・五〜四万キロメートル相当と試算されている。最初の測量旅行から十七年後、すべての測量を終えた時には、古希を迎えていた。こうしてまとめられた最初の日本沿岸図には、むろん天体観測を駆使して誤差の修正が行われていたが、基本的に導線法と交会法の組み合わせによる測量であり、厳密な意味での三角測量技法は使われなかった[20]。

伊能忠敬の記念切手

さて、鳴海の小説に戻ると、『ラランデの星』最終場面では、亡父の遺志を継ぎ、天文学の後継者となる決心をした佐助が、伊能忠敬の第五次測量旅行に同行する弟・善助を送り出すところで終わる。作中、兄が弟に贈った餞《はなむけ》の言葉は、「ここからの一歩は測量の旅だけの一歩ではない。偉大な高橋至時の後継者としてお前が日本一の天文暦学者となるための一歩だからな」[21]というものだった。実際、高橋至時の次男・善助は、長男世襲制により父の跡を直接継ぐことはできなかったが、先に紹介した天文学の名門・渋川家の養子となり、後に渋川景佑《かげすけ》（一七八七〜一八五六）として江戸の天文学に大きな貢献をした。

以下、史実上の補足をいくつかしておこう。オランダ語からのラランドの『天文学』重訳事業は、高橋至時亡き後、年上の同僚・間《はざま》にまず受け継がれた。しかし間の存命中にも翻訳作業は終わらず、さらに高橋の長男、作品中の語り手佐助こと景保が引き継ぐ。補足すべきは、景保の建議により、一八一一年に天文方に外国語書籍の研究と翻訳のための専門部署「蛮書和解御用」が設置されたという事実である。(22) だが第四節で言及する〈シーボルト事件〉に巻き込まれて彼が獄死した後は、弟「善助」、のちの渋川景佑がプロジェクトを継承した。一八三六年にこの翻訳を踏まえて、従来の伝統的スタイルを維持しつつ、新しい内容の暦算書『新巧暦書』（全四〇巻）がついに完成した。もっともこの『新巧暦書』は、ラランドの原書完全和訳ではない。重要な要素をピックアップし、必要に応じて翻訳者の注釈を付し、伝統的な日本の暦の体裁にまとめたものだった。さらに景佑は、江戸時代最後の太陽太陰暦改革に臨むにあたり、ラランド翻訳からの最新知識を余すことなく投入した。彼の主導による『天保暦』（一八四四〜七二まで採用）は、日本で使われた太陰太陽暦のなかで最も精確であっただけでなく、現在世界で広く採用されている太陽暦「グレゴリウス暦」よりも誤差が少ないという、驚異的な精度を誇った。(23)

二　ナデシュダ号艦長クルーゼンシュテルンとサハリン あるいはゲーテと日本の間接的結びつき

翻訳の話ついでに、天文学ではなく文学における影響関係として、ドイツ詩人ゲーテも見ておこう。といっても日本に関する作品は皆無で、強いて日本人研究者が連想するなら、ゲーテの後期作品『西東詩集』所収の有名な恋愛詩「銀杏の葉 *Gingo biloba*」だろうか。(24)

銀杏の葉

東の国から僕の庭に移された
この樹木の葉は
心得のある者に、秘密の意味を
味わう喜びを与えてくれる

これは一つの生きているものが
自然に分かれたものなのか
それとも二つのものが互いを求めあって
一つのものに見えるのか

この謎かけに答えることこそ
真の意味を見出すこと
君は僕の歌に感じないか
僕が一つで、また二つでもあることを

(MA 11.1.2, S. 71)

この詩が、ゲーテの最も美しい恋愛詩のひとつに数えられることは、疑いの余地がない。現在、ドイツで「銀杏」と言えば、「ゲーテの木」が通り名になっているほど有名だ。同時にこの詩からは、西欧と極東の植物学の出会い、さらにはヨーロッパと日本の間の学術交流の一例が読み取れる。日本人にとっては並木道や寺社の境内など、ありふれた日常の風景に溶け込んでいる樹木・銀杏は、恐竜がいた時代からの稀有な生き残りであり、ヨーロッパ大陸では一度絶滅した種だった。この絶滅種を極東の国・日本で再発見し、ヨーロッパに紹介したのが、東インド会社（Vereenigde Oostindische Compagnie、略称ＶＯＣ）に雇われ、オランダ人と偽って日本に赴いたドイツ出身の医師兼自然研究者、日本人にとっては「ケンペル」の名のほうがなじみ深いであろうケンプファー（一六五一～一七一六）であった。

ドイツの片田舎レムゴ出身の自然科学者ケンペルことケンプファーが、オランダ人医師と偽って、幕府の厳格な監視下にある長崎港の人工島「出島」に潜り込んだのは、一六九〇年のことだった。**口絵図版10**が示すように、この扇形の小さな島（幅六七メートル×長さ二二三メートル、面積にして約一四、四〇〇平方メートル）は一六三六年、まだ日本に留まっていたポルトガル人を収容するために築かれたが、一六四一年以降は、オランダ商人たちに居住兼商業地区として割り当てられていた。[25] ただしケンプファーが銀杏について言及するのは、ようやく一七一二年になってからで、オランダ人が銀杏の種をヨーロッパにもたらしたのはさらに一七三〇年頃と推定される。

ヴァイマル公国との関わりで言えば、一七九六年にヴァイマル公カール・アウグストは宮廷庭師フリードリヒ・ゴットロープ・ディートリッヒを英国王立キュー植物園への海外研修に派遣した。技術と苗を持ち帰り、ヴァイマル郊外のベルヴェデーレ離宮の温室で丹精こめて育てた結果、市民は一八〇〇年頃には一ターラーと引き換えに、銀杏の苗木を一株購入できるようになった。またイェーナ大学附属植物園には、ひと足早い一七九五年に銀杏の植樹記録がある。だが同植物園監督官も務め、しばしば足を運んだはずのゲーテは、当初この木に関心を示さなかったようだ。銀杏が彼の関心をひくのは一八一五年の夏になってから、しかもその珍しいハート形の葉に注目したのがきっかけだった。

ちなみにケンプファーの名前は、再度ひょんなところでゲーテの未公開論文『ポーランドにおけるドイツ語導入の提案 *Vorschlag zur Einführung der deutschen Sprache in Polen*』（成立年不明、推定一八一三～一四？）に登場する。ちょっと引用しておこう。

我々はケンプファーの著書で、日本の天皇［ママ］が、オランダ人たちが一般的なお辞儀の仕方、出会い頭の挨拶、日々の過ごし方などを御前で実演してみせたのを、とてもお気に召したというくだりを読む。（MA 4.2, S. 21）

お気づきのように、「天皇」と「将軍」がとり違えられている。彼の二年間にわたる日本滞在（一六九一～九二）のハイライトは、毎年恒例のオランダ商館長の江戸参府――若干の随行員とともに将軍に貿易許可の礼を述べ、献上品を呈する――に同行し、徳川五代将軍・綱吉と謁見したことである。参府旅行に随行したケンプファーは、江戸＝長崎間の道程を精確に記録し、主要な都市や山々などを書きとめることに成功した最初のヨーロッパ人となった。[26]「伝ゲーテ」とされる先の論文は短いながら、日本の独文学者およびドイツの日本学者の関心をひいたものだったが、近年ではゲーテが原著者であることを疑問視する声が強い。「天皇」と「将軍」のとり違えのような重訳ゆえの誤解[27]だけでなく、文献学上の成立問題についても、『ハンブルク版ゲーテ全集』の編集責任者であり、二十世紀を代表するゲーテ研究者でもあった故トルンツは、この論文がゲーテの作品ではないと断言できる証拠もなく、かといってそれがゲーテの作品と確信をもって言えるほどの証拠もないことを指摘した。よってトルンツは「ゲーテのオリジナル著作かは疑わしい」と記すべきで、おそらくは「ゲーテに気にいられようと、この論文を徹底的に校正した人物」の著作と見なせるのでは、と結論づけている。[28]

だがゲーテと日本の間には、世界周航を行ったロシア提督クルーゼンシュテルン（一七七〇～一八四六）を介した間接的な結びつきがあった。以下、十八世紀の地理学という視点から、これまでまったく考慮されてこなかった関係性、すなわち日本とクルーゼンシュテルンおよびゲーテの三者による相関図を再構築してみたい。

バルト三国出身貴族クルーゼンシュテルンは、ロシア最初の世界周航博物学探検旅行（一八〇三～〇六）の航海責

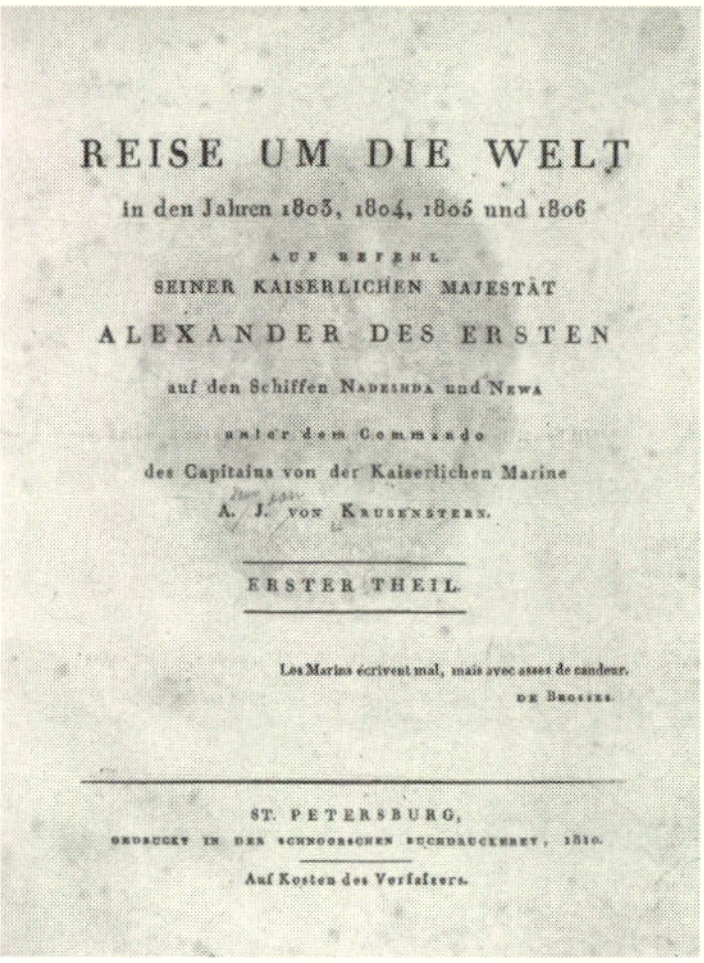
REISE UM DIE WELT

in den Jahren 1803, 1804, 1805 und 1806

AUF BEFEHL

SEINER KAISERLICHEN MAJESTÄT

ALEXANDER DES ERSTEN

auf den Schiffen Nadeshda und Newa

unter dem Commando

des Capitains von der Kaiserlichen Marine

A. J. von Krusenstern.

ERSTER THEIL.

Les Marins écrivent mal, mais avec assez de candeur.

de Brosses.

ST. PETERSBURG,

GEDRUCKT IN DER SCHNOORSCHEN BUCHDRUCKEREY, 1810.

Auf Kosten des Verfassers.

図版２　クルーゼンシュテルンの旅行記表紙
ThULB 所蔵（Sig.: 8-Itin-III-57-21-1），
同館の許可による

アーダム・ヨーハン・フォン・
クルーゼンシュテルン

任者だった。[29] ドイツ文学研究者にとって興味深いのは、彼がドイツの戯曲家兼作家のアウグスト・フォン・コッツェブー（一七六一～一八一九）と親戚関係にあり、これが縁でコッツェブーのふたりの息子、すなわち後に世界周航家になり、アメリカ北西岸を探検するオットー（一七八七～一八四六）とその弟で後に画家となるモーリッツ（一七八九～一八六九）をロシア海軍士官として同行させたという事実である。[30] 帰還後の一八〇六年、クルーゼンシュテルンは提督に任命され、サンクトペテルブルクの海軍士官候補生団の団長を兼務するとともに、同地の帝室科学アカデミー名誉会員に推挙された。彼はロシア地理学協会創設時からの主要会員でもあり、またロンドンに本部を置くロイヤル・ソサイエティーの会員でもあった。彼の旅行記『世界周航記 *Reise um die Welt*』[31] は『大海洋地図 *Atlas des Großen Ozean*』付で、一八一〇年～一二年にかけてサンクトペテルブルクで全三巻刊行された。一八四一年には総督に昇格した。

　クルーゼンシュテルンの世界周航の主な目的は、当時ロシアに属していたアメリカ西海岸の調査、言い換えるなら「キャプテン・クック以来の北西航路発見」と日本との通商条約を締結することのふたつであった。後者の目的遂行のために、全権大使レザノフを無事、日本・長崎に送り届ける使命があり、さらに日本との交渉を優位に行うべく、旗艦「ナデシュダ号」には四人の日本人漂流者を同乗させていた。(32) 彼らは陸奥国（現在の宮城県）寒風沢浜出身で、一七九三年十一月二十七日、十六人乗りで八百石積みの和船「若宮丸」に仙台藩の藩米等を載せ、石巻港から江戸に出港した。しかし嵐に遭って破船、翌年アリューシャン列島に漂着した。生き残った津太夫（一七四四〜一八一四、いずれも出自が士族ではないので、苗字はない）を筆頭とする水主《かこ》十六人は、一七九六年から、ギリシア正教に改宗することなく、イルクーツクで暮らしていた。(33) その後、ペテルブルクでロシア皇帝アレクサンドル一世夫妻に拝謁した十名のうち四名が帰国の意を示し、漂着から十一年ぶりに長崎に帰着することになった。

同時に学術的な意味では、たとえば本州と北海道の間にある現在の津軽海峡――クルーゼンシュテルンは「サンガー海峡」と呼んでいた――や「蝦夷」こと現在の北海道西部沿岸付近や千島列島（クリル群島）について、測量をはじめとする詳細な調査が期待されていた。ゆえに有能な天文学者の同行は必要条件のひとつであり、その人選にあたって、クルーゼンシュテルンはゴータの天文台長ツァッハに助言を求めたのであった。クルーゼンシュテルンの『世界周航記』には以下のように記されている。

［…］それゆえ私は、もうひとり天文学者の登用をしていただけないか、と思い切ってお願いした。自然科学に大変強い関心があり、よき理解者であるロマンツォフ伯爵は、即刻この件を、高名なゼーベルク天文台長ツァッハ男爵にお問いあわせになった。ややあってツァッハ氏から、彼の弟子のひとり、スイス出身のホルナー博士がこのポジションにうってつけの人材だとして、ご推薦があった。この熟練した天文学者のすばらしい師であるツァッハ氏に、私に友人と呼べることをいつも誇りに思う、こんな素敵な人物［ホルナー］を旅の同行者に選んで下さったことへの感謝を、ここで心から公に述べさせていただく。(34)

事実、クルーゼンシュテルンから、間接的あるいは直接的にせよ、推薦依頼を受けたツァッハは、一八〇三年五月二十三日付でゴータのゼーベルク天文台から愛弟子ホルナーに、彼の運命を変えるような書簡を書き送っていた。

ロシア皇帝はこのたび世界周航の博物学探検隊を送り出すことをお決めになった。クルーゼンシュテルン氏（ドイツ系出自なので、同郷人と言えます）が統括責任者です。さまざまな分野の専門家が同行します。私は天文学者を推薦するようにという指示を受けました、そしてこの任務を遂行するのはホルナー博士、貴方しかいないでしょう。条件は最高でしょう、この旅からお戻りになり、貴殿独自の幸運が得られるならば。追い風を捉えなさい、親愛なる博士殿(35)！

むろんホルナーは、チャンスを無駄にしなかった。ホルナーがイギリスで長期の航海に必要な機材を調達している間、ツァッハはクルーゼンシュテルンのためにツァッハが個人的に所有する高価な機材、たとえば「銀製二重球と最小単位目盛付き振り子」だとか、「すばらしい海図コレクション」、さらに「注意深く選び抜かれた参考書類」——その中には「綺麗に書き写された最新月面図」なども含まれていた——などを準備し、この航海に持たせたのだった。

二隻の船、ナデシュダ号とネヴァ号は、一八〇三年八月七日にクロンシュタット（現在はサンクトペテルブルク市クロンシュタット区）を出港した。最初の停泊地はコペンハーゲンで、ここで二人の医師、ティレジウス・フォン・ティレナウ（一七六九～一八五七、同時に海洋動物学者兼探検隊専属画家をつとめた）、そしてこちらは植物学者兼務のラングスドルフ（一七七四～一八五二）が乗船、メンバーに加わった。船はテネリファを経由し、ブラジル東海岸沿いを進んだ。一八〇四年三月三日にホーン岬に到達後、南太平洋上で当時「ワシントン島」と呼ばれていたマルキーズ諸島で停泊。同年四月半ばに再び出港、これも旧称「サンドウィッチ諸島」こと現在のハワイ諸島、さらにカムチャツカ半島を経て、一八〇四年秋に日本に到着したのだった。

だが一八〇五年三月まで、約半年も長崎――クルーゼンシュテルンはNagasakyと綴っている――に停泊したにもかかわらず、ロシア使節団の通商条約締結の試みは失敗に終わった。行動が極度に制限された、不自由な長崎停泊期間中も、乗員たちはできる限りの観測・測量を行った。たとえばホルナーとクルーゼンシュテルンは、一八〇五年一月十四日に起きた皆既日食観測のチャンスを逃さなかった。

> 一八〇五年一月十四日、長崎で皆既月食があった。観測当初は黒い雲が垂れ込め、観察を妨げた。月食中も雲が何度かかかったし、月食の終わり頃も同様だった。ホルナー博士は英国ドロンド社製の天体望遠鏡を使って、私は同じく英国ラムスデンの三フィートの地上用望遠鏡を使用した。この月食観測は、長崎の地理的位置を確定させるのには何の役にも立たない。月からの距離が遠すぎるので、こんな不正確な方法の観測よりも、いくつかの星食データを用いたほうが、ずっと正確に経緯度を割り出せるだろう。ところで日本人も、日食開始時間は彼らの暦には記されていなかったが、この日に月食があることはどうやら知っていたらしい。[36]［…］

クルーゼンシュテルンは「日本人の天文知識について、それがいったい進歩しているのか、まったく情報は得られなかった」(ibid., S. 310) としているが、同じ箇所で、トゥンベルク――日本では「ツンベリー」の呼称のほうがなじみ深いかもしれない――の報告をもとに、「江戸詰めの医師の中には、科学に心得のある者がいるらしい」と記している。ちなみに三鷹にある国立天文台図書館には、長崎に送り届けられた四名の日本人漂流者、すなわち津太夫、儀兵衛、左平、太十郎（ただし太十郎は自殺未遂を起こし、吟味に応じることはできなかった）からの聴取記録『環海異聞』の貴重な写しが所蔵されている。[37]

復路は「サンガー海峡」こと現在の津軽海峡を通過し、喜望峰を巡って、一八〇六年八月十九日に一団はクロンシュタットに帰港した。むろんクルーゼンシュテルンは帰国後、天文学指南役であったツァッハに研究及び観測結果の

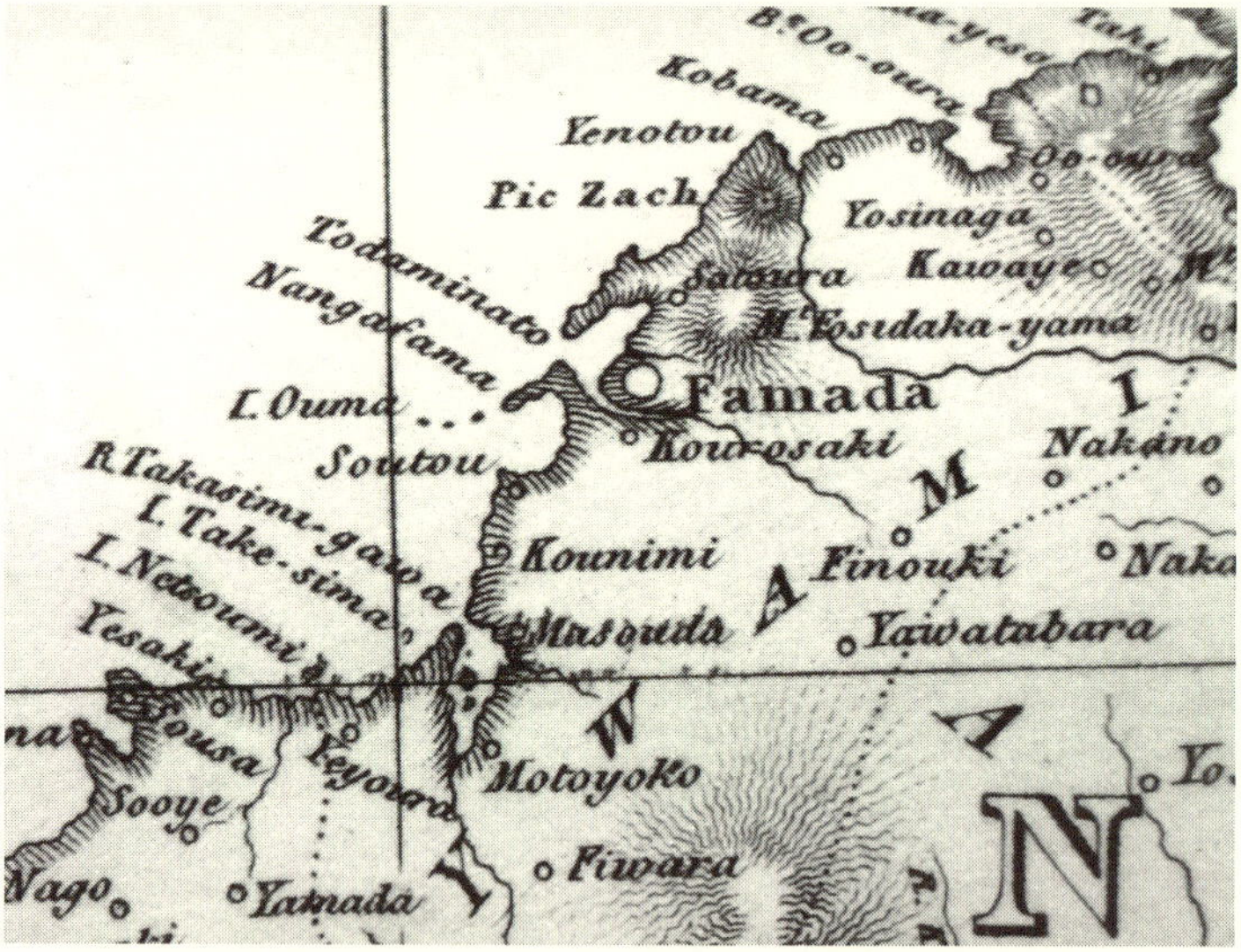

図版３　クルーゼンシュテルン図上の「ツァッハ山　Pic Zach」
HAAB 所蔵（Sig.: MB L 1 : 92 (b)），KSW の許可による

報告を行っている。またクルーゼンシュテルンは、世界周航中、他のヨーロッパ人研究者同様、そして同時にこれは植民地主義政策の前段階的意味合いもあるのだろうが、本来の地名などは無視し、勝手気ままに自分の支援者や尊敬する人物の名前を訪れた土地に付与し、その意味で「改称」させていた。天文学上の師匠ツァッハに敬愛の念を示すため、彼はたとえば日本のある山を「ツァッハ」と名づけている。[38] むろん日本人は「ツァッハ山」という呼称など、一度も聞いたことはなかったはずで、この命名はヨーロッパ人にとって、ほんのつかの間、意味を持ったにすぎない。またこの地図はヴァイマルのアンナ・アマーリア公妃図書館が所蔵しており、筆者もこれでツァッハ山の位置を確かめようとしたのだが（**図版３参照**）、どうやら島根にある小火山「三瓶山」（標高一、一二六メートル）あたりをさすように見える。といっても本州の形も不正確で、都市の名前も聞き伝えのためか、江戸時代の地名と比較してもかけ離れたものばかりで、筆者は現代地図を睨みながら検討したが、特定はできなかった。

　当のツァッハはその間に未亡人となったゴータ公妃とともにジェノヴァに移り、一八一六年から新しいフランス語

による専門誌『天文学・地理学・水路学・統計学通信 *Correspondance astronomique, géographique, hydrographique et statistique*』を編集・刊行していた。この雑誌はイェーナ大学附属天文台も定期購読していたが、一八二六年二月二十一日にカール・アウグスト大公はわざわざゲーテに新刊を送り届けている。これを受け取ったゲーテは、第十三巻（一八二五年）の特に「クルーゼンシュテルンの水路図 *Krusenstern's Hydrographischer Atlas*」（LA II-2, S. 192ff. にも所収）を熟読した。もっともゲーテは、気象学への関心から、主に航海中の気圧計の推移に注目したのだが、それでもクルーゼンシュテルンの世界周航については、比較的多くの情報を得ていたと推測される。

だが何よりも、クルーゼンシュテルンの地図そのものに注目したい。彼作成の「日本地図」は形式上、ロシア皇帝ニコライ一世に捧げられた『太平洋地図 *Atlas de l'Ocean Pacifique*』第二巻（サンクトペテルブルク、一八二七年）[39]に収められている。このうち二十一番目の地図「日本地図」がいったい誰に捧げられているか、が問題だ。その献辞を読んだ時、筆者は一瞬目を疑った。なぜなら、そこにははっきりとゲーテの主君カール・アウグスト、そう、「ヴァイマル大公閣下に捧げる Son Altesse royale le grand duc de Weymar 1827」と記されていたのだ！（**図版4**）

残念ながら、なぜ日本地図がカール・アウグスト大公に捧げられたのか、理由はいまだ不明である。これとは別に、クルーゼンシュテルンの世界周航では、地理学的に重要な問題がひとつ、最新の測量知識を導入しても解明されないまま残った。それはロシア語では「サハリン」、日本語では「樺太（島）」をめぐる問題だった。つまり「サハリン／樺太」が半島なのか、独立した島なのかが、どうしても確定できず、断言できなかったのである。松前藩（現在の北海道にあたる、クルーゼンシュテルンはMatsumayと表記）の日本人官吏は、クルーゼンシュテルンに「樺太の姿は、まもなく天気が良くなれば、はっきり視認できますよ」と受けあい、「蝦夷［北海道］から十八マイルの海峡で分かれている」という意見を述べたという。[40] けれどもクルーゼンシュテルン作『太平洋地図』（一八二七年）では、サハリンが南のアムール河口側で大陸と地続きで繋がっている。[41] すなわち半島であるように（**図版5**）描かせている。なお、この地理上の問題については、本章で扱うシーボルト事件との関連で再度詳しく言及したい。

図版 4　クルーゼンシュテルンがカール・アウグスト大公に献呈した「日本地図」
HAAB 所蔵（Sig.: MB L 1 : 92 (b)），KSW の許可による

三　地質学者レオポルド・フォン・ブーフと日本の火山

次第に天文学者だけでなく、地質学者も極東の国々に興味を抱くようになった。その筆頭にゲーテ時代の偉大なる地質学者ブーフが挙げられる。しかし彼の名は、ゲーテ作品研究の参考書や註にも頻繁に登場するのに、いったい何者なのかを知るための伝記がなかなか見つからないのが最大のネックとなっている[42]。

クリスティアン・レオポルド・フォン・ブーフ男爵は、一七七四年、ポーランドに近いドイツ・ウゼドーム市より

図版 4b　右ページの「日本地図」上のタイトル部分を拡大.「1827 年　ヴァイマル大公殿下（カール・アウグスト）へ献呈」と明記されている

図版 5　クルーゼンシュテルンの地図に描かれたサハリン島
HAAB 所蔵（Sig.: MB L 1 : 92 (b)），KSW の許可による

クリスティアン・レオポルド・フォン・ブーフ

東、オーデル川近くのシュトルペ城で生まれた。一七九〇年に世界中から学生が集うフライベルク鉱山アカデミーに入学し、ドイツにおける地質学の第一人者ヴェルナー（一七四九～一八一七）に地質学と鉱物学を師事した。この三年間の在学期間中に、将来の博物学者A・v・フンボルトと交友を結んだのも大きな収穫だった。一七九三年の秋学期から、ブーフはハレ大学に移籍し、イギリス人海洋探検家クック船長（一七二八～七九）の第二次南洋航海（一七七二～七五）に——息子ゲオルグともども——同行した博物学者ヨーハン・ラインホルト・フォースター（一七二九～九八）に自然史と記載岩石学（フィールドワークや顕微鏡観察などにもとづき、岩石の産状や造岩鉱物の種類・形状・組織を検討し、系統的に記載する岩石学）を師事した。それから二年後、ブーフは再度大学を移籍する。今度はゲッティンゲン大学で物理学と化学を修めることが目標だった。

一七九六年に彼はベルリンに戻り、火山研究の領域でキャリアをスタートさせる。一七九九年初頭にヴェスヴィオ山に登頂し、一八〇〇年から〇二年まで、プロイセン省庁の委託により、スイスのヌーシャテルで経済的に有用な鉱物資源の調査を行った。地球生成の歴史との関連では、フライベルク鉱山アカデミー教授ヴェルナーに捧げた興味深い論文がある。一八〇〇年十一月十六日にヌーシャテルで書き上げたもので、『独伊旅行中の地球生成学的観察 *Geognostische Beobachtungen auf Reisen durch Deutschland und Italien*』（一八〇二年刊行）というタイトルが付いている。ここでブーフは地球の真の姿について検討しているが、かのフランス王立科学アカデミー派遣のラップランドおよびアンデス両探検隊からの影響が明らかである。

ある山の年齢が古いほど、また古いほど花崗岩になり、それとともに雲母の含有率が少なくなると証明されなかったら、どうなるだろう。長石含有率がついにゼロになることと、大規模な地球変成の際に地表に形成された最初の山に現在の姿を与えたのは、純粋な水晶の塊だったのか？　もし地球が、月面で観測されるように地上の山のネガ、すなわち地下深い海溝を持っているとしたら、これもいずれ見つけられるだろうか。

ひょっとすると極側と赤道直下の諸国を比較することで類似の関係が導けるかもしれない。というのもどんな岩石の種類も赤道付近のほうが、寒冷地よりも豊富であることは明白だからだ。さほど高くはないにせよ、赤道に向かって走る山脈には、もしかすると、ある別の法則が働いていて、地球の中心から六マイルほど、少々遠く離れた熱帯にいるように思えるのではないか。地球の自転は、先に形成された岩石類にも、また後に形成されたそれにも同等に影響を与えたに違いない。私たちが熱帯諸国周辺に集中しているトラップ［岩床状の粗粒玄武岩・輝緑岩などの総称］形成に、最新情報ではチンボラソ山のほぼ山頂に近い標高三、二二〇トワーズのところに、またスウェーデンでは標高がたった一五七トワーズのキネクレー［ヴェステルイェートランド地方にある丘陵および尾根］に、また［アイスランドの］これも標高五二〇トワーズにすぎないヘクラ火山頂で、その跡を見つけたではないか？　石炭はキトの北側のマグダレナ河沿い、標高二〇〇〇トワーズあたりに堆積しており（*Journal de Physique* Tom. XXXVIII. p. 30 参照）、だいたいこのあたりの高さにあるのは、あとは温帯地域だけではないだろうか？(43)

一八〇二年、ブーフはオーベルニュの火山地域を調査するためにフランスを訪れ、敬愛する師ヴェルナーが説く、地球は水の作用によって出来たとする〈水成説〉に反旗を翻す覚悟を決めた。一八〇五年に彼は友人A・v・フンボルトとフランス人化学者で物理学者でもあるゲ＝リュサックとともにイタリアの火山地帯を調査する旅行に出かける。地質学者として興味津々の彼らは、ナポリで地震を体験し、同年八月十二日にはヴェスヴィオ山の噴火を目の当たりにした。フンボルトとブーフは、もちろん一緒に「火山の円錐形状が変化したのを記録するため、ヴェスヴィオ山の標高を気圧計で測定した」[44]。ヴェスヴィオ山の歴史について著書があるリヒターが、ふたりを「地殻の造山運動および山脈の褶曲」理解のブレイクスルーを行った人物と位置づけるのにも納得がいく。特筆すべきは「神話のヴェールをまとっていた」火山ヴェスヴィオが、十九世紀に特にフンボルトとブーフのさらなる研究成果により、〈脱神秘化〉されたという事実である。

一八〇六年以来、ブーフは当時ゲーテを含む知識人たちが「原岩石 Urgestein」と考えていた花崗岩——読者には「御影石」といったほうがわかりやすいかもしれない——の生成について検討を始めた。この調査過程で、彼はかつてラップランド探検隊が測量作業を行ったスカンディナビア半島にも足を伸ばした。詳細な研究成果は、著書『ノルウェーおよびラップランドをめぐる旅 *Reise durch Norwegen und Lappland*』にまとめられ、一八一〇年に刊行された。やや前後するが、その間にブーフは、一八〇八年にはベルリンの科学アカデミー正会員に、またミュンヒェンのバイエルン科学アカデミーの通信会員に選出されていた。そんな彼が一八一四年の冬、ロンドンに滞在した折に計画したのが、ノルウェー人植物学者クリステン・スミスとのカナリア諸島共同研究旅行であった。スミスはノルウェーに生まれ、コペンハーゲン大学で植物学を修めた。ブーフによれば、スミスはフンボルトの植物地理学から多大な影響を受けていたらしい[45]。ともあれスミスとブーフのふたりは、ポーツマス近くのスピットヘッドから一八一五年三月末に乗船し、ラ・パルマ島、テネリフェ島、グラン・カナリア島を順次訪問した。むろん「一七三〇年の爆発で多くの村を滅ぼした」火山島ランサローテ——ブーフは Lancerote と綴っている——も忘れなかった[46]。同年十二月八日にポーツマス近くで下船したことで、八カ月余にわたるふたりの博物学探検の旅は終わった。スミスはフンボルトに匹敵するすばらしいカナリア諸島の植物地理図譜を描けたはずだ、とブーフは嘆いたが、ジョゼフ・バンクス卿の命により、スミスはその後すぐ、一八一六年二月二十五日にコンゴ探検隊に参加せざるをえず、その旅の途中で惜しくも帰らぬ人となった。亡きスミスの代わりに、やむをえずブーフが自著『カナリア諸島の地形描写 *Physicalische Beschreibung der Canarischen Inseln*』（一八二五年、ベルリン王立科学アカデミー刊）第四章にその報告「カナリア諸島の植生概観

Uebersicht der Flora auf den canarischen Inseln」（一八一六年発表）を充てた。刊行にあたって、ベルリン在住のブーフが一八二五年五月二十八日付でしたためた序文は、現在ドイツ人が好んで訪れる、観光地化したカナリア諸島を早くも見事に予見していて興味深い。

もしかすると何年か後には、人々が現在、スイスアルプスやナポリ湾に観光旅行に来るのと同様、カナリア諸島を訪れるのではないか。これから特にイギリスからは、ほぼ毎日定期船を出せるだろうし、この幸福な島々への旅はアルプスの峠越えと比べたらずっと危険も少なくて済むはずで、より安全かつ簡単で快適で気楽な旅になると推測できるから。

ブーフの『カナリア諸島の地形描写』は、地質学分野の古典的名著のひとつに数えられる。その理由は、彼が特に「火山島の形成要因を、火山灰の蓄積ではなく、地底からの隆起で説明した(47)」ことにある。本書は序文解説に続いて、六章から成り立っている。

第一章　カナリア諸島の統計的概観
第二章　カナリア諸島の気候に関して特筆すべき点
第三章　カナリア諸島の標高
第四章　カナリア諸島の植生概観
第五章　カナリア諸島の地質学的記述
第六章　カナリア諸島における火山学的特色および地球上における他の火山との関係性について

どれも興味深い内容だが、特に注目したいのが第六章だ。冒頭でブーフはカナリア諸島の火山噴火の歴史をコンパクトにまとめ、彼の観察調査に基づき、「カナリア諸島全体が、次第に海底から隆起し、個々に形作られていった島々の集まりに他ならない、と考えることができる[48]」と主張した。さらに彼は、地球上のすべての火山を大きく二つに、すなわち「中央火山」と「列状火山」への分類を試みた。彼の説明を以下、引用しよう。

> 中央火山は独立し、ほぼ均等に全方向に影響を与えた噴火口周辺に溶岩類が堆積し、中心を形成している。他方、列状火山は、一列に並んでいて、各火山間の距離はほんの少ししか離れておらず、まるで大きな裂け目に一列に

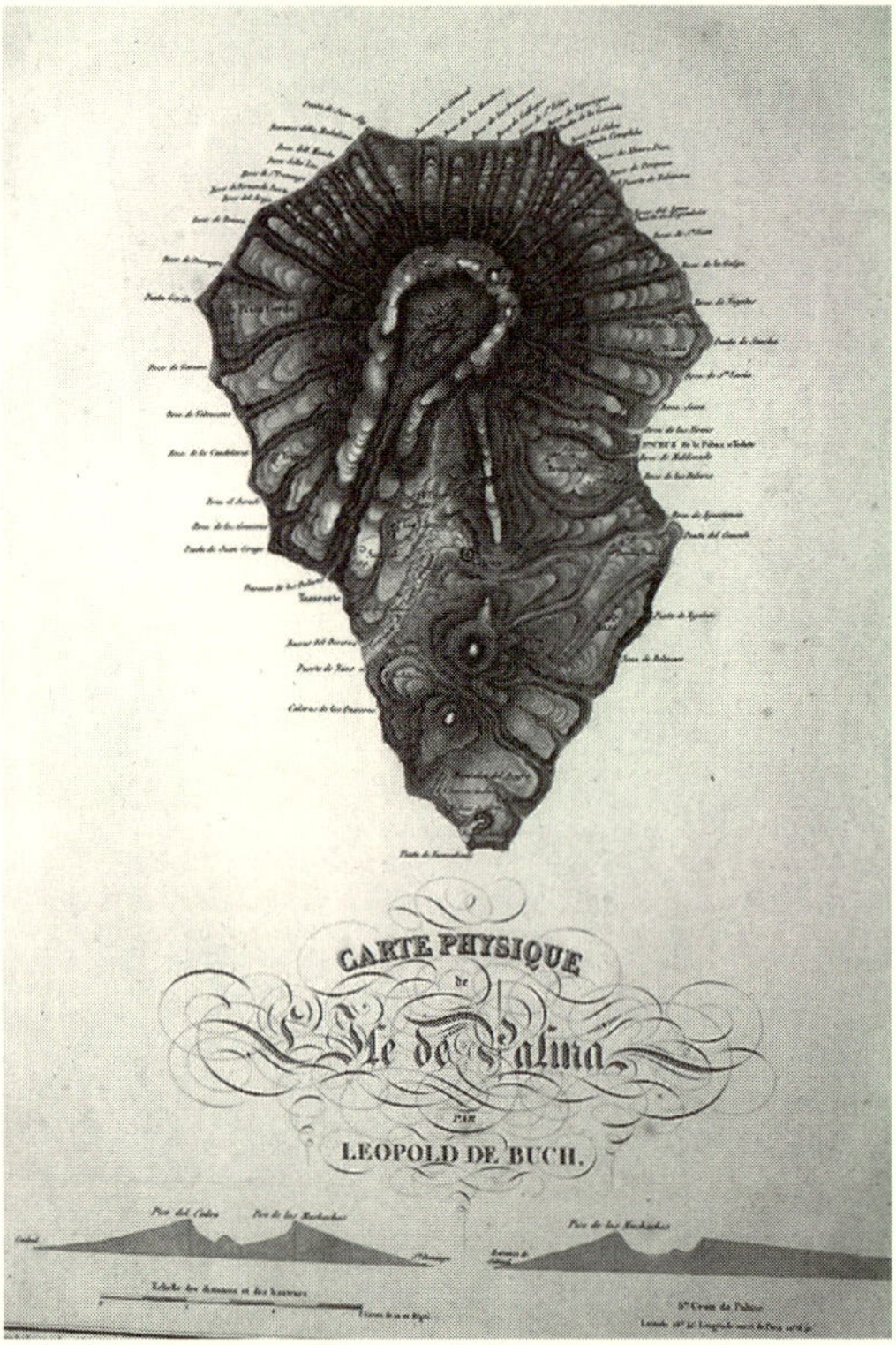

図版6　ブーフ著『カナリア諸島の地形描写』における
ラ・パルマ島図

デュッセルドルフ・ゲーテ博物館所蔵（Sig.: GC 3），同館の許可による．あまりにも大判の地図のため，拡大しないとわからないが，細かなケバ付けが施されている．

並ぶ煙突のようだ。このタイプには、おそらく二〇、三〇あるいはそれ以上の火山が数えられ、地表の重要な地域に伸びている。その状態については、さらに二種類がある。海底から隆起した独立した火山島になった場合、通常山麓方向に原始的な山脈が走る。そうでなければ火山は、この山脈の一番高い尾根にあり、自ら山頂を形成する。（S. 326f.）

ブーフによると、カナリア諸島で中央火山と呼べるタイプの火山は、テイデ山（ピコ・デル・テイデ）だけだという。このタイプの火山には他に、エオリア諸島、エトナ山、ガラパゴス諸島、サンドウィッチ諸島（現在のハワイ諸島）、マルキーズ諸島などが例として挙げられている。彼の理論によれば、これらすべての火山は、玄武岩含有地帯の中心に存在し、事実その火山の円錐形部分のほとんどは、その粗面状の岩塊からできている。これに対してブーフが「列状火山」と呼ぶのは、ギリシア諸島やオーストリア西部に広がる火山帯である。見過ごしてはならないのが五番目の例に「日本および千島列島火山帯」とカムチャツカがあることだ。ここでブーフは、日本の火山が、ペルーのキトやジャワ島のように、本州全体にまんべんなく分布している、と説明する。

実際、日本には百以上の火山が存在する。ブーフはその現在の日本の火山のうち、ほんの十五山を挙げ、紹介しているにすぎない。しかも不正確な口述記録のため、あるいは先に「ツァッハ」と命名された特定不可能な日本の山の話をしたけれども、ヨーロッパ人が勝手につけた名前が使われている部分もあり、残念ながらすべての山を同定できる状況にはない。以下、引用するのは、ブーフの日本火山に関する説明で、現存の火山と同定できるものを選んだ（ナンバリングはブーフのオリジナル通り）。同時に読者はこのテクストから、生涯日本を訪れたことのなかったブーフが、ケンプファーとクルーゼンシュテルンの日本についての著作を最重要文献として用いていることに気づかれるはずだ。

二、種子島。九州の東にある硫黄島。ケンプファーによると九四年に海中から隆起したとのこと［…］。

四、阿蘇山。薩摩の北にあり、その山頂からは常に噴煙が立ち上っている（ケンプファーの『日本旅行記』からの引用）。

五、雲仙岳、長崎の東方にある半島に位置する。かつては平らな禿山で、標高は高くなかったという。遠く三マイル先からも噴煙が認められたという（ケンプファーからの出典）。一七九三年の日本の旧暦で一月十八日にも噴火し、その開口部に石を投げいれてもそれが落ちる音が聞こえないほど、巨大な噴火口を残した。濃い蒸気が数日間、噴火口から立ち上った。旧暦二月六日には山頂から徒歩で三十分くらいにある「びわのばち」［ただし原文は Bivo-no-kuobi］に噴火口ができ、噴煙が高く立ちのぼり、すさまじい速さで溶岩が流れ出し、山麓の広範囲を焼き尽くした。旧暦三月一日の夜十時には九州全土、特に島原で大きな地震が発生、山［おそらく眉山をさす］がずれ落ち、地割れが出来、家屋は倒壊した。その際に溶岩流はさらに流れ、地面を覆った（Titsingh *Mémoires des Djogouns*, 1820,「この恐ろしい溶岩噴出の日本の彩色図版」付）。［…］この時の死者は五万三〇〇〇人と推測されている。

七、八丈島［Fatsisio と綴られている、八丈西山をさす］緯度三四・五〇度、グリニッジ経度一三九・四〇度。ケンプファーによれば、一六〇六年の噴火で近くに火山島が出現したという。おそらくそれが噴火している姿を一七九六年にブロートン[49]が目撃している（Hoff II, 421 参照）。ブロートンの図版では、標高は約三、〇〇〇フィート、江戸に近い、八丈本島にある。

八、富士山。日本の最大にして最高の火山。標高という点では、辛うじてテネリファの［ティデ］火山が比較対象に入るだろうが、その崇高なる眺めは、他の追随を許さない。その山頂は万年雪に覆われ、煙だけがたなびく。遥か昔はたくさん噴火も起きたが、斜面での山体崩壊後、溶岩流出は絶えている（Kaempfer Japan I, 120）。［…］

九、江戸の北西、信濃の国の真ん中に位置する浅間山［ただしAlamoと表記］。一七八三年八月一日、強い地震の後、山頂から火柱が立ち上り、火山灰および火山岩類を噴き上げ、その日、太陽光は完全に遮断され、暗闇に包まれた。周辺住民は脱出を図るも、地表のあらゆるところに溶岩が流れ、そこかしこから炎が噴き出て、あっという間に民家は炎上、人々も溶岩流に飲み込まれてしまった。この噴火だけで二十七の村が壊滅した。八月十日以来、被害はさらに拡大した。［…］八月十四日の午前十時、山頂付近から大きな岩、砕石、泥のようなものを含む硫黄流が流れ出し、麓の浅間川に達したため、沿岸一帯および全土に土砂が運ばれた。犠牲となった死者の数は想像を絶する。――本稿に添付した、噴火を描いた彩色日本画は、この大噴火で大量の火山弾が裂け目から連続的に放出され、輝く溶岩流にのっていったことをはっきり示している。おそらく多くの村が一七三〇年のランセロート島同様に火砕流に埋まったであろう。

（Titsingh *Mémoires des Djogouns* p. 180）[50]

雲仙や浅間の火山噴火描写にブーフは、オランダ人外科医兼外交官だったティチング（一七四五～一八一二）の著作『将軍の想い出 *Mémoires des Djogouns*』を盛んに引用している。[51] ティチングは東インド会社高官でもあり、彼の長崎・出島での商館長時代（一七七九～八四）に、二度、江戸参府を行い、第十代徳川将軍家治（一七三七～八六、在職一七六〇～八六）に拝謁している。その雲仙および浅間の火山噴火報告と、それに添えられた二幅の彩色画「日本・島原の地震、火山噴火および火山流」そして「日本・信濃の浅間山の地震と爆発」（**口絵図版11参照**）は、ブーフに強い影響を与えたことが読み取れる。さらにブーフは東北や北海道のいくつかの火山にも――ただし現在の呼称とはかけ離れているため、同定が非常に難しいのだが――言及している。日本の西海岸にある「ティレジウス山 Pic Tilesius」なる火山は、日本地図との比較から、おそらく青森県にある標高一、六二五メートルの岩木山と推測される。さらにクリル＝千島列島にあるふたつの火山―― Pic de Langle と Pic Sarytschew/Matua とあるが同定不可能――

についてては、あのツァッハの肝いりでこの世界周航に加わった天文学者ホルナーの最新の気圧計による標高測量データを紹介しているのも興味深い。

少々長くなったが、以上ブーフの説明は、当時日本が鎖国政策をとっていたにもかかわらず、ヨーロッパの知識人および自然研究者が日本に関する最新情報に敏感で、頻繁に研究者間でも情報をやりとりしていたことを示す好例だろう。本章で用いた日本に関する貴重な原書資料、たとえばケンプファー、クルーゼンシュテルン、ティチングの著作を筆者はヴァイマルのアンナ・アマーリア公妃図書館で閲覧したが、その一部がもともとヴァイマル公私設軍事文庫の所蔵だったのをあわせて確認できたことも特筆に値する。

しかしここで当時の日本とヨーロッパ、特にロシアとの深刻な外交関係を誤解してはならない。上述したように、クルーゼンシュテルンによる第二回目のロシアの対日本外交交渉は失敗した。しかも複数の日本語参考文献が、世界周航中、総督クルーゼンシュテルンと特命全権大使レザノフ（一七六四～一八〇七）が不仲であった、つまり両者間に揉め事が多かったことを知らせている。半年も長崎に留められた挙句、通商条約は締結できず、しかも「速やかに退帆せよ」という幕府の態度にレザノフは激怒した。それでもともかく津太夫はじめ四名の日本人漂流民の身柄を引き渡した後、レザノフは日本の開国は武力による威嚇しかないとの思いを強める。彼は報復行為として部下の海軍士官フヴォストフに命じて、一八〇六年に幕府の支配下になった樺太＝サハリン島を、一八〇七年には択捉島《えとろふ》をはじめとする他の港を襲撃させ、略奪と放火、役人の拉致を行った。いわゆる「文化露寇」である。この暴力事件が日露関係を悪化させたことは言うまでもない。江戸幕府は当然これ以降、ロシアに対する警戒を強めていく。

その文化露寇で択捉島が襲撃された同じ一八〇七年のうちに、ロシアは新たに世界周航探検隊を派遣する。「ディアナ号」の艦長には、海軍士官で自然研究者でもあるゴロウニン（一七七六～一八三一）が指名された。主な目的は、北東アジア沿岸海域、特に千島＝クリル諸島の測量であった。ここで再度想い出していただきたいのが、十八世紀の天文学者や数学者が海外での測量プロジェクトを遂行するにあたって、どんな多大な苦労と涙ぐましい努力をしたか、という本書前半で紹介したエピソードの数々である。有効な旅券を持っていたラ・コンダミーヌやブーゲ、メシャンやドゥランブルですら、測量中に突然身柄を拘束されたり、監禁されたりした。ましてゴロウニンはロシア人将校であり、鎖国中の日本が彼に測量調査の許可を与えるなぞ、万が一にもあり得ない。当初から予測された結果として、一八一一年、彼は国後島での不法測量調査中、彼の同僚ともども幕府役人に拘束された。だがこうなると「目には目を、歯には歯を」、当然のことながら報復に走るのが世の常だ。今度は日本人廻船業者すなわち海商の高田屋嘉兵衛（一七六九〜一八二七）が乗る「観世丸」を、幽囚されたゴロウニンの留守を預かる「ディアナ号」副艦長リコルドが

図版7　ゴロウニンの著作扉にある高田屋嘉兵衛の肖像画
HAAB 所蔵（Sig.: Aa 9-604a），KSW の許可による

拿捕した。このリコルドの回想記録(52)によれば、この高田屋嘉兵衛は、「船頭船持」——原文は聴いた通りの音を文字にしたのだろう、Sindofnamotsch と表記されている——で、何艘もの船を持ち、自前の船に関する一切の命令・管理・責任を負っていた。「彼［高田屋］は十名ほどの船乗りと、自分の船で択捉島から松前藩の港・函館に向かっていた」という。そしてロシア海軍にとって非常に幸運なことに、高田屋嘉兵衛はゴロウニンとの身柄交換に有利な「とても裕福で高貴な商人」であり、しかも日露両国間の外交的・政治的問題をよく理解した上で、ゴロウニン釈放のためにあらゆる手立てを尽くしてくれた。それどころかリコルドと高田屋の間には友情も芽生えたという。リコルドの旅行記録はどちらかといえば無味乾燥で実務的な文章で書かれているのだが、一八一三年十月の両者の別れのシーンだけは違って、読み手の心を揺さぶるような描写になってい

る。以下、和訳して引用しよう。

［…］それから善良で寛大な高田屋嘉兵衛［原語表記は Takatai-Kachi］に感謝の気持ちから、「大将万歳！・Taischo Hurrah!」を皆で三回連呼した。我らが友・嘉兵衛も、彼の水主たちと船の高いところから両手を天にむかって高く上げ、幸運な結末と別れの悲しみを全身で表現しながら、大声で「ディアナ号、万歳！」と叫び返した。(53)

一八一一年から十三年にわたる比較的長期の幽閉後、ゴロウニンは故郷に戻り、その記録『一八一一～一三年にわたる日本幽囚記 *In Gefangenschaft bei den Japanern von 1811 bis 1813*』を著した。この著作はたちまち複数の言語に翻訳された。一八一七～一八年にライプツィヒで刊行されたドイツ語翻訳には、すでに引用した『一八一二～一三年に日本沿岸を航海し、日本人と対話した艦隊長リコルドの報告書』が一緒に収められている。(54) このライプツィヒ版、もちろんヴァイマルのアンナ・アマーリア公妃図書館も一冊所蔵しているが、次節では同館が所有する非常に珍しい地図について言及しよう。こちらももともとはヴァイマル公私設軍事文庫の地図コレクションで、日本研究者シーボルトがクルーゼンシュテルンに捧げた日本地図、すなわち『日本人の原図および天体観測に基づく日本国図 *Karte vom Japanischen Reiche nach Originalkarten und astronomischen Beobachtungen der Japaner*』（ライデン、一八四〇年）である。

四　伊能忠敬の『大日本沿海與地全図』とシーボルトの『原図日本国図』

1　密命を帯びたオランダ商館医シーボルト

南ドイツ・ヴュルツブルク出身の日本研究家フィリップ・フランツ・フォン・シーボルトが東インド会社の軍医少佐として長崎に到着したのは、ゲーテの書記となるエッカーマンが、敬愛する大詩人の住むヴァイマルに到着したのと同じ一八二三年のことだった。シーボルト自身はゲーテとは直接の面識はなかったが、彼がまだゲーテ存命中に日本に赴いたこと、そして支援者のひとりが現在の「ドイツ国立学術アカデミー・レオポルディーナ」の前身、「ドイツ帝国自然研究者アカデミー・レオポルディーナ」会長であるとともに、ゲーテの植物学指南役でもあったネース・フォン・エーゼンベックだったというふたつの事実は、頭の隅に入れておく必要があるだろう。[55] 加えて彼のふたりの叔父バルテルとエリアスは、イェーナ大学在学中、同大学医学教授でゲーテに解剖学の手ほどきをしたユストゥス・クリスティアン・ローダーに師事していた。つまりシーボルトの叔父はローダーの学生として、時にはゲーテと同じ空間で講義を聴いていたことがあったのだ。[56]

フィリップ・フランツ・フォン・シーボルト
日本と同時に旧西ドイツで発行された記念切手

さて、肝心のフィリップ・フランツ・フォン・シーボルト[57]は、一七九六年、ヴュルツブルク大学の外科学・医学教授兼ユリウス病院専属医だったヨーハン・ゲオルグ・クリストフ・フォン・シーボルト（一七六七〜九八）の息子としてこの世に生を享けた。シーボルト家は、祖父のカール・カスパー（一七三六〜一八〇四）が、一七六〇年にヴュルツブルクに移住して以来、医学一族の名声をほしいままにしていた。祖父カール・カスパーは外科医として功績をあげ、医学分野、特に外科学と産科学における貢献により、一八〇一年に一代限りではない世襲貴族に叙せられた。医学の名門一族の伝統により、フィリップ・フランツもまた医学・外科学・産科学を専攻し、一八二〇年に医学士を取得してヴュルツブルク大学を卒業した。その後、彼はわずかな間、生まれ故郷の町ハイディングスフェルトで開業していた。だがまもなく叔父の斡旋で、オランダ王国軍総監フランツ・ヨーゼフ・ハルバウル（一七七六〜一八二四）からオランダ軍医の職を得る。[58] それどころか早くも一八二二年には、オランダ・

インド軍医少佐に任命された。就任とともにフィリップ・フランツ・フォン・シーボルトは、まず海路ジャワに赴く。そこで彼を迎えたオランダ領バタヴィア総督カペレン男爵（一七七八～一八四八）は、シーボルトの亡父とはゲッティンゲン大学時代の学友だった。彼は、亡き友の忘れ形見シーボルトに「オランダ人医師」の名目で、日本に赴くオランダ使節団に同行し、秘密裡にその国と国民を詳細に観察・報告するよう、とりわけ日本の地理・宗教・政治に関する情報収集を行う密命を与えた。実際、彼の公式の職名は、「日本の自然誌研究特任外科医」と訳される。もっとも長崎の日本人通詞（通訳）は、シーボルトよりも流暢にオランダ語を話すことができ、すぐに彼の下手なオランダ語を訝しみ、矢継ぎ早の尋問を行った。この時、彼の上司・商館長スチュレルが、咄嗟に標準ドイツ語と同義の「高地ドイツ語 Hochdeutsch」を意図的に誤訳し、「これは高地の山里の生まれだから、かなり訛っている」と言い逃れ、窮地を救った。もっとも日本側も、シーボルトの素性をかなり早くから見抜いて、あえて泳がせていたとも考えられる。[59]当時、中国と琉球王国（現在の沖縄）を除くと、オランダは江戸幕府が貿易を行っている唯一のヨーロッパの国だった。他の西欧諸国にとって、日本は「鎖国」の文字通り、閉ざされ、かつ謎に包まれた国だったのである。

日本との貿易を確固たるものにすべく、政治・軍事を含む諜報活動を行う特務のため、調査費用として一八二七フルデン（秦の試算では約三八〇〇万円相当）がまず支給された。[60]日本滞在中の五年間、シーボルトは忠実に特務を遂行し、また東インド会社も彼を潤沢な資金で支援した。最終的に東インド会社はシーボルトに二万フルデンもの大金を支給したというが、[61]彼もこの期待に応え、倦まず弛まず、あらゆる標本を収集したのだった。たとえば植物、動物、工芸・芸術品、書籍、衣装、骨董品、陶磁器、木工細工など、ありとあらゆる範囲に及んだ。むろん軍事・政治的理由から持ち出しを堅く禁じられていた地図は、文字通り、垂涎の的だった。ヨーロッパ出身の彼の先人たち、ケンプファーにせよ、スウェーデン人自然研究者ツンベルク（一七四三～一八二八）――ツンベルクもまた「オランダ人軍医」という触れ込みで日本に不法入国したひとりだった――にせよ、日本の動植物を調査し、自然科学的標本を収集したが、シーボルトほど潤沢な財政的支援を背後に持たなかった。

シーボルト研究について言えば、これまで把握できないほど無数の参考文献が出版されてきた。日本語文献については、少なくとも千タイトルを下らないというから驚きである。ここではそのうちシーボルト研究に必須の基礎参考文献を二冊だけ挙げておこう。最初の一冊は、ドイツ語で書かれたヴュルツブルクの名門医学一族シーボルト家の図版や肖像画もふんだんに取り入れた分厚い伝記、ハンス・ケルナーの『ヴュルツブルクのシーボルト家　十八・十九世紀の知識階級家族 *Die Würzburger Siebold. Eine Gelehrtenfamilie des 18. und 19. Jahrhunderts*』（一九六七年）である。総ページ数約七〇〇のほぼ後半全部を、ケルナーはフィリップ・フランツ・フォン・シーボルトと彼のふたりの息子の叙述に充てている。[62] もう一冊がまた負けず劣らずのボリュームで、しかもフィリップ・フランツのみを詳述したのが医学者・呉秀三（一八六五〜一九三二）の『シーボルト先生　其生涯及功業』（併記ドイツ語タイトルは *Lehrer Philipp Franz von Siebold: sein Leben und Werk*）[63] である。一九二六年刊行の第二版は、全一七〇〇頁に計三〇〇の図版・写真付き、しかもオランダ語の証拠資料も所収されている。ついでに著者・呉もまた津山の名門学者家系の血をひき、実父は呉黄石（一八一〇〜七九）、母方の祖父は箕作阮甫《みつくりげんぽ》（一七九九〜一八六三）であり、後者の阮甫はすでに第三章で言及した地理学者・箕作省吾の義父にあたる。[64] 個人的な縁もあり、むろん有能な医師であり卓越した教師としてのシーボルトの側面が強調され、あちこちに敬愛の情が溢れるこの伝記は、実際、今日に至るまでシーボルトの生涯を詳細に記述したスタンダード資料として不動の地位を誇る。呉のシーボルト研究が完成の域に達して見えたので、研究者も長い間、その内容に疑問を差し挟むこともなく、また細部まで詳しく内容の整合性を再検討することすらしなかった。その結果、呉の『シーボルト伝』以降、日本の歴史学者もドイツ文学者も、わざわざオランダ語の一次文献を掘り起こし、解読して、さらなる研究調査を行おうとはあまり考えなかったものらしい。

さらに興味深いのは、ノンフィクションおよび日本で言うところの歴史小説を得意とする作家の多くが、いずれも異口同音に、呉の『シーボルト伝』を読んで、十九世紀後半の日本人地理学者および天文学者、つまりシーボルトの同時代人であるか日本で彼の同僚であった人々に興味を持ち、作品のインスピレーションを得たと語っていることだ。

事実、一九九〇年代、あのケールマンの『世界の測量』（二〇〇五年刊行、邦訳出版は二〇〇八年）よりも前から、ほとんど絶え間なくこの種の小説あるいは文学的ドキュメンタリーが発表されている。もちろん読者は、文学的描写と史実を明確に区別しなければならない。それを踏まえつつも、本書では近代測量事業と関係する日本語で書かれた文学作品を、少なくとも作品名と作家名をいくつか紹介しておきたい。

だが、その前に本書で使う日本文学における〈歴史小説〉と〈時代小説〉というジャンルについて、簡単に確認しておこう。いずれもヨーロッパ文学にあるジャンル、〈ノンフィクション〉や〈歴史小説〉と比較し、適宜区別する必要があるからだ。まず〈歴史小説〉については、歴史的登場人物、すなわち実在した人物とその物語については、基本的に史実に則したものでなければならない。作者は遺された文書（紙媒体で残っているもの、遺稿や日記、書簡、インタビュー記録など）をもとに、登場人物自体およびその歴史的に証拠がある行為を再構築し、解釈を行う。その点でほぼ〈ノンフィクション〉と同等に定義される。欧米文学の分類では〈ドキュメンタリー文学〉や文学的あるいは物語風〈伝記〉にもほぼ相当する。具体的には、第一章ですでに言及したソベルの『経度への挑戦』やオールダーの『万物の尺度を求めて』などを例として挙げられるだろう。この日本的な〈歴史小説〉とは別に〈時代小説〉は、欧米文学でいうところの〈歴史小説〉にむしろ近い感じだ。作家はむろん自分が扱う時代の社会的文化的状況をよく把握していなければならないが、フィクションの人物を登場させてもよい。また筋や内容も必ずしも史実に則したものである必要はなく、娯楽的であったり、風刺があったりしても構わない。たとえばケールマンの小説『世界の測量』が好例だろう。ただし本書ではこれ以降、こうした〈時代小説〉ではなく、主として日本文学における〈歴史小説〉について検討していくことにする。

ここで注目したいのが、一九九二年に秦新二が発表した、新しいタイプのシーボルト研究『文政十一年のスパイ合戦　検証・謎のシーボルト事件』である。この歴史ノンフィクションは、秦が十五年以上にわたって、オランダ語一次文献およびオランダに現存する夥しい数のシーボルト・コレクションを調査した成果をまとめたものである。[65] オランダでの調査中、秦は呉の致命的な誤訳箇所を見つけるとともに、呉が編者の権限で勝手に削除した部分があることを知った。同時に作者・秦は、新しいシーボルトの姿を描き、彼の事件をさまざまな政治的・外交的側面から光を当て、再解釈を試みた。すなわちシーボルトは当時の日本に西洋の新しい医学と技術を導入する一方で、オランダのために意識して秘密情報資料、特に日本の政治と軍事に関わる資料を収集した。ここまではよく知られているが、秦はなお一歩踏み込んで、さらに複雑な政治的背景を明らかにしていく。ご禁制の地図を所持していた事実が前面に出るのは当然のこととして、その背後では江戸幕府が意図的にシーボルトを囮にして、薩摩藩（今の鹿児島）の老公・島津重豪（一七四五～一八三三）の抜け荷や密貿易を暴こうとしていた。島津重豪は当時の将軍・徳川家斉（一七七三～一八四一、在職期間一七八七～一八三二）の義父にあたり、オランダ商人に密貿易目的で接近するため、シーボルトの日本における学術活動を支援していたひとりだった。シーボルト事件はこの点において、むしろ幕府が、表向き引退してもなお影響力の強い島津公封じを狙ったものと解釈できるという。こうした一連の新研究成果を用いて、二〇〇六年には今村明生が語り形式で長編の伝記『歳月　シーボルトの生涯』を発表している。

さらに興味深いのは、最近になってシーボルトの学術研究に欠かせなかった、彼の日本滞在中の専属挿絵画家、川原慶賀（一七八六～一八六〇）が脚光を浴びていることだ[66]。雇い主シーボルトは川原を「登与助」と呼んでいたが、その専属絵師としての活動は、本書第三章で言及したドイツの大学専属画家の役割ときわめてよく一致することから、注目が集まっている。写実的描写にすぐれた川原の画才を、シーボルトは高く評価した。今日、日本国内の美術館では川原筆の絵画は五五点ほど所蔵が確認されているにすぎないが、オランダ・ライデンの民族博物館には、彼の筆による一〇〇〇枚以上の絵画が収められている。またシーボルトの後裔ブランデンシュタイン＝ツェッペリン家にも彼の原画が複数所蔵されている。川原はまさにシーボルトの「目」となり、彼が見たあらゆるものを写生し、記録した。この関連では、二〇〇四～〇五年にねじめ正一（本名・祢寝正一、一九四八～）が、川原慶賀の文学的伝記小説『シーボルトの眼　出島絵師・川原慶賀』を発表している。なお絵師ではなく、庭師の視点からシーボルトを描いた朝井まかての小説『先生の御庭番』も刊行されている。

2　江戸城紅葉山文庫の『伊能図』――または三人の地理学専門家　最上徳内、間宮林蔵、高橋景保

シーボルトの表と裏のある活動は、さらに日本及びオランダ両国側諜報活動の背景にある非常に複雑な政治的意図も絡み、最終的には彼がご禁制の日本地図を所有していたかどで自宅監禁され、一八三〇年には国外永久追放されて、その終止符を打つ。所有していた地図には、徳川将軍の軍事書庫、江戸城にある「紅葉山文庫」から禁帯出の重要な地図も含まれていた。その筆頭に挙げられるのが、ラランドの天文学書を翻訳した高橋至時に天文学、地理学、地図製作の手ほどきを受けた伊能忠敬の『大日本沿海輿地全図』（一八二一年）である（本章第一節参照）。ただし正式名称よりも、主要製作者兼測量隊長の名に因み、通常『伊能図』または『伊能地図』と呼ばれることが多い。

『伊能図』こそ、日本における初の経緯度測量に基づく地図である。恩師・高橋至時の強い影響を受け、間重富から天体測量の技術と器具の使い方を伝授された伊能は、「地球の真の姿」を明らかにすべく、一八〇〇年から一大測量プロジェクトを始動した。それは日本中の海岸線を十に区分し、一八〇〇年～一六年までかけて、すべての沿岸を測るという長丁場の作業になった。もっとも伊能は日本の海岸線は精緻に測量したものの、内陸部の測量データはほとんどとらず、そこは白紙のままに留まった。なお一八一六年に伊能は他界するが、周囲はその死を秘密にし、父・至時の後継として幕府天文方の職に就き、同時に紅葉山文庫の管理者にもなった長男・高橋景保の指揮のもと、地図作成が続けられた。一八二一年に幕府天文方は、完成した地図を伊能忠敬の名で、将軍・徳川家斉に献上した。伊能の死が公式に知らされたのは、それから三カ月経ってからのことだ。一八二一年に上呈された『伊能図』は、三種類の縮尺から成り立っていた。縮尺三万六〇〇〇分の一の大図が二一四枚、中図八枚は縮尺二一万六〇〇〇分の一、これに縮尺四三万二〇〇〇分の一の小図三枚がある。(67)『伊能図』の正本は江戸城紅葉山文庫に大切に所蔵され、維新後は明治政府に引き継がれたが、一八七三年に太政官に複製制作のため貸出し中、火災によって焼失した。その副本、

すなわち写しを伊能家は所持していたが、これも運悪く一九二三年の関東大震災で焼失してしまった。

隠居後天文学を志し、大事業を成し遂げた伊能の生涯は、二十世紀末の日本の歴史家および作家が好んで取り上げており、彼に関する作品が列挙できる。[68] むろん伊能忠敬再発見の風潮が、日本社会の高齢化現象と連動していることは否めない。[69] 人々は伊能にリタイア後、すなわち年金生活者の理想の姿を見出そうとしているのだろうか。この関連では、一九九二年に井上ひさし（一九三四～二〇一〇）が発表した文学性の強い伊能の伝記『四千万歩の男』を挙げておこう。ちなみに本作品は、その後二〇〇一年に映画監督・小野田嘉幹（一九二五～）により、『伊能忠敬　子午線の夢』として映画化、上映された。

伊能の測量の最終目標は、地球の真の姿を見極めることだった。しかし幕府からの資金援助を受けるため、彼は沿岸測量の実用性・有効性を強調する必要があった。たとえば彼が最初の測量旅行を企てた際、真っ先に目的地に挙げたのは北海道（当時は蝦夷）で、すでにロシアとの外交的衝突を理由に、緊急に測量の必要性があると説いた。

十九世紀後半のロシア、アイヌ、日本の三者の外交関係を詳しく扱った研究書としては、二〇一〇年に歴史家・渡辺京二（一九三〇～）が『黒船前夜　ロシア・アイヌ・日本の三国志』（洋泉社）を発表している。以下、江戸時代の日露関係について、特に渡辺の著作を参考にしつつ、ドイツ語原書も踏まえながら、簡単にまとめておきたい。

ヨーロッパの文書における日本漂流民の記録は、大坂商人の手代だった「伝兵衛」（生没年不明）が最初である。一七〇〇年頃、カムチャツカ半島のとある部落で捕虜になっているのを助けられ、サンクトペテルブルクに連行され、ピョートル大帝に謁見した。ロシア政府はこの時から、伝兵衛のような漂着民を改宗・帰化させ、日本語学校（一七〇五年開設）の教師として働かせる政治路線を決める。こうして伝兵衛はロシアにおける最初の日本人教師になった。

一七二五年にピョートル大帝は、[70] アジアと北アメリカ大陸間に海峡が存在するかを確認するために、「ロシア大帝のコロンブス」ことベーリング（一六八一～一七四一）を長に、第一次カムチャツカ探検隊（一七二五～三〇）を派遣した。だが第一次ベーリング探検隊の成果がはかばかしくなかったので、まもなくロシアは再度ベーリングを指揮官とする第二次カムチャツカ探検隊（一七三三〜四三）を組織し、ロシアの北部海岸線測量と北アメリカと日本への航海ルート開拓のために送り出す。この大規模探検隊にはドイツ人科学者、たとえばヴュッテンベルク出身の自然研究者にして植物学者のグメリン（一七〇九〜五五）や歴史家にして地理学者のミュラー（一七〇五〜八三）らが加わっていた。

ベーリングが最初のヨーロッパ人としてアラスカを発見したのに対し、彼の同僚でデンマーク出身の海軍将校シュパンベルク（一六九六〜一七六一）は、第二探検隊の第二艦長だったが、こちらはオホーツク海から日本に至る航路を発見する任務を命じられていた。一七三八年夏、シュパンベルクは初めて千島列島＝クリル諸島の得撫《うるっぷ》島に到達した。得撫島から北海道は比較的近い距離にあったが、シュパンベルクは北海道上陸を諦めた。渡辺は食糧の問題ではなく、一隻だけでの北海道上陸に、当然不安を抱いたのだろうと推測している。こうして十八世紀の間は、日本の北部海域は、世界地図の「未知の空白地帯」であり続けた。「樺太＝サハリン」が話題に上ったとしても、当時「蝦夷」と呼ばれていた北海道との地理的関連性や正確な位置を人々はまったく知らなかった。一七三九年にシュパンベルクはあらためてオホーツクから南に向けて航海を試み、太平洋側、仙台近くの港に投錨した。(71)それでも北海道と樺太の地理的位置関係は不明だった。続くエカテリーナ二世（一七二九〜九六）の治世は、クリミア戦争とポーランドの領土分割など直近の重要課題に明け暮れ、ロシア側も日本への通商海路に関心をもつ余裕を失ってしまった。

そこへ一七八二年、伊勢国白子の神昌丸が嵐のため破船し、船頭・大黒屋光太夫（一七五一〜一八二八）とその一行が、八カ月の漂流の末、アリューシャン列島の火山島のひとつアムチトカ島に漂着する。ここで会ったロシア商人に連れられて、彼らは一七八九年、イルクーツクに向かった。伝兵衛以来、日本の漂着民はロシアに帰化させられ、イルクーツクの日本語学校教師をするのが常だったが、大黒屋光太夫は断固抵抗し、帰国の意志を貫いた。運よく知り合ったスウェーデン人（現在の地理ではフィンランド出身）自然科学者ラクスマン（一七三七〜九六）が仲介・尽力し、エカテリーナ二世に漂流民を日本に送還する許可を取りつけてくれた。こうしてラクスマンの次男、アダム・ラクスマン（一七六六〜一八〇六）に伴われ、光太夫一行は一七九二年五月五日に根室に無事送り届けられた。むろんA・ラクスマンは単なる日本人漂流民送還使節ではなく、日本との通商交渉を行う命を帯びていた。しかし通商交渉自体は、江戸幕府から慇懃に、きっぱりと退けられたのだった。[72]

他方、光太夫らが見聞してきたヨーロッパおよびロシアの情報は、幕府奥医師（将軍の侍医）で、かつてツンベルクに師事したこともある桂川甫周国瑞《くにあきら》（一七五一〜一八〇九、桂川家四代）が詳細に聞き取り、記録した。桂川甫周が一七九四年に将軍に献呈した口述筆記記録『北槎聞略』は、ふたりの現代日本人作家に光太夫の文学的伝記を書かせるきっかけを与えた。ひとりが吉村昭（一九二七〜二〇〇六）の『大黒屋光太夫』（二〇〇三年発表）、もうひとりが井上靖（一九〇七〜九一）の『おろしや国酔夢譚』（一九六六〜六八）である。後者は最初、新聞の連載小説として発表され、一九九二年に佐藤純彌（一九三二〜）の監督による同名の映画が封切られた。

さらに見過ごしてはならないのが、並行してフランスの世界周航家で地理学者のラ・ペルーズ（一七四一〜八八）が、フランス国王ルイ十六世の委託により、まったく未知だった東アジア近海、特に日本海を調査しているという事実である。一七八七年に彼は日本海を北上し、ほぼ樺太＝サハリンと大陸間にある間宮海峡（シーボルトは「間宮の瀬戸」と呼んだ）の目と鼻の先に至るが、そこには通過できるような海路は見つけられなかったとして、宗谷海峡（当然、彼はヨーロッパ人として最初に通行した自分の名を冠し、「ラ・ペルーズ海峡」と呼んだ）を通り、カムチャツカに至った。ラ・ペルーズは沿海州岸の原住民から聞き取りを行い、どうやら樺太＝サハリンは島らしいと知るが、確証は得られなかった。よって彼の地図『一七八七年の中国および沿海州の海での発見概観図 *Carte générale des découvertes faites en 1787 dans les mers des Chine et de Tartarie*』[73]に、日本はかなり未完成な形で印刷されている（**図版9参照**）。確かに樺太＝サハリンは中国大陸から分離した島のように描かれてはいるものの、北海道の西側は未計測の部分として、大きな空白のまま残り、点線でそれらしい海岸線が部分的に延長されている状態である。

第二節で言及したクルーゼンシュテルンが率いたロシア最初の世界周航調査隊は、一八〇五年にサンガー海峡こと

図版9　ラ・ペルーズの日本地図（部分）

図版8　ラ・ペルーズの地図表紙

慶應義塾図書館所蔵（Sig.: 144Y-9-1），および同館の許可による

現在の「津軽海峡」およびラ・ペルーズ海峡こと「宗谷海峡」、および北海道西岸と樺太を詳しく調査した。だが、複数回にわたる調査もむなしく、依然、ヨーロッパの研究者たちは、樺太＝サハリンが半島なのか、独立した島なのか、どうしても確証が得られなかった(74)。

ヨーロッパ諸国が東アジア近海に向ける興味・関心が深まるにつれて、徳川幕府は特に北の隣国ロシアへの警戒を強めていった。当時の蝦夷こと北海道は、松前藩（松前氏）の管轄下にあった。北海道のような涼しい気候の土地では、稲の収穫が見込めないことから、藩には例外的に石高制が存在しなかった。代わりに松前藩は、一六〇四年に徳川家康から朱印状ならぬ「黒印状」を受け、アイヌ民族に対する独占貿易権を得、それによって富を得ていた。そして松前藩主と役人たちは商業利益には貪欲だったが、興味深いことにロシアの外交政策にはまったく関心を払わなかった(75)。

ロシアの領土拡張南下政策への警戒策のみならず、ロシアとの抜け荷・密貿易調査のため、幕府は一七八五年に初めて北海道・蝦夷地に調査隊を派遣する。いわゆる「蝦夷地見聞」と呼ばれる調査隊は、幕府勘定奉行所属の普請役[76]によって構成され、アイヌの文化や地理を調査しつつ、一七八五年に現在の北海道東部にある釧路から北東の港町・根室まで戻り、それから現在の日本の北端・宗谷岬に向かい、そこから商船で樺太＝サハリンの白主《しらぬい》（現在の Шебунино）に到達している。白主は当時、松前藩とアイヌの通商上の重要拠点としての役割を果たしていた。調査隊はさらに当時の日本人が知り得た最北端の国後島に上陸した。ここで注目しておきたいのは、最上徳内（一七五四〜一八三六）が「笠取り」という低い地位ながらこの調査隊の測量作業を手伝っていることだ。一七八五年に最上は宗谷岬で越冬し、翌八六年にそれより北部の調査・測量を行った。この時、彼は日本人として初めて択捉島と得撫島に上陸している。

ところで択捉島に関しては、非常に興味深い手稿を、こともあろうにヴァイマルのゲーテ＝シラー文書館が所蔵している。クルーゼンシュテルンの手書き原稿で、『千島＝クリル諸島地図の回想 *Mémoire zu einer Charte der Kurilischen Inseln*』という題で、一八一四年二月七日という日付が入っている（所蔵請求番号：GSA 06/5372; Nachlass Bertuch）。計四〇枚の原稿で、十八枚目からが得撫島に関する記述である。二十一枚目には、かのラ・ペルーズがこの島を一七八七年八月十八日に視認したことが記されている。続く二二枚目には「同じく［アダム・］ラクスマンは、一七九二年に択捉島の南沿岸を航行し、フリース海峡［択捉水道］をその境界を意識することなく――もしそんな海峡があったとして、それを通るのは不可能に見えただろう――通航した」とある。十九世紀初頭にヨーロッパで発行されたほとんどの地図には、「択捉島あるいは千島＝クリル諸島最果ての島」（二十七枚目）だけが描かれているにもかかわらず、クルーゼンシュテルンは日本人（おそらく松前藩役人）から「蝦夷の北には、江戸幕府の管轄下にある四つの島があり、その名前は国後・色丹・択捉・得撫という」（同上）と聞かされた。この四島の存在は、最終的にラクスマンが一七九二年に日本への航海中に確認した（二十八枚目）。続く二十九枚目の原稿でクルーゼンシュテルンは、かつてオランダ商人たちも蝦夷や樺太＝サハリンをこの列島に属する島のひとつと考えていた、と伝えている。つまり日本人もヨーロッパ人も、ほぼ同時期に千島＝クリル諸島に関心を抱いていたことになる。

一七九八年に幕府はあらためて最上徳内とその上役・近藤重蔵（一七七一～一八二九）を日本の最北、つまり北海道、千島＝クリル列島、樺太＝サハリンに送り、これらの地理情報を徹底的に収集・調査し、地図としてまとめることを命じた。調査途上、ふたりは択捉島に渡り、この島は日本領土であるという意味の「大日本恵登呂府」と記した木製標識を立てた[77]。ちなみに最上は一生において計八回も、北海道を訪れている。彼が行った調査探検については、たとえば乾浩（一九五七～）の小説『北冥の白虹』（二〇〇二年）に詳しい。

間宮林蔵

近藤と最上の調査報告書に基づき、江戸幕府は北海道の東半分を松前藩の管轄から外し、幕府直轄領として治めることを決めた（ただし一八二一年以降は再度松前藩の管理下に戻る）。そして一八〇〇年の夏、伊能忠敬が、北海道の南沿岸測量を天体観測も組み入れて行った。同時に、択捉島には幕府直轄詰所（番屋・会所の類）が置かれた。本章第三節で言及した一八〇七年の「文化露寇」、レザノフが部下のフヴォストフとダヴィドフに襲撃させた詰所のひとつがここである。そしてこの択捉島に駐在していたひとりが、後に樺太の調査と地図製作で知られることになる間宮林蔵（一七八〇～一八四四）であった。翌一八〇八年に間宮は、松前奉行調役下役元締・松田伝十郎（一七六九～一八四二）のアシスタントとして、樺太が半島なのか島なのか確かめるため、一緒に樺太＝サハリンに赴いた。松田が樺太の西沿岸を、間宮が東沿岸を辿ることにより、ふたりは樺太がひとつの独立した島であることを確認した。この海域を知り尽くしたと言われるクルーゼンシュテルンでさえ、一八二七年に出版した『太平洋地図』で、依然として樺太を半島として描いていたにもかかわらず（**図版5**）、である。

それでもまだ間宮は調査成果に満足しなかった。松田とは別に、一八〇九年に間宮は単独で、後に彼の名前を冠して呼ばれることになる間宮海峡（別名「間宮の瀬戸」、あるいは「タタール海峡」とも呼ばれる[78]）を渡り、樺太がサハリンと同一の島であり、半島ではなく、本当にアジア大陸とは分離していることを確かめ、長年にわたる地理学上の論争に終止符を打った。日本の領土を離れる危険を冒して――ただし奇妙なことに彼も幕府もこれを海外渡航の禁令を破ったとは考えていないようだ――、間宮はこれまでまったく情報のなかったアムール河口にまで到達した。間宮は樺太島とアムール河口の地図『黒龍江中之洲并天度』[79]を作成しただけでなく、樺太に関する二種類の旅行記を執筆している。そのひとつが十冊からなる『北夷分界余話』であり、もうひとつが黒龍江地域に関する三冊からなる『東韃地方紀行』である。これらの報告書と樺太島地図を間宮は一八一一年、江戸に戻ったのち、幕府に直接献上した。

間宮に関する文学的ドキュメンタリー作品について言えば、小説家・吉村昭が一九八七年に詳しい伝記『間宮林蔵』を発表したのを筆頭に、二〇〇二年には小説家・乾浩が、松田と間宮のふたりによる探検調査に取材した『北夷の海』を、さらにその後、間宮が単独で前人未到の海峡を渡った、恐れを知らぬ冒険を描いた『東韃への海路』を発表している。

さて、舞台を江戸に移そう。間宮の探検と同時期に、高橋至時の長男、高橋景保（以下、父と区別するため彼の名「景保」と記す）が江戸の幕府天文方責任者として、詳しい最新世界地図を作成するよう命じられた。この目的のため、語学の才能にも秀で、オランダ語だけでなく満州語も自在に操ることができた景保は、さまざまな旅行記や地理学書を収集し、相互に比較を行った[80]。たとえばドイツ人地理学者ヒューブナー（一六六八～一七五四）の『地理学大全 *Vollständige Geographie*』（ハンブルク、一七三六）オランダ語訳や同じくドイツの地理学者ビューシンク（一七二四～一七九三）の『新地球描写 *Neue Erdbeschreibung*』（全十巻、一七五四～九二）、オランダ人教育学者プリンセン（一七七七～一八五四）の『世界地理書 *Geographische Oefeningen; of Leerbork der Aaedrijkskunde*』をはじめ、さらには英語の書籍もふんだんに活用・参照した[81]。

一八〇八年前後から、景保は西欧の地理学書――もっともその大半は当然オランダ語の書物だったが――を使って、新世界地図作成プロジェクトに携わっていた。むろん同時にヨーロッパで刊行された地図にも目を通し、なかでも

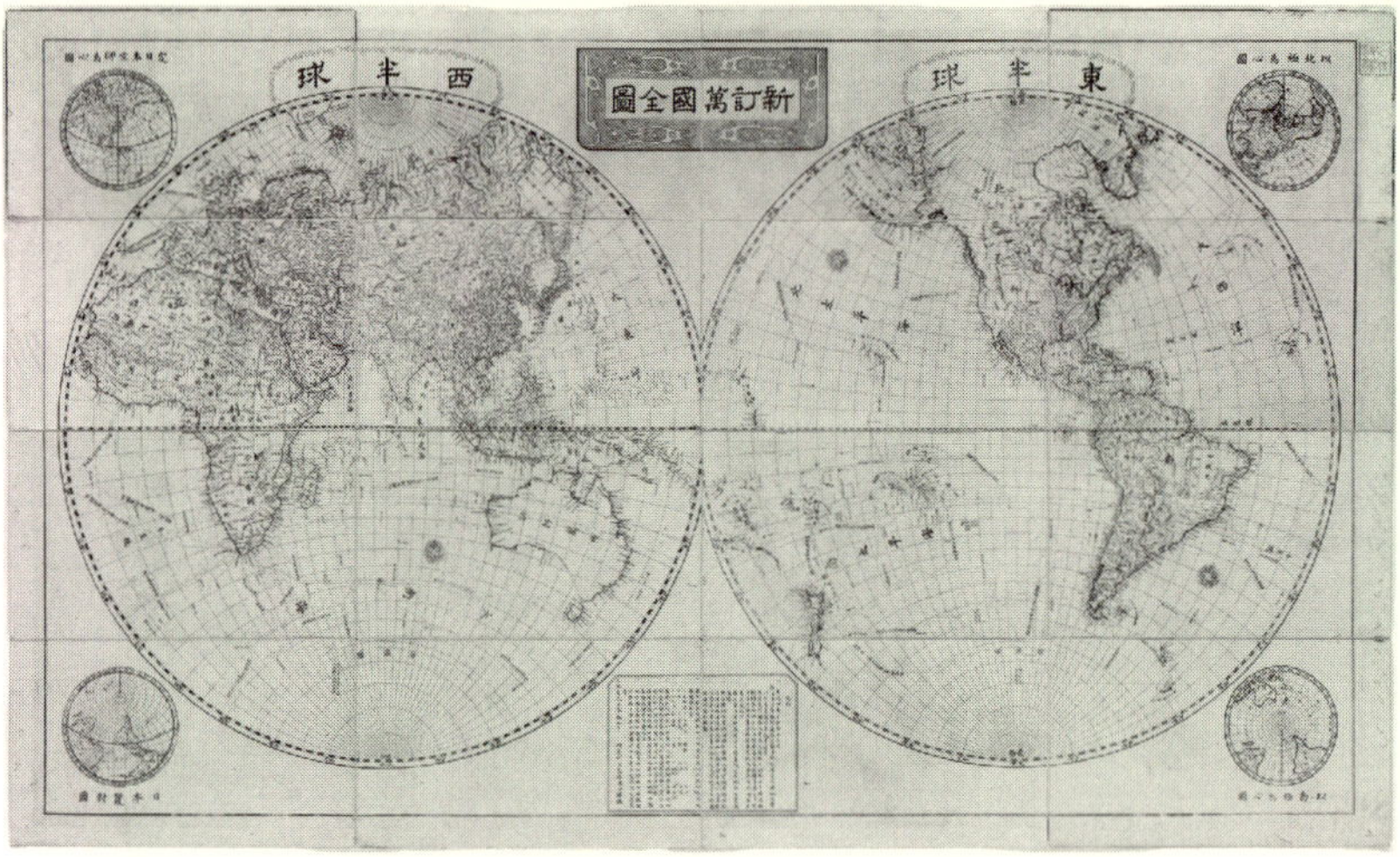

図版 10　高橋景保の『新訂万国全図』（1810 年）
下は日本近辺を拡大した一部
日本は地理学的に非常に正確に描かれていることがわかる
いずれも国立公文書館デジタルアーカイブより

ラ・ペルーズの『航海図 *Atlas du voyage de La Pérouse*』（一七九七年）および英国人地図制作者アロウスミス（一七五〇～一八二三）によるメルカトル図法を用いた『世界方図』（一七九〇年）[82]に注目していた。ちなみに後者、アロウスミスの『世界方図』はロシア海軍提督クルーゼンシュテルンが一八〇四年に日本にもたらしたものという。[83]そこで重要だったのは、「サハリンが島なのか半島なのか」だけでなく、「ヨーロッパ人たちにサハリンと呼ばれている島は、日本人の言う樺太島と同一のものなのか」という問いであった。景保は、中国及びヨーロッパで刊行された地図上のすべての地名・都市名をひとつひとつ丁寧に、蝦夷からの間宮の報告書にあったそれらと照合・比較した。

この文献比較研究の成果として景保が刊行したのが、『北夷考証』である。景保は自分が作成している世界地図に、間宮が測量を済ませて制作中の樺太地図を反映させようとしたが、その完成を待つことは叶わなかった。『新訂万国全図』を幕府に提出するのは一八一〇年が締切厳守となっていたからである。景保は自らの新世界地図を誇りにしていたが、地図完成後も、「樺太とサハリンは同一の島」という自説の証拠となる、サハリンを描いた新地図についての興味は尽きることがなかった。この学問的好奇心ゆえ、彼はシーボルトのかけた罠にやすやすとはまり込んでしまったのである。

シーボルトが来日したとき、前述した高橋景保、最上徳内、間宮林蔵の三名が、日本の北方地域の地理について、日本国内どころか、おそらく世界中で最も詳しい専門家であった。だが三名の間には非常に深い溝があった。景保が幕府天文方を束ねる名門家系、つまり将来を約束された生粋の天文学者であるのに対して、最上と間宮は貧しい農民階級出身で、その秀でた知性――それだけでなくもちろん並大抵でない努力と頑張りもあった――によって例外的な成人養子縁組によって士族階級に食い込んだ、いわば「叩き上げ」だった。武家の養子縁組自体は珍しいことではなかったが、異なる階級での縁組は例外的と言ってよい。生まれながらの出自が当然のように、すべての測量および地図作成の総指揮を執る景保に対して、ふたりがどうしようもない反感と嫉妬を感じたとしても不思議はない。彼らが過酷な現場で、命を賭して取り組み、測定してきた汗と涙の結晶であるデータは、江戸の天文方に吸い上げられ、当然総指揮官の地位にある景保の手柄になってしまうのだから。さらに最上と間宮は、測量作業と並行して、幕府の隠密としての役目も担っていた。

一八二六年四月十六日付の日記に、江戸参府途上のシーボルトは、何の邪推も抱かず、もっとも機密事項につきラテン語で、以下のように記している。当日、シーボルトは最上徳内と初めて知り合い、直接言葉を交わした。この時、七十歳を過ぎていた最上は、若いシーボルトと数学を話題の導入としつつ、「絶対口外しないというこれ以上ない堅い誓いを交わした上で unter dem heiligsten Siegel der Verschwiegenheit」外国人の目に絶対に触れてはならない、ご禁制の蝦夷と樺太の地図を示したのだった。[84] シーボルトにとって衝撃的だったのは、樺太が一瞬にして、ひとつの島であると判明したことだ。翌日、最上は年若い同僚・間宮を連れてシーボルトを再訪し、蝦夷、樺太、アイヌ民族などに関する地理学的情報を交換した。間宮は即座に、日本北部の地理学的関係の調査こそ、シーボルトの重要任務のひとつであることを見抜き、彼を前に非常に用心深く、慎重に振る舞ったようだ。対する最上は、シーボルトの江戸滞在中、自分のもつ知識を惜しみなく与え、シーボルトのアイヌ語研究にも手を貸していた。

続く一八二六年四月十八日、シーボルトは幕府天文方の長・高橋景保と面識を得る。シーボルトは景保を「グロピウス［地球］天文博士」という渾名で呼んだ。このあたりから、だいぶ人間関係の動きが活発になる。四月十九日には、最上がシーボルトを訪ね、間宮が作成した樺太とアムール河口の地図『黒龍江中之洲并天度』を示した。驚愕しつつ「どこでこんな機密地図を閲覧できるのか」と尋ねるシーボルトに、最上はさらりと殺し文句を吐いた。「将軍様の軍事図書館でございますよ、江戸城の紅葉山文庫でございます」、と。

だが、紅葉山文庫は外国人どころか、士族階級で城詰の役職者すら入室不可の最高機密ゾーンだ。しかし前日まみえたばかりの高橋景保こそ、最高機密文書を所蔵する軍事図書館「紅葉山文庫」の責任者だった。そして景保は今なお自分が作成した新世界地図が正しいことを裏づける学問的証拠を漁っていた。対するシーボルトは、彼のオランダからの特命任務を遂行するため、何が何でも詳細な日本地図を手に入れる必要があった。シーボルトは景保がヨーロッパで刊行された旅行記や地図、とりわけクルーゼンシュテルンが出版した最新地図に興味を持っていることを知っていた。だからこそクルーゼンシュテルンの地図付き『世界周航記』を素直に贈ることもできたのに、途方もない交換条件の品としてちらつかせたのである。すなわち「貴殿がお求めの書物を差し上げる代わりに、ご管轄されている禁制の将軍の軍事文庫に秘密裡に入館させていただけないか」という危険極まりない交渉だった。

紅葉山文庫への許可なき立ち入りは、即死罪と決まっていた。それを知りながら一八二六年五月一日、景保はシーボルトを密かに紅葉山文庫に案内した。その直後から、シーボルトは景保に紅葉山文庫で目にした重要な地図、特に『伊能図』（シーボルトの書簡ではドイツ語の「日本帝国図 *Karte vom Japanischen Reiche*」を短縮したK・V・Jとコードネーム化されている）の複製を要求する。むろん最重要機密のこの地図の複製をすることは、また即死罪の対象だった。シーボルトを通してクルーゼンシュテルンの地図はもちろん、さらにプラネタリウムや気圧計といった希少価値の高い実験・観測器具などを入手するため、景保は最終的にシーボルトの望みを叶えることを約束した。一八二八年にシーボルトが垂涎の『伊能図』複製を景保から受け取るまで、ふたりの間には、各自が背負う文化・科学の最高水準の知識の獲得をめぐって、命を賭した壮絶な駆け引き、互いに巧みに相手の精神にゆすぶりをかけるような、執拗で凄まじい頭脳戦が繰り広げられた。

一八二六年五月十五日、長崎に帰るシーボルトに別れを告げに最上が現れ、小田原まで三日間の道のりを同行すると申し出る。最上は七十二歳、すでに高齢だった（**図版11**参照）。シーボルトは見返りを求めない親切な最上に対して、景保のような交渉を持ち出すわけにはいかなかった。だがここで最

図版11　川原慶賀が描いた最上徳内の肖像画
シーボルト『日本』所収
HAAB所蔵（Sig.:Vitr 2: 1 in einer Mappe),
KSWの許可による

上の研究者としての本性が顕れる。年下同僚・間宮へのライバル意識もあった彼は、自分の地図コレクションから、樺太と蝦夷についての主要地図を餞別の品としてシーボルトに贈ったのだ。むろんこの地図がもつ軍事的・政治的意味から、第三者しかも外国人の手に渡すなど言語道断、これも即刻死罪確定の重罪であるとわきまえた上でのことである。老獪な最上は、シーボルトにふたつの条件を出すことを忘れなかった。

一、手渡した地図類は、今後二十五年間一切公開せず、また公開の際は「最上徳内」の名を明示すること。
二、間宮林蔵の研究成果より、私・最上のそれを優先的に発表すること。

たったふたつの条件だが、最上の地理学者としての功名心、これまた凄まじい気迫やプライドが端的に現れている。四半世紀後、シーボルトがヨーロッパに自分の業績を紹介する頃、自分はすでにこの世にはいないだろう。それでよい、自分の研究成果さえ残れば――！　しかし自分の研究が、若輩者の研究成果にかすむことは許さぬ――！

餞別の品には、間宮作成の地図『黒龍江中之洲并天度』も含まれていたが、それにわざわざ最上自身が、「間宮による原画である」と明記（極書）までする用意周到さだった。シーボルトは最上の出したふたつの条件を守ることを厳格に誓い、約束通り、最上の資料は二十五年が過ぎるまで一切、公開しなかった。

長崎での日本滞在がほぼ終わりに近づいた一八二八年二月十五日、シーボルトは間宮に短い別れの挨拶を手紙で送った。この書簡でシーボルトは、間宮に江戸でたった一度しか会えなくて残念だったと記すとともに、オランダに戻ったら間宮にぜひ外国の地図をお送りしたい、と綴った。そして追伸に、もしよろしければ蝦夷の珍しい植物の乾燥標本を送付いただけないか、と頼んだのだった。シーボルトが深く考えず、景保経由で間宮に送った送別の挨拶が、件の「シーボルト事件」の引き金になった。このシーボルトからの書簡を、間宮は開封することなく、景保が禁を破って外国人と個人的に手紙や品物を交換している証拠の品として、勘定奉行に届け出た。開封したら、間宮が禁じら

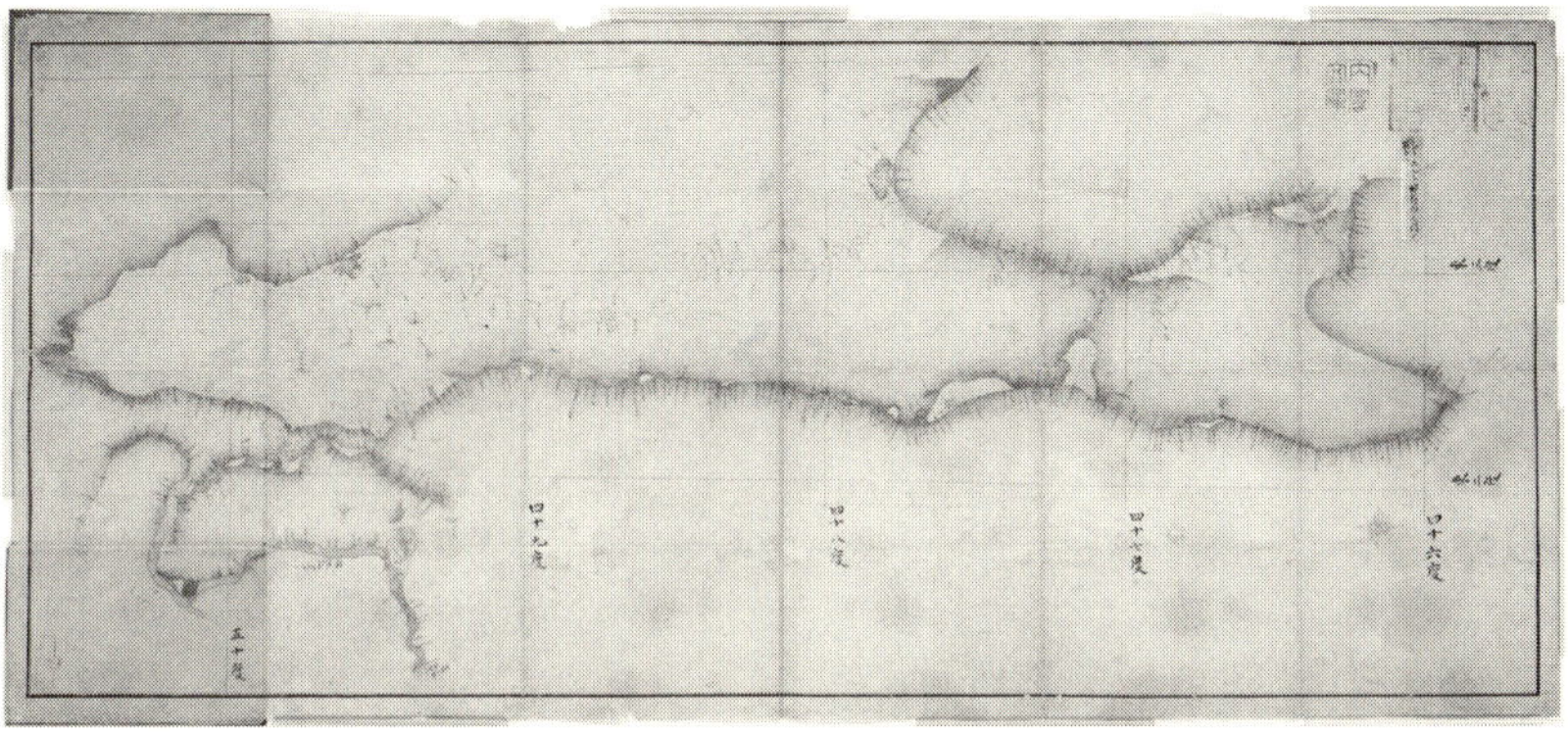

図版 12 『カラフト島図』（1829年にシーボルトより没収）
『黒龍江中之洲并天度』はオランダ・ライデン大学が所蔵しているが，こちらは旧内閣文庫所蔵で，かつ所蔵印下に「シーボルト所持品之内より取上候」の付箋付．国立公文書館デジタルアーカイブより

れている「外国人との個人的接触」を行ったことになり、そうなると景保と自分も同罪になってしまうからだ。そもそも入国時から日本側には、シーボルトが生粋のオランダ人ではないという嫌疑があり、その間に彼の出自すなわちドイツ人であることは見抜かれていたし、学問研究はスパイ活動を円滑に行うための道具であることも分かっていたので、すぐにシーボルトは自宅謹慎を命じられた。彼と交誼のあった少なからぬ日本人天文学者や役人たち、特に欧米言語の知識を持つがゆえに地理学および天文学の研究に従事していた人々が捕縛された。計五十五人の日本人関係者が、江戸から終生追放されたり、自害を命じられたり、絞首刑にされるなど、厳重に処罰された。それだけでも十分悲劇だが、この処罰執行により、厳密な意味での三角測量を使わずして、これほど精密で高度な『伊能図』を作り上げた技術と知識が、彼らの死とともに葬り去られてしまい、二度と再現できなくなったという学問的喪失の大きさも、筆舌に尽くしがたい惨事だった。だがこのシーボルト事件により、江戸幕府は当初の目的を遂げた。すでに八十を超え引退した身で、将軍の義理の父でもある元薩摩藩主・島津重豪は、外国人商人と堂々と接触し、密貿易（抜け荷）を行っていた。やりたい放題の義父・島津と薩摩藩をこの機に押さえつけ、海外との貿易ルートを再び幕府の厳格な管理下に置き、ついでにヨーロッパの知識を身につけた洋学者たちを制圧することを、時の将軍・徳川家斉

は意図していたのだった。[85] 一八二八年三月二十二日、景保が獄中で急死すると、シーボルトに対する厳しい拘束はあっという間に緩められた。そしてシーボルトが入手したご禁制の地図コレクションは、すでに引っ越し荷物として船に積み込まれ、幕府が手出しできない、安全なところにあった。一八二九年十月二十二日にシーボルトは江戸幕府から永久追放の沙汰を受け、彼の名を冠した事件の本当の意味での、複雑極まりない政治背景をおそらくよく理解できないまま、その年の瀬に長崎を去ったのだった。

オランダ帰還後、シーボルトはさっそく、総合研究成果としての『日本 *Nippon*』および『日本文献史 *Bibliotheca Japonica*』、さらに自然科学関連の『日本動物誌 *Fauna Japonica*』及び『日本植物誌 *Flora Japonica*』の執筆に着手した。日本研究をまとめて出版する資金を獲得するため、一八三四年から翌年にかけて、彼はまずサンクトペテルブルク、モスクワ、ベルリン、ドレスデン、ウィーン、ミュンヒェン、ヴァイマルなどヨーロッパの主だった宮廷を行脚し、経済的支援を求めた。

サンクトペテルブルクでシーボルトはロシア総督クルーゼンシュテルンに、日本から持ち帰った最上徳内・間宮林蔵・高橋景保らの最新研究成果を反映した樺太島図を提示した。間宮の地図を前に、クルーゼンシュテルンは即座にそれまで樺太を半島と見なしていた自分の誤りに気づき、かの台詞「日本人、我に勝てり! Les Japonais m'ont vaincu!」[86]と叫んだのはとみに有名である。伊能、最上、間宮、景保といった日本の天文学者と地理学者の努力の結晶であるこの地図を前に、クルーゼンシュテルンはその卓越した測量技術を認め、地図の出版を急ぐよう勧めた。シーボルト宛にクルーゼンシュテルンはサンクトペテルブルクから一八三四年十月十二日付で下記のような書簡を送っている。

貴殿がお持ちになった地図を隅々まで分析したわけではありませんが、我々ヨーロッパ人、すなわち名のある航海探検者が綿密な調査のもとに作成した地図と比較しても、あれほど有効な地図はありますまい。我々の地図にあるような海岸線の配置とその詳細な描写だけでなく、経緯度も見事に一致しており、日本人が天文学領域でいかに進歩を遂げているかを我々に示す興味深い証拠となります。［一枚目より］

この地図上のそこかしこに認められる、ヨーロッパ人の航海探検者のそれと比較し得る卓越した精度から、現在までヨーロッパ人航海者によって調査されていない海岸線が、同水準の正確さで描かれていることはおそらく確実と思える。となればまだ未調査の海域である空白を、貴殿の地図が一挙に埋めてくれることになりましょう。［三枚目より］(87)

クルーゼンシュテルンは大興奮で、一刻も早く日本地図を公表するよう迫ったが、シーボルトは名誉欲に溺れはしなかった。おそらく彼は日本における彼の元同僚や家族たちが辿った過酷な運命を耳にしていたろう。少なくとも高橋景保の獄死は知っていたはずだ。まだ辛うじて難を逃れ、生き残っている同僚や友人にこれ以上の迷惑をかけないため、より慎重を期した可能性は高い(88)。

一八四〇年にシーボルトは正確な日本地図『日本人の原図および天体観測に基づく日本国図』をクルーゼンシュテルンへの献辞入りで刊行した。次節でヴァイマル公国との関係であらためて言及するが、シーボルトは本地図の作成にあたって、彼が一八二六年に江戸城紅葉山文庫で閲覧し、その複製を高橋景保から入手した『伊能図』を積極的に用いた。ただし最も重要な北海道と樺太の地図については、手もとにあったにもかかわらず、そのどちらも描かせなかった。最上との約束を守り、シーボルトはようやく一八五一年になってから、完全な日本の陸・海図(89)を刊行した。ロシアの東アジア政策にとって、シーボルトの北日本に関する地理的知識は非常に重要な価値があった。一八五三年以降、シーボルトはロシア政府の東アジア政策に顧問としてさまざまな助言を与えている(90)。

五　アンナ・アマーリア公妃図書館所蔵の二枚のシーボルト図
ザクセン＝ヴァイマル＝アイゼナハ大公国の日本への飽くなき関心

シーボルトの主著にして大著『日本』[91]には海図や地図が掲載されてはいるものの、前述した外交的・政治的配慮のため、彼が『日本アトラス』で十六枚の主要な地図および海図を公表・出版したのはようやく一八五一〜五二年になってからだった。[92]ちなみに『アトラス』の長い正式名称は、『昨今の発見による日本人の原画および天体観測に基づく大日本帝国およびその近隣・保護諸国、クリル＝千島列島、樺太、蝦夷、高麗、琉球諸島の陸・海地図帳［アトラス］』という。

だが別途シーボルトは、早くも一八四〇年に『日本人の原図および天体観測に基づく日本国図』（以下、『原図日本国図』と略す）[93]を作らせ、「ロシア帝国総督クルーゼンシュテルン閣下に、尊敬と感謝をこめて」という献辞を添え、枚数限定で印刷していた。タイトルが示す通り、下図となったのは、むろん高橋景保が秘密裏にシーボルトに複製を許したあの『伊能図』である。シーボルトの『原図日本国図』は幅七五センチメートル、高さ五八センチメートル（縮尺は約二二〇万分の一）で、伊能忠敬の原図を縮小し、海岸線は青、各藩の境は赤で控えめに示されている。この意味で本図は、正確で信頼に足る日本の海岸線を最初にヨーロッパに示した地図とも言える。おそらく意図的に、北海道（当時の蝦夷）とサハリン／樺太島が描かれていない。しかし左上には本州と連結する東北地方の地図が、そして右下には一八二八年にシーボルト自身が禁を犯して測量した――日本人通訳は作業を理解しつつも好意的に黙認した――長崎湾図（*De Baai van Nagasaki*）が添えられている（**口絵図版12**）。

この地図の出来栄えにシーボルトはとても満足し、自慢に思っていた。たとえば一八四一年十月十三日付の、マイニンゲン公図書館司書でメルヒェン収集家でもあるルートヴィヒ・ベヒシュタイン宛書簡に、彼は「これ以上良い日本国の地図は出版されないだろうと憚りなく言える」[94]と書いた。それでも政治的・外交的理由からまだ慎重に振舞っていたので、おそらくごく少数枚しか印刷させなかったのだろう。だいたい『日本アトラス』が付随している彼の主著『日本』ですら、初版は六〇部のみで、だからこそ現在、コレクター垂涎の稀覯本のひとつになっているのだ[95]。

実際、ドイツ国内の主要図書館を対象に検索しても、現在、この『原図日本地図』を所蔵している図書館は皆無に近い。かつてクルーゼンシュテルンがカール・アウグスト大公に彼の日本地図を捧げたことはすでに述べたので、その関連からヴァイマルのアンナ・アマーリア公妃図書館が、シーボルトがクルーゼンシュテルンに献じた貴重な『原図日本国図』オリジナルを一枚所蔵していたとしてもさほど不思議には思えないかもしれない。だが、こんな貴重な地図を二枚も所蔵しているとなると話は別だ！

一枚目の地図（現在の資料番号 Kt 055-24E）は、地図コレクション目録（Loc A: 115）にも分類番号があり、「Ja 2: 18」となっている。実は地図の裏面に記されている後者のほうが古い請求番号で、同時にそれはもともとの所蔵が、城の塔にあったヴァイマル公軍事文庫の地図コレクションであったことを示す。もっともかつて献呈されたカール・アウグスト大公は、鬼籍の人となってすでに久しかったから、彼の義理の娘にあたるマリア・パヴロフナ大公妃がこの地図の取得に関係しているのではないか、と当初、筆者は推測した。彼女の実父はロシア皇帝パーヴェル一世で、ロシア関係なら自然なりゆきとも思える。しかし奇妙なことに、一八五〇年まで手書きで増補されていた彼女の外国語書を含む『ザクセン＝ヴァイマル＝アイゼナハ大公妃蔵書カタログ[96]』には記録がない。となるとこちら義父にあたるカール・アウグスト大公亡き後、貴重な地図コレクションを引き継いでいたマリア・パヴロフナ大公妃とは無関係の地図ということになる。さらに二枚目の地図（請求番号 Kt 055-29E）には古い請求番号はなく、よってコレクション目録を読んでも、これがどういう経路でいつヴァイマルの図書館に入ってきたのか不明である。

前者の旧軍事文庫所蔵の地図があることから、ヴァイマル大公家メンバーの誰かが、シーボルトのヴァイマル訪問時にこの地図を予約注文した可能性が導き出せる。というのもアンナ・アマーリア公妃図書館は他のシーボルトの稀覯本、すなわち『日本』にせよ『日本アトラス』にせよ、いずれも「二重に」所有しているからだ。だが、そうなると第二の疑問が浮かぶ。「マリア・パヴロフナ大公妃以外に、いったいヴァイマル公家のメンバーの誰が、日本に興味を抱いたのだろう?」、と。この疑問に対する答えになりうるのが、シーボルトの長男アレクサンダー（一八四六〜一九一一）とカール・アウグスト公の孫であるザクセン＝ヴァイマル＝アイゼナハ大公アレクサンダー（一八一八〜一九〇一）が緊密なコンタクトをとっており、しかも後者が日本に大層興味・関心を抱いていたという事実である。

前者アレクサンダー・フォン・シーボルトは、弱冠十二歳で、父の二度目の来日に同行して、[97]二年にわたる長崎滞在中に日本語と日本語に必要な漢字を習得した。その後、一八六一年冬から父と横浜に移った際、アレクサンダーは日本語能力をかわれて、在日イギリス公使館に職を得た。父フィリップ・フランツがドイツに帰国した後も彼は日本に残り、一八六二〜七〇年までイギリス公使館の専門通訳・翻訳官として勤務し、日本の近代化を直接体験した。そして江戸時代最後の一八六七年、第十五代にして最後の将軍、徳川慶喜（一八三七〜一九一三、在職期間一八六七〜六八）は、パリでの万国博覧会（Exposition universelle d'Art et d'industrie）に初めて日本が参加した折、当時まだ十四歳の少年だった弟、徳川昭武（一八五三〜一九一〇）をヨーロッパに派遣した。このまだ初々しい徳川のプリンスに通訳としてお供し、数カ月にわたるパリ滞在ののち、ベルン、ウィーン、ブリュッセル、デン・ハーグ、フィレンツェ、ロンドンといったヨーロッパの主要都市に一行を案内したのが、他ならぬアレクサンダー・フォン・シーボルトだった。しかしこの欧州旅行中の一八六八年、約二七〇年間続いた徳川将軍の時代は終わり、明治維新を迎え、天皇による新たな統治形式が始まった。アレクサンダーは、引き続き日本との外交関係を維持することに努め、たとえばいわゆる岩倉使節団（一八七一〜七三）派遣の折は、正使の岩倉具視（一八二五〜八三）と副使の伊藤博文（一八四九〜一九〇九）を筆頭とする一行に付き添い、ローマからウィーンまで案内している。そして興味深いことに、ちょうどこの時期にザクセン＝ヴァイマル＝アイゼナハ大公カール・アレクサンダーの名前が、アレクサンダー・フォン・シーボルトとの書簡に初めて登場するのである。[98]

ヴァイマル大公カール・アレクサンダーの名が初めて登場するのは、一八七四年七月二日付の枢密顧問官兼侍従さらに「式部長官」あるいは古い言い方なら「主馬頭」も務めるヴェーデル伯爵（一八三五～一九〇八）がシーボルトに宛てた礼状である。ここでヴェーデルは、大公が先にシーボルトが贈った日本の武具コレクションを大公博物館の展示物に認可したことを伝え、丁重な礼を述べている。しかし書簡集の注釈には「アレクサンダー・フォン・シーボルトの日記にも回想録にも、いつから彼が大公と面識があり、なぜ彼あるいは日本人がヴァイマル宮廷とかくも親しい関係を持つに至ったのか、はっきりしない」と書かれている。(99) 確かにカール・アレクサンダー大公は、(100) 総じて外国の文化や社会に関心を示していたが、「彼の日本に対する格段の興味は、もしかすると彼と姻戚関係にある［鎖国時代から日本と通商のあった］オランダ王室との関係から説明できるのかもしれない」(101) という。確かに大公妃は、彼の従妹にしてオランダ王ウィリアム二世の娘ゾフィー・フォン・オラニエン゠ナッサウ王女（一八二九～九七）(102) であり、そのオランダ国王ウィリアム二世の母アンナ・パヴロフナは名前からも想像できるように、カール・アレクサンダーの母マリア・パヴロフナと実の姉妹であった。

一八七四年以来、アレクサンダー・フォン・シーボルトがヴァイマル宮廷と緊密な連絡をとっていたことは、数々の証拠資料から明らかである。折に触れてシーボルトは、書簡で日本の状況——たとえば議会改革や博愛社（のちに日本赤十字社に発展）の創設、あるいは東京に建設されたドイツ教会のことや西日本で起きた濃尾地震(103) の惨状など——を伝えている。シーボルトの母ヘレーネが一八七七年三月一日にヴィースバーデンで死去したという訃報を受けて、長男である彼は相続を含む財産整理と法律的に必要な手続きを行うべく帰国し、しばらく欧州に留まることにした。この機会にどうやら彼はヴァイマルを訪れ、日本について、また日本とロシアの関係について詳しく報告を行ったらしい。(104) 里帰り期間もシーボルトは、たとえば一八七八年、のちの内閣総理大臣で当時はパリ万国博覧会副総裁としてヨーロッパに派遣された松方正義（一八三五～一九二四）の欧州旅行に同行している。一八七九年にはベルリン日本公使館付非常勤書記官に任命された。さらにプロイセン王国兼ドイツ帝国首相ビスマルク侯爵の日本に対する理解と関心を得るべく、青木周蔵（一八四四～一九一四）がドイツに派遣された。なお、青木は日本の三角測量史において重要な役割を果たした人物でもあり、次章であらためて詳述するので、ここでは彼がヴァイマル大公と個人的コンタクトを持っていたことを指摘するだけにとどめたい。青木も当然シーボルトと交流があり、一八九二年十月十二日付書簡で自分がヴァイマル大公夫妻の金婚式に列席したこと、そしてカール・アレクサンダー大公が日本天皇の使者を迎えて喜ばれた旨、シーボルトに書き送っている(105)。

後にヴァイマル大公カール・アレクサンダーは、アレクサンダー・フォン・シーボルトとともに日本とオランダ王国間の外交的仲介に尽力することになる。それよりも注目すべきは、大公が比較的早い時期から明確な意図をもって、日本人奨学生のサポートを計画していた事実である。一八七六年初頭に彼はシーボルトに未来の日本人奨学生の留学参考資料として、『イェーナおよびアイゼナハ両大学講義要覧 *Lections-Cataloge von Jena und Eisenach*』を送った。翌七七年夏にヴァイマルは、待望の初の日本人奨学生、唐崎五郎(一八六〇〜八三)(106)を迎えた。詳細は不明だが、どうやら唐崎は東京の私立学校でドイツ語を学んでいる時、シーボルトと直接知己を得たようだ。彼はアレクサンダー・フォン・シーボルトと一緒に渡欧し、一八七七年秋から七九年夏までの二年間計四学期、イェーナ大学で法学を学んだ。またイェーナでの学業開始前にはシーボルトの義父、マックス・フォン・ウルム＝エルバッハ男爵家の客として、エルバッハ城ですばらしい夏を過ごしたらしい。当初、唐崎はイェーナに五年間留学の予定であったが、健康上の理由から予定の半分もしないうちに滞在を打ち切らなければならなくなり、日本に帰国した。帰国後、ドイツで吸収してきた学問を実践することができないまま、一八八三年にまだ二十代前半で、唐崎は肺結核のため夭折した。

一八九〇年四月六日付書簡で、大公はシーボルトに対して「日本政府がイェーナ大学で学ぶ日本人学生のために奨学基金を開設してほしい(107)」という希望を書き送ったが、残念ながら実現しなかった。日本人学生への公的奨学金支給は実現に至らなかったものの、上村の調査によれば(108)、一八六八年から一九一二年の間にイェーナで学んだ日本人は六十一名を数えるという。この一部の者たちは帰国後、日本の近代化に重要かつ指導的な役割を果たした。

なぜヴァイマルのアンナ・アマーリア公妃図書館が現在、日本に関する希少価値の高い多くの一次文献(原書)とともに、それ以上に珍しく、世界に数えるほどしかないシーボルトの『原図日本国図』を、それも二枚も所蔵しているのか。二枚目については、当時のジャポニズムが影響していたのかもしれないが、残念ながらこの疑問に、筆者は今もって正当な理由を見いだせずにいる。だが、理由はわからなくとも、日本人ゲーテ研究者である著者にとって、この繰り返し認められる、地理的に遠く離れたドイツのザクセン＝ヴァイマル＝アイゼナハ公国と日本が互いに引きあう、不思議な〈親和力〉は非常に興味深く、また注目すべき現象と思われる。

さて、最後の第五章では、これまでほぼ完全に忘れ去られていた、しかし非常に緊密な日本とプロイセン＝ドイツ間の結びつきを、測量技術すなわち三角測量の視点から再構築しよう。

第五章　日本におけるプロイセン式三角測量

一　日本の三角測量の基礎を築いた田坂大尉

1　プロイセンに留学した日本人将校たち　第一次世界大戦まで

地球の真の姿を追求する旅も、終りが近づいてきた。本章では、一九〇〇年頃の国土測量と軍隊、特に陸軍との関係を扱いながら、日独間の学術的な結びつきについても明らかにしたい。たとえばヨーロッパでは、ドイツがフランスから測地学の主導権を奪取したが、それに呼応するように、日本でも製図技術がフランス式からドイツ式に移行したことは注目に値する。(1)

一八六八年の大政奉還と王政復古の大号令で始まったいわゆる明治維新で、天皇を中心とする新しい政府が成立した。同時に日本の三角測量の歴史が始まる。この関連において、伊能忠敬の『大日本沿海輿地全図』を想い起こしていただきたい。伊能はもともと地球の真の形状と経緯度測量に関心があり、一八〇〇年以来、徒歩で日本中を測量して回った。つまり日本の全海岸線に沿って、約四万キロメートルを踏破した。十七年後、彼が古希を迎えるのと同時に全測量プロジェクトが完了し、正確に美しく彩色された『大日本沿海輿地全図』が出来上がった。伊能は、測量作業に天体観測データを積極的に活用したが、これは本来の意味での三角測量ではなかった。[2] しかも『伊能図』は、幕府の重要機密書類のひとつに数えられ、決して第三者の手に渡ってはならないものだった。

もっとも『伊能図』は海岸線が主体で、内陸部の情報はまったく記載されていなかったから、所詮庶民が使える代物ではなかった。明治初期まで長く使われたのは、むしろ主要街道を描写した長久保赤水（一七一七～一八〇一）の『改正日本輿地路程全図』（一七七九年、縮尺は一寸十里、すなわち約一二九万六〇〇〇分の一）[3] だった。ちなみに同地図は、経緯度線が引かれた本邦初の地図としても知られているが、こちら近代測量に不可欠な投影技法を使ったわけではなく、長久保が文献資料をもとに方格線を書き込んだ、つまり学術的に見せる工夫を施したというのが真相らしい。[4]

ところで江戸幕府は、徳川の治世終盤に、軍事顧問として遠くフランスからフランス人将校を招聘していた。明治政府も当初はフランス軍事組織を手本とする方針だった。このため一八六七年には、明治政府の要望に応じる形でフランス皇帝ナポレオン三世からフランス軍事顧問団が派遣された。しかしその後一八七三年三月には岩倉使節団が、[5] 当時ドイツ・ルール工業地帯で目覚ましい発展を遂げていた鉄鋼業製造会社クルップ社を見学した。それから使節団は、ベルリンでドイツ帝国首相ビスマルク侯爵と「近代ドイツ陸軍の父」と呼ばれるプロイセン参謀総長モルトケ伯爵（大モルトケとも呼ばれる。一八〇〇～九一）と謁見し、「国家の基盤安定と信用獲得には、強い軍隊がいかに重要か」[6] を痛感させられたのだった。

これより遡ること一八七〇年に、すでに第一期生の日本人将校たちが、ドイツでの軍事および民間訓練のために海を渡った。同じ一八七〇年初めの普仏戦争勃発直前、「近代日本国軍の父」と称されることの多い山縣有朋（一八三八～一九二二）がちょうどベルリンに滞在しており、テンペルホーフでのプロイセン軍大演習を見学している。この経験は山縣に生涯消すことのできない強い印象を与えたらしく、以後、彼は事あるごとに日本はドイツ式軍事訓練を導入すべきだと強く訴えた。[7] 続いて一八七〇年八月～七三年十月まで、桂太郎（一八四八～一九一三）[8] が、最初は他の日本人将校たちとともに、ベルリンで主に軍事組織論を学んだ。次いで一八七五年三月から七八年七月まで、再度ベルリンに、今度は駐在武官（軍事アタッシェ）として滞在し、研鑽を積んだ。帰国後、桂は陸軍組織改革に着手し、ドイツを手本に、正規の参謀本部を設置した。[9] ちなみに初代陸軍参謀長は山縣である。一連の経緯は、後に日本人がしばしば「東アジアのプロイセン人」と渾名されたこと、またドイツ語が一八八〇年代終わり頃まで、日本人将校の第一必修外国語であったこととも符合する。[10]

さて明治維新後、実測図のみを〈地図〉と呼ぶようになると、『伊能図』をベースにした官製地図の刊行と並行して、まず東京で、三角測量による実測が試みられた。むろん試行錯誤の段階で、組織的でもなければ、徹底的な測量でもない。一八七九年十二月、陸軍参謀本部測量課長に陸軍士官学校教員だった小菅智淵（一八三二〜八八）工兵少佐が着任し、上級（あるいは高等：ドイツ語では hoch の比較級 höher を使う）および下級（あるいは下等：こちらもドイツ語比較級 niederer を使う）測地学をもとに、全国測量実施を目論んだ。[11] この「上級」および「下級」測地学という用語に関しては、『測地学 *Geodäsie*』（ミュンヒェン、一八一六年刊行）教科書の執筆者シュペートが、その区別を以下のように定義している。上級測地学（あるいは大地測量）とは、地球の形状や大きさを決める学問であり、地球表面を地理学的に測り、そこから地図を構想するもの、一言で言うなら三角測量による地球計測を指す。これに対して下級測地学（あるいは小地測量）は、細分測量による区画測量のことを言う、と。[12] つまり小菅は当初から通常の区画測量だけではなく、三角測量を用いた地球測量の実施を計画していたのだ。彼の起草した文書『全国測量一般の意見』には、「忠敬死して之を継ぐものなく其の他内地各藩の図ありと雖も看るに足るものなし」[13] という一文がある。伊能忠敬に倣って十年で全国三角測量を完遂してみせる、それも十万分の一、および二万分の一

小菅智淵
『測量・地図百年史』日本測量協会（1970年）の口絵より
出典：国土地理院技術資料

の製図作成という強い意気込みが表明されている。しかし申請額がとにかく大きすぎた。何しろ三角測量を二〇班、細分測量六〇〇班という規模で計一千万円を要求したのだ。周囲が和装の時代で、エリート官僚だけが着用した英国製の高級布地を使ったオーダーメイドの背広が十七円余（明治初年[14]）した頃に、である。

いくら近代軍事国家に必要不可欠な地図だといっても、そんな巨額の経費は捻出できず、明治政府は小菅の申請を却下した。そこで小菅は大幅に経費を削り（一年につき二〇万円の申請額）、三角測量に三班、細分測量に四八班という小規模構成による第二の計画書『全国測量速成意見』をまとめ、再申請した。すなわち小菅は「正規の三角測量」を断念し、「迅速測図」に方向転換したのだ。

三角測量は、全国を網羅する統一的に整備された基準点を用いる。迅速測図でも基線を設け、三角網を用いるが、適用するのは特定の土地区分に限る。別名「図根測量」とも呼ばれるやり方で、目測・歩測・鎖なども使うが、誤差は正式な三角測量よりも大きくならざるをえない。そんな欠点には目をつぶり、とにかく経費を最小限に抑えた小菅の『全国測量速成意見』は採択され、一八八〇～八六年まで関東平野一五、六〇〇平方キロメートルを対象に簡易的な測量が実施された。だが途中、試みに行った正規の三角測量データと突き合わせてみると、一五〇メートルもの誤差が生じていることが発覚し、莫大な経費がかかるにせよ、正確な三角測量の必要性が強く意識されるようになった[15]。

ともあれ小菅指揮下の迅速測量の成果として、フランス式に彩色を施された『迅速測図』（縮尺二万分の一、正式名は陸軍参謀本部『第一軍管地方二万分一迅速測図』）が出来上がった。現在、国土地理院が所有する原画の複製は、『明治前期測量　二万分一フランス式彩色地図』（日本地図センター）としてつくば市の「地図と測量の科学館」などで比較的簡単に入手することができる。その美しさがインテリアとしても評価され、これを根っからの地図好きはもちろん、室内装飾用に購入する人が後を絶たないという。筆者も「地図と測量の科学館」でレプリカを入手したのだが、彩色地図の美しさはもちろん、その枠外に繊細なタッチで描かれた対象地域の名所旧跡の挿絵にも否応なしに目をひかれる。言い換えれば、地図に不可欠な実用性だけでなく、芸術的価値も高い作品なのだ。専門用語では「視図」と呼び、当該地域の代表的点景を指すものだが、よくよく見ると観光名所だけではなく、軍事作戦上重要な橋梁や軍事行動に必要な目標物も描かれている。[16] 制作者は、かつて一八六八年に静岡藩に創設された幕府沼津兵学校（校長は西周）の画学教師を務めていた川上冬崖（一八二七〜八一）[17] だった。川上は、日本に西洋式絵画技術をもたらしたひとりと言われている。このいわゆる『フランス式彩色地図』は約一〇〇〇枚から成り、日本の近代地図製作技術の粋を示す。[18] しかし当然ながら、経緯線が書き込まれておらず、正確さにも著しく欠ける。

しかし美しく彩色されたフランス式地図は、普仏戦争におけるプロイセン勝利を機に、白黒印刷のモノトーンの面白みのないプロイセン式地図にあっという間に凌駕され、駆逐されてしまう。当のドイツ、すなわちプロイセン陸軍参謀本部では、ちょうど一八六八年から七三年の間に縮尺二万五千分の一、一七五枚からなる、白黒の『プロイセン平板測量原図 Urmesstischblätter』が作成されていた。

そして日本では、フランス式からドイツ式地図への移行期にあたる一八八一年、今なお謎に包まれた不可解な事件、いわゆる「地図密売事件」が発生する。[19]『伊能図』をめぐるシーボルト事件同様、どうも腑に落ちない事件なのだが、間接的な発端は一八八七年末、桂太郎がドイツから帰国し、参謀局が参謀本部と改称されたあたりから始まるという。この時、それまで参謀局地図課長、すなわち『フランス式彩色地図』の最高責任者を務めていた木村信卿《のぶあき》（一八四〇〜八七）が解任された。背景にはフランス式製図法を修得した旧幕臣出身の文官と最新プロイセン式測量技術を学んだ武官の対立があると言われるが、いずれにせよ「清国公使館に軍事情報が描かれた日本地図を売り渡した」というかどで、フランス式彩色地図に関与した技術者・文官が次々に自殺・変死した。前述の川上冬崖も、一八八一年五月三日、熱海の宿で「体を朱色の絵の具で染め」、奇怪な自殺を遂げた。結局これは旧幕臣勢力排除のための明治政府派によるでっちあげだった、という見方が現在では濃厚である。だがスケープゴートとなったのは、シーボルト事件の時と同様に、高度な知識・技術を有する文官たちであった。フランス譲りの豊かで繊細な彩色技法、山本の言葉を借りるならフランス式彩色地図が持っていた〈かきたてるもの〉は、彼らの命とともに犠牲になり、永遠に失われてしまったのだった。

2　ドイツにおける田坂虎之助の足跡　公文書調査から判明したこと

フランス彩色技法派が一掃された直後の一八八二年、ドイツ・ベルリンで軍事学と測地学を学んだ陸軍大尉の田坂虎之助（一八五〇〜一九一九）が帰国する。興味深いのは田坂の肩書で、本書の第二章で紹介したゲーテの『親和力』に登場したオットー同様、応用数学、もっと具体的に言えば測地学に携わる田坂もまた大尉だった。[20] しかし今回は、フィクションの小説登場人物ではなく——もっともその歴史的モデルは実在するミュフリング大尉だったわけだが——、ドイツに留学していた実在人物である。帰国後、田坂はそれまで日本で主流だったフランス式の地図製作法を一蹴し、最新のドイツ式製図方法を導入するとともに、日本の三角網を組織した。この意味で田坂は、プロイセンにおけるミュフリング大尉と類似の役割を実際に担ったことになる。しかし田坂のドイツでの足取りを追うのは、ミュフリング以上に難航した。以下、彼の足取りをたどる作業を文章で再現してみたく、少しおつき合いいただきたい。

明治初期にドイツ留学した日本人将校を知る手がかりとしては、主として次のふたつの資料がある。

一、Rauck, Michael: *Japanese in the German Language and Cultural Area, 1865-1914.*（ラウク著『ドイツ語ドイツ文化圏における日本人』、英文リスト）Tokio (Tokyo Metropolitan University Economic Society) 1994.

二、Rudolf Hartmann: *Japanische Offiziere im Deutschen Kaiserreich, 1870-1914.*（ハルトマン著『ドイツ帝国時代の日本人将校』、ドイツ語リスト）In: *Japonica Humboldtiana. Yearbook of the Mori Ôgai Memorial Hall. Berlin Humboldt Universität*, Bd. 11 (2007), Wiesbaden (Harrassowitz) 2008, S. 93-158.

しかしこのどちらを参照しても、田坂については数行しか情報がない。たとえば前者ラウクの英文リストは、全文引用しても次の六行（原文は四行）でおしまいだ（S. 408）。

Tasaka Toranosuke [Place of Birth:] Hiroshima
[Major] Ar [= Military] 01 [= Occupation of position before coming to Europa]: eng[ineer] off[icer]
[Country of stay resp. study (abbreviations taken in a modified form according to the international car nationality places)]
A[ustria] D[eutschland] F[rankreich]
[Sponsoring Institution]: Dj [= Dajyokan] [Period of stay] 12. 1870-11.1882
S[ources]: JK8; Ish; Umi; Kai; GRUSON 188?

ハルトマンのドイツ語リスト（S. 140）も同様で、たった五行で次のようにまとめられている。こちらはドイツ語なので、和訳しておく。

田坂虎之助［生没年］一八五〇〜一九一九［出身地］広島
［滞在期間、派遣機関、滞在中の地位・肩書、滞在地など］：
一八七〇年十二月〜一八八二年十一月まで、太政官より派遣、オーストリア、ドイツ、フランスで学ぶ。
［のちの階級・特筆すべき活動］プロイセンで八年間、軍事学と測地学を学ぶ。日本帰国後、それまでのフランス式に代わり、新しいドイツ式三角測量を導入した。

出身地と滞在期間は両者とも一致しているが、些細なところですでに齟齬が生じている。「太政官」というのは田坂の肩書ではなく、彼をドイツに派遣した機関であり、現在の内閣に相当する明治政府における最高官庁の呼称であ

田坂虎之助
（中佐時代・三角科長として活躍の頃）
西田文雄氏の仲介により，田坂氏のご親族にあたる新野緑様よりご提供・ご許可を得て掲載．これまで田坂の写真は，ブダペストでの万国測地学協会集合写真上での豆粒ほどの姿でしか確認されていなかったので，本書で初めてこの肖像写真を提示できたことは幸運である．

る。事実、田坂は太政官からドイツに派遣されたのだが、その経済支援を受けたのは、最初の二年間だけだった。しかもハルトマンのリストでは、計十三年に及ぶ留学期間中の「八年間」のみ、プロイセン国内で学んだことになっている。とするとこの資料だけ見た人は、田坂はまずプロイセンの大学で八年間学び、その前にはオーストリアやフランスで過ごした、[21]と解釈してしまうだろう。だが、これまでの資料で、田坂がプロイセン以外に他のヨーロッパ諸国を訪ねたり、他大学に在籍したりした形跡はない。ハルトマンによれば、第二次世界大戦前までに日本からドイツに派遣された将校の数は四五〇人以上に上り、一八七〇年代は計三六名だったのに対して、一九〇〇年から十年間では計一六八名、つまり五倍にも跳ね上がっているという。[22] しかもその留学生のほとんどはプロイセン国内、つまりベルリンを中心に留学した。田坂に関する個人情報ファイルは、南ドイツ・フライベルクにあるドイツ連邦軍文書館には存在しなかった。担当者の説明では、プロイセン軍の個人情報ファイルは、一九四五年の文書館火災により、その大部分が焼失したという。[23] 紹介されるがまま、ベルリンの連邦文書館、プロイセン文化財枢密文書館、ドイツ軍事史研究所、ドレスデンの連邦軍軍事史博物館、ドイツ軍事史協会などにも問い合わせたが、田坂の足取りは杳としてつかめなかった。

他方、日本側に残る資料では、田坂が一八七一年に北白川宮のお供としてベルリン入りしたことが記されている。田坂が仕えた北白川宮は、まずはベルリンの高級老舗ホテル「オテル・ド・ローマ」に投宿し、その後、二年間を軍事アカデミー（あるいは「陸軍大学校」、原語は Kriegsakademie）で学んだ経歴を持つ。このコンテクストでは、田坂はプロイセンに計約十三年間滞在した計算になる。また国土地理院の照会では、田坂は一八七五年八月にプロイセン帝国軍入隊試験に合格し、一八八二年九月まで軍務に就いていたという。これを裏づける公文書記録[24]には、入隊後、田坂は「プロイセン参謀本部測量局」勤務を志願し、ドイツの「陸軍士官と共に野外に於いて実地作業に従事」したとある。[25]かなり厳しいが、日本語によるわずかな参考文献や証拠書類を使って、これ以降、特にプロイセン滞在時に注目しつつ、あまり知られていない「三角測量に於いては本邦における創業者[26]」、田坂の歩みを再構成してみたい。

田坂虎之助は江戸時代末の一八五〇年十月三日、広島に生まれた。幼少期については残念ながらまったく記録がない。彼の名が浮上するのは一八六九年（明治二年）、広島洋学所に勤める英国士官ブラックモール兄弟（John and James Blackmore. 生没年不明）の通訳として、である。広島藩の水軍は伝統的に名声が高く、イギリスから将校を招聘して、イギリス式海軍組織を行っていた。だが翌一八七〇年には、おそらく彼が通訳を務めていたブラックモール兄弟の契約期間が切れたのと連動するのだろう、広島藩東京藩邸に移った。東京での田坂は、箕作麟祥（貞一郎）（一八四六～九七）[27]が経営する私塾に通っていたことが判明している。箕作麟祥と言えば、卓越した語学の才により、弱冠十六歳で江戸の蕃書調所英学教授手伝並出役に任じられた

ベルリンでの田坂（左）と北白川宮能久親王
新野緑様のご提供・ご許可による．こちらもドイツ滞在中の田坂を知る上で貴重な１枚である．

伝説的人物で、本邦初の英和辞典の編集者のひとりでもある。一八六七年に箕作は、パリ万国博覧会に将軍・徳川慶喜の名代として出席する弟・徳川昭武に随行・渡欧し、本場のフランス語を習得した。翌年に帰国すると、フランス民法典（ナポレオン法典）を邦訳し、これによりフランス法学者としての名声を得た。田坂が箕作の私塾に通い、語学知識を深めようとしたことは想像に難くない。

一八七〇年十一月三日、田坂は当時二十三歳の伏見宮能久親王（一八四七～九五）がドイツ＝プロイセンに留学するにあたり、随行を命じられた。発令から一カ月後の十二月三日には、早くも伏見宮と随行員たちの姿が横浜港にあった。数カ月の船旅を経て、一行がベルリンに到着したのは、翌一八七一年二月十八日のことだった。

北白川宮のベルリン留学中の様子については、森鷗外こと本名・森林太郎（一八六二～一九二二）が――と言っても森は北白川宮の帰国後、入れ替わりにベルリンに留学しているのだが――詳しい伝記『能久親王事蹟』を書いているため、その足取りを大まかにつかむのは比較的簡単だ。言うまでもなく、森は現在の日本におけるドイツ文学研究を考える際にも、避けて通れない存在である。森は近代日本文学の基礎を築いたひとりであるとともに、レッシング、シラー、グリルパルツァーといったドイツ語圏を代表する作家の文学作品を次々と翻訳し、日本に紹介した。特筆すべきは彼によるゲーテの悲劇『ファウスト』第一・第二部邦訳で、これは今なおゲーテ翻訳の金字塔としての価値を失っていない。

だが医師の家系出身の森の本業は、軍医（一九〇七年以降、軍医総監）であった。[28] 森は一八八七年から八八年まで、ベルリンの伝染病研究所で、北里柴三郎の恩師であり、細菌学界の権威であったコッホ（一八四三～一九一〇）に師事した。三月から五月までの数カ月は、プロイセン近衛歩兵第二連隊の軍医も兼務した。ハルトマン作成の人名録（一二四頁参照）によると、森はコッホに師事する前、一八八四年の冬学期から翌年夏学期までをライプツィヒ大学衛生学研究所で過ごしている。続く一八八五年十月から翌年三月まではドレスデン陸軍に移籍し、特に軍医学講習会に参加した。一八八六年春から翌八七年の冬学期まではミュンヒェン大学で衛生学と細菌学を学んだ。彼の広範なドイツ語知識は、ドイツ留学中に培われ、豊饒さを増したと言える。

少々脱線したが、話を再び北白川宮に戻そう。一八七一年早春にドイツに到着後も、北白川宮は主としてベルリンに留まり、一八七七年四月にはベルリンの軍事アカデミー（森鷗外は「参謀大学校」と訳している）で軍事学を学んだ。最初の二年間の渡航資金は文部省、その後は大蔵省が支払った。森が書いた伝記によれば、一八七三年に宮はプロイセン将校から、軍事学・数学・測地学などの個人教授に加え、ドイツ語の特訓も受けていた。同年ベルリンを訪問した岩倉使節団は、宮にも謁見している。一八七五年三月末からは、フランツ皇帝第二近衛歩兵連隊指揮官に任じられるとともに、同年十月には軍事アカデミーに入学を許可され、一八七七年四月九日付で同校を修了した。学業と並行して一八七六年七月から、北白川宮は近衛歩兵連隊の任務にも就いていた。軍事アカデミーのカリキュラムを修了・卒業後まもなく、宮は日本に帰国した。(29) 日清戦争の折、一八九五年に近衛師団長として台湾接取のため出征、台湾征討軍の指揮にあたったが、マラリアに罹って急逝、享年四十九歳だった。

ドイツ留学経験をもつ北白川宮は、一八八一年創設の「独逸学協会」の初代会長を務めたばかりでなく、一八七九年創設の自然科学系学術団体「東京地学協会」の会長も務めた。(30) 後者の東京地学協会がらみで興味深いのは、宮が会長として、一八九三年、当時宮内大臣だった土方久元（一八三三～一九一八）に間宮林蔵への贈位申請書を提出したことだ。本書第四章でも言及した間宮の韃靼探検旅行に触れ、取るに足らぬ小吏の地位にあったのに、間宮の名前は外国語の専門書にも記載されているほどなので、その没後五十周年に「近世ノ偉人又愛国ノ志士」として故人の学問的功績を顕彰すべきであり、さすれば地理学および測地学の研究奨励の一助としたい、という趣旨の文書であった。間宮への贈位は、東京地学協会開設二十五周年にあたる一九〇四年に実現し、正五位が追贈された。(31)

他方、北白川宮の随身であった田坂は、どこで職業選択の岐路に立ったのだろうか。ドイツでの最初の二年間、田坂は文部省給費留学生だったが、一八七三年に文部省の給費が打ち切られてしまった。それでも彼は私費に切り替え、ベルリンに留まった。一八七五年八月、田坂はプロイセン陸軍高等試験委員の試験に合格する。これを受けて同年十月十七日、日本陸軍の少尉に任じられ、日本陸軍少尉としてプロイセンで兵役修業をする格好になり、年間一〇〇〇円の学費が下賜されることになった[32]。田坂の故郷・広島藩の編年史『芸藩誌』によると、田坂はベルリン大学(現在のフンボルト大学の前身)およびベルリン・シャルロッテンブルク地区にある帝国工芸大学校(現在のベルリン工科大学の前身)で、ドイツ語・軍事学・応用数学・天文学・測地学を学んだと書かれている。しかし両大学文書館に筆者が照会しても、正規学籍登録者および聴講生名簿に田坂の名前は見つからなかった。もっとも正規登録せずに大学講義の聴講は可能だったはずで、彼の名前がなくてもさほど不思議はない。プロイセン軍の試験合格後、彼が「参謀本部測量局」での勤務を志願し、ドイツの「陸軍士官と共に野外に於いて実地作業に従事[33]」したことは公文書に記されている。

普仏戦争にプロイセンが勝利したことで、約百名を数える日本人が次々にドイツに派遣されたが、その若く有望な人材の多くは、近代国家・日本の即戦力となるべく、医学あるいは軍事学のいずれかを専攻するのが常だった。なぜ田坂がよりにもよって測量学を学んだかは、青木周蔵の影響が大きいとされる[34]。

青木は一八六九年にドイツに出発、翌七〇年十月にベルリン大学(正式名称はフリードリヒ・ヴィルヘルム大学、現在のフンボルト大学)最初の日本人正規受講学生の手続きを行ったひとりだった。当初は医学を専攻したが、途中で政治学に転向、大学在籍中の一八七二年には北ドイツ連邦における外国人学生代表委員に任命され、特に日本からの留学生を積極的に世話した。留学・外交官としてのドイツ滞在生活も長く、また妻がドイツ人だったので、後年「ドイツ翁」と呼ばれるほどのドイツ通だった。初代会長に田坂の主君・北白川宮が就任した独逸学協会の発起人に、青木ももちろんその名を連ねていた。

その『青木周蔵自伝』によれば、田坂は「人品優れて社交の才に富み」、北白川宮のお供として適任者ゆえ、当人も周りも軍事教育を受けるのが適当だと考えていた。それを青木が「寧ろ将来日本の軍事教育を進むるに就て必須欠くべからざる陸地測量、特に三角測量学を主として研究すべし」と口説いたのだという。[35] 東京の国立公文書館には、これを日本側から補足・証明できる公文書がいくつか残っている。プロイセン軍で実習中の一八七九年、田坂は大尉に昇格した。さらに日本帰国直前の一八八二年三月三十日には、ベルリンで赤鷲章第四等級を授けられている。第二次世界大戦中の爆撃で、ポツダムにあったドイツ軍関係の文書館書類の多くは灰になったのだが、田坂への赤鷲章授章については、ドイツ側にも辛うじて記録が残っていた。在ベルリン・ドイツ外務省外交文書館の協力を得て、当時の参考資料となる人名録と省内ジャーナルを中心に調査したところ、プロイセン陸軍省が「プリンス・北白川宮の副官」を兼務する日本人大尉TASSAKAを赤鷲四等勲章により顕彰したく諾否を外務省に伺う記録があった。それにしても、この余分なSがひとつ入っていたことで、ドイツ外務省外交文書館担当窓口のクレーガー博士をどんなに煩わせたことか！　また実際に授章を行ったことも、外務省に報告されている。その経過は当時、各数行からなる記載四箇所から成りたち、いずれも公文書「Ⅳ　授章関係　六〇二番」（Aktenzeichen IV Orden 602）に整理されている。しかしながら、この記載に関わる正ファイルは、おそらく多くの他の記録書類とともに爆撃の夜に灰となったのだろう、残念ながら現存しない。なお、これとは別に、日本の国立公文書館所蔵資料によれば、一八八七年六月三十日付で、田坂が陸軍大佐として、プロイセン王冠勲章第三等級を受章した記録が残る。また一九〇六年に田坂は日本側からも、その長年にわたる陸軍勤務、とりわけ「三角測量において本邦における創業者」としての功績を認められ、旭日重光章を授けられている。国立公文書館に残る、当時の陸軍大臣・寺内正毅の署名が入った受章理由には、「陸地測量部其事業ニ任シ以来一ノ失計ナク最モ精確ナル成績ヲ以テ事業ヲ進行シ今日全國ノ一等三角測量ヲ了ラントスルニ至リタルモノハ同人ノ力ナリ」[36] と記されている。

3　ヨルダンの教科書翻訳とその改訂

本書第二章でも言及したが、ゲーテの存命中から、ドイツにおける測地作業は数学に明るい将校が行うのが常だった。その後、プロイセンではモルトケ参謀総長の指揮下、一八五〇年代終わりから一八八八年まで、地図製作は重要作業として本格化した。一八六五年にはさらにプロイセン測地学の再編成が行われ、それまでの「参謀本部測量課」が「三角測量局」に拡大された(37)。

新編成されたプロイセン・ベルリンの三角測量局で、日本人大尉・田坂は測量技師としての研鑽を積んだ。一八八二年十一月の帰国後、彼は最初の『作図測量説約（別名・三角測量方式草案）』を起草し、これに従って作業するよう、彼の部下たちに指示した(38)。同時に田坂は新卒の若き同僚、中原貞三郎（一八五〇〜一九二七）にドイツのスタンダードな教科書を和訳するよう命じた。全訳が望ましかったろうが、作業を急ぐため、重要な部分を優先した抄訳になっている。この教本こそ、ドイツ人測地学者兼数学者として知られるヨルダン（一八四二〜九九）の名著『測地学教本 *Handbuch der Vermessungskunde*』（全二巻、シュトゥットガルト、一八七八年）であった。

ヨルダンは最初シュトゥットガルト、その後カールスルーエのいずれも工科大学で教鞭を執り、測地学の学問的基礎を築いたひとりだった。カールスルーエに移籍後（一八六八〜八一）、彼はまず一八七三年に『文庫版実用幾何学 *Taschenbuch der praktischen Geometrie*』というタイトルで教科書を刊行したが、タイトルをまもなく『測地学教本』に変更したのだった。二巻の内訳は、第一巻が『最小二乗法と小地（下級）測量 *Methode der kleinsten Quadrate und niedere Geodäsie*』、第二巻が『大地（上級）測量 *Höhere Geodäsie*』を扱い、当時の大・小地測量技術を網羅している(39)。タイトルからも想像が難くないが、第一巻では最小二乗法の概論を扱う。小地すなわち普通の測量に不可欠な理論を解説するだけでなく、三角点を精確に決定するために必要な当時の最新理論も紹介されている。さらに小地測量の実用的側面、すなわち産業経済あるいは技術目的に耐えうる測量作業を具体的に解説している。第二巻は大地測量を扱うのでスケールが異なり、こちらは全国規模の測量あるいは経緯度測量を目的とした主要三角点の設置と平均化、（地球）回転楕円体座標、測地線、垂直線偏差、実際の測量データと製図時の投影法（ガウスの楕円体等角投影法）などが、中心的テーマとなっている。

ヨルダンの『測地学教本』は、ドイツ語圏における測地学のスタンダードな教科書としてあっという間に普及した。一八八一年、招聘により再度ハノーファー（日本ではハノーヴァーと呼ばれることが多い）大学に移籍したヨルダンは彼の著書を全十巻からなる専門書シリーズに拡大した。以後、ハノーファー大学は彼とともに、独自の測地学を発展させていく。著者の死後もシリーズの増補・拡張は続けられ、一九六〇年頃の最後の改訂版が出るまで、改訂ごとにアクチュアルな学術情報が加えられていった。言い換えるなら、ヨルダンは彼の著作により、ドイツに限定することなく、国際的に学問的測地学の礎を築いた人物になった。彼の評価がドイツ語圏を超えて認められた証拠例のひとつが、日本語抄訳『大地測量』の出版だとも言える。ヨルダンの『教本』と並んで、プロイセンの測地技術者教育の現場では、その後、フォークラーの著書群、たとえば『統計学入門 *Grundzüge der Ausgleichungsrechnung*』（一八八三年）、『実用幾何学 *Praktische Geometrie*』（一八八五／九四年）、『測量技師のための測地学演習 *Geodätische Übungen für Landmesser und Ingenieure*』（一八九〇年）なども必読書になっていた。[40] しかし田坂はこれらの教科書が出版される前の一八八二年に帰国してしまったので、これらについては関知できなかった可能性が高い。

さらに見過ごせないのが、ヨルダンが一八七〇年代にドイツ測地学協会（一八七一年設立、「ドイツ測量協会 Deutscher Verein für Vermessungswesen」と改称して現存）会員として、測量技師の育成に積極的に関わっていた事実である。すなわち彼は、測地学の実践フィールドにおけるプロの技術者を育成するという明確な目標を定め、それにふさわしい教育メソッドを確立させようとしていた。当時二十六あったドイツ領邦国家にこのプログラムをさっそく提案し、アンケート調査を行ったものの、前向きな回答があったのはわずかに三国のみ、そのうちひとつは予想を裏切らず、かつてゲーテが仕えたザクセン＝ヴァイマル大公国からのものだった。他方、肝心のプロイセンは、当初回答を保留していたが、一八七九年、プロイセン議会は高度な専門教育と技術講習を受けた者を民間の測量技師、すなわち公式の技術職として認定した。[41] それからややあってドイツだけでなく日本でも、測量従事者は軍人から民間技術者にシフトしていく。

田坂がドイツから日本に導入したプロイセン式測量の結果として、最終的に日本国内に一等から三等までを含めて、全部で三万九〇〇〇の三角点が設置され、これを使って一三〇〇枚の平板測量図が作られ、五万分の一の三角測量図がモノトーンで印刷された(42)。作業が進むにつれ、彼が帰国直後に起草した『作図測量説約』を改訂する必要が生じてきたのは、当然の流れだった。

田坂率いる陸軍参謀本部測量局三角測量課では、この『説約』とヨルダンの『教本』を厳格に守って作業を遂行していた。しかし後者の『教本』、大地測量に関する日本語抄訳の「最小二乗法による三角網平均計算」を扱った章では、奇妙なことに、日本でこそ重要な意味をもつパラグラフ三七番「方向を観測して角を得た時の三角測量平均、バート網の例」の翻訳が欠けていた。つまり三角測量の網平均を出す方法を説明した箇所である。もっともこの網平均なしでも通常の土地測量なら大した問題は生じない、概ね誤差の範囲でカバーできるという。日本のように「地震で大地が動く」などという特殊事情さえなければ——。しかし滅多に地震が起きないドイツならいざ知らず、地震列島・日本では地震が起こるたびに大地が動く。そのため三角測量の際、特に日本では、この地震による影響を加味した三角網成果の保持、すなわち一等三角網の網平均計算の際に「ゼロ方向に改正数を施す」作業が絶対に必要だった。だが、この必要不可欠な網平均説明が、あろうことか、翻訳されなかった箇所に載っていたのだ。もっともこの致命的な箇所が翻訳者の不注意で訳されなかったのか、あるいは何らかの理由で意図的に外されたのかは、不明である。

ところで、参謀本部測量局、続く陸地測量部三角科が総じて網平均を出さぬまま、つまり致命的不備に気づかず業務を遂行していた一方で、『教本』にない正しい網平均を出している人物がいた。杉山正治《まさはる》(一八五九〜一九二三)(43)である。きっかけは、一八九一年十月二十八日に岐阜・愛知で起こった濃尾地震(マグニチュード八・〇)だった(44)。七、二七三人が死亡し、全壊家屋は一四二、一七七戸という大規模なこの内陸地震後、北陸での一等三角測量作業が始まった。新たな北陸作業データを最終的に濃尾地域の三角網とリンクさせるわけだが、地震前の旧データとの接合は可能なのか、という疑問が生じたため、試みに伊吹山と尾本宮山(尾張本宮山)の変動調査を命じられたのが杉山だった。案の定、変動が認められたのだが、彼は新・旧観測データ計算時の網平均を求める際、邦訳『教本』にはないゼロ方向にも方向改正数を入れたのだった。

　このように測地学と数学に明るく、英語も堪能だった有能な杉山に最先端の測量技術を修得させるため、田坂は彼を三年間ベルリンに留学させた。杉山は一九〇三年秋から〇六年春まで、ベルリン大学（現在のベルリン・フンボルト大学）に在籍し、ヘルメルト教授（一八四三〜一九一七）に測地学を師事した。ヘルメルトはベルリン大学で教鞭を執るかたわら、同時にポツダムにある、世界の測地学研究の中心拠点である測地学研究所（同時に国際測地中央局でもあった）の所長も兼任していた（一八八六〜一九一七まで兼任）。特に地球の形状、鉛直線偏差、重力分布からのジオイドなど、測地学における数学理論の発展に功績がある。彼の主要著作のひとつに数えられる『最小二乗法による統計　測地学と測量機具理論への応用を含む *Die Ausgleichungsrechnung nach der Methode der kleinsten Quadrate: Mit Anwendungen auf die Geodäsie und die Theorie der Messinstrumente*』（全二巻、ライプツィヒ、一八八〇年）は、測地学の必読書として、国際的に重要性を認められた。同書には、現在も有効かつ頻繁に使われている新しい計算方法、いわゆる「ヘルメルト変換」の解説もある。

杉山正治
西田文雄氏と新潟県三条市歴史民俗産業資料館（「日食コーナー」: 1887年8月19日に杉山は日食撮影に成功した）の情報提供により，入手できた1枚.

　ドイツ留学が終わりにさしかかった一九〇六年八月、杉山は田坂が制定した『三角測量方式草案』の修正提案を行った。そこには「基線測量にニッケル鋼基線尺を使う」、「観測原簿は［後で改竄可能な鉛筆ではなく］墨かインクで記入する」などの項目と並んで、「一等三角平均計算法の改正」および「一等水準真高計算の際、地球重力偏差より起こる改正数を加えること」が提言されている。杉山の全十項目に及ぶ修正提案は即座に評価され、直ちに改正委員会が発足した。杉山の提案がひとつも退けられず、すべて採用されたことについて、「皆採用セラレ三角測量上一新時期ヲ画成シタルノ観アリ」と『陸地測量部沿革誌』にも記されている。(45)

まさしく一九〇六年は、日本の測量にとって世代交代の年であった。杉山が新しい三角測量規約を提案したこの年、一九〇二年に定年を迎え、予備役になったものの、一九〇六年七月まで嘱託として陸地測量部に定期的に通っていた田坂が完全に引退した。(46)もちろん田坂の引退後も、日本・ドイツ間の測地学という学術交流上の強固な結びつきは、変わることなく維持された。

よく言われることだが、学問の歴史は、「乗り越える」歴史だ。尊敬する先人のすばらしい業績も、時の経過とともに一般知識として普及し、取るに足らない情報になる。皆がずっと正しいと信じていたことが、ある日突然、誤りだと発覚することさえある。後輩研究者の使命と義務は、先人を踏み台にし、跳び越え、勇気を持ってさらなる先へと進んでいくことだ。

計算方法の改良は、それから十五年以上経って真の効果を発揮した。一九二三年九月一日、震源は神奈川県中部と言われるマグニチュード七・九の関東大震災が発生した。昼時であり、東京は約七〇パーセントが火災に遭った。全体の死者・不明者は一〇万五〇〇〇余名、住家全壊一〇万九〇〇〇余戸、焼失二一万二〇〇〇余戸とされ、関東沿岸には津波も襲来、房総・神奈川県南部は隆起し、東京よりも西側の神奈川北部は沈下したことが報告された。(47)しかしながら改定前に測量作業が済んでいた部分もあって、杉山提言による計算方法改訂後も、日本の測量技師たちはかなり長い間二種類の三角測量データを並行して使わなければならない羽目に陥った。片方は当然、初代・田坂の指示によって始まった改正数の入らない、原理上のミスを含むので学術データに使うことは憚られるが、慣れ親しんできた網平均データで、これは「実用成果」と呼ばれた。もう片方がゼロ方向に改正数を施した正しい操作を行ったデータで、こちらは学術的に用いることができるため、「学術成果」と呼ばれ、地震による地殻変動が起こった時に考慮される指標となった。

二　日本アルプスの測量調査

1　日本の一等三角点網と測量官・館潔彦

測量局はもともと軍部の管轄下にあった。現在も富士登山に象徴されるような宗教的登山を除けば、日本のほとんどの山に初登頂したのは、その結果、三角測量隊となった。海岸線は、伊能忠敬以来パーフェクトに把握されていたが、内陸部についてはほとんど測量されず、地理学的知識は皆無の白紙状態だった。

一八八五年四月、少佐に昇進した田坂は、陸軍参謀本部測量局三角課長に就任する。一八八八年五月、陸軍省参謀本部に陸地測量部三角科が設置され（他には製図科・地形科があった）、組織的な三角測量作業が開始された。陸地測量部配属技師たちは、日本全国に一等から三等までの総計約三万九〇〇〇もの三角点を設置していった。たとえば「参謀本部の五万」ないしは「陸測の五万」と呼びならわされた縮尺五万分の一地形図の作成には、まず一等三角点を二五キロメートル間隔に設置し、ここから一等を含めて平均距離が約八キロメートル間隔の二等三角点を、続いて（これまた一、二等を含めて）平均距離が四キロメートルの三等三角点を順次設置していく作業が必要だった。

こうして設置された日本国内の一等三角点は、やや古い（二〇〇五年当時）データになるが、（補点を含み）九七二点となっている[48]。一〇〇〇枚を超える平板測量図から作られた「五万分の一地形図」の場合、理論的に各平板図に必ず一等三角点がひとつは含まれる計算になる。それだけでも途方もない作業であることは想像できるが、この九七〇余ある一等三角点の約三分の一、すなわち二六三点をたったひとりの人物が選点したという事実に、あらためて驚愕させられる。その測量技術者の名を、館潔彦《たてきよひこ》（一八四九〜一九二七）という。

すでに述べたように、一等三角点は高山の山頂になることが常で、前人未到の領域、獣以外先に通ったことのない道なき道を踏み分け、ともかくも山頂に到達し、三角点を仮選定する。これだけでも大変なのに、実はまだ前哨戦、

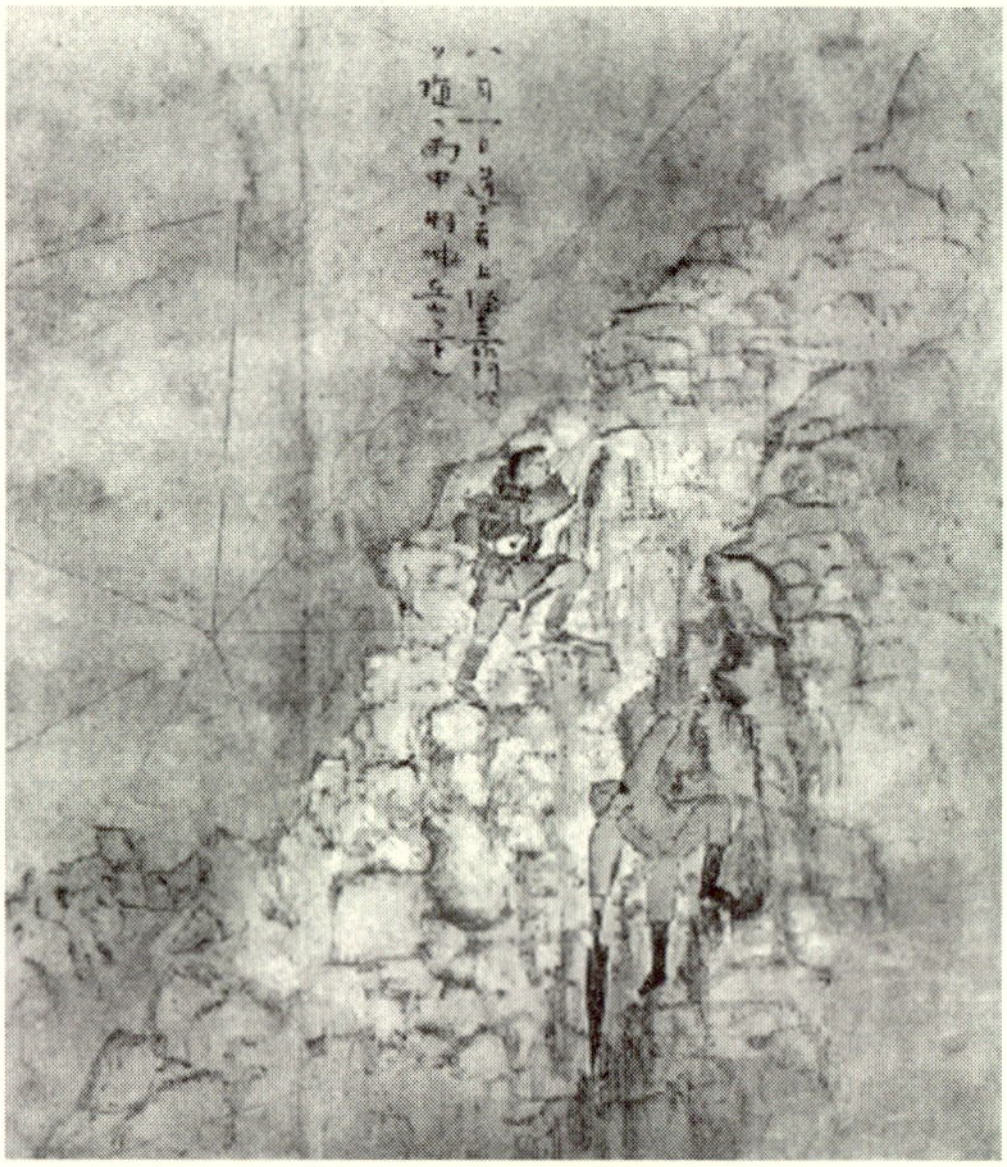

館潔彦自身が描いた穂高岳測量登山の情景．洋装，長靴で洋傘を手に急な岩の斜面を下ろうとしているのが館．この直後，彼は落下し重傷を負った．

準備作業にすぎない。彼らの目的は、単なる登山ではなく、これからが本領発揮の正念場だからだ。選点地に測標（測量櫓）を立て、何十キロもの精密機材を運び込み、最低二週間以上の観測を行い、さらには総重量百キロの標石を埋め込む、という過酷な作業を遂行して初めて一等三角点がひとつ出来る。この意味で館は、日本の三角測量の先駆者・先触れ的で重要な役割を担った。彼こそアルピニストの活躍[49]が注目される前に、御嶽山（三〇六七メートル）、穂高岳（三一九〇メートル）、白山（二七〇二メートル）など、日本の主要な高山を重い測量用機材を携えた案内人や測夫を率いて名実ともに初登頂した人物である。

館はまだ江戸時代、一八四九年に桑名藩（今の三重県）の下級武士の家に生まれた[50]。桑名城明け渡しの際は、おそらく若かったとはいえ士族の子息として寺社幽閉・謹慎を行ったのではないかと思われる。一八六八年、十九歳になった館は上京し、日本橋八丁堀の旧会津藩士が営む私塾「荷新《こうしん》塾」に入り、数学と英語を学んだ。この荷新塾の主宰者にして数学者としてある程度名の知られていた岸俊雄が、館の数学的才能を見抜き、測量官へのキャリアを勧めた可能性は高いが、残念ながら、館の職業選択の経緯や動機は詳らかでない。一八七一年、新設された工部省工学寮測量司に測量四等少手として任官、統廃合により内務省地理寮を経て陸軍参謀本部測量課に異動した。そして一八八四年十一月、館は彼にとって最初の一等三角点を千葉県の大山（当時の呼称は「房大山」）に選定した。それからやや間隔を置き、一八九一年夏から、館の鬼神のような、本格的一等三角点選点作業が開始される。その働きぶりたるや、もはや常人の域を超えている。(51) たとえば一八九一年七月十六日に福島県の吾妻山（標高二〇三五メートル）に登頂し、その二週間後には山形県の飯豊山（標高二一〇五メートル）を選点。八月下旬にはなんと宮城県の手倉山、福島県の黒森山と半田山、宮城県の屛風山の四峰をほぼ一週間足らずで回り切る。しかもその後、休む間もなく山形県と福島県でさらに九つの三角点を選点して、大分に移動、という具合だ。

そして一八九三年、館はいわゆる「日本アルプス」の名峰、白馬岳（標高二九三二メートル）を筆頭に、御嶽山（三〇六七メートル）、穂高岳といった難度の高い選点作業を次々とクリアしていった。かつてのフンボルトのチンボラソ山登頂挑戦と比較はできないが、ようやく洋装が始まった近代日本に、現在のようにしっかりした登山装備があったわけではないことも考慮に入れておかねばならない。館の作業時の姿といえば、鳥打帽に洋服、昔風の脚絆に草履を履き、腰に麻縄、肩には望遠鏡をさげ、洋傘を杖代わりに持っているだけ、今の私たちの目から見ると、命とりになりかねない軽装だった。そして事実、館は穂高山頂で選点作業を終えて、下山途中に急傾斜の岩壁を約十八メートル落下、奇跡的に一命をとりとめる大事故に遭っている。麓の湯治場で傷を癒していた館が、後述する英国人宣教師のアルピニスト・ウェストン（一八六一〜一九四〇）と互いの人生において最初で最後に遭遇したのではないかと——資料に齟齬があるため、断定できないのが残念だが——考えられている。この負傷にもかかわらず同年、館は計二八の一等三角点を選定した。

後に館は、すでに読者が本書第四章のシーボルトとクルーゼンシュテルン提督でおなじみの千島列島＝クリル諸島の測量にも従事した。もっとも館はいわゆる三角測量先遣隊長として、職業上与えられた課題を遂行したにすぎず、ゆえに初登頂者としての名声に浴することなど、考えが及びもしなかっただろう。近年、日本の登山文化研究において、彼の役割があらためて注目され、日本の近代登山創始者のひとりとして再評価が高まっている。ただし生前の館は、これほど勤勉に困難な三角点選定作業を行ったのに、キャリアや出世という点では恵まれなかった。一九〇三年一月二十八日、五十三歳を迎えたばかりの館は突然休職を命じられ、そのまま一九〇五年五月、五十五歳で退官している。

2　日本山岳会創設

穂高の測量作業中、大怪我を負った館が、麓の温泉で出会ったと考えられているウェストンこそ、「日本アルプス」という呼称(52)をヨーロッパに知らしめた人物だった。彼は、一九〇五年十月、本業は銀行員の小島烏水《うすい》（一八七三～一九四八）(53)を中心とした七名による、日本山岳会（当初は単に「山岳会」と呼んだ）の設立とも深く関わっていた。英国教会宣教師として来日したウェストンは、イギリスの山岳会会員でもあり、当時、横浜に住んでいた。彼は小島たちにこれまで日本人が知らなかったスポーツ登山の楽しみ・喜びを教えた。

ウェストンの著書『日本アルプス　登山と探検』（一九〇五年）に感銘を受けた小島は、間もなくヨーロッパ人と日本人の自然認識に違いがあることに気づく。小島は日本アルプスに関する興味深いエッセイ『山岳崇拝論』（一九一五年）で、古い口承伝説や文学作品を分析し、日本人は山に恐怖を感じることはかつて一度もなく、常に親しみを持って眺め、山々と一体の感覚を持っていたことを指摘した。これを言い換えるなら、中世・近世ヨーロッパでは山を地球にできた痘痕や醜い腫物と考え、さらには不気味なものとして長く忌避してきたのに対して、日本では山々を神聖で不可侵なものと崇めてきた。山々は、いわば古代ギリシア・ローマの神々に通じるような、神々が住まわれる聖なる場だった。しかし近代ヨーロッパでは、人間は自然に対して一定の距離を置くことにより、〈崇高〉なる感情を呼び起こそうとする。この〈崇高〉は、ヨーロッパ啓蒙主義文学を理解する際に重要な概念のひとつであるが、(54)日本人は頭では理解できても、ヨーロッパ人と同一の感情を抱けるか、という点ではやや疑問である。というのも日本人は総じて、自然との隔たりをさほど鮮明に感じていないからだ。母なる自然の胸に抱かれ、自然と一体になる安心感に包まれた感情。それはヨーロッパ的〈崇高〉概念とは正反対の方向性をもつ。

ともあれ一九〇〇年前後には、測量官・館の努力の甲斐あって、日本国内に三角網は広く張り巡らされていた。しかし立山連峰、いわゆる「北日本アルプス」は、この時点では前人未到、つまり地図上、白紙の地域だった。本州の中央で、ほぼ一年中雪をいただく峰々、万年雪に覆われた日本アルプスの北側最高峰が立山（標高三、〇一五メートル）であり、これと双璧をなす急峻な山が「剱岳」（標高二、九九九メートル）であった。

近代日本のアルピニスト、山岳会の小島たちは、スポーツ登山の目標として、難攻不落の剱岳登頂を目指した。これに対して、陸地測量部は最後の空白を埋めるため、また民間の趣味人に間違っても先を越されぬよう、「陸軍の威信をかけて、剱岳への初登頂と測量を果たせ」と測量官・柴崎に厳命したのだった。

3　柴崎測量官と剱岳測量

田坂や館をモデルにした文学作品はないが、過酷な剱岳登頂・測量を遂行した測量官・柴崎芳太郎（一八七六〜一九三八）については、新田次郎の小説『剱岳　点の記』がある。一九七七年発表なので、もうかれこれ四十年近く前の作品なのだが、ケールマンの『世界の測量』刊行とほぼ同時期に、近代三角測量をテーマとした、特に娯楽性もない科学史的内容の『剱岳』が日本でリバイバルされたのは興味深い。作家・新田が気象庁（気象台）に勤務しながら執筆活動を行っていた背景もあるのだろうが、ケールマンのモダンな時代小説と比べると、フィクション性や辛口の風刺やパロディーには乏しく、むしろ淡々とした語りと自然科学者の視点が活かされているのが特徴で、剱岳の三角点測量作業自体が物語のあらすじであり、小説の舞台となっている。

柴崎芳太郎
出典：国土地理院技術資料

さて、剱岳には弘法大師こと空海（七七四〜八三五）ですら「三〇〇〇足の草鞋を履きつぶしても登頂できなかった」という伝説があった。[55]しかも立山連峰には明治まで独自の「立山信仰[56]」が生きており、修験道の重要な霊場として機能していた。男性山岳修行者たちは入山し、山中で身体の限界まで肉体的苦行を課すことで宗教的悟りに到達しようとした。修験者が山頂で日の出を神の現身として経験できれば、供物として剣一振りと錫杖を捧げるのを常とした。あわせて七〇一年に立山に登頂した佐伯有頼（六七六?〜七五九?）にまつわる伝説「立山開山縁起」も流布していた。佐伯は立山連峰を神域と見なし、立山を浄土の象徴と見なす一方で、劔岳を文字通り地獄の劔《つるぎ》の山あるいは針の山に見立て、決して登ってはならない山とした。この伝説ゆえ、地元の人々は劔岳を前人未到の山、登頂不可能な山、登ってはいけない、もし登れば罰が当たって遭難する、つまり登山禁忌の山と捉えていた。当然のことながら、測量官・柴崎の一行は信者たちと頻繁に衝突せざるをえなくなった。それでも柴崎らが劔岳に登ったのは、技術上、劔岳に三角点が必要不可欠だから「我々の職務として国家のために死を賭しても目的を達せねばならぬ」（一九〇七年八月五日、登頂後のインタビューに応じて）と考えていたからだった。どんな危険も辞さず、目的遂行に励む測量官への待遇は、お世辞にも決して良くなかった。小説にも上手く描かれているが、行く先々で無理解な人々にどんなに蔑まれようとも、それでも測量官たちは、陸地測量部が万国測地協会に参加・協力していること、自分たちがその一翼を担っていることを誇りにしていた。

「我々ノ作業ハ世界的デアリマス。如何トナレバ三角測量ニ於イテ測量スルノハ即チ其三角点ハ地球上ノ何所ニアルヤヲ決定スルノデアッテ日本ノ何所ニアルヤヲ量ルノデハアリマセン[57]」。

右は、柴崎の測量官待遇改善を求める草稿に記されていたという言葉である。

そんな気概をもった明治の測量官・柴崎のプロフィールを簡単にまとめておこう。[58]柴崎は一八七六年に山形に生まれた。祖父の代までは帯刀を許された旧家だったらしいが、最上川の氾濫で財産を失い、家庭は困窮していた。小学校卒業後、呉服屋の丁稚小僧に出されたが、商人になることを厭い、独学で中学の課程を学び、台湾守備隊に志願入隊後は、数学も独習したという。兵役中、難関で知られた陸地測量部修技所（現在の国土交通省国土交通大学校測量部の前身）の入所試験に合格、十二期生として一九〇四年に卒業、陸地測量部三角科に測量手として直ちに配属された。ただし軍人としてではなく、民間の公務員としての配属である。

民間測量官ではあるものの、柴崎の所属する三角科は陸軍が統括していた。軍部は趣味として登山する山岳会の面々、すなわち一般市民が、測量部より前に剱岳に登頂することを容認できなかった。精神的プレッシャーばかり大きく、必要な財源は本当に最低限しか支給されないまま、柴崎を筆頭に測夫・生田信やガイドの宇治長次郎らたった六名で構成された一行は剱岳山頂を目ざした。むろん彼らの目標は、山岳会とは異なり、登頂そのものではなく、その山頂に三角点を設置することにあった。ゆえに彼らは必要な食糧や水や防寒・野営道具の他に、測量機材一式を担いでいった。精密機器には、ドイツのカール・バンベルク[59]社製一等経緯儀もあった（二四九頁に写真掲載）。フォルムの美しい、重要かつ高価な経緯儀は、どっしり安定した姿から予想されるように、約六〇キログラムもする代物だ。これを誰かが背負って登らないと仕事が始まらない。想像を絶するような努力と生命の危険を冒しつつ、柴崎一行は一九〇七年七月十三日、とうとう剱岳山頂に到達した。しかし前人未到のはずの山頂に、彼らは思いがけない聖遺物を発見する。おそらく奈良時代後期から平安時代初期のものと推定される、完全に錆びた鉄剣と同じく緑青に覆われた銅錫杖頭の二点だった。それはつまり約一〇〇〇年前、無名の修験者が剱岳に登頂していた証拠の品だった。

こうして柴崎測量隊は剱岳の〈脱神秘化〉に成功した。繰り返しになるが、むろんそれは彼ら本来の目標ではなかった。三角測量により柴崎は正確に剱岳の標高を測り、二、九九八・〇二メートルという数値を割り出した。現在最新のＧＰＳによる測量値二、九九九メートルとほとんど差がない、見事な計算結果である。しかし柴崎は、剱岳山頂に三等三角点を設置するという最大の目標を断念せざるをえなかった。三等三角点を設置するには、約一〇〇キロもの石塊を背負い上げなければならない。何しろ標石だけで六〇キロ以上、礎石は三〇キロもする代物だ。[60]標高二、〇〇〇メートルを超える高山、しかも急峻な岩壁を、今日のようなヘリコプターなどの技術的手段がない時代、そんな重い資材を背負って登れるわけがなかった。やむをえず柴崎は、劔岳を標石なしの四等三角点として処理した。それゆえ三等以上が対象となる「点の記」は、作成できなかった。

至上命令だった劔岳登頂を成功させた柴崎だったが、平安時代に劔岳に登った先人がいた証拠に戸惑った測量局は、柴崎と同僚たちに箝口令を敷いた。柴崎はこの命令を生涯守ったので、彼の死とともに彼が知り得た情報は一切語られぬまま、すべて一緒に墓に葬られてしまったかに見えた。しかし測量局の同僚や日本山岳会会員たちが、柴崎の苦難に満ちた劔岳測量の物語を語り継いだ。作者・新田がいみじくも「あとがき」[61]で作品の成立経緯を述べているように、彼の編集者（文藝春秋の設楽氏）が日本山岳会員で、新田にすべて必要な資料を自発的に集めて提供し、柴崎と彼の劔岳三角測量について書かざるをえないような状況に仕向けたのだった。柴崎の元同僚や測手の子供たちなども全面的に協力し、資料や情報を新田に提供したという。かくして近代三角測量を題材にした小説『劔岳　点の記』は完成したのだった。

しかも新田の『劔岳』は、それでおしまいにならず、科学史の記憶にも貢献した。作品発表から三〇年が経過した二〇〇七年夏、かつての測量局の後身である国土地理院により、劔岳測量百周年の記念事業として三等三角点が設置されたのである。[62]百年前に柴崎が選定した場所に、百年後の二〇〇四年八月、キャンプ場まで交代で背負われた三等三角点用標石（六三キログラム）は、最後の山頂までヘリコプターで運ばれ、柴崎芳太郎の名前が公式に選点者として「点の記」に記載された。並行して二〇〇六年から木村大作（一九三九〜）が二年を費やして『劔岳』を映画化（二〇〇九年）、好評を博した。

本書では、三角測量の歴史を手がかりに、科学史的結びつきの一例を示した。十九世紀、自然科学者たちは地球上を一斉に三角網で覆う作業を開始した。この三角網は、今日も現代自然科学および測量学の重要な礎として機能している。そして二十世紀初頭には、日本の測量師たちが、ドイツ式測量方法と技術を駆使して、日本初の三角測量を成し遂げたのだった。

ゲーテ時代を源流とするスペクタクルな科学（あるいは測量学）交流史は、近年再発見・再評価され、文学作品としてあらためて語られている。もちろん、第二章で言及したように、ゲーテ時代の文学作品にも、自然に合理的手段で対峙し、明確な目的のもとに測量を行い、数式等でその理性的世界を表現する魅力的な人物は登場していた。これに対して、現代文学の傾向は、フィクションの登場人物の代わりに、これまですっかり忘れ去られていた実在の自然科学者・技術者たちの真の肖像を、歴史的コンテクストのなかで浮かび上がらせる特色があるように感じられる。

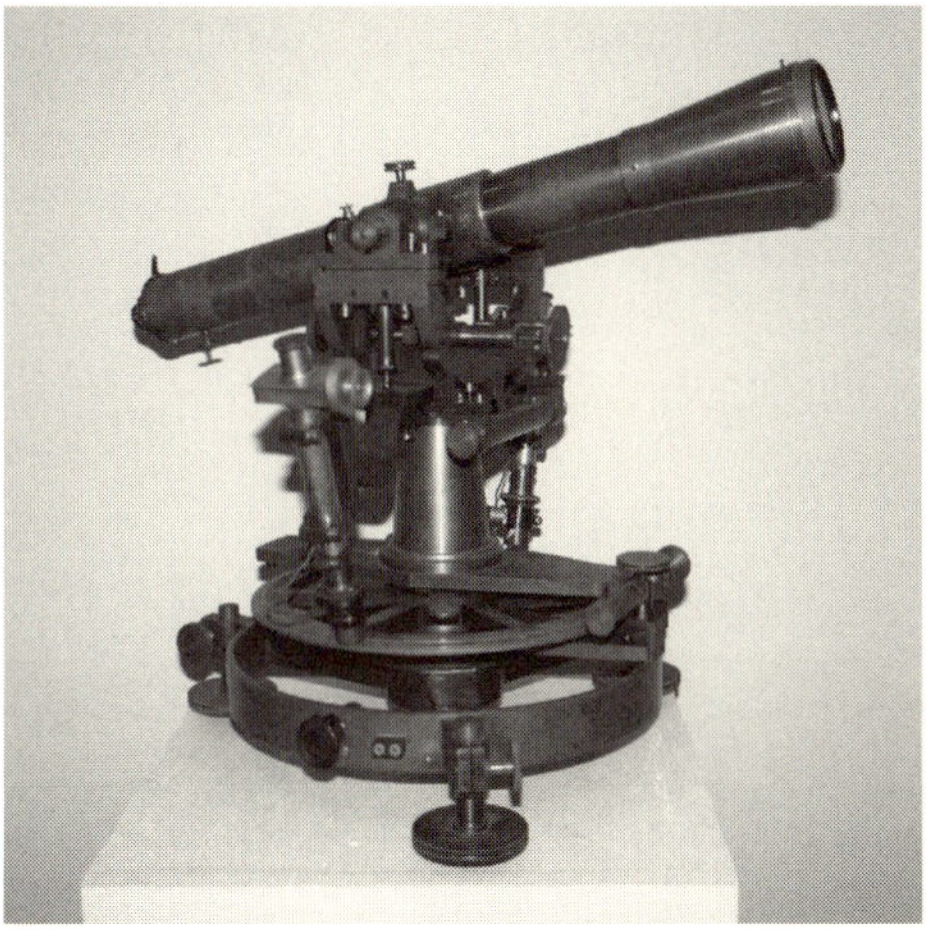
柴崎たち明治の測量官が使用した
ドイツの「カール・バンベルヒ社製一等経緯儀」
出典：国土地理院技術資料

さて、左の経緯儀は、国土地理院が所蔵する歴史的測量機材のひとつで、現在はつくば市の「地図と測量の科学館」に展示されている。現物は金色、大事に手入れされていて、美しい光沢を帯びる。明治期の測量師が大切に使ったドイツの「カール・バンベルク Carl Bamberg」社製経緯儀は、ダルムシュタット市立美術・文化史博物館の測量コレクションや東独イェーナの光学博物館（Optisches Museum）などドイツ国内の測量展示でも欠かせない逸品である。実は商標名そのものの創始者バンベルク（一八四七〜九二）は、これまたドイツ屈指の光学メーカーと縁続きのカール・ツァイス（一八一一〜八八）の弟子だった。さらに遡れば、かつてゲーテがヴァイマル公国の厳しい財政情況ゆえに、イギリス製の高価な天文機具購入を諦め、代わりに自前の光学レンズが作れないものか、と一緒に試行錯誤を繰り返した親方ケルナーは、ツァイスの師にあたる。

技術面のルーツでも、遡れば詩人ゲーテと接点があるのは果たして偶然なのだろうか、それとも必然なのだろうか。ともあれツァイスのもとで修業したバンベルクは、さらにツァイスの経営パートナーであるイェーナ大学教授アッベ（一八四〇〜一九〇五）の物理学・天文学や、ゲーテに私淑していた生物学者ヘッケル（一八三四〜一九一九）の生物学の講義などを聴講した。その後、彼はベルリンで独立店舗を構えたが（アスカニア社に改称し、高級時計の老舗として今もベルリンに現存）、得意先にはベルリンやイェーナを筆頭としたドイツの総合大学および大学附属天文台はもとより、ドイツ帝国陸軍・海軍・空軍が名を連ねていた。展示室で優しく輝くベルリン由来のバンベルク社製経緯儀は、ドイツと日本の学術的・技術的交流の重要な証拠品のひとつなのである。

終わりに

今から六年ほど前、本書の研究課題に筆者が本格的に取り組もうとしたとき、そのサブタイトルは「文学的視点によるゲーテ時代の応用天文学の歴史」というずっと控えめで、扱う分野も「文学」に限っていた。つまりこれほどまでに政治社会的背景とも関わりをもつ、広大かつ奥行きある文化史を扱うことになるとは、露ほども考えていなかった。しかしまもなく方向修正を余儀なくされた。まずヴァイマルのゲーテ＝シラー文書館で、イェーナ大学専属絵画教師ポスト設置に貢献したベルトゥーフの遺作・遺稿を調べていると、お目当ての資料ファイルに、偶然、ロシア提督クルーゼンシュテルンの手稿が綴じられていた。それも『太平洋地図』に関する彼自身の説明文、ベルトゥーフ主宰学術雑誌への投稿原稿だったらしい。すでに本書第四章で解説したように、この『太平洋地図』には、クルーゼンシュテルンがなぜかゲーテの主君カール・アウグスト公に献じた「日本図」がある。それからさほど時を置かず、今度は、クルーゼンシュテルンにシーボルトが献じた一八四〇年作成の歴史的価値の高い『日本人の原図および天体観測に基づく日本国図』をアンナ・アマーリア公妃図書館が二枚所蔵していることが判明した。こういうふうに「仕事が仕事を始めてしまった」時は抗わず、一緒に最後までつきあうのが鉄則だ。というわけで腹をくくり、シーボルトの『日本』予約発注用の限定版希少地図が二枚もあることを不思議に思い、その由来を調べていくと、早くからヴァイマル市民に公開された図書館（現在のＨＡＡＢ）とは別に、日本で言うなら江戸城〈紅葉山文庫〉に相当する、軍事関係書籍や機密地図だけを集めたヴァイマル公の私的〈軍事文庫〉が存在していたことが明らかになった。また同時にゲーテ時代の測地・測量学において、いかに陸軍が当時最新鋭かつ影響力の強い技術・知識を必要としていたかを再認識させる結果へと導いた。

　ところで本書序章では、ＧＰＳが従来の三角測量の原理を用いていることを述べた。多くの人が頼るようになった「全地球測位システム」すなわちＧＰＳは軍事技術、なかでもミサイル誘導技術にもとづく慣性航法を一般商業化したものである。本書の原稿が完成しつつあった二〇一四年師走、地図の歴史に関する興味深い新刊翻訳『オン・ザ・マップ　地図と人類の物語』が刊行された。著者ガーフィールドは巻末近くで、カーナビやスマートフォンの軍事的起源を確認している。[1] 前者のカーナビの位置づけは、初心者向け軍事用ソフトウェアだし、後者の人工衛星を使ったナビゲーション・システムは、アメリカ国防総省内で大陸弾道ミサイルを誘導する技術として発展し、冷戦終結後の二〇〇〇年に、クリントン政権下で軍事制限が撤廃されたのをうけて民間利用が始まったものだ。ガーフィールドはこれを頭ごなしに否定しないが、デジタル誘導が日常的に普及した現代社会に対して、次のような指摘を行っている。

> 運転中にダッシュボードのカーナビを見たり、歩きながらスマートフォンを見たりすると、顔をあげて実際の景色をあまり見なくなる。今や、何百キロもの移動が――あるいは国の端から端までの旅、ひょっとしたら大陸横断でさえ、通った経路をいっさい知ることなく果たせるようになった。これは衛星ナビゲーションの勝利であると同時に、地理学と歴史、航海術、地図、人間のコミュニケーション能力、そして、周囲の世界と自分自身とのつながりを感じる心の喪失でもある。[2]

二十世紀初頭、フランス式の美しい彩色地図（専門用語で「渲彩《せんさい》図式」）がドイツ式の正確だが無味乾燥なモノトーン地図（専門用語で「一色線号図式」）に移行した時、日本の地形図から〈かきたてるもの〉が失われたという指摘がある。(3) それでもドイツ式地図には、ヨーロッパの伝統を継ぐ職人芸がちりばめられていた。戦後完成した「二万五千分の一」地図にはアメリカ合理主義と写真測量が導入され、さらに単純化・機械化され、地図の面白さを完全に失ったとも嘆かれる。二十一世紀の私たちは同じ三角測量の原理を用いながら、アナログな紙の地図をデジタルの地図が席巻・凌駕することで、〈コミュニケーション能力〉や〈心〉を失っていくのだろうか？

他方、本書の読者は、この頁に至るまでに、十八世紀フランスの、続いてはドイツの自然科学者が自らの頭と身体を駆使して、どんなに我慢強く、並大抵でない覚悟と責任をもって、地球の真の姿を把握しようと努めたか、もうご存じのことだろう。彼らの弛まぬ努力と学問への情熱が、測量技術をさらに改良・洗練させ、最新鋭のGPS技術に比肩する、この上なく精確な三角測量に導いたのだった。言い換えれば、ドイツ詩人ゲーテが生きた時代、特に一八〇〇年前後は、近代自然科学の重要な転換点であり、特に学問の〈数量化〉、現在の語彙で言うなら〈データ化〉が顕著になり、〈測定〉のもつ意味が格段に重くなった。特に測地学においては、理論と実践が密接に結びついた。たとえばある地点の経緯度決定には、当初は弾薬による軍用信号が使われていたが、まもなくガウスが発明した火気不要の回照器に役割を譲った。またゲーテの後期小説『親和力』に登場する「数学に秀でた大尉」は、詩人の単純な思いつきなどではなかった。実際、ゲーテのすぐ近くで、有能なプロイセン大尉ミュフリングが、ゴータ天文台長ツァッハの指揮下で、テューリンゲン測量プロジェクトに従事していたのだ。本書ではこれまで忘れられていた歴史的実在人物像を徹底的に調査し、できるだけ詳しい再構築を試みた。

真理を追究するのが目的の自然科学とて、政治とは無関係ではいられない。本書では自然科学のもつ外交的・政治的側面も意識して提示した。なかでも明治維新後、日本と欧州諸国の外交関係の向上・改善のため、特にシーボルトの長男アレクサンダー・フォン・シーボルトと、かつてゲーテが仕えたカール・アウグストの孫ザクセン＝ヴァイマル＝アイゼナハ大公カール・アレクサンダーが、日本のために尽力・貢献したことは見過ごせない。彼らの時代は、ゲーテたちが活躍した〈黄金時代〉に続く〈銀の時代〉として、近年、ドイツ語圏でとみに注目され、新しい研究成果が次々と発表されている。

本書は三角測量をキーワードにした日独学術交流を扱った。二〇一一年夏に本書の基礎となるドイツ語研究書を刊行後、筆者は学際研究の延長として、同じ時代の医学史に着目して、研究を進めている。おそらくこれも決して偶然ではないのだろう、再び詩人ゲーテが〈導きの糸〉として機能している。その成果の一部は公表済みだが、[4] たとえば高橋至時が翻訳したフランス人天文学者ラランドの著書『天文学』同様、ドイツ人医師フーフェラント（江戸時代は「扶氏」と訳出された。一七六二〜一八三六）の『医学必携 *Enchiridion medicum*』は、江戸時代に適塾の主宰者・緒方洪庵や杉田玄白の孫・杉田成卿によってオランダ語から重訳され、蘭学医ひいては洋学医に大きな影響を与えた。この名医フーフェラントの輝かしいキャリアのスタート地点で、またもやゲーテが重要な役割を果たしている。否、片田舎の若き開業医フーフェラントを発掘し、世に送り出したのは、ゲーテその人だと言っても過言ではない。

また本書第四章で扱ったシーボルトと彼の出島時代の連れ合い・其扇《そのぎ》こと楠本滝との間に生まれた娘・楠本イネ（一八二七〜一九〇三）は、日本においてヨーロッパ医学を修得した最初の女医兼助産師となった。[5] 彼女は近代日本の啓蒙思想家のひとりで、慶應義塾の創設者でもある福澤諭吉（一八三五〜一九〇一）の推薦により、宮内省御用掛を拝命し、明治天皇の女官・権典侍葉室光子の出産に立ち会った。他方、ドイツ・ヴュルツブルクのシーボルト本家でも、シーボルトの叔母にあたるヨゼファ（一七七一〜一八四九）がギーセン大学医学部から女性として初の名誉博士号（産科学・一八一五年）を授与された。さらに彼女の前夫の連れ子シャルロッテ（一七八八〜一八五九）は、開業医をしていた養父ダミアン・フォン・シーボルト（シーボルトの叔父）の薫陶を受け、母同様に産科学を志し、一八一七年に学位請求論文提出と口頭試問を経て正式の医学博士号をギーセン大学で取得した。奇しくもその二年後に彼女が、後のイギリス女王ヴィクトリアおよびその未来の夫となるドイツ・コーブルク公国アルバート王子の誕生に相次いで関わり、ヨーロッパの宮廷産科女医として重要な役割を果たしたのも興味深い〈同時性〉の一例と言えよう。そしてドイツ側シーボルト家出身の女医ヨゼファ、シャルロッテ母娘に博士の学位を授けたのが、本書第三章で紹介したゲーテお気に入りの図版《地球上に分布する有機的自然の景観図》作者のひとり、リトゲンだったことにも不思議な巡り合わせを感じずにはいられない。

最後に文献学調査研究の面から、本書第二章に登場したゴータ天文台長ツァッハ蔵書の行方について補足しておきたい。欧州天文学史にあかるい研究者ブロシェは、消息不明のツァッハおよび後継者リンデナウの旧蔵書にふれ、その調査の必要性を指摘している。(6) そして事実、二〇〇九年時のイェーナ大学附属図書館での長期調査時に、ツァッハの蔵書票やスタンプのついた一次文献に少なからず遭遇した（本書の文献一覧表に、ご参考までに目ぼしい蔵書票関連情報を付け加えている）。司書にも問い合わせたが、ツァッハ蔵書の存在はこれまで意識されていなかったらしく、包括的調査はもとより、旧ツァッハ蔵書という目印や記号をつけて分類・整理することもしていないという。したがって現在、かつてツァッハやリンデナウが使用した歴史的一次文献がいったい何冊、イェーナ大学にあるかは不明である。他方、ゲーテ時代のいくつかの重要な歴史的地図や図版、たとえばフンボルトの学術的図版やシーボルトの地図などは、オンライン検索で請求記号が出てきても、実際は「行方不明」や「欠損」になっていることがたびたびあった。これら古い書籍や史料の所蔵確認は人手も時間も必要とする作業で、決して楽ではないが、学術交流の重要な証拠なのだから、ぜひとも速やかな蔵書調査・情報整理を検討してほしい。だが、そのためには研究者が、その歴史的価値を社会に提示し、作業の重要性・必要性を示す連携も不可欠だ。

〈知識の武器庫〉であり、〈歴史的データの集積所〉である文書館・図書館での地道な作業は、長期の持久戦となることが多く、強靭な精神力と体力を必要とする。筆者が三角測量に携わった人々に不思議なほど魅せられ、深い親しみを覚え、ここまで語り終えたのは、そんな仕事の共通点ゆえだったのかもしれない。

謝辞

『近代測量史への旅』の報告は語り終えたが、研究課題への本格的着手から執筆までかかった時間だけでも六年以上、著者ひとりの力でこんな長旅は到底なし得なかった。本書冒頭（「はじめに」七頁以降）に研究を進めるうえで御世話になった研究施設や機関の名前を挙げたが、他にもたくさんの研究者・専門家に助けていただいた。本書に歴史的価値の高い図版や口絵を掲載できたのも、彼らの理解と協力の賜物である（目次最後にもお断りしているが、権利を有する各個人・施設の「ご許可による」とある図版や口絵の転載はくれぐれもご遠慮願います）。限られた紙幅ですべてを挙げることは叶わないが、以下、資料の調査・提供に特にご尽力下さった方々のお名前を挙げ、あらためて心からお礼申し上げる（敬称略・順不同、ドイツについては都市および施設ごと、日本については施設ごとにまとめた。肩書等は基本的にお世話になった時のもの）。

【イェーナ】フリードリッヒ・シラー大学［科学史研究所兼エルンスト・ヘッケルハウス］故オーラフ・ブライトバッハ教授、アンドレアス・クリストフ博士、［独文学研究所］クラウス・マンガー教授、［文書館］マルギット・ハルトレプ、［総合図書館・貴重書閲覧室］ヨアヒム・オット博士、ヨハンナ・トリーベ、【ヴァイマル】アンナ・アマーリア公妃図書館［地図コレクション］アネット・カリウス＝キーネ、ゲーテ国立博物館［ゲーテ自家書庫］イローナ・ハーク＝マハト、【ヴュルツブルク】シーボルト博物館および同協会［会長およびシーボルトご子孫］コンスタンティン・フォン・ブランデンシュタイン＝ツェッペリン博士、［理事長］ウド・バイライス、［理事］ヴォルフガング・クライン＝ラングナー、【ケルン】ケルン大学独語独文学研究所ハンス・エッセルボルン教授、【デュッセルドルフ】ゲーテ博物館［前館長］フォルクマー・ハンゼン教授、［現館長］クリストフ・ヴィンガーツァーン教授、［副館長］ハイケ・シュピース博士、［図書館］レギーネ・ツェラー、【ドレスデン】ドイツ連邦軍事博物館ゲルハルト・バウアー、【フライブルク】ドイツ連邦軍文書館シュテファニー・ジョツヴィアック、【フランクフルト】ゲーテ博物館［学芸部］ペトラ・マイザク博士、【ベルリン】ドイツ軍事史協会ウルリッヒ・ヘル、ドイツ連邦公文書館フランツ・ゴットリッヒャー、フンボルト大学［森鷗外記念館副館長］ベアーテ・ヴォンデ、［文書館館長］ヴィルフリート・シュルツェ、プロイセン文化財枢密文書館ジーグルン・ラインハルト、ベルリン工科大学文書館スヴェン・オーラフ・エールゼン、ドイツ外務省附属文書館マルティン・クレーガー博士、【ポツダム】軍事史研究局ミヒャエル・ベルガー大尉、ドイツ中央測地学研究所［広報担当］フランツ・オッシング

【慶應義塾大学】［文学部］故宮下啓三教授、［商学部］高山晶教授、［三田メディアセンター］杉山良子、木下和彦、［日吉メディアセンター］柴田由紀子、【国土地理院】［広報広聴室］綿引多実子、［企画部企画調整課］須崎哲典、【日本測量協会および国土地理院ＯＢ】西田文雄、【田坂虎之助ご親族】新野緑、【立山博物館】福江充、【東京大学】［駒場図書館］森恭子

ちなみに本書扉裏に載せたのは、杉山正治（二三九頁参照）ゆかりのドイツ中央測地学研究所からご快諾ご提供いただいた最新のジオイド画像 Potsdamer Schwerekartoffel（直訳すると、「ポツダムの重力じゃがいも」）である。かつてレモンかオレンジかと議論された地球の形が、「じゃがいも」だったというのも楽しい。

紙の山や文字の海で遭難することなく、長い旅路を存分に楽しみ、無事ゴールにたどりつけたのは、他にも辛抱強く見守り、励ましてくれた同僚・友達・家族の支えがあったからだ。著者にとっての胸突き八丁、ラストスパートの校正作業をふたつ返事で手伝って下さった友人Sさん、そして何よりも本書の企画からきめ細やかに、危なっかしい著者を無事刊行まで導いて下さった「名ガイド」、編集者の郷間雅俊さんに深く感謝する。

最後までおつきあい下さった読者に、「お福分け」を。二〇一五年六月のドイツ短期出張中、校正中の本書の内容を知ったシーボルトの後裔ブランデンシュタイン＝ツェッペリン氏が、ご所蔵の貴重なシーボルトの『日本』原画を一枚、微笑みながら示して下さった。シーボルトは一八二三年二月下旬に関門海峡の測量を行っている。本図は『日本』第一冊に若干構図を変え、「ファン・デル・カペレン海峡の景（関門海峡）」として収められているが、果たして促されるまま、左下の漁師小屋（または番屋？）の前をよく見てみれば、取り囲む紋付羽織の通詞たちの表情こそわからないが、確かに西洋人男性二名が経緯儀らしきものを使って測量作業をしている姿があった。

幸せな旅の終わりに感謝しつつ　ゲーテゆかりのヴァイマルにて

二〇一五年盛夏

著　者

関門海峡の測量を行うシーボルトたち一行
ブランデンシュタイン＝ツェッペリン伯爵家所蔵
シーボルトの『日本』原画より，
現在のご当主の許可を得て，著者が撮影・一部を拡大したもの

◉著 者

石原あえか（Aeka Ishihara）

東京大学大学院総合文化研究科准教授。慶應義塾大学大学院在学中にドイツ・ケルン大学に留学，同大で哲学博士 Dr.phil. 取得。ゲーテと近代自然科学を研究テーマとする。ドイツ語単著 *Goethes Buch der Natur*（2005）により，ドイツ学術交流会（DAAD）グリム兄弟奨励賞，日本学術振興会賞および日本学士院学術奨励賞。『科学する詩人ゲーテ』（慶應義塾大学出版会，2010）によりサントリー学芸賞。慶應義塾大学商学部教授を経て，2012 年より現職。2013 年，ドイツ連邦政府より Philipp-Franz von Siebold-Preis（シーボルト賞）受賞。本書は 3 点目のドイツ語単著 *Die Vermessbarkeit der Erde*（2011）の日本語増補改訂版である。その他の著作に『ドクトルたちの奮闘記』（慶應義塾大学出版会，2012）などがある。

近代測量史への旅

ゲーテ時代の自然景観図から明治日本の三角測量まで

2015 年 9 月 25 日　初版第 1 刷発行

著　者　石原あえか

発行所　一般財団法人 法政大学出版局

〒102-0071 東京都千代田区富士見 2-17-1

電話 03（5214）5540 振替 00160-6-95814

組版：HUP　印刷：日経印刷　製本：誠製本

装幀：小林剛（UNA）

ISBN978-4-588-37123-3

主要人名索引

＊原則として五十音順

あ 行

青木周蔵　219–20, 234
麻田剛立　167–68
アッベ　Ernst Abbe　250
アロウスミス　Aaron Arrowsmith　209
生田信　247
伊藤博文　218
伊能忠敬　11–12, 170–71, 200–01, 206, 211, 213–16, 223–25, 227, 240
岩倉具視　218, 224, 233
ヴァイマル公カール・アウグスト　Herzog（1815 年より大公 Großherzog）Carl August von Sachsen-Weimar-Eisenach　10, 37, 41, 67–72, 74–75, 78, 81, 96–100, 106, 109, 125, 127, 130, 137, 146, 148, 174, 181–82, 217–18, 251, 253
ヴァイマル公妃アンナ・アマーリア　Herzogin Anna Amalia von Sachsen-Weimar-Eisenach　7, 9–10, 41, 48–49, 69, 72, 96–98, 104, 153, 160, 180, 182–83, 192–94, 211, 216–17, 220, 251
ヴァイマル大公カール・アレクサンダー　Großherzog Carl Alexander von Sachsen-Weimar-Eisenach　10, 218–20, 253
ヴァイマル大公妃マリア・パヴロフナ　Großherzogin Maria Pawlowna von Sachsen-Weimar-Eisenach　217–19
ヴィクトリア女王　254
ヴィーベキング　Carl Friedrich Wiebeking　67–69
ヴィルヒョウ　Rudolf Ludwig Karl Virchow　104
ヴィルブラント　Johann Bernhard Wilbrand　8–9, 150–54, 157–58
ウェストン　Walter Weston　243–44
ウェリントン将軍　Sir Arthur Wellesley　88
ヴェルナー　Abraham Gottlob Werner　159, 184–85
ヴォルテール　Voltaire　27
宇治長次郎　247
ウリョア　Antonio de Ulloa y de la Torre-Guiral　29, 31, 34–35, 119, 123
エーザー　Adam Friedrich Oeser　97–98
エースフェルト　Carl Ludwig von Oesfeld　129–31
エーメ　Christian Gotthilf Immanuel Oehme　104–05
オイラー　Leonhard Euler　84, 164
オルバース　Wilhelm Olbers　59, 63, 65, 167

か 行

ガウス　Carl Friedrich Gauß　3–4, 7, 12, 44–45, 50, 53, 59, 62–67, 72–73, 90–91, 127, 131, 169, 236, 253
カッシーニ（二代ジャック）　Jacques Cassini　6, 21, 42
カッシーニ（四代ジャン＝ドミニク）　Jean-Dominique Cassini　6, 43
カッシーニ（初代ジョバンニ・ドメニコ）　Giovanni Domenico Cassini　6, 19
カッシーニ（三代セザール＝フランソワ）　César-François Cassini　6, 26, 42–43
桂川甫周国瑞　203
桂太郎　224, 227
カペレン　Godert Alexander Gerard Philip van der Capellen　196
川上冬崖　227

川原慶賀　199, 211
カンパー　Petrus Camper　98
北里柴三郎　232
北白川宮（伏見宮）　230–34
楠本イネ　254
クック船長　James Cook　176, 184
グメリン　Johann Georg Gmelin　202
クラウス　Georg Melchior Kraus　97–99, 105
クリューゲル　Georg Simon Klügel　61, 91
クルーゼンシュテルン　Adam Johann von Krusenstern　59, 172, 175–83, 189, 192, 194, 203, 205–06, 209, 211, 214–17, 243, 251
クルムス　Johann Adam Kulmus　103
呉秀三　197, 199
クレロー　Alexis-Claude Clairaut　23–24, 27–28
ゲ＝リュサック　Louis-Joseph Gay-Lussac　146, 185
ゲーテ　Johann Wolfgang von Goethe　2–5, 7–12, 15, 20, 37–39, 41, 53, 58, 64, 69–71, 74–77, 79, 81–83, 86–87, 95–103, 106–11, 115–16, 118, 125–28, 130, 132–35, 137–53, 155, 157–59, 172–75, 181, 183, 186, 188, 194–95, 221, 228, 232, 235, 237, 249–55
ケーファーシュタイン　Christian Keferstein　138
ゲルステンベルク　Johann Lorenz Julius von Gerstenbergk　12, 99, 105, 107–14, 116
ケンプファー（ケンペル）　Engelbert Kämpfer/Kaempfer　9, 174–75, 189–90, 192, 196
ゴータ公エルンスト二世（ザクセン＝ゴータ＝アルテンブルク公）　Herzog Ernst II. von Sachsen-Gotha-Altenburg　57–58, 62, 64, 67–68, 70–74, 77, 83, 106, 161, 165
ゴータ公妃アマーリエ（ザクセン＝ゴータ＝アルテンブルク公妃）　Herzogin Marie Charlotte Amalie von Sachsen-Gotha-Altenburg　58–59, 61, 180
小島烏水　244–45
小菅智淵　225–26
ゴダン　Louis Godin　23, 28–31, 34
コッツェブー　August von Kotzebue　176
コッツェブー船長　Otto Kotzebue　132, 176
コッホ　Robert Koch　232
ゴロウニン　Wassili Michailowitsch Golownin　192–94

さ 行

シーボルト（アレクサンダー）　Alexander Georg Gustav von Siebold　218–20, 253
シーボルト（カール・カスパー）　Carl Casper von Siebold　195
シーボルト（ゲオルグ・クリストフ）　Johann Georg Christoph von Siebold　195
シーボルト（ダミアン）　Johann Theodor Damian von Siebold　254
シーボルト（バルトロメウス）Bartholomäus (Barthel) von Siebold　105
シーボルト（フィリップ・フランツ）　Philipp Franz Balthasar von Siebold　9–13, 38, 105, 172, 181, 194–200, 203, 209–21, 227, 243, 251, 253–55
シェンク　Johann Gottlob Schen[c]k　104–05, 107
柴崎芳太郎　3–4, 118, 245–49
渋川春海（安井算哲）　4, 166
渋川景佑（旧姓は高橋）　171–72
島津重豪　199, 213
シャトレ侯爵夫人（エミリー・ル・トヌニエ・ド・ブルトゥイユ男爵令嬢）　Émilie Le Tonnelier de Breteuil, Marquise du Châtelet　27–28
シャミッソー　Adelbert von Chamisso　131–32
シャルパンティエ　Johann Wilhelm von Charpentier　138
ジャン・パウル　Jean Paul　82–83, 85–86
シューマッハー　Heinrich Christian Schumacher　75, 90
ジュシュー（アントワーヌ）　Antoine de Jussieu　38
ジュシュー（ベルナール）　Bernard de Jussieu　38
ジュシュー（ジョゼフ）　Joseph de Jussieu　28, 34, 38–41

シュタルク初代　Johann Christian Stark I. 41
シュトルム　Theodor Storm　87
シュパンベルク　Martin Spanberg　202
シュメッタウ　Friedrich Wilhelm Carl Graf von Schmettau　67–68, 69, 72
シュライバース　Carl Franz Anton Ritter von Schreibers　37
シュレーター　Corona Schröter　99
シュレーター　Johann Hieronymus Schroeter　62–63
シュレーン　Heinrich Ludwig Friedrich Schrön　127–29, 132–34, 137, 148
シラー　Friedrich Schiller　41, 69, 232
杉山正治　238–40
ズッコウ　Lorenz Johann Daniel Suckow 107
ストラッベ　Arnoldus Bastiaan Strabbe 168
スネリウス　Willebrord Snellius（スネル Snell van Rojen とも呼ばれる）　6, 18
スミス　Christen Smith　36, 159, 186
スミス　William Smith　137–38
関孝和　163–64
セルシウス　Anders Celsius　24
ソシュール　Horace-Bénédict de Saussure 116, 120, 122, 146

た行

大黒屋光太夫　202–03
高橋景保　vi, 12, 169, 172, 200, 207–16
高橋至時　12, 161, 166–72, 200, 207, 254
田坂虎之助　223, 228–31, 233–35, 237–40, 245
館潔彦　241–45
建部賢弘　164–65
ツァイス　Carl Zeiß　249–50
ツァッハ　Franz Xaver von Zach　4, 6, 11–12, 33, 53–60, 62–65, 67, 70–77, 83, 85, 90, 93, 118, 121–22, 131, 165, 168, 177–80, 189, 192, 253, 255
津太夫　177, 179, 192
ツンベルク　Carl Peter Thunberg　196, 203
デ・オドネ　Jean Godin des Odonais　28
ティーデマン　Friedrich Tiedemann　107
ティコ・ブラーエ　Tycho Brahe　167
ティチング　Isaac Titsingh　191–92
ティティウス　Johann Daniel Titius　62
デカルト　René Descartes　20–22, 27
ドゥランブル　Jean-Baptiste-Joseph Delambre　44–45, 47–49, 54–55, 60, 63–64, 66, 71, 88–90, 118–21, 123, 193
徳川昭武　218, 232
徳川吉宗　161, 164–67
トランショ　Jean-Joseph Tranchot　88–90
ドリュク　Jean-André Deluc あるいは de Luc　120, 122

な行

長久保赤水　224
新田次郎　3, 245, 248
ネース・フォン・エーゼンベック　Christian Gottfried Nees von Esenbeck　38, 195
ニコレ　Joseph-Nicolas Nicollet　50
ニュートン　Isaac Newton　6, 20–22, 26–28, 33, 166

は行

ハーシェル　Friedrich Wilhelm Herschel 62
間重富　167-68, 172, 200
パスカル　Blaise Pascal　120
バッチュ　August Johann Georg Carl Batsch 105
ハリソン　John Harrison　19, 45
ハワード　Luke Howard　125–26, 146–50
ハンゼン　Peter Andreas Hansen　75–76, 136–37
バンベルク　Carl Bamberg　249–50
ピアッチ　Giuseppe Piazzi　64–65
ビスマルク　Otto von Bismarck　115, 219, 224
ヒュープナー　Johann Hübner　207
ファルンハーゲン・フォン・エンゼ　Karl August Varnhagen von Ense　77
ブーゲ　Pierre Bouguer　22–23, 26, 28, 30–34, 36, 48–49, 119, 123–24, 193

ブーフ　Leopold von Buch　36, 123, 135, 159, 183–89, 191–92
フーフェラント　Christoph Wilhelm Hufeland　38, 110, 254
フェラーリ　Graf Joseph Johann von Ferraris　6, 43
フェルメール　Johannes Vermeer　165
フォークト　Johann Heinrich Voigt　99, 122
フォースター　Johann Reinhold Forster　184
フォントネル　Bernard le Bovier de Fontenelle　21–22
福澤諭吉　254
伏見宮能久親王　→北白河宮
ブラウフース　Johann Valentin Blaufuß　70
フリードリヒ　Caspar David Friedrich　101
ブルクハルト　Johann Karl Burckhardt　58–59, 63
フロリープ　Ludwig Friedrich von Froriep　129, 147
フンボルト（アレクサンダー）　Alexander von Humboldt　3, 7, 9, 11–12, 36, 44–45, 59, 110, 117–24, 131–32, 135, 139–46, 151, 153–55, 157–59, 184–86, 233–34, 238, 243, 255
フンボルト（ヴィルヘルム）　Wilhelm von Humboldt　36, 120, 139
ベーリング　Vitus Jonassen Be[h]ring　201–02
ヘッケル　Ernst Heckel　250
ベッセル　Friedrich Wilhelm Bessel　59, 137
ベルクハウス　Heinrich Berghaus　131–32
ベルトゥーフ　Friedrich Justin Bertuch　54–55, 96–98, 100, 103, 118, 129, 131, 138, 144–45, 147, 150, 251
ベルヌーイ　Jacob Bernoulli　84, 164
ヘルメルト　Friedrich Robert Helmert　238–39
ボーデ　Johann Elert Bode　54, 60, 62
ボーヤイ　Farkas Wolfgang Bolyai　59
ポッゲンドルフ　Johann Christian Poggendorff　129–33
ポッセルト　Johann Friedrich Posselt　127–28
ホッフ　Karl Ernst Adolf von Hoff　122, 135–38, 147
ホルナー　Johann Casper Horner　59–60, 177–79, 192
ホルヘ・ホワン　Jorge Juan y Santacilia　29
ボンプラン　Aimé-Jacques-Alexandre Bonpland，本名グジョー（Goujaud）　36, 117, 124, 139–40, 158

ま 行

松田伝十郎　206–07
間宮林蔵　200, 203, 206–07, 209–10, 212, 214, 233
マルティウス　Carl Friedrich Philipp von Martius　37–38
箕作阮甫　197
箕作省吾　124–25
箕作麟祥（貞一郎）　197, 231–32
ミュフリング　Friedrich Carl Ferdinand von Müffling（通称 Weiß）　53, 72, 74, 76–79, 81–82, 85, 88–93, 100, 114, 130–31, 228, 253
ミュラー　Gerhard Friedrich Müller　202
ミュンヒョウ　Karl Diedrich von Münchow　127
ミルテンベルク　Wilhelm Adolph Miltenberg　121–23, 125
メシャン　Pierre-François-André Méchain　6, 43–45, 47–50, 55, 60, 63–64, 66, 71, 89–90, 119–21, 123, 193
モーペルテュイ　Pierre-Louis-Moreau de Maupertuis　21–29, 33, 60
モーリッツ　Karl Philipp Moritz　100
最上徳内　200, 205–06, 209–12, 214–15, 246
森鷗外　232–33
モルトケ　Helmut von Moltke　224, 236

や 行

安井算哲　→渋川春海
山縣有朋　224
ユングフーン　Franz Wilhelm Junghuhn　38, 42, 159–60
吉田光由　162–63
ヨルダン　Wilhelm Jordan　235–38

ら 行

ラ・コンダミーヌ　Charles Marie de La Condamine　23, 28–36, 39–40, 48, 119, 120, 123, 193
ラ・ペルーズ　Jean-François de Galaup de La Pérouse　203–05, 209
ライプニッツ　Gottfried Wilhelm Leibniz　163
ラクスマン　Adam Laksman　202–03, 205
ラクスマン（ロシア語表記 Kirill Gustavovich Laksman，スウェーデン語表記 Erik Laxman）　202–03, 205
ラグランジュ　Joseph-Louis Lagrange　54
ラプラス　Pierre-Simon de Laplace　44, 50, 54, 56, 59, 66–67, 88, 118–19
ラムスデン　Jesse Ramsden　57–58, 73, 179
ラランド　Joseph-Jérôme de Lalande　11–12, 47, 53–56, 58–62, 64, 161, 168–72, 200, 254
ラングスドルフ　Georg Heinrich von Langsdorff　178
リシェ　Jean Richer　20
リッター　Carl Ritter　121
リトゲン　Ferdinand August Max Franz von Ritgen　8–9, 150–54, 157–58, 255
リンデナウ　Bernhard August von Lindenau　59–60, 75, 122, 135, 145, 151, 255
ルー　Jacob Wilhelm Christian Roux　103–07, 146–48
ルコック　Karl Ludwig Edler von Lecoq　71–72, 74, 88, 131
ルジャンドル　Adrien- Marie Legendre　4, 6, 43, 50, 65–67
レザノフ　Nikolai Petrowitsch Resanow　176, 192, 206
ローダー　Justus Christian Loder　38, 98, 102–06, 195

文献リスト

A. 一次文献

＊ヨーロッパ言語によるもの

Acta observatorii No.X, Akten der Großherzoglichen Sternwarte zu Jena, Bestand S. Universitätsarchiv Jena.

Acta Sieboldiana IX. Korrespondenz Alexander von Siebolds in den Archiven des japanischen Außenministeriums und der Tôkyô-Universität 1859–1895. Veröffentlichungen des Ostasien-Instituts der Ruhr-Universität Bochum Bd. 33. Hrsg. v. Vera Schmidt. Wiesbaden (Harrassowitz) 2000.

Biermann, Kurt-R. (Hrsg.): *Briefwechsel zwischen Alexander von Humboldt und Carl Friedrich Gauß*. Berlin (Akademie-Verlag) 1977.

Block, Walter (Hrsg.): *Grundlagen des dezimalen metrischen Systems oder Messung des Meridianbogens zwischen den Breiten von Dünkirchen und Barcelona, ausgeführt im Jahre 1792 und in den folgenden von Méchain und Delambre.* Redigiert von Delambre. Mit 2 Tafeln. Paris. Baudoin, Buchdrucker des Nationalinstituts. In Auswahl übersetzt und herausgegeben von W. Block. Leipzig (Wilhelm Engelmann) 1911.

Bouguer, Pierre: *La figure de la terre, déterminée par les observations de Messieurs Bouguer, & de La Condamine, de l'Académie Royale des Sçiences, envoyés par ordre du roy au Pérou, pour observer aux environs de l'Equateur. Avec une Relation abrégée de ce voyage, qui contient la description du pays dans lequel les opérations ont été faites*. Paris, Quay des Augustins, Chez Charles-Antoine Jombert, Libraire du Roy pour l'Artillerie & le Génie. 1749.（ツァッハの蔵書票付きでイェーナ大学総合図書館 ThULB 所蔵）

Bratranek, Franz Thomas (Hrsg.): *Goethe's Naturwissenschaftliche Correspondenz (1812–1832)*. Im Auftrage der von Goethe'schen Familie herausgegeben von F. Th. Bratranek. Leipzig (Brockhaus) 1874–1876, 3 Teile.

Briefe an Goethe. Gesamtausgabe in Regestform. Nationale Forschungs- und Gedenkstätten der klassischen deutschen Literatur in Weimar. Hrsg. v. Karl Heinz Hahn. Später hrsg. von der Stiftung Weimarer Klassik, Goethe- und Schiller-Archiv. Ab Bd. 7 hrsg. von der Stiftung Weimarer Klassik und den Kunstsammlungen zu Weimar. Weimar (Böhlau) 1980–1995, 15 Bde.

Briefwechsel des Großherzogs Carl August von Sachsen-Weimar-Eisenach mit Goethe in den Jahren von 1775–1828. Bd. 1, Weimar (Landes-Industrie-Comptoir) 1863.

Briefwechsel zwischen Alexander von Humboldt und Carl Friedrich Gauß. Zum 200.

Geburtstag von C. F. Gauß im Auftrage des Gauß-Komitees bei der Akademie der Wissenschaften der DDR. Neu hrsg. durch Kurt-R. Biermann. Berlin (Akademie-Verlag) 1977.

Buch, Leopold von: *Geognostische Beobachtungen auf Reisen durch Deutschland und Italien*. Berlin (Haude und Spener) 1802–1809, 2 Bde.

Buch, Leopold von: *Ueber das Fortschreiten der Bildungen in der Natur. Antrittsrede in der Königlichen Akademie der Wissenschaften, den 17ten April 1806.* Berlin 1806.

Buch, Leopold von: *Physicalische Beschreibung der Canarischen Inseln.* Berlin (Druckerei der Kgl. Akademie d. Wiss.) 1825.

Buch, Leopold von: *Physicalische Beschreibung der Canarischen Inseln. Atlas [Tafelband].* Berlin (Druckerei der Kgl. Akademie d. Wiss.) 1825.

Buch, Leopold von: *Gesammelte Schriften.* Hrsg. v. J. Ewald, J. Roth und H. Eck. Berlin (Georg Reimer) 1867–1885.

Chamisso, Adelbert von: *Bemerkungen und Ansichten auf einer Entdeckungs-Reise unternommen in den Jahren 1815–1818. Auf Kosten Sr. Erlaucht des Herrn Reichs-Kanzlers Grafen Rumanzoff, auf dem Schiffe Rurick, unter dem Befehle des Lieutenants der Russisch- Kaiserlichen Marine Otto von Kotzebue von dem Naturforscher der Expedition*. Weimar (Gebrüder Hoffmann) 1821.

Delambre, Jean-Baptiste-Joseph: *Base du système métrique décimal, ou mesure de l'arc du méridien compris entre les parallèles de Dunkerque et Barcelone.* Paris (Baudouin) 1806–1810, 3 Bde.

Gauß, Carl Friedrich: *Werke in 12 Bdn*. Hrsg. v. der Gesellschaft der Wissenschaft zu Göttingen. In Kommission bei Julius Springer in Berlin. 1924–1929. Repr. Hildesheim und New York (Georg Olms) 1973.

Gerstenbergk, Johann Laurentius Julius von: *Ueber die zuverlässigste Ausfertigung der Bergcharten und der Ausführbarkeit der gradmäsigen Bezeichnung der Aussenfläche eines Gebirges*. Eine Vorlesung, gehalten am 30. Januar 1804. In: Lenz, Johann Georg (Hrsg.): *Schriften der Herzoglichen Societät für die gesammte Mineralogie zu Jena*. Zweyter Band. Jena (Hofbuchdrucker Göpferdt) 1806, S. 177–204.

Gerstenbergk, Johann Laurentius Julius von: *Anleitung zur mathematisch-topographischen Zeichnungslehre zum handleitenden und Selbstunterricht nach einem eigenen System* bearbeitet von J. L. J. von Gerstenbergk. Jena (Hofbuchdrucker Göpferdt) 1808.

Gerstenbergk, Johann Laurentius Julius von: *Ueber die topographischen Landesvermessungen überhaupt, und in militärischer Hinsicht insbesondere, nebst einer Anweisung zum isolirten Aufnehmen durch taktische Beispiele*. Jena (Cröker) 1809.

Goethe, Johann Wolfgang von: *Die Schriften zur Naturwissenschaft. Leopoldina Ausgabe* (略称 LA). Vollständige mit Erläuterungen versehene Ausgabe im Auftrage der deutschen Akademie der Naturforscher Leopoldina begr. von K. Lothar Wolf und Wilhelm Troll. Hrsg. von Dorothea Kuhn und Wolf von Engelhardt. 2 Abteilungen, 1. Abt.: 10 Bände, 2. Abt.: 10 Bände. Weimar (H. Böhlau) 1947ff.

Goethe, Johann Wolfgang von: *Sämtliche Werke, Briefe, Tagebücher und Gespräche. Frankfurter Ausgabe*（略称 FA）. Hrsg. v. Dieter Borchmeyer u.a. 40 Bde. Frankfurt a.M. (Deutscher Klassiker Verlag) 1985–2013.

Goethe, Johann Wolfgang von: *Werke. Weimarer oder Sophienausgabe*（略称 WA）. Hrsg. im Auftrage der Großherzogin Sophie von Sachsen. Abtlg. I-IV. 133 Bde. in 143 Teilen. Weimar (H. Böhlau) 1887–1919.

Goethe, Johann Wolfgang: *Sämtliche Werke nach Epochen seines Schaffens. Münchner Ausgabe*（略称 MA）. Hrsg. v. Karl Richter in Zusammenarbeit mit H. G. Göpfert, N. Miller, G. Sauder und E. Zehm. 20 Bde. in 32 Teilbänden und 1 Registerband. München (Carl Hanser) 1982–1998.

Goethes Gespräche. Eine Sammlung zeitgenössischer Berichte aus seinem Umgang. Auf Grund der Ausg. und des Nachlasses von Flodoard Freiherrn von Biedermann erg. und hrsg. von Wolfgang Herwig. 5 Bde. in 6 Teilbdn. Zürich und Stuttgart (Artemis) 1965–1987.

Golovnin, Vasilij M.: *Begebenheiten des Capitains von der Russisch-Kaiserlichen Marine Golownin, in der Gefangenschaft bei den Japanern in den Jahren 1811, 1812 und 1813, nebst seinen Bemerkungen über das japanische Reich und Volk und einem Anhange des Captains Rikord*. Aus dem Russischen übersetzt von Dr. Carl Johann Schultz. Leipzig (Gerhard Fleischer der Jüngere) 1817–1818.

Golovnin, Vasilij M.: *Abenteuerliche Gefangenschaft im alten Japan 1811–1813*. Neu bearbeitet von Ernst Bartsch. Stuttgart/Wien (Edition Erdmann) 1995.

Gräf, Hans Gerhard (Hrsg.): *Goethe über seine Dichtungen. Versuch einer Sammlung aller Aeusserungen des Dichters über seine poetischen Werke*. Frankfurt a.M. (Rütten & Loening) 1901–1914.

Hoff, Karl Ernst Adolf von: *Gemälde der physischen Beschaffenheit, insbesondere der Gebirgsformationen von Thüringen*. Vorgelesen in der Akademie nützlicher Wissenschaften zu Erfurt, den 25. August 1811. Erfurt (Beyer und Maring) 1812.

Hoff, Karl Ernst Adolf von: *Geschichte der durch Überlieferung nachgewiesenen natürlichen Veränderungen der Erdoberfläche. II. Theil. Geschichte der Vulcane und der Erdbeben*. Gotha (Justus Perthes) 1824.

Hoff, Karl Ernst Adolf von: *Höhen-Messung einiger Orte und Berge zwischen Gotha und Coburg durch Barometerbeobachtung versucht und den in der siebenten Jahresversammlung zu Berlin vereinigten Naturforschern dargestellt*. Mit einer illuminierten Steindrucktafel. Gotha (出版社不明) 1828.

Humboldt, Alexander von/Bonpland, Aimé: *Ideen zu einer Geographie der Pflanzen nebst einem Naturgemälde der Tropenländer*. Auf Beobachtungen und Messungen gegründet, welche vom 10ten Grade nördlicher bis zum 10ten Grade südlicher Breite, in den Jahren 1799, 1800, 1801, 1802 und 1803 angestellt worden sind. Bearbeitet und herausgegeben von dem erstern. Mit einer Kupfertafel. Tübingen, bei F. G. Cotta. Paris, bey F. Schoell (Rue des Maçons-Sorbonne, No. 19) 1807.

Humboldt, Alexander von: *Über einen Versuch den Gipfel des Chimborazo zu ersteigen. Mit*

dem vollständigen Text des Tagebuches „Reise zum Chimborazo“. Hrsg. und mit einem Essay versehen von Oliver Lubrich und Ottmar Ette. Frankfurt a.M. (Eichborn) 2006.

Humboldt, Alexander von: *Mein vielbewegtes Leben. Der Forscher über sich und seine Werke*. Ausgewählt und mit biographischen Zwischenstücken versehen von Frank Holl. Frankfurt a.M. (Eichborn) 2009.

Humboldt, Alexander von: *Kritische Untersuchung zur historischen Entwicklung der geographischen Kenntnisse von der neuen Welt und den Fortschritten der nautischen Astronomie im 15. und 16. Jahrhundert*. Mit dem Geographischen und Physischen Atlas der Äquinoktial-Gegenden des neuen Kontinentes sowie dem Unsichtbaren Atlas der von ihm untersuchten Kartenwerke. Mit einem vollständigen Namen- und Sachregister. Nach der Übersetzung aus dem Französischen von Julius Ludwig Ideler ediert und mit einem Nachwort versehen von Ottmar Ette. Frankfurt a.M. / Leipzig (Insel) 2009, 2 Bde.

Jean Paul: *Sämtliche Werke* in 12 Bdn. Hrsg. v. Norbert Miller. München (Carl Hanser) 1975.

Jordan, Wilhelm: *Methode der kleinsten Quadrate und niedere Geodäsie. Handbuch der Vermessungskunde. Bd. 1.* Stuttgart (Metzler), 1877 (2. umg. und ver. Aufl. 東京大学地震研究所所蔵)。

Jordan, Wilhelm: *Höhere Geodäsie. Handbuch der Vermessungskunde. Bd. 2.* Stuttgart (Metzler), 1878 (2. umg. und ver. Aufl. 東京大学地震研究所所蔵)。

Jordan, W. und Eggert, Otto: *Handbuch der Vermessungskunde. Bd. 3/1, Landesvermessung, Sphäroidische Berechnungen und Astronomische Ortbestimmung*. 9. unveränderte Aufl., bearbeitet von E. Otto. Stuttgart (Metzler) 1948.

Junghuhn, Friedrich (eigentlich Franz): *Topographische und naturwissenschaftliche Reisen durch Java.* Für die Kaiserl. Leopold.-Carol. Akademie der Naturforscher zum Druck befördert und bevorwortet durch Dr. C. S. Nees von Esenbeck, Präsidenten der Akademie. Mit einem aus 38 Tafeln und 2 Höhenkarten bestehenden Atlasse. Magdeburg (Emil Baensch) 1845.

Junghuhn, Franz: *Die Insel der Vulkane. Reisen und Wanderungen durch Java*. Aus: Franz Wilhelm Junghuhn: *Topographische und naturwissenschaftliche Reisen durch Java*. Hrsg. v. Nees von Esenbeck, Magdeburg 1845. Einband nach Entwurf von Hein Bartels. Leipzig (F. A. Brockhaus) 1950.

Kehlmann, Daniel: *Die Vermessung der Welt.* Hamburg (Rowohlt) 2005. 『世界の測量　ガウスとフンボルトの物語』瀬川裕司訳，三修社，2008 年

Kotzebue, Otto von: *Entdeckungs-Reise in die Süd-See und nach der Berings-Straße zur Erforschung einer nordöstlichen Durchfahrt. Unternommen in den Jahren 1815, 1816, 1817 und 1818, auf Kosten Sr. Erlaucht des Herrn Reichs-Kanzlers Grafen Rumanzoff auf dem Schiffe Rurick unter dem Befehle des Lieutenants der Russisch-Kaiserlichen Marine Otto von Kotzebue*. 3 Bde. Weimar (Gebrüder Hoffmann) 1821.

Krusenstern, Adam Johann von: *Reise um die Welt in den Jahren 1803, 1804, 1805 und 1806 auf Befehl seiner kaiserlichen Majestät Alexander des Ersten auf den Schiffen Nadeshda*

und Newa unter dem Commando des Capitains von der Kaiserlichen Marine A. J. von Krusenstern. 3 Bde. Erster Theil (1810), Zweiter Theil (1811) und Dritter Theil (1812). St. Petersburg, gedruckt in der Schnoorschen Buchdruckerey 1810. Auf Kosten des Verfassers.

Krusenstern, Adam Johann von: *Uebersicht der Polar-Reisen zur Entdeckung einer nördlichen Durchfahrt aus dem Atlantischen Ocean in das Süd-Meer*. Weimar (Gebrüder Hoffmann) 1821.

Krusenstern, Adam Johann von: *Atlas de l'Ocean Pacifique, tome II, dressé par M. de Krusenstern Contre-amiral et directeur du corps des cadets de la marine*; publié par ordre de sa majesté impériale St. Petersburg 1827.（ゲーテ・シラー文書館 GSA が手稿所蔵）

Krusenstern, Adam Johann von: *Reise um die Welt in den Jahren 1803–1806*. 1 Bd. 1–3 Hefte. In: *Bibliothek der vorzüglichsten und neuesten Reisebeschreibungen über alle Theile und Länder der Welt, in systematischer Ordnung mit Charten.* In Verbindung mit mehreren Mitarbeitern besorgt und herausgegeben von J. Hörner. Hildburghausen (Kesselringsche Hofbuchhandlung) 1828.

Krusenstern, Adam Johann von: *Reise um die Welt. Erlebnisse und Bordbuchnotizen des Kommandanten der Expeditionsschiffe »Nadeshda« und »Newa« bei der ersten Weltumseglung unter russischer Flagge in den Jahren 1803–1806*. Ausgewählt, bearbeitet und herausgegeben von Christel und Helmuth Pelzer. Mit einem Nachwort von Helmuth Pelzer. Leipzig (Brockhaus) 1985.

La Condamine, Charles-Marie de: *Relation abrégée d'un voyage fait dans l'intérieur de l'Amérique méridionale, depuis la côte de la Mer du Sud, jusqu'aux côtes du Brésil & de la Guyane, en descendant La Rivière des Amazones*; Lue à l'Assemblée de l'Académie des sciences, le 28 avril 1745 par M. de La Condamine; de la même Académie, avec une carte du Maragnon, ou de la rivière des Amazones, levée par le même. A Paris, chez la veuve Pissot, quay de Conti, à la Croix d'Or. 1745.（Pistor の蔵書票付きで ThULB 所蔵）

La Condamine, Charles-Marie de: *Histoire des Pyramides de Quito, ou Relation de ce qui s'est passé au sujet des pyramides & des inscriptions posées aux deux extrémités de la base voisine de Quito*. Paris（出版社不明）1751.

La Condamine, Charles-Marie de: *Journal du voyage fait par ordre du Roi, à l'Équateur, servant d'introduction historique à la mesure des trois premiers degrés du méridien.* Paris (Imprimerie royale) 1751.

La Condamine, Charles-Marie de: *Nachricht von dem Fieberrindenbaum*. In: *Sammlung verschiedener die Fieberrinde betreffender Abhandlungen und Nachrichten.* Aus dem Englischen und Französischen in das Deutsche übersetzt, von D. Georg Leonhart Huth. Nürnberg (J. Mich. Seeligmann) 1760.（ゲーテ時代の医学者 C. W. Starkii の蔵書票付きで ThULB に所蔵）

La Condamine, Charles-Marie de: *Relation abrégée d'un voyage fait dans l'intérieur de l'Amérique méridionale, depuis la côte de la Mer du Sud, jusqu'aux côtes du Brésil & de*

la Guyane, en descendant la rivière des Amazones, par M. de La Condamine; de l'Académie des sciences, avec une carte du Maragnon, ou de la rivière des Amazones, levée par le même. Nouvelle édition augmentée de la relation de l'élément populaire de Cuença au Pérou, et d'une Lettre de M. Godin des Odonais; contenant la relation du voyage de Madame Godin, son épouse, etc. A Maestricht (Jean-Edmé Dufour & Philippe Roux, Imprimeurs-libraires associés) 1778.

La Condamine, Charles-Marie de: *Reise zur Mitte der Welt. Die Geschichte von der Suche nach der wahren Gestalt der Erde*. Herausgegeben, eingeleitet und kommentiert von Barbara Gretenkord. Ostfildern (Jan Thorbecke) 2003.

La Lande, Jérôme de: *Astronomie.* Troisième édition, Revue et augmentée. A Paris, chez la veuve Desaint, rue du Foin Saint-Jacques. 1792.

La Lande, Jérôme de: *Astronomie des dames*. Seconde Édition. Paris 1795.

La Lande, Jérôme de: *Bibliographie astronomique avec l'histoire de l'astronomie depuis 1781 jusqu'à 1802*. Paris (Imprimerie de la République) 1803.（ツァッハの蔵書票付きでThULBに所蔵）

La Pérouse, Jean-François de Galaup, comte de: *Atlas du voyage de La Pérouse*. Paris（出版社不明）. 1790年代推定（慶應義塾図書館所蔵・準貴重書）

Laplace, Pierre-Simon de: *Mechanik des Himmels von P. S. Laplace, Mitglied des Französischen National-Instituts und der Commission für die Meeres-Länge. Aus dem Französischen übersetzt und mit erläuternden Anmerkungen versehen von J. C. Burckhardt*. Erster Theil. Berlin (F. T. LaGarde) 1800.

Lenz, Johann Georg (Hrsg.): *Schriften der Herzoglichen Societät für die gesammte Mineralogie zu Jena. Erster Band.* Jena (Hofbuchdrucker Göpferdt) 1804.

Lenz, Johann Georg (Hrsg.): *Schriften der Herzoglichen Societät für die gesammte Mineralogie zu Jena. Zweyter Band.* Jena (Hofbuchdrucker Göpferdt) 1806.

Maupertuis, Pierre-Louis-Moreau de: *Der Meridian-Grad zwischen Paris und Amiens: woraus man die Figur der Erde herleitet; durch Vergleichung dieses Grads mit dem, so beym Polar-Zirkel gemessen worden*. Zürich (Heidegger) 1742.

Meteorologische Beobachtungen. Aufgezeichnet in den Anstalten für Witterungskunde im Großherzogthum Sachsen-Weimar-Eisenach, mitgetheilt von Großherzoglicher Sternwarte zu Jena. Weimar (Landes-Industrie-Comptoir) 1823–1828.

Miltenberg, Wilhelm Adolph: *Die Höhen der Erde, oder systematisches Verzeichnis der gemessenen Berghöhen und Beschreibung der bekanntesten Berge der Erde, nebst einem Anhange, enthaltend die Höhen von vielen Städten, Thälern, Seen etc. Ein Beitrag zur physischen Erdkunde.* Frankfurt a.M. (Heinrich Ludwig Brönner) 1815.

Müffling, Friedrich Karl Ferdinand Freiherr von: *Aus meinem Leben*. Zwei Theile in einem Bande. Berlin (Druck und Verlag von E. S. Mittler und Sohn) 1851.

Müffling, Karl Freiherr von: *Offizier–Kartograph–Politiker (1775–1851). Lebenserinnerungen und kleinere Schriften*. Bearbeitet und ergänzt von Hans-Joachim Behr. Köln / Weimar / Wien (Böhlau) 2003.

Scheyers, Johann Georg: *Praktisch-ökonomische Wasserbaukunst, zum Unterricht für Beamte, Förster, Landwirthe, Müller und jeden Landmann, besonders für die welche an Flüssen und Strömen wohnen.* Mit einer Vorrede vom Herrn Kammerrath Suckow, Professor der Mathematik und Kameralwissenschaft in Jena. Neue verbesserte Ausgabe. Mit achtzehn Kupfertafeln. Leipzig (Johann Benjamin Georg Fleischer) 1795.

Scheyers, Johann Georg: *Praktischer Wehrbau.* Von Johann Georg Scheyer, Hochfürstl. Hohenlohischer Ingenieur-Hauptmann und Baudirektor, der Russisch-Kayserl. Freyen ökonomischen Gesellschaft zu St. Petersburg, der königl. Preussischen naturforschenden Gesellschaft in Halle, der Kurfürstl. Sächsischen ökonomischen Gesellschaft in Leipzig und der naturforschenden Gesellschaft in Zürich correspondirendem Mitglied. *Ein Nachtrag zu dessen Wasserbaukunst.* Mit 10 Kupfertafeln. Leipzig (Johann Benjamin Georg Fleischer) 1800.

Schriften der Herzoglichen Societät für die gesammte Mineralogie zu Jena. 3 Bde. Neustadt 1804–11.

Schrön, Friedrich: *Meteorologische Beobachtungen des Jahres 1822, aufgezeichnet in den Anstalten für Witterungskunde im Großherzogthum Sachsen-Weimar-Eisenach, mitgetheilt von Großherzoglicher Sternwarte zu Jena.* Erster Jahrgang. Weimar (Verlag des Dr. S. priv. Landes-Industrie-Comptoirs) 1823.

Schwabe, Johann Friedrich Heinrich: *Historische Nachricht von der Societät für die gesammte Mineralogie zu Jena*. Jena (J. G. Voigt) 1801.

Siebold, Philipp Franz von: *Karte vom Japanischen Reiche nach Originalkarten und astronomischen Beobachtungen der Japaner.* Leiden (Arnz & Comp.) 1840.（アンナ・アマーリア公妃図書館 HAAB 所蔵）

Siebold, Philipp Franz von: *Nippon. Archief voor de beschrijving van Japan bewerkt door Ph. F. von Siebold/Nach japanischen und europäischen Schriften und eigenen Beobachtungen bearbeitet durch Ph. Fr. von Siebold*. ca. 1832.（HAAB 所蔵，7 Bde. 大判厚紙ファイルに製本せず綴じて所蔵）

Siebold, Philipp Franz von: *Nippon. Archiv zur Beschreibung von Japan und dessen Neben- und Schutzländern: Jezo mit den südlichen Kurilen, Krafto, Kooraï und den Liukiu-Inseln nach japanischen und europäischen Schriften und eigenen Beobachtungen*. Leyden (C.C. van der Hoek) 1832–54 (?), 4 Bde.（慶應義塾図書館所蔵，幸田文庫）

Sobel, Dava/William J. H. Andrewes: *The Illustrated Longitude.* New York (Walker) 1998. Ins Deutsche übersetzt von Matthias Fienbork und Dirk Muelder als *Längengrad. Die wahre Geschichte eines einsamen Genies, welches das größte wissenschaftliche Problem seiner Zeit löste.* Die illustrierte Ausgabe. Berlin (Berlin Verlag) 1999.

Soret, Frédéric: *Zehn Jahre bei Goethe. Erinnerungen an Weimars klassische Zeit 1822–1832. Aus Sorets handschriftlichem Nachlass, seinen Tagebüchern und seinem Briefwechsel*. Leipzig (Brockhaus) 1929.

Storm, Theodor: *Sämtliche Werke in vier Bänden*. Hrsg. v. Karl Ernst Laage und Dieter Lohmeier. Frankfurt a.M. (Deutscher Klassiker Verlag) 1998.

Titsingh, Isaäc: *Mémoires et anecdotes sur la dynastie régnante des Djogouns, souverains du Japon: avec la description des fêtes et cérémonies observées aux différentes époques de l'année à la cour de ces princes, et un appendice contenant des détails sur la poésie des Japonais, leur manière de diviser l'année, ... ; ouvrage orné de planches gravées et coloriées, tiré des originaux japonais, par M. Titsingh.* Publié avec des notes et éclaircissements par M. Abel Rémusat, Paris (Nepveu) 1820.

Titsingh, Isaäc: *Illustrations of Japan; Consisting of Private Memoirs and Anecdotes of the Reigning Dynasty of the Djogouns,* London (Ackermann) 1822.

Wilbrand, Johann Bernhard/Ritgen, Ferdinand August Max Franz von: *Gemälde der organischen Natur in ihrer Verbreitung auf der Erde*. Giessen (C. B. Müller) 1821.

Zach, Franz Xaver von: *Über Pierre-François-André Méchain. Astronom der National-Sternwarte, Mitglied des National-Instituts und des Bureau des Longitudes in Paris*. Sonderdruck aus dem Julius-Stück der *Monatlichen Correspondenz zur Beförderung der Erd- und Himmelskunde* 1800.

Zach, Franz Xaver von (Hrsg.): *Monatliche Correspondenz zur Beförderung der Erd- und Himmelskunde*. Gotha (Becker) 1800–1813.

＊日本語によるもの

（抜粋・翻訳作品含む：ドイツ語訳も参照した場合は併記している）

朝井まかて『先生のお庭番』徳間書店，2012 年

市原麻里子『フレイヘイドの風が吹く』右文書院，2010 年

乾浩『北夷の海』（『東韃靼への海路』他含む）新人物往来社，2002 年

乾浩『北冥の白虹　小説・最上徳内』新人物往来社，2003 年

今村明生『歳月　シーボルトの生涯』新人物往来社，2006 年

オールダー，ケン『万物の尺度を求めて　メートル法を定めた子午線大計測』吉田三知世訳，早川書房，2006 年。Ins Deutsche übersetzt von Ivonne Badal als Alder, Ken: *Das Maß der Welt. Die Suche nach dem Urmeter*. München (Bertelsmann) 2003.

鹿毛敏夫『月に名前を残した男　江戸の天文学者麻田剛立』角川ソフィア文庫，2012 年

ゲージュ，ドゥニ『子午線　メートル異聞』鈴木まや訳，工作舎，1989 年。ドイツ語訳は Guedj, Denis: *Die Geburt des Meters. Oder wie die beiden Astronomen Jean-Baptiste Delambre und Pierre Méchain aus dem Geist der Aufklärung in den Wirren der Französischen Revolution das Maß aller Dinge fanden.* Berlin (Ullstein) 1998.

参謀本部測量局『迅速測圖二万分一地形図　第一軍管地方　明治 13–19 年』大日本測量株式会社，1972 年（東京大学総合図書館所蔵）

ソベル，デーヴァ『経度への挑戦　一秒にかけた四百年』藤井留美訳，翔泳社，1997 年。オリジナルは Sobel, Dava: *Longitude; The True Story of a Lone Genius Who Solved the Greatest Scientific Problem of His Time.* New York 1995.（＊図版入りドイツ語版併用，上記リスト参照）

トリストラム，フロランス『地球を測った男たち』喜多迅鷹・デルマス柚紀子共訳，リブロポート，1983年。ドイツ語訳は Trystram, Florence: *Der Prozeß gegen die Sterne. Abenteuer einer Südamerika-Expedition 1735–1771*. Wiesbaden (F. A. Brockhaus) 1981.
鳴海風『円周率を計算した男』新人物往来社，1998年
鳴海風『算聖伝』新人物往来社，2000年
鳴海風『ラランデの星』新人物往来社，2006年
新田次郎『劒岳　点の記』文春文庫，新装版2006年（初版1977年）
二宮陸雄『高橋景保一件　幕府天文方書物奉行』愛育社，2005年
ねじめ正一『シーボルトの眼　出島絵師・川原慶賀』集英社文庫，2008年
箕作寛（省吾）『坤輿圖識』5巻，岡山（夢霞樓）弘化2（1845）（慶應義塾図書館所蔵）
箕作寛（省吾）『坤輿圖識補』4巻，岡山（夢霞樓）弘化3（1846）（慶應義塾図書館所蔵）
森林太郎『鷗外全集』第3巻，岩波書店，1972年
吉村昭『間宮林蔵』講談社文庫，1987年
陸軍参謀本部・陸地測量部編『陸地測量部沿革誌』（第1–5編・終篇・終末篇合綴），1922–1948年

B.　参考文献

I.　レファレンス関係：ハンドブック，専門事典など（抜粋）

Allgemeine Deutsche Biographie. Hrsg. durch die historische Commision bei der königl. Akademie der Wissenschaften. Leipzig (Duncker & Humblot) 1885–1912.
Corpus der Goethezeichnungen. Johann Wolfgang von Goethe. Leipzig (Seemann) 1958–1979, 7 Bde. in 10 Bdn.
檀原毅『地球を測った科学者の群像　測地・地図の発展小史』日本測量協会，1998年
Dobel, Richard (Hrsg): *Lexikon der Goethe-Zitate*. Zürich (Artemis) 1968. Taschenbuch-Ausgabe München 1972.
Fischer, Paul: *Goethe-Wortschatz. Ein sprachgeschichtliches Wörterbuch zu Goethes sämtlichen Werken*. Leipzig (Emil Rohmkopf) 1929. Repr. Köln 1968.
Goethe und die Naturwissenschaften. Eine Bibliographie von Günter Schmid. Hrsg. im Namen der Kaiserlich Leopoldinisch-Carolinisch Deutschen Akademie der Naturforscher. Halle 1940.
Goethe-Handbuch. Goethe, seine Welt und Zeit in Werk und Wirkung. Unter Mitw. zahlr. Fachgelehrter hrsg. von Alfred Zastrau. Stuttgart (Metzler) 1955.
Goethe-Handbuch. Hrsg. v. Bernd Witte, Theo Buck, Hans-Dietrich Dahnke, Regine Otto und Peter Schmidt. 4 Bde. Stuttgart/Weimar (Metzler) 1996–1998.
Goethe-Handbuch. Hrsg. v. Julius Zeitler. Stuttgart (Metzler) 1916.
Goethe-Lexikon. Hrsg. v. Benedikt Jeßing, Bernd Lutz, Inge Wild. Stuttgart/Weimar

(Metzler) 1999.
Goethe-Lexikon. Hrsg. v. Gero von Wilpert. Stuttgart (Kröner) 1998.
Goethes Leben von Tag zu Tag. Eine dokumentarische Chronik. 8 Bde. Bearbeitet von Robert Steiger (Bd. I–VI) und Angelika Reimann (Bd. VI–VIII). Zürich (Artemis) 1982–1996.
Gräf, Hans Gerhard (Hrsg.): *Goethe über seine Dichtungen. Versuch einer Sammlung aller Aeusserungen des Dichters über seine poetischen Werke*. Frankfurt a.M. (Rütten & Loening) 1901–1904.
Lexikon zur Geschichte der Kartographie von den Anfängen bis zum ersten Weltkrieg. Wien (Franz Deutsche) 1986.
Metzler Literatur Lexikon. Begriffe und Definitionen. Hrsg. v. Günter und Irmgard Schweikle. Zweite, überarbeitete Auflage. Stuttgart (Metzler) 1990.
Unterberger, Rose: *Die Goethe-Chronik*. Frankfurt a.M. / Leipzig (Insel) 2002.
Zimmermann, Susanne / Neuper, Horst: *Professoren und Dozenten der Medizinischen Fakultät Jena und ihre Lehrveranstaltungen zwischen 1770 und 1820*. Jena (Jenzig) 2008.

II. 展覧会図版・カタログ等

＊ヨーロッパ言語によるもの

A short List of Books and Pamphlets Relating to the European Intercourse with Japan: (Private Collection of Shigetomo Koda) : exhibited at the Mitsukoshi, Eastern Room, 7th story from 7th to 11th November 1930.
Alexander von Humboldt und Gothaer Gelehrte. Ausstellung des URANIA Kultur- und Bildungsvereines Gotha e. V. in Zusammenarbeit mit Gotha im Museum für Regionalgeschichte und Volkskunde, Schloss Friedenstein, Gotha, 15. April bis 27. Juni 1999.
Alexander von Siebold 1846-1911. Diplomat in japanischen Diensten. Beiheft für die Ausstellung im Siebold-Museum in Würzburg 6. 10–24. 11. 1996.
Auf den Spuren Siebolds in Würzburg und Japan. Katalog zur Eröffnung des Siebold-Museums. Würzburg 3.7. – 2.10.1995. Hrsg. v. der Siebold-Gesellschaft in Würzburg.
Berge, eine unverständliche Leidenschaft. Buch zur Ausstellung des Alpenverein-Museums in der Hofburg Innsbruck. Hrsg. v. Philipp Felsch, Beat Gugger und Gabriele Rath. Wien / Bozen (Folio), 2. Auflage 2009.
Brückenbauer. Pioniere des japanisch-deutschen Kulturaustausches.『日独交流の架け橋を築いた人々』(日独二か国語表記) Hrsg. v. Japanisch-Deutschen Zentrum Berlin und der Japanisch-Deutschen Gesellschaft Tokio. München (iudicium) 2005.
Deutsches Museum von Meisterwerken der Naturwissenschaft und Technik. Ausstellungsführer. München (Deutsches Museum) 5. überarbeitete Auflage 2003.
Die Gothaer Residenz zur Zeit Herzog Ernsts II. von Sachsen-Gotha-Altenburg (1772–1804). Stiftung Schloss Friedenstein Gotha, Ausstellungskatalog im Schlossmuseum, 6. Juni–17. Oktober 2004.

Die Mineralogische Sammlung der Friedrich-Schiller-Universität Jena. Informationsbroschüre. Hrsg. v. Institut für Geowissenschaften, Bereich Mineralogie. o. J.

Die Welt aus Weimar. Zur Geschichte des Geographischen Instituts. Katalog zur Ausstellung Stadtmuseum Weimar 29. Juli–16.Oktober 2011. Hrsg v. Andreas Christoph und Olaf Breidbach. Jena (Ernst Haeckel Haus).

»Eine unbeschreibliche, fast magische Anziehungskraft«. Goethes »Wahlverwandtschaften«. Eine Ausstellung der Klassik Stiftung Weimar in Zusammenarbeit mit dem Sonderforschungsbereich 482 »Ereignis Weimar-Jena. Kultur um 1800« der Friedrich-Schiller-Universität Jena. Goethe-Nationalmuseum 28.8. bis 2.11.2008.

Engelbert Kaempfer (1651–1716). Sein Leben und seine Reise. CD-ROM zur Ausstellung *Ginkgobaum und Riesenkrabbe. Die Forschungsreisen des Engelbert Kaempfer (1651–1716)* im Städtischen Museum Hexenbürgermeisterhaus in Lemgo. Hrsg. v. Landesverband Lippe und der Stadt Lemgo anlässlich des Engelbert-Kaempfer-Jubiläums 2001.

Ereignis Weimar. Anna Amalia, Carl August und das Entstehen der Klassik 1757–1807. Katalog zur Ausstellung im Schlossmuseum Weimar. Hrsg. v. der Klassik Stiftung Weimar und dem Sonderforschungsbereich 482 »Ereignis Weimar-Jena. Kultur um 1800« der Friedrich-Schiller-Universität Jena. 1.4.–4.11.2007.

Erleuchtung der Welt. Sachsen und der Beginn der modernen Wissenschaften. Prospekte der Jubiläumsausstellung im Alten Rathaus zu Leipzig vom 9. Juli bis 6. Dezember 2009.

Ferne Gefährten. 150 Jahr deutsch-japanische Beziehungen. Begleitband zur Sonderausstellung. Hrsg. v. der Curt-Engelhorn-Museen und dem Verband der Deutsch-japanischen Gesellschaften. Regensburg (Schnell und Steiner) 2011.

Feuerstein, Petra: *Von Euklid bis Gauß.* Begleitheft zur Ausstellung Maß, Zahl und Gewicht. Mathematik als Schlüssel zu Weltverständnis und Weltbeherrschung. Herzog August Bibliothek Wolfenbüttel 1989.

Goethes Autographensammlung. Katalog. Bearb. v. Hans-Joachim Schreckenbach. Weimar (Arion) 1961.

Goethes Bibliothek. Katalog. Bearb. von Hans Ruppert. Weimar (Arion) 1958.

Gothaer Geowissenschaftler in 220 Jahren. Hrsg. v. URANIA Kultur- und Bildungsverein Gotha e.V., Gotha (Klett) 2005.

Keudell, Elise: *Goethe als Benutzer der Weimarer Bibliothek. Goethe als Erneuerer und Benutzer der Jenaischen Bibliotheken* Leipzig, Zentralanti-quariat der DDR, 1982. Reprint der Originalausgaben 1931 und 1932.

Kraus, Georg Melchior: *Aussichten und Parthien des Herzogl. Parks bey Weimar.* Hrsg. v. Ernst-Gerhard Güse und Margarete Oppel. Klassik Stiftung Weimar 2006.

Lexikon zur Geschichte der Kartographie. Von den Anfängen bis zum ersten Weltkrieg. Verfaßt von zahlreichen Experten, bearbeitet von Ingrid Kretschmer, Johannes Dörflinger und Franz Wawrik. Wien (Franz Deuticke) 1986.

Mattenleiter, Andreas: *„Academia Sieboldiana“. Eine Würzburger Familie schreibt Medizin-*

geschichte. Pfaffanhofen (Akamedon) 2010.（日・独・英語三か国語併記，日本語訳タイトルは『ヴュルツブルク出身の一族が綴った医学史』となっている）
Museumshandbuch Teil 2. Vermessungsgeschichte. 3. überarbeitete und erweiterte Aufl. Hrsg. v. Ingo Frhr. v. Stillfried im Auftrage des Förderkreises Vermessungstechnisches Museum e.V. für das Museum für Kunst und Kulturgeschichte der Stadt Dortmund. Dortmund (Museum für Kunst und Kulturgeschichte Dortmund) 2009.
Montagna. Arte, scienza, mito. da Duerer a Warhol. Ausstellungskatalog. Milano (Museo di Arte Moderna) 2003.
Philipp Franz von Siebold (1796–1866). Forscher und Lehrer in Japan. Ausstellungskatalog in der Universitätsbibliothek der Heinrich-Heine-Universität Düsseldorf in Zusammenarbeit mit der Sieboldiana-Sammlung der Ruhr-Universität Bochum und dem Heinrich-Heine-Institut der Stadt Düsseldorf. 4. Dezember 1991–11. Januar 1992.
Philipp Franz von Siebold. Ein Bayer als Mittler zwischen Japan und Europa (1796–1866). Katalog zur Ausstellung im Verstibül der Bayerischen Staatskanzlei, München, 17. September bis 17. Oktober 1993. Hrsg. v. Michael Henker, Susanne Bäumler, Evamaria Brockhoff, Ilona von Máriássy und Kazuko Ono. München (Haus der Bayerischen Geschichte) 1993.
Quellen zur Astronomie in der Forschungs- und Landesbibliothek Gotha unter besonderer Berücksichtigung der Gothaer Sternwarten. Zusammengestellt und kommentiert von Oliver Schwarz, Cornelia Hopf und Hans Stein. Gotha (Forschungs- und Landesbibliothek) 1998.
Schneckenburger, Stefan: *In tausend Formen magst du dich verstecken: Goethe und die Pflanzenwelt*. Sonderheft 29. Begleitheft zur Ausstellung anlässlich des Goethe-Jahres 1999 im Palmengarten der Stadt Frankfurt a. M. 1998.
Sternstunden in Gotha. Ein Prospekt der *Sonderausstellung zum 200. Jahrestag des ersten internationalen Astronomentreffens 1798.* Gotha (Schlossmuseum Gotha) 1998.
Vermessen: Kartographie der Tropen. Begleitbuch zur Ausstellung des Ethnologischen Museums Berlin-Dahlem 2006.
»Wie zwey Enden einer großen Stadt…«. Die Doppelstadt Jena-Weimar im Spiegel regionaler Künstler 1770–1830. Katalog der Städtischen Museen Jena und des Stadtmuseums Weimar 1999.
Wiederholte Spiegelungen. Weimarer Klassik 1759–1832. Ständige Ausstellung des Goethe-Nationalmuseums. Hrsg. v. Gerhard Schuster und Caroline Gille. München/Wien (Carl Hanser) 1999.
Wissenswelten. Die Bayerische Akademie der Wissenschaften und die wissenschaftlichen Sammlungen Bayerns. Ausstellungen zum 250-jährigen Jubiläum der Bayerischen Akademie der Wissenschaften. Katalog hrsg. unter Mitarbeit von Tobias Schönauer von Dietmar Willoweit. München 2009.

＊日本語によるもの（抜粋）

『小島烏水　西洋版画コレクション　山と文学，そして美術』横浜美術館展覧会カタログ（2007年1月22日 ~4月4日開催），大修館，2007年
『西洋古版日本地図精選 *Early European Maps of Japan*』雄松堂書店，2001年
『西洋人の描いた日本地図　ジパングからシーボルトまで』ドイツ東洋文化研究協会（OAG），1993.
『資料が語る地震災害』岩瀬文庫, 展示カタログ（2006年11月17日～2007年1月21日），愛知県・西尾市，2006年
関孝和三百年祭記念『数学・日本のパイオニアたち』日本の科学者技術者展シリーズ　第7回．東京科学博物館（2008年11月20日 ~2009年1月12日）パンフレット
『シーボルト父子のみた日本　生誕200年記念』江戸東京博物館，1996年
『日独交流150年の軌跡』日独交流史編集委員会編，雄松堂書店，2013年
日蘭通商400周年記念展『阿蘭陀とNIPPON』岡崎美術博物館・長崎歴史文化博物館・たばこと塩の博物館，2009～2010年
日露修好150周年記念『「ロマノフ王朝と近代日本」展　版画と写真でたどる日露交流　ロシア国立図書館所蔵品より』長崎歴史文化博物館・江戸東京博物館ほか，2006～2007年
『旗本御家人　江戸を彩った異才たち』東京・国立公文書館春の特別展（2009年4月4日～23日）パンフレット
『くすりの夜明け　近代の薬品と看護』岐阜・内藤記念くすり博物館，展示目録，2008年
『ドイツ人の見た元禄時代　ケンペル展』サントリー美術館展示図録（1990年12月18日～1991年1月27日）
『先人たちの足跡，名峰の歴史を知る　日本山岳史』，男の隠れ家・特別編集「時空旅人」Vol. 14，三栄書房，2013年7月

C.　研究書（単著・共著）・学術論文など

＊ヨーロッパ言語によるもの

Adler, Jeremy: *Eine fast magische Anziehungskraft. Goethes Wahlverwandtschaften und die Chemie seiner Zeit*. München (C. H. Beck) 1987.
Apel, Michael/Natzer, Eva-Maria: *Schätze der Neuen Welt. Bayerische Naturforscher in Südamerika*. In: *Wissenswelten*. Die Bayerische Akademie der Wissenschaften und die wissenschaftlichen Sammlungen Bayerns. Katalog. München 2009, S. 260–273.
Barnert, Arno: *Die Weimarer Militärbibliothek 1630 bis 1930. Klassische Ordnungsvorstellungen vom Krieg*. In: Militärgeschichtliche Zeitschrift 73 (2014) Heft 1. Hrsg. v. Zentrum für Militärgeschichtliche und Sozialwissenschaften der Bundeswehr. S. 1–22.
Bartholomäus, Christine: *Philipp Franz von Siebold (1716–1866). Japanforscher aus Würzburg.* Mit japanischer Übersetzung von Ataru Sotomura. Würzburg (Ferdinand Schö-

ningh) 1999, 2. verbesserte Aufl.
Baumann, Eberhard: *Geodätische Literatur an der Schwelle des 19. Jahrhunderts zu Beginn der Karriere von Müfflings*. In: *Müfflings Leben und Werk aus der Sicht der Gegenwart*. Hrsg. v. DVW, Landesverein Thüringen, Fachinformationsblatt Nr. 4, Gotha 2002, S. 59–64.
Baumgart, Wolfgang: *Bertuch und die Freie Zeichenschule in Weimar. Ein Aufklärer als Förderer der Künste*. In: *Friedrich Justin Bertuch (1747–1822). Verleger, Schriftsteller und Unternehmer im klassischen Weimar*. Hrsg. v. Gerhard R. Kaiser und Siegfried Seifert. Tübingen (Niemeyer) 2000, S. 279–289.
Beck, Hanno / Hein, Wolfgang-Hagen: *Humboldts Naturgemälde der Tropenländer und Goethes ideale Landschaft. Zur ersten Darstellung zu einer Geographie der Pflanzen. Erläuterungen zu fünf Profil-Tafeln in natürlicher Größe*. Stuttgart (Brockhaus Antiquarium) 1989.
Beeson, David: *Maupertuis: An Intellectual Biography*. Oxford (Voltaire Foundation) 2006.
Biegel, Gerd und Reich, Karin: *Carl Friedrich Gauß. Genie aus Braunschweig – Professor in Göttingen*. Braunschweig (Meyer) 2005.
Biermann, Kurt-R.: *Die Gauß-Briefe in Goethes Besitz*. In: NTM-Schriftenreihe Gesch., Naturwiss., Technik, Med., Leipzig 11 (1974), 1, S. 2–10.
Blechschmidt, Stefan / Heinz, Andrea (Hrsg.): *Dilettantismus um 1800*. Heidelberg (Winter) 2007.
Blechschmidt, Stefan: *Der Schauplatz von Goethes »Die Wahlverwandtschaften«. Kartographischer Zugang und modellhafte Vergegenwärtigung*. In: *»Eine unbeschreibliche, fast magische Anziehungskraft«. Goethes »Wahlverwandtschaften«*. Eine Ausstellung im Goethe-Nationalmuseum in Weimar 2008, S. 28–35.
Brachner, Alto: *Von Ellen und Füßen zur Atomuhr. Geschichte der Messtechnik*. München (Deutsches Museum) 2. überarbeitete Aufl., 2005.
Brosche, Peter: *Astronomie der Goethezeit. Textsammlung aus Zeitschriften und Briefen Franz Xaver von Zachs*. Thun / Frankfurt a.M. (Harri Deutsch) 1995.
Brosche, Peter: *Die Wiederauffindung der Ceres im Jahre 1801*. In: *Astronomie von Olbers bis Schwarzschild*. Hrsg. v. Wolfgang R. Dick und Jürgen Hamel. Thun und Frankfurt a.M. (Harri Deutsch) 2002, S. 80–88.
Brosche, Peter: *Die Bücher der Astronomen*: („Bernhard von Lindenau als Gelehrter, Staatsmann, Menschenfreund und Förderer der schönen Künste". Ausstellung im Lindenau-Museum Altenburg vom 12. Juni bis 12. September 2004) Altenburg (Lindenau-Museum) 2004.
Brosche, Peter: *Jean Paul unter dem Himmel der Astronomen*. In: Jahrbuch der Jean-Paul-Gesellschaft. Im Auftrag der Jean-Paul-Gesellschaft, Sitz Bayreuth. Hrsg. v. Helmut Pfotenhauer. 39. Jahrgang, Weimar (Böhlau) 2004, S. 215–225.
Brosche, Peter: *Die Wechselwirkung der Astronomen von Gotha und Paris*. In: *Deutsch-Französische Wissenschaftskontakte in Thüringen*. Hrsg. von Werner Köhler und Jür-

gen Kiefer. Acta Academiae Scientiarum 12, Erfurt (Verlag der Akademie gemeinnütziger Wissenschaften zu Erfurt) 2008, S. 41–56.

Brosche, Peter: *Der Astronom der Herzogin. Leben und Werk von Franz Xaver von Zach (1754–1832).* Frankfurt a.M. (Harri Deutsch) 2009. Zweite, überarbeitete und erweiterte Aufl.

Buschmann, Ernst: *Geodätisch-astronomische Aspekte.* In: *300 Jahre Astronomie in Berlin und Potsdam.* Hrsg. v. Wolfgang R. Dick und Klaus Fritze. Thun und Frankfurt a.M. (Harri Deutsch) 2000, S. 142–150.

Casper, S. Jost: *Alexander von Humboldts Ideen zu einer Geographie der Pflanzen aus dem Jahre 1807 in der Bibliothek des Herbarium Haussknecht der Friedrich-Schiller-Universität Jena. Ein Exemplar eines Standardwerkes der Botanik mit einer bemerkenswerten Geschichte.* In: Hausknechtia. Mitteilungen der Thüringischen Botanischen Gesellschaft. Heft 9 (2003), S. 223–249.

Casper, S. Jost: *Die „geheimnißvolle Ziehkraft hoher Berge“ oder „Als Humboldt den Chimborasso bestieg, war die Luft so dünn, dass er nicht mehr ohne Brille lesen konnte.“ Zum 200. Jahrestag der Besteigung des Andenvulkans durch Alexander von Humboldt, Aimé Bonpland und Carlos Montúfar am 23. Juni 1802.* In: Hausknechtia. Mitteilungen der Thüringischen Botanischen Gesellschaft. Heft 9 (2003), S. 207–222.

Comment, Bernard: *Das Panorama. Die Geschichte einer vergessenen Kunst.* Übersetzt aus dem Englischen von Martin Richter. Berlin (Nicolai) 2000.

Die Luftpumpe am Himmel. Wissenschaft in Sachsen zur Zeit Augusts des Starken und Augusts III. Hrsg. v. Peter Plaßmeyer. Für Schloss Moritzburg und die Staatlichen Kunstsammlungen Dresden. Dresden (Sandstein) 2007.

Dorschner, Johann: *Astronomie in Thüringen. Skizzen aus acht Jahrhunderten.* Jena 1998.

Freund, Winfried: *Theodor Storm. Der Schimmelreiter. Glanz und Elend des Bürgers.* Paderborn/München/Wien/Zürich (Schöningh) 1984.

Fritz, Horst: *Instrumentelle Vernunft als Gegenstand von Literatur. Studien zu Jean Pauls „Dr. Katzenberger“, E.T.A. Hoffmanns „Klein Zaches“, Goethes „Novelle“ und Thomas Manns „Zauberberg“.* München (Wilhelm Fink) 1982.

Fröba, Staphanie/Wassermann, Alfred: *Die bedeutendsten Mathematiker.* Wiesbaden (Marix) 2007.

Fröber, Rosemarie: *Museum anatomicum Jenense. Die anatomische Sammlung in Jena und die Rolle Goethes bei ihrer Entstehung.* Golmsdorf (Jenzig) 2003, 3. verbesserte Aufl.

Galle, Andreas: *Über die geodätischen Arbeiten von Gauß.* In: Werke. Carl Friedrich Gauß; Hrsg. v. der Königlichen Gesellschaft der Wissenschaften zu Göttingen 1927–29, Bd. 11, S. 1–165.

Gersdorff, Dagmar von: *Goethes Enkel. Walter, Wolfgang und Alma.* Frankfurt a.M./Leipzig (Insel) 2008.

Goss, John: *KartenKunst. Die Geschichte der Kartographie.* Mit einer Einführung von Valerie Scott. Braunschweig (Westermann) 1994.

Graczyk, Annette: *Das literarische Tableau zwischen Kunst und Wissenschaft*. München (Wilhelm Fink) 2004.

Grobe, Karsten : *Müffling, ein Ingenieur seiner Zeit: Zeugnisse seiner ingenieurtechnischen Tätigkeit in Thüringen*. In: *Müfflings Leben und Werk aus der Sicht der Gegenwart*. Hrsg. v. DVW, Landesverein Thüringen, Fachinformationsblatt Nr. 4, Gotha 2002, S. 45–50.

Habel, Thilo: *Von der Landschaftsstimmung zur Karte. Franz Junghuhns Studien auf Java*. In: *Vermessen: Kartographie der Tropen*. Begleitbuch zur Ausstellung des Ethnologischen Museums, Berlin-Dahlem. 2006, S. 38–45.

Hagengruber, Ruth: *Emilie du Châtelet an Maupertuis: Eine Metaphysik in Briefen*. In: Hecht, Hartmut (Hrsg.) *Pierre Luis Moreau de Maupertuis. Eine Bilanz nach 300 Jahren*. Berlin (Berlin Verlag) 1999, S. 187–206.

Hamel, Jürgen: *Ephemeriden und Informationen: Inhaltliche Untersuchungen Berliner Kalender bis zu Bodes Astronomischem Jahrbuch*. In: *300 Jahre Astronomie in Berlin und Potsdam*. Hrsg. v. Wolfgang R. Dick und Klaus Fritze. Thun und Frankfurt a.M. (Harri Deutsch) 2000, S. 49–70.

Hartmann, Rudolf: *Japanische Offiziere im Deutschen Kaiserreich, 1870–1914*. In: *Japonica Humboldtiana*. Yearbook of the Mori Ôgai Memorial Hall. Berlin Humboldt University Vol. 11, Wiesbaden (Harrassowitz) 2007, S. 93–158.

Heinemann, Anna-Sophie: *Angewandte Mathematik oder Géométrie descriptive unter Carl Friedrich Christian Steiner*. In: K. Klinger (Hrsg.): *Kunst und Handwerk in Weimar. Von der Fürstlichen Freyen Zeichenschule zum Bauhaus*. Köln / Weimar / Wien (Böhlau) 2009, S. 67–81.

Heinstein, Patrik / Wegner, Reinhardt: *Mimesis qua Institution. Die akademischen Zeichenlehrer der Universität Jena 1765–1851*. In: *‚Gelehrte' Wissenschaft. Das Vorlesungsprogramm der Universität Jena um 1800*. Hrsg. v. Thomas Bach, Jonas Maatsch und Ulrich Rasche. Stuttgart (Steiner) 2008, S. 283–301.

Heinstein, Patrik: *Komplementäre Entwürfe im Widerstreit. Der Plan zur Errichtung einer Jenaer Kunstakademie in den Jahren 1812–19*. In: K. Klinger (Hrsg.): *Kunst und Handwerk in Weimar*. Köln / Weimar / Wien (Böhlau) 2009, S. 95–106.

Hellberg, Wolf Dieter: *Daniel Kehlmann. Die Vermessung der Welt. Lektüreschlüssel für Schülerinnen und Schüler*. Stuttgart (Reclam) 2012.

Horn, Susanne: *Bergrat Johann Carl Wilhelm Voigt (1752–1821). Beiträge zur Geognosie und Mineralogie*. In: Heinz, Andrea (Hrsg.): *„Der Teutsche Merkur" – die erste deutsche Kulturzeitschrift?* Heidelberg (Winter) 2003, S. 199–214.

Howald-Haller, Mario: *Maupertuis' Messungen in Lappland*. In: *Pierre-Louis-Moreau de Maupertuis. Eine Bilanz nach 300 Jahren*. Hrsg. v. Hecht, Hartmut. Berlin (Berlin Verlag) 1999, S. 71–87.

Hubmann, Bernhard: *Die großen Geologen*. Wiesbaden (Marix) 2009.

Ishihara, Aeka: *Makarie und das Weltall. Astronomie in Goethes „Wanderjahren"*. Köln /

Weimar/Wien 1998.

Ishihara, Aeka: *Goethe und die Astronomie seiner Zeit. Eine astronomisch-literarische Landschaft um Goethe*. In: Goethe-Jahrbuch 117 (2000), im Auftrag des Vorstandes der Goethe-Gesellschaft, Weimar/Köln, S. 103–117.

Ishihara, Aeka: *Goethes Buch der Natur. Ein Beispiel der Rezeption naturwissenschaftlicher Erkenntnisse und Methoden in der Literatur seiner Zeit.* Würzburg 2005.

Ishihara, Aeka: *Der Kadaver und der Moulage. Ein kleiner Beitrag zur plastischen Anatomie der Goethezeit*. In: Goethe-Jahrbuch XLVII (2005), Hrsg. v. der Goethe-Gesellschaft in Japan, München (iudicium), S. 25–39.

Ishihara, Aeka: *Die Hauptleute mit mathematischer Gabe. Oder: Die Landvermessung in Goethes Wahlverwandtschaften und Jean Pauls Dr. Katzenbergers Badereise.* In: 『ゲーテ年鑑』(Goethe-Jahrbuch der Goethe-Gesellschaft in Japan), Tokio 2008, S. 25–39.

Ishihara, Aeka: *Das Dreiecksnetz: Gauß und die japanische Landvermessung in der Meiji-Zeit*. In: TRANS: Internet-Zeitschrift für Kulturwissenschaften Nr. 17, „KCTOS: Wissen, Kreativität und Transformationen von Gesellschaften“: http://www.inst.at/trans/17Nr/1-8/1-8_ishihara17.htm, März 2010.

Jordan, Wilhelm und Steppes, Karl (Hrsg.): *Das deutsche Vermessungswesen. Historisch-kritische Darstellung auf Veranlassung des deutschen Geometervereins unter Mitwirkung von Fachgenossen*. Stuttgart (Verlag von K. Wittwer) 1880.

Kaiser, Gerhard R.: *Friedrich Justin Bertuch. Versuch eines Porträts*. Tübingen (Niemeyer) 2000.

Kaiser, Klaus-Dieter: *Erfurt und Freiherr von Müffling 1775–1851. Ein Leben in preußischen und weimarischen Diensten*. Erfurt (Verein für die Geschichte und Altertumskunde von Erfurt e. V.) 2005.

Kaiser, Klaus-Dieter: *Müfflings militärwissenschaftliches Wirken in Thüringen*. In: *Müfflings Leben und Werk aus der Sicht der Gegenwart*. Hrsg. v. DVW, Landesverein Thüringen, Fachinformationsblatt Nr. 4, Gotha 2002, S. 32–44.

Kawamura, Shigeichi: *Vicomte Aoki Shuzo (1844–1914). Geheimer Staatsrat, Präsident der Japanisch-Deutschen Gesellschaft*. In: Brückenbauer. München (iudicium) 2005, S. 33-35.

Kertscher, Dieter: *Carl Friedrich Gauß und die Geodäsie*. In: *„Wie der Blitz einschlägt, hat sich das Rätsel gelöst“. Carl Friedlich Gauß in Göttingen*. Hrsg. v. Elmar Mittler. Katalog zur Ausstellung im Alten Rathaus am Markt, Göttingen 2005, S. 150–167

Klauß, Jochen (Hrsg.): *Mit Goethe durch das Jahr 2014: Goethe und der gestirnte Himmel*. Berlin (Bibliographisches Institut) 2013.

Klein-Langner, Wolfgang: *„Philipp Franz von Siebold und sein Einfluss auf die Ostasienpolitik Russlands (Auszüge). Bearbeitet nach Angaben in „Die Würzburger Siebold“ von Hans Körner und „Philipp Franz von Siebold. Leben und Werk“ von Schûzô Kure*. (講演原稿)

Klinger, Kerrin/Müller, Matthias: *Goethe und die Camera obscura*. In: Goethe-Jahrbuch.

2008, S. 219–238.
Klinger, Kerrin: *Zwischen Gesellschaft und Industrieförderung. Die Zeichenschule als Modellinstitution*. In: derselbe (Hrsg.): *Kunst und Handwerk in Weimar. Von der Fürstlichen Freyen Zeichenschule zum Bauhaus*. Köln/Weimar/Wien (Böhlau) 2009, S. 107–120.

Kohlstock, Peter: *Kartographie. Eine Einführung*. Paderborn (Schöningh) 2004.

Kokott, Wilhelm: *Bodes „Astronomisches Jahrbuch“ als internationales Archivjournal*. In: *Astronomie von Olbers bis Schwarzschild*. Hrsg. v. Wolfgang R. Dick und Jürgen Hamel. Thun und Frankfurt a.M. (Harri Deutsch) 2002, S. 142–157.

Körner, Hans: *Die Würzburger Siebold. Eine Gelehrtenfamilie des 18. und 19. Jahrhunderts*. Mit 87 Bildnissen und 55 Abbildungen. Hrsg. v. der Deutschen Akademie der Naturforscher Leopoldina, Leipzig (Johann Ambrosius Barth) 1967. 第二部のみ邦訳あり，『シーボルト父子伝』竹内精一訳，創造社，1974年

Korey, Michael: *Die Geometrie der Macht. Mathematische Instrumente und fürstliche Mechanik um 1600*. Hrsg. v. den Staatlichen Kunstsammlungen Dresden. München/Berlin (Deutscher Kunstverlag) 2007.

Košenina, Alexander: *Der gelehrte Narr. Gelehrtensatire seit der Aufklärung*. Göttingen (Wallstein) 2003.

Krähahn, Michael: *Müffling — genealogische Anmerkungen zu einer interessanten preußischen Familie*. In: *Müfflings Leben und Werk aus der Sicht der Gegenwart*. Hrsg. v. DVW, Landesverein Thüringen, Fachinformationsblatt Nr. 4, Gotha 2002, S. 51–52.

Krebs, Gerhard: *Japan und die preußische Armee*. In: derselbe (Hrsg.): *Japan und Preußen*. Monographien aus dem Deutschen Institut für Japanstudien. Bd. 32, München (iudicium) 2002, S. 125–144.

Lelgemann, Dieter: *Gauß und die Messkunst*. Frankfurt (Primus) 2011.

Maisak, Petra: *Johann Wolfgang Goethe. Zeichnungen*. Stuttgart (Insel) 1996.

Manger, Klaus: *Deutsch-französische Wissenschafts- und Literaturkontakte in Thüringen*. In: *Deutsch-Französische Wissenschaftskontakte in Thüringen*. Hrsg. von Werner Köhler und Jürgen Kiefer. Acta Academiae Scientiarum 12, Erfurt (Verlag der Akademie gemeinnütziger Wissenschaften zu Erfurt) 2008, S. 11–21.

Mania, Hubert: Gauß. Eine Biographie. Reinbek bei Hamburg (Rowohlt) 2008.

Martens, Thomas/Oesterheld, Heinz: *Die geologische Sammlung des Gothaer Naturwissenschaftlers und Staatsbeamten Karl Ernst Adolf von Hoff (1771–1837) und ihre wissenschaftshistorische Analyse: erste Ergebnisse*. In: Gothaer Museumsheft. Abhandlungen und Berichte des Museums der Natur. Gotha 1987, S. 19–29.

Martens, Thomas: *Karl Ernst Adolf von Hoff (1771–1837). Begründer des Aktualismus in der Geologie*. In: Gothaer Museumsheft. Abhandlungen und Berichte des Museums der Natur. Gotha 1987, S. 3–18.

Marx, Friedhelm: *„Die Vermessung der Welt“ als historischer Roman*. In: Nickel, Gunther (Hrsg): *Daniel Kehlmanns „Die Vermessung der Welt“*. Hamburg (Rowohlt) 2008,

2.Aufl., S. 169–185.

Maul, Heinz-Eberhard: *Militärische Beziehungen*. In: *Berlin-Tôkyô im 19. und 20. Jahrhundert*. Berlin (Springer und JDZB) 1995, S. 83–90.

Meyer, Hans-Heinrich: *Historische topographische Karten in Thüringen. Dokumente der Kulturlandschaftsentwicklung*. Erfurt (Thüringer Landesamt für Vermessung und Geoinformation) 2007.

Michling, Horst: *Carl Friedrich Gauß. Episoden aus dem Leben des Princeps Mathematicorum*. Vierte verbesserte Auflage, Göttingen (Göttinger Tageblatt) 2005.

Mitteilungen des Reichsamts für Landesaufnahme, Berlin (Reichsamt) 1937, 13. Jahrgang, Nr. 4.

Müfflings Leben und Werk aus der Sicht der Gegenwart: Wissenschaftliches Gedenk-Kolloquium zum 150. Todestag des Philipp Friedrich Karl Ferdinand Freiherr von Müffling am 09. November 2001 im Rathaus Erfurt. Hrsg. v. Deutschen Verein für Vermessungswesen (DVW), Landesverein Thüringen e.V., als Fachinformationsblatt Nr. 4, Gotha 2002.

Müller-Miny, Heinrich: *Die Kartenaufnahme der Rheinlande durch Tranchot und von Müffling 1801–1828: Bd. 2. Das Gelände. Eine quellenkritische Untersuchung des Kartenwerks.* Köln-Bonn (Peter Hanstein) 1975.

Nickel, Gisela: *„Höhen der alten und neuen Welt bildlich verglichen". Eine Publikation Goethes in Bertuchs Verlag*. In: *Friedrich Justin Bertuch (1747–1822). Verleger, Schriftsteller und Unternehmer im klassischen Weimar*. Hrsg. v. Gerhard R. Kaiser und Siegfried Seifert. Tübingen (Niemeyer) 2000, S. 673–689.

Nickel, Gisela: *Neues von „Camarupa": zu Goethes frühen meteorologischen Arbeiten*. In: Goethe-Jahrbuch, Bd. 117 (2000), S. 118–125.

Nickel, Gisela: *Goethe und Humboldt als Wetterkundler — wechselseitige Anregung oder Nichtbeachtung?* In: Acta Historica Leopoldina 38 (2003), S. 97–113.

Nickel, Gisela: *Das meteorologische Messnetz des Großherzogtums Sachsen-Weimar-Eisenach.* In: Acta Historica Leopoldina 39 (2004), S. 161–168.

Nickel, Gunther (Hrsg): *Daniel Kehlmanns „Die Vermessung der Welt". Materialien, Dokumente, Interpretationen*. Hamburg (Rowohlt) 2008, 2.Aufl.

Oestmann, Günther: *Astronomischer Dilettant oder verkanntes Genie? Zum Bild Johann Hieronymus Schroeters in der Wissenschaftsgeschichte*. In: *Astronomie von Olbers bis Schwarzschild*. Hrsg. v. Wolfgang R. Dick und Jürgen Hamel. Frankfurt a.M. (Harri Deutsch) 2002, S. 9–24.

Oettermann, Stefan: *Das Panorama: die Geschichte eines Massenmediums*. Frankfurt a.M. (Syndikat) 1980.

Opitz, Siegfried / Schütze, Stefan: *Mit Messtisch und Messkette. Das sächsische Kataster von den Anfängen bis heute*. Dresden (Schütze-Engler-Weber Verlags GbR) 2007.

Plaßmeyer, Peter (Hrsg.): *Die Luftpumpe am Himmel. Wissenschaft in Sachsen zur Zeit Augusts des Starken und Augusts III*. Dresden (Sandstein) 2007.

Radbruch, Knut: *Mathematische Spuren in der Literatur*. Darmstadt (Wissenschaftliche Buchgesellschaft) 1997.

Rauck, Michael: *Japanese in the German Language and Cultural Area 1865–1914. A General Survey*. With a Foreword by Osamu Yanagisawa. Tokyo Metropolitan University (T.M.U. Economic Society Research Series No. 2) 1994.

Reich, Karin: *Im Umfeld der »Theoria motus«. Gauß' Briefwechsel mit Perthus, Laplace, Delambre und Legendre*. Göttingen (Vandenhoeck & Ruprecht) 2001.

Reich, Karin: *Genaue Beobachtungen, exakte Bahnbestimmungen: Gauß' Beiträge zur Kometenforschung*. In: *Der Meister und die Fernrohre*. Hrsg. v. Jürgen Hamel und Inge Keil. Thun und Frankfurt a.M. (Harri Deutsch) 2007, S. 332–348.

Reitz, Gerd: *Ärzte zur Goethezeit.* Weimar (VDG) 2000.

Richter, Dieter: *Der Vesuv. Die Geschichte eines Berges*. Berlin (Wagenbach) 2007.

Riedl-Dorn, Christa: *Johann Natterer und die Österreichische Brasilienexpedition*. Petrópolis (Editora Index) 2000.

Scharfe, Martin: *Berg-Sucht. Eine Kulturgeschichte des früheren Alpinismus 1750–1850.* Wien / Köln / Weimar (Böhlau) 2007.

Schielicke, Reinhard: *Astronomie in Jena. Historische Streifzüge von den mittelalterlichen Sonnenuhren zum Universarium*. Jena-Information 1988.

Schielicke, Reinhard: *Zeugnisse über die Einrichtung des Observatoriums und das Wirken der Astronomen an der Sternwarte zu Jena am Beginn des 19. Jahrhunderts*. In: Reichtümer und Raritäten. Jenaer Reden und Schriften. Jena 1990, S. 132–144.

Schielicke, Reinhard E.: *Von Sonnenuhren, Sternwarten und Exoplaneten. Astronomie in Jena.* Jena / Quedlinburg (Dr. Bussert & Stadeler) 2008.

Schmid, Irmtraut: *Die naturwissenschaftlichen Institute bei der Universität Jena unter Goethes Oberaufsicht. Ein Beitrag zur Geschichte der Oberaufsicht über die unmittelbaren Anstalten für Wissenschaft und Kunst in Sachsen-Weimar-Eisenach.* Berlin, Univ. Dissertation 1979.

Schmid, Irmtraut: *Die Oberaufsicht über die naturwissenschaftlichen Institute an der Universität Jena unter Goethes Leitung*. In: Impulse 4. Berlin / Weimar 1982, S. 148–187.

Schmid, Irmtraut: *Goethes Verantwortung für die Alma Mater Jenensis. Amtliche Pflichten – Oberaufsicht – Wissenschaft*. In: *Evolution des Geistes: Jena um 1800. Natur und Kunst, Philosophie und Wissenschaft im Spannungsfeld der Geschichte*. Hrsg. v. Friedrich Strack. Stuttgart (Klett-Cotta) 1994, S. 80–93.

Schmidt, C. P. Max: *Franz Junghuhn. Biographische Beiträge zur 100. Wiederkehr seines Geburtstages*. Leipzig (Dürr) 1909.

Schmidt, Rudolf: *Die Kartenaufnahme der Rheinlande durch Tranchot und von Müffling 1801–1828. Bd. 1. Geschichte des Kartenwerkes und vermessungstechnische Arbeiten.* Publikationen der Gesellschaft für Rheinische Gesellschaftskunde XII. Köln-Bonn (Peter Hanstein) 1973.

Schneider, Sylk: *Goethes Reise nach Brasilien. Gedankenreise eines Genies.* Weimar (wtv)

2008.
Schulze, Elke: *Nulla dies sine linea. Universitärer Zeichenunterricht. Eine problemgeschichtliche Studie*. Stuttgart (Franz Steiner Verlag) 2004.
Schwarz, Oliver: *Wo einst das Fernrohr stand. Der geodätische Nabel Thüringens und ein bedeutender Bezugspunkt zur Bestimmung der Erdgestalt.* In: Gothaisches Museums-Jahrbuch 2000. Hrsg. v. Museum für Regionalgeschichte und Volkskunde. Rudolstadt & Jena (Hain) 1999, S. 63–80.
Schwarz, Oliver: *Gothas Entwicklung zu einem europäischen Zentrum der Astronomie und Geodäsie*. In: Die Gothaer Residenz zur Zeit Herzog Ernsts II. von Sachsen-Gotha-Altenburg (1772–1804). Stiftung Schloss Friedenstein Gotha, der Ausstellungskatalog im Schlossmuseum, 6. Juni–17. Oktober 2004, S. 155–168.
Seyfferth, Gerhard: *Bernhard August von Lindenau (1779-1854) und Carl Gustav Carus (1789-1869). Zwei gelehrte, kunstsinnige Persönlichkeiten*. In: Altenburger Geschichts- und Hauskalender 2008. 17. Jahrgang in neuer Folge für den Kreis Altenburger Land. Altenburg (E. Reinhold Verlag) 2007.
Siegert, Jutta: *Vor 200 Jahren: Beginn der thüringisch-preußischen Gradmessung von der Gothaer Seeberg-Sternwarte*. In: Gothaisches Museums-Jahrbuch 2003. Hrsg. v. Museum für Regionalgeschichte und Volkskunde. Rudolstadt & Jena (Hain) 2002, S. 119–122.
Spata, Manfred: *Müfflings Kartenaufnahme der Rheinlande 1814–1828*. In: *Müfflings Leben und Werk aus der Sicht der Gegenwart*. Hrsg. v. DVW, Landesverein Thüringen, Fachinformationsblatt Nr. 4, Gotha 2002, S. 19–31.
Steinbrück, Hans-Jürgen: *Müffling in der thüringischen Kartographie.* In: *Müfflings Leben und Werk aus der Sicht der Gegenwart*. Hrsg. v. DVW, Landesverein Thüringen, Fachinformationsblatt Nr. 4, Gotha 2002, S. 53–38.
Steiner, Walter: *Die erste geologische Karte Mitteleuropas wurde im Jahre 1821 im Bertuch'schen Verlag des Geographischen Instituts in Weimar gedruckt*. Sonderdruck vom Stadtmuseum Weimar im Bertuchhaus 1997.
Steiner, Walter: *Goethe und der Travertin von Weimar. Geschichte und erdgeschichtliche Notizen*. In: Beiträge zur Geschichte von Bergbau, Geologie und Denkmalschutz. Festschrift zum 70. Geburtstag von Otfried Wagenbreth. Freiberg (TU Bergakademie) 1997, S. 143–149.
Stenzel, Burkhard: *Goethe bei Kehlmann. Faktisches und Fiktives im Roman „Die Vermessung der Welt“*. In: *Goethe, Grabbe und die Pflege der Literatur: Festschrift zum 65. Geburtstag von Lothar Ehrlich*. Hrsg. v. Holger Dainat. Bielefeld (Aisthesis) 2008, S. 87–108.
Stichling, Gottfried Theodor: *Goethe und die freie Zeichenschule zu Weimar*. In: Weimarische Beiträge zur Literatur und Kunst. Weimar (Böhlau) 1865, S. 33–49.
Strumpf, Manfred: *Gothas astronomische Epoche*. Horb am Neckar (Geiger) 1998.
Theml, Christine: *Schiller und Goethe in Jena*. Wettin OT Dößel (Verlag Janos Stekovics)

2009.
Torge, Wolfgang: *Müffling und die europäischen Gradmessungen und Landesvermessungen im 18. und 19. Jahrhundert*. In: *Müfflings Leben und Werk aus der Sicht der Gegenwart.* Hrsg. v. DVW, Landesverein Thüringen, Fachinformationsblatt Nr. 4, Gotha 2002, S. 5–18.
Torge, Wolfgang: *Geschichte der Geodäsie in Deutschland*, Berlin (de Gruyter) 2007.
Ullrich, Maik: *Der Beitrag zur Vermessung in Thüringen durch Franz Xaver von Zach*. Ursprünglich Diplomarbeit FH Dresden 2001, redaktionell überarbeitet und teilweise gekürzt herausgegeben vom Deutschen Verein für Vermessungswesen (DVW). Gesellschaft für Geodäsie, Geoinformation und Landmanagement. Landesverein Thüringen e. V., Gotha 2004.
Wattenberg, Ulrich: *Die Iwakura-Mission in Preußen*. In: Krebs, Gerhard (Hrsg.): *Japan und Preußen*. Monographien aus dem Deutschen Institut für Japanstudien. Bd. 32, München (iudicium) 2002, S. 103–124.
Wattenberg, Diedrich: *Goethe und die Sternenwelt*. In: Goethe-Jahrbuch 31 (1969), S. 66-111.
Wattenberg, Diedrich/Brosche, Peter: *Archivarische Quellen zum Leben und Werk von Franz Xaver von Zach*. Abhandlungen der Akademie der Wissenschaften in Göttingen. Mathematisch-Physikalische Klasse. Dritte Folge Nr. 45, Göttingen 1993.
Wattenberg, Diedrich: *Wilhelm Olbers im Briefwechsel mit Astronomen seiner Zeit*. Stuttgart (GNT) 1994.
Weber, Walter: *Zum Hauptmann in Goethes „Wahlverwandtschaften“*. In: Jahrbuch der Goethe-Gesellschaft. Bd. 21 (1959), S. 290–292.
Wenzel, Manfred: *Goethe und die Medizin. Selbstzeugnisse und Dokumente. Mit zahlreichen Abbildungen.* Frankfurt a.M./Leipzig (Insel) 1992.
Zaglmann, Klaus/Meyer-Stoll, Cornelia: *Geniales Zusammenspiel großer Persönlichkeiten. Das Fundament der bayerischen Landesvermessung*. In: Wissenswelten. Die Bayerische Akademie der Wissenschaften und die wissenschaftlichen Sammlungen Bayerns. Katalog. München 2009, S. 246–259.
Zaun, Jörg: *Wie groß ist ein Grad? Eine Andenexpedition auf der Suche nach der wahren Gestalt der Erde*. In: Vermessen. Kartographie der Tropen. Begleitbuch zur Ausstellung des Ethnologischen Museums, Berlin-Dahlem 2006, S. 82–87.
Zeyringer, Klaus: *Vermessen. Zur deutschsprachigen Rezeption der „Vermessung der Welt“.* In: Nickel, Gunther (Hrsg): *Daniel Kehlmanns „Die Vermessung der Welt“.* Hamburg (Rowohlt) 2008, 2.Aufl., S. 78–94.
Zimmányi, Falk: Von Flurzügen, Feldgeschworenen und vergrabenen Kanonenrohren. Ein Beitrag zur Vermessungsgeschichte des Weimarer Landes. Erfurt (Volkskundliche Beratungs- und Dokumentationsstelle für Thüringen) 2003.

＊日本語によるもの

（抜粋・翻訳含む：ドイツ語訳も参照した場合は併記）

荒俣宏『大博物学時代』工作舎，1982年

荒俣宏『地球観光旅行　博物学の世紀』角川選書，1993年

石原あえか「フランスの《レディ・ニュートン》　エミリ・デュ・シャトレ侯爵夫人」，物理科学雑誌『パリティ』丸善，Vol. 20, Nr. 6, 2005年，S. 49–52.

石原あえか「《三角測量》試論　西欧および日本の近代測量史への文学的アプローチ」，『商学部50周年日吉記念論文集』慶應義塾大学出版会，2007年，29–40頁

石原あえか「緯度一度の長さ　近代測量文学概観の試み　あるいはケールマンの小説『世界の測量』の文化科学史的背景」，『モルフォロギア　ゲーテと自然科学』第30号，ナカニシヤ出版，2008年，36–51頁

石原あえか「氷の海　19世紀の小氷期と北極探検についての文学的試論」，『日吉紀要　ドイツ語・ドイツ文学』45号，日吉紀要刊行委員会，2009年，1–18頁

石原あえか『科学する詩人ゲーテ』慶應義塾大学出版会，2010年

石原あえか・眞岩啓子「ヴュルツブルクのシーボルト家　日独で女医を輩出した医学家系」，慶應義塾大学『日吉紀要　ドイツ語学・文学』47号，日吉紀要刊行委員会，2011年，189–215頁

石原あえか『ドクトルたちの奮闘記　ゲーテが導く日独医学交流』慶應義塾大学出版会，2012年

石原あえか編『産む身体を描く　ドイツ・イギリスの近代産科医と解剖図』慶應義塾大学教養研究センター選書11，2012年

五十嶋一晃「剱岳をめぐる謎や疑問を追う」，『山岳』The Journal of The Japan Alpine Club. Vol. 103, No. 161，日本山岳会，2008年，101–131頁

岩田義一『偉大な数学者たち』ちくま学芸文庫，2006年

ウィルフォード，ジョン・ノーブル『地図を作った人びと　古代から観測衛星最前線にいたる地図製作の歴史』鈴木主税訳，河出書房新社，2001年

ウィンチェスター，サイモン『クラカトアの大噴火　世界の歴史を動かした火山』柴田裕之訳，早川書房，2004年

ウィンチェスター，サイモン『世界を変えた地図　ウイリアム・スミスと地質学の誕生』野中邦子訳，早川書房，2004年。Reiner Pfleidererによるドイツ語訳Winchester, Simon: *Eine Karte verändert die Welt. William Smith und die Geburt der modernen Geologie*. München (dtb) 2003年

ヴォンデ，ベアーテ「日独交流150年とビール」，『明治村だより』Vol. 64, 2011 Summer, 2–6頁

上原久『高橋景保の研究』講談社，1977年

海野一隆『地図の文化史　世界と日本』八坂書房，新装版2004年

大石学（編著）『図説　江戸の科学力』学習研究社，2009年

大久保修平編／日本測地学会監修『地球が丸いってほんとうですか？　測地学者に50の

質問』朝日新聞社，2004年
大場秀章『花の男　シーボルト』文芸春秋，2001年
織田武雄『地図の歴史　世界篇』講談社現代新書，1974年
織田武雄『地図の歴史　日本篇』講談社現代新書，1974年
ガーフィールド，サイモン『オン・ザ・マップ　地図と人類の物語』黒川由美訳，太田出版，2014年
ガスカール，ピエール『探検博物学者フンボルト』沖田吉穂訳，白水社，1989年
金子厚男『シーボルトの絵師　埋れていた三人の画業』青潮社，1982年
上村直己「イェーナ大学の最初の日本人留学生・唐崎五郎」，『熊本大学教養部紀要』26，1991年，73–86頁
川島慶子『エミリー・デュ・シャトレとマリー・ラヴワジエ　18世紀フランスのジェンダーと科学』東京大学出版会，2005年
カンポレージ，ピエーロ『風景の誕生　イタリアの美しき里』中山悦子訳，筑摩書房，1997年
木村岩治『洋学者　箕作阮甫とその一族』岡山文庫，1994年
久米康生『シーボルトと鳴滝塾　悲劇の展開』木耳社，1989年
呉秀三『シーボルト先生　其生涯及功業』吐鳳堂，1926年
講談社学術局／臨川書店出版部編集『シーボルト「日本」の研究と解説』講談社，1977年
国土地理院北陸地方測量部「柴崎芳太郎の測量成果」，月刊『地図中心』地図センター，417号，2007年6月，10–11年
佐藤健一『和算を楽しむ』ちくまプリマー新書，2007年
シービンガー，ロンダ『女性を弄ぶ博物学　リンネはなぜ乳房にこだわったのか？』小川眞里子・財部香枝訳，工作舎，1996年（2刷，2008年）。Margit Bergner と Monika Noll によるドイツ語訳 Schiebinger, Londa: *Am Busen der Natur. Erkenntnis und Geschlecht in den Anfängen der Wissenschaft.* Stuttgart (Klett-Cotta) 1995.
シービンガー，ロンダ『植物と帝国』小川眞里子・弓削直子訳，工作舎，2007年
白幡洋三郎『プラントハンター』講談社学術文庫，2005年
スケルトン，レイリー・アシュリン『図説　探検地図の歴史　大航海時代から極地探検まで』増田義郎・信岡奈生訳，原書房，1991年
鈴木一義（監修）『見て楽しむ江戸のテクノロジー』数研出版，2006年
ストンメル，ヘンリー／エリザベス『火山と冷夏の物語』山越幸江訳，地人書館，1985年
測量・地図百年史編集委員会編『測量・地図百年史』日本測量協会，1970年
髙田誠二『単位の進化　原始単位から原子単位へ』講談社学術文庫，改訂増補文庫版，2007年
田中和夫『物語サッポロビール』北海道新聞社，1993年
辻由美『火の女シャトレ侯爵夫人　18世紀フランス，希代の科学者の生涯』新評論，2004年
中村士『江戸の天文学者星空を翔ける』技術評論社，2008年

鳴海風『星に惹かれた男たち 江戸の天文学者　間重富と伊能忠敬』日本評論社，2014年
ニコルソン，マージョリー・ホープ『暗い山と栄光の山』小黒和子訳，国書刊行会，1989年
西田文雄「我が国の近代測量・地図作成の基礎を作った広島の人　田坂虎之助の事蹟」，日本測量協会中国支部発行『中国支部報』31号，2004年，12–25頁
西田文雄「わが国の三角測量を創業した田坂虎之助（上）」国土地理院広報478号，2008年
西田文雄「わが国の三角測量を創業した田坂虎之助（下）」国土地理院広報479号，2008年
西田文雄「近代の日本測地系を構築した人　陸地測量師　杉山正治（上）」国土地理院広報480号，2008年
西田文雄「近代の日本測地系を構築した人　陸地測量師　杉山正治（下）」国土地理院広報481号，2008年
西田文雄『三角点・水準点をつくった人　近代の測量から現代まで』有限会社文化評論（広島・自費出版），2014年
二宮陸雄『高橋景保と新訂万国全図　新発見のアロウスミス方図』北海道出版企画センター，2007年
沼田英子『小島烏水　西洋版画コレクション』有隣堂，2003年
橋本毅彦『描かれた技術　科学のかたち　サイエンス・イコロジーの世界』東京大学出版会，2008年
秦新二『文政十一年のスパイ合戦　検証・謎のシーボルト事件』双葉文庫・日本推理作家協会賞受賞作全集73，2007年（単行本としては1992年，文藝春秋より刊行）
ハンブリン，リチャード『雲の「発明」 気象学を創ったアマチュア科学者』小田川佳子訳，扶桑社，2007年。Ilse Strasmannによるドイツ語訳 Hamblyn, Richard: *Die Erfindung der Wolken. Wie ein unbekannter Meteorologe die Sprache des Himmels erforschte*.（Originaltitel: *The Invention of Clouds*, London 2001）Frankfurt a.M./Leipzig (Suhrkamp) 2003.
平山諦『和算の歴史　その本質と発展』ちくま学芸文庫，2007年
広瀬隆『文明開化は長崎から』上・下巻，集英社，2014年
藤井陽一郎「陸地測量部測地事業の《実用成果》と《学術成果》」，『測地資料』第5巻，国土地理院，1979年，13–49頁
福江充「劔岳をめぐる立山信仰」，月刊『地図中心』地図センター，417号，2007年6月，3–6頁
ボウルズ，エドマンド・ブレア『氷河期の「発見」地球の歴史を解明した詩人・教師・政治家』中村正明訳，扶桑社，2006年。ドイツ語訳 Bolles, Edmund Blair *Eiszeit. Wie ein Professor, ein Politiker und ein Dichter das ewige Eis entdeckten*. Frankfurt a.M.（Fischer）2003.
星埜由尚『伊能忠敬　日本をはじめて測った愚直の人』山川出版社，2010年
ボスカーロ，アドリアーナ／ワルター，ルッツ「ヨーロッパ製日本地図における蝦夷とその周辺」，*Japan mit den Augen des Westens gesehen*. Ausstellungskatalog von OAG.

Tokio 1993, pp. 78–83.
ボッティング，ダグラス『フンボルト　地球学の開祖』西川治・前田伸人訳，東洋書林，2008年。原書：Botting, Douglas: *Humboldt and the Cosmos*. München/Berlin/London/New York（Prestel）1994（Reprint von 2004, ursprünglich London 1973）も参照。
宮崎克則・福岡アーカイブ研究会編『ケンペルやシーボルトたちが見た九州，そしてニッポン』海鳥社，2009年
宮下啓三『日本アルプス　見立ての文化史』みすず書房，1997年
山と渓谷社『もうひとつの劒岳　点の記』山と渓谷社，2009年
山田明『劒岳に三角点を！明治の測量官から昭和・平成の測量官へ』桂書房，2007年
山本義隆『熱学思想の史的展開1　熱とエントロピー』ちくま学芸文庫，2008年
山本光治『地図を作った男たち　明治の地図の物語』原書房，2012年
山村基毅『はじめの日本アルプス　嘉門次とウェストンと館潔彦と』バジリコ，2008年
山岡光治「劒岳登頂は柴崎芳太郎に何を与えたか？」，月刊『地図中心』417号，2007年6月，7–9頁
米澤誠「連載　和算資料の電子化（9）シビルエンジニアとしての和算家」，東北大学附属図書館報『木這子』Vol. 30，No. 2，2005年，1–9頁
洋泉社編集部編『江戸学入門　江戸の理系力』洋泉社，2014年
吉村昭『漂流記の魅力』新潮新書，2003年
渡辺一郎（編著）『伊能忠敬測量隊』小学館，2003年
渡辺京二『黒船前夜　ロシア・アイヌ・日本の三国志』洋泉社，2010年

注

はじめに

(1) Humboldt, Alexander von: *Ansichten der Kordilleren und Monumente der eingeborenen Völker Amerikas*. Aus dem Französischen von Claudia Kalscheuer. Ediert und mit einem Nachwort versehen von Oliver Lubrich und Ottmar Ette. Frankfurt a. M. (Eichborn) 2004. 原文フランス語のオリジナルはパリで 1810–13 年に刊行された。

(2) Mania, Hubert: *Gauß. Eine Biographie*. Reinbek bei Hamburg (Rowohlt) 2008.

(3) Lelgemann, Dieter: *Gauß und die Messkunst*. Frankfurt (Primus) 2011.

(4) Wattenberg, Diedrich: *Wilhelm Olbers im Briefwechsel mit Astronomen seiner Zeit*. Stuttgart 1994; Strumpf, Manfred: *Gothas astronomische Epoche*. Horb am Neckar 1998; Dorschner, Johann: *Astronomie in Thüringen. Skizzen aus acht Jahrhunderten*. Jena 1998 などを参照した。

(5) Galle, Andreas: *Über die geodätischen Arbeiten von Gauss*. In: *Werke. Carl Friedrich Gauß*. Hrsg. v. der Königlichen Gesellschaft der Wissenschaften zu Göttingen. Bd. 11, 1927–29; Reich, Karin: *Im Umfeld der „Theoria motus". Gauß' Briefwechsel mit Perthes, Laplace, Delambre und Legendre.* Göttingen 2000; Michling, Horst: *Carl Friedrich Gauß. Episoden aus dem Leben des Princeps Mathematicorum*. Göttingen 2005 などを参照。

(6) ゲーテが生まれた頃，火星・木星間にはまだ小惑星帯は発見されていなかった。その不自然な間隙について〈ティティウス＝ボーデの法則〉からの推測を使い，彼が 50 歳を過ぎた頃，初めて小惑星帯で発見されたのがケレスである。折しも 2006 年の国際天文学連合（IAU）総会で冥王星が惑星から準惑星に降格された一方で，ケレスは逆に準惑星にいわば「格上げ」された。ただし本書では便宜上，2006 年以前の分類「小惑星」を用いる。

(7) ゲーテと天文学について言及した学術論文はドイツ語圏でもまれで，唯一例外的なのが Wattenberg, Diedrich: *Goethe und die Sternenwelt*. In: Goethe-Jahrbuch 31 (1969), S. 66–111 であった。ゲーテの『遍歴時代』に登場する天文学と不思議な関わりをもつ女性登場人物マカーリエに関する詳しい考察は，ドイツ語拙著 *Makarie und das Weltall. Astronomie in Goethes „Wanderjahren"*. Köln/Weimar/Wien 1998 を参照されたい。なお毎年，ゲーテ愛好家向けに出版される小冊子 *Mit Goethe durch das Jahr* シリーズ 2014 年版のお題に「ゲーテと星空 *Goethe und der gestirnte Himmel*」が取り上げられ，上記拙著の内容も紹介された。

(8) ゲーテは〈親和力〉という専門用語を，スウェーデン人化学者兼鉱物学者ベリマン (Torbern Olof Bergman, 1735–1784) の著作『親和力について *De attractionibus electi-*

vis』(1755) から採った。

(9) Vgl. Wilford, John Noble: *The Mapmakers: The Story of the Great Pioneers in Cartography from Antiquity to the Space Age*. revised. New York 2000 (邦訳あり,『地図をつくった人々』鈴木主税訳, 河出書房新社, 2001 年); Skelton, Raleigh Ashlin: *Explorer's Maps: Chapters in the Cartographic Record of Geographical Discovery*. London 1986 (邦訳あり,『図説　探検地図の歴史』増田義郎・信岡奈生訳, 原書房, 1991 年)。ただし上記参考書のいずれも三角測量については短い言及にとどまる。

(10) Graczyk, Annette: *Das literarische Tableau zwischen Kunst und Wissenschaft*. München 2004 参照。

第一章

(1) 本節は, 2007 年 12 月 7 日にオーストリア・ウィーンで開催された Institut zur Erforschung und Förderung regionaler und transnationaler Kulturprozesse (INST) 主催の国際会議 „Knowledge, Creativity and Transformations of Societies (KCTOS)" でのドイツ語発表 *Das Dreiecknetz: Gauß und die japanische Landvermessung in der Meiji-Zeit* (発表は論文形式に書き換えて, 2013 年より Web 上公開) をもとにしている。主な参考文献 (抜粋 : 先の「はじめに」注 9 に挙げたものを除く) を挙げると, 織田武雄『地図の歴史　世界篇』講談社現代新書, 1974 年／Feuerstein, Petra: *Von Euklid bis Gauss. Begleitheft zur Ausstellung „Maß, Zahl und Gewicht. Mathematik als Schlüssel zu Weltverhältnis und Weltbeherrschung"*. Herzog August Bibliothek Wolfenbüttel 1989 ／海野一隆『地図の文化史　世界と日本』八坂書房, 2004 年 (新装版) ／ Brachner, Alto: *Von Ellen und Füßen zur Atomuhr. Geschichte der Messtechnik*. München (Deutsches Museum) 2. überarbeitete Aufl., 2005 (ただし三角測量にはほとんど触れられていない) ／山岡光治『地図の科学』サイエンス・アイ新書, 2010 年ほか。また測地学に関わった人名事典としては, 檀原毅『地球を測った科学者の群像　測地・地図の発展小史』日本測量協会, 1998 年を活用した。

(2) Goss, John: *KartenKunst. Die Geschichte der Kartographie*. Mit einer Einführung von Valerie Scott. Braunschweig (Westermann) 1994, hier S. 184 参照。ちなみに本書では三角測量がメインのため言及しないが, メルカトル図法を発明したゲラルドゥス・メルカトル (1512–94) も彼に師事している。なお, メルカトルについては, ドイツ・デュイスブルク市立歴史博物館で充実した常設展示を見ることができる。

(3) バイエルン測量局常設展示パンフレットおよびバイエルン科学アカデミー 250 周年記念カタログ掲載の *Personen setzen Maßstäbe*; Zaglmann, Klaus/Meyer-Stoll, Cornelia: *Geniales Zusammenspiel großer Persönlichkeiten. Das Fundament der bayerischen Landesvermessung*. In: Ausstellungskatalog zum 250-jährigen Jubiläum der Bayerischen Akademie der Wissenschaften, München 2009, S. 246–259, hier S. 247 ほか参照。

(4) 古くはトランシットがアメリカ由来で, 望遠鏡が水平方向に回転するものを, セオドライトはヨーロッパ由来で, 精度を優先するため, 望遠鏡が水平方向に回転しないものを言った。その後, いずれも水平回転が可能となり, 近年, 機具メーカーはセオ

ドライトという呼称で統一する傾向にある。

(5) ケールマンの小説『世界の測量』(Zahlen [数] の章) では，ガウスの説明を聴いた恋人ヨハンナが，三角測量は平面をイメージしているが，実際は球あるいは楕円体面の測量であることを鋭く指摘し，ガウスに画期的な演算処理方法を考えるきっかけを与える，という場面に脚色されている。

(6) Goss, John: *KartenKunst*, S. 185.

(7) Howard-Haller, Mario の論文 *Maupertuis' Messung in Lappland.* In: Hecht, Hartmut (Hrsg.): Pierre Louis Moreau de Maupertuis. Eine Bilanz nach 300 Jahren. Berlin 1999, S. 73 参照。

(8) 彼の生涯については，デーヴァ・ソベルによる伝記 Sobel, Dava (1995). *Longitude: The True Story of a Lone Genius Who Solved the Greatest Scientific Problem of His Time*. New York: Penguin (1995) が欧米のベスト&ロングセラーになり，ハリソンの知名度が高まった。藤井留美による邦訳『経度への挑戦』あり，本章半ばで再度言及する。

(9) クリスティアーン・ホイヘンス (Christiaan Huygens, 1629–1695) は初めて実際に振り子時計を組み立てた人物とされ，1673年に主要著作『振り子時計 *Horologium oscillatorium*』を発表し，秒針振り子の刻みは地球上のどこであっても同じであるという，振り子の原理を説明した。このため本文中に挙げたカイエンヌでの振り子時計が遅れる原因は，当初赤道直下の暑さのためであろうと人々は推測した。だが，1670年代に複数の研究者が別の場所で振り子時計による同様の実験を行った結果，時計の遅れは気温とは無関係であることが明らかになっていった。

(10) 拙論「ニュートンに挑んだ詩人ゲーテ」,『学問からの挑戦編』東京大学出版会，印刷準備中 (2015年10月刊行予定)。

(11) 詳しくは山本義隆『熱学思想の史的展開 1　熱とエントロピー』ちくま学芸文庫，2008年，特に第一部第6章，167頁以降／橋本毅彦『描かれた技術　科学のかたち　サイエンス・イコロジーの世界』東京大学出版会，2008年，86頁以降「宇宙のネジ」の節などを参照されたい。

(12) 原文タイトル *Entretiens sur la pluralité des mondes*, 赤木昭三による邦訳あり (工作舎刊)。拙著 *Makarie und das Weltall. Astronomie in Goethes „Wanderjahren"*. Köln/Weimar/Wien 1998, S. 131 以降参照。拙著『科学する詩人ゲーテ』慶應義塾大学出版会，2010年，144頁以降も合わせて参照されたい。

(13) カッシーニ二代目のジャックは，1696年にイギリスでニュートン，ハレーをはじめとする科学者たちと知り合い，ロイヤル・ソサイエティー会員に加わった。

(14) 大久保修平編『地球が丸いって本当ですか？』朝日出版社，2004年，28頁参照。

(15) 壇原毅『地球を測った科学者の群像』日本測量協会，1998年，58頁。

(16) Beeson, David: *Maupertuis. An Intellectual Biography*. Oxford (Voltaire Foundation) 2006, S. 99 参照："The *Figures des astres* made Maupertuis France's first Newtonian, and marked the opening of his campaign against Cartesianism in the Paris Academy."

(17) Zaun, Jörg: *Wie groß ist ein Grad? Eine Andenexpedition auf der Suche nach der wahren Gestalt der Erde*. In: Vermessen. Kartographie der Tropen. Begleitbuch zur Aus-

stellung des Ethnologischen Museums, Berlin-Dahlem. 2006, S. 83 参照。

(18) Beeson: *Maupertuis*, S. 103 参照 : "they travelled down to Thury, for intensive training in astronomical techniques at the hands of Cassini, in his family home."

(19) ウィルフォード『地図を作った人びと』鈴木主税訳，172 頁から引用。

(20) Howard-Haller: *Maupertuis' Messungen in Lappland,* S. 86 参照。なお，1801–1803 年に天文学者 Jöns Svanberg（1771–1851）が緯度 66.5 度を測定し，57,196 トワーズという理性的数値をはじき出した。

(21) Beeson: *Maupertuis*, S. 119 参照。

(22) 原文の正確なタイトルは *Degré du méridien entre Paris & Amiens, déterminé par la mesure de M. Picard & par les observations de M. de Maupertuis, Clairaut, Camus, Le Monnier.* あわせてイェーナ大学所蔵のドイツ語訳 Maupertuis, Pierre-Louis-Moreau de: *Der Meridian-Grad zwischen Paris und Amiens: woraus man die Figur der Erde herleitet; durch Vergleichung dieses Grads mit dem, so beym Polar- Zirkel gemessen worden.* Zürich（Heidegger）1742 を参照した。

(23) Beeson: *Maupertuis*, S. 134 参照。

(24) 邦訳で読める彼女の伝記として，辻由美『火の女シャトレ侯爵夫人　18 世紀フランス，希代の科学者の生涯』新評論，2004 年および川島慶子『エミリー・デュ・シャトレとマリー・ラヴワジエ　18 世紀フランスのジェンダーと科学』東京大学出版会，2005 年などがある。拙論「フランスの《レディ・ニュートン》　エミリ・デュ・シャトレ侯爵夫人」，『パリティ』丸善，Vol. 20，No. 6，49–52 頁，2005 年もあわせて参照されたい。

(25) 川島慶子『エミリー・デュ・シャトレとマリー・ラヴワジエ』，69 頁より引用。あわせて Hagengruber, Ruth: *Emilie du Châtelet an Maupertuis: Eine Metaphysik in Briefen*. In: Hecht, Hartmut（Hrsg.）*Pierre Louis Moreau de Maupertuis. Eine Bilanz nach 300 Jahren*. Berlin 1999, 特に S. 188 を参照。

(26) 檀原毅『地球を測った科学者の群像』，92–93 頁参照。

(27) 原文タイトルは，*Le procès des étoiles. Récit de la prestigieuse expédition de trois savants français en Amérique du Sud et des mésaventures qui s'ensuivirent (1735–1771).* 邦訳『地図を測った男たち』は 1983 年にリブロポート社から喜多迅鷹・デルマス柚紀子の共訳で出版された。

(28) ドイツの文学用語事典 *Metzler Literatur Lexikon. Begriffe und Definitionen*. Hrsg. v. Günter und Irmgard Schweikle. Zweite, überarbeitete Aufl. Stuttgart 1990, S. 403 の解説・定義による。

(29) 喜多・デルマス訳のトリストラム『地球を測った男たち』，179 頁より引用。

(30) La Condamine: *Histoire des Pyramides de Quito, ou Relation de ce qui s'est passé au sujet des pyramides & des inscriptions posées aux deux extrémités de la base voisine de Quito*. Paris 1751.　イェーナ大学総合博物館所蔵のラ・コンダミーヌの原著 *Journal du voyage fait par ordre du Roi, à l'Équateur, servant d'introduction historique à la mesure des trois premiers degrés du méridien* に合本されている。このドイツ語訳 Gretenkord（Hrsg.）: Charles-Marie de La Condamine: *Reise zur Mitte der Welt. Die*

Geschichte von der Suche nach der wahren Gestalt der Erde. Herausgegeben, eingeleitet und kommentiert von Barbara Gretenkord. Ostfildern 2003 も合わせて参照した。

(31) イェーナ大学総合図書館は，ゴータ初代天文台長ツァッハの蔵書を（現在，未整理のまま）所有しており，そのうちの一冊にこのブーゲの初版本がある。この時代の特徴として，正式な書名はとにかく長い。Bouguer, M.: *La figure de la terre, déterminée par les observations de Messieurs Bouguer, & de La Condamine, de l'Académie royale des sçiences, envoyés par ordre du Roy au Pérou, pour observer aux environs de l'Equateur. Avec une relation abrégée de ce voyage, qui contient la description du pays dans lequel les opérations ont été faites*. Paris, Quay des Augustins, chez Charles-Antoine Jombert, Libraire du Roy pour l'Artillerie & le Génie 1749.

(32) La Condamine, Charles-Marie de: *Relation abrégée d'un voyage fait dans l'intérieur de l'Amérique méridionale, depuis la côte de la Mer du Sud, jusqu'aux côtes du Brésil & de la Guyane, en descendant la Rivière des Amazones* ; Lûe à l'Assemblée de l'Académie des sciences, le 28 avril 1745. par M. de La Condamine; de la même Académie. Paris, chez la Veuve Pissot.（Exlibli von Pistor）. イェーナ大学総合図書館（ThULB）は，1778 年刊の別の新版も所蔵している。こちらの新版にはセニエルグの死亡証拠資料やキトに向かう途上で行方不明になった妻に関するゴダン・デ・オドネの書簡も付録として綴じられている。La Condamine: *Relation abrégée d'un voyage fait dans l'intérieur de l'Amérique méridionale, depuis la côte de la Mer du Sud, jusqu'aux Côtes du Brésil & de la Guyane, en descendant la rivière des Amazones, par M. de La Condamine, de l'Académie des sciences, Avec une Carte du Maragnon, ou de la Rivière des Amazones, levée par le même. Nouvelle édition. Augmentée de la relation de l'émeute populaire de Cuença au Pérou, Et d'une lettre de M. Godin des Odonais; contenant la Relation du Voyage de Madame Godin, son Epouse, etc.* Maestricht（Jean-Edmé Dufour & Philippe Roux, Imprimeurs-libraires associés）1778.

(33) ドイツ語翻訳書の正式なタイトルは以下の通り。*Kurze Beschreibung einer Reise in das innerste Süd-America, von den Küsten der Südsee bis nach Brasilien und Guiana, den Amazonen-Fluß herunter, welche am 28. April 1745 in öffentlicher Versammlung der Academie der Wissenschaften verlesen worden von dem Herrn de la Condamine, gemeldeter Academie Mitgliede.*

(34) 原文スペイン語のタイトルも非常に長く，*Relación histórica del viaje a la América meridional hecho de orden de S. Mag. Para medir algunos grados de meridiano terrestre, y venir por ellos en conocimiento de la verdadera figura, y magnitud de la Tierra, con otras varias observaciones astronómicas y phisicas.*

(35) *Geschichte der zehnjährigen Reisen der Mitglieder der Akademie der Wissenschaften zu Paris vornemlich des Herrn de la Condamine nach Peru in America in den Jahren 1735 bis 1745 worinne ausser verschiedenen Nachrichten von der gegenwärtigen Beschaffenheit der spanischen Colonien in America, und einer vollständigen Beschreibung des berühmten Amazonenflusses, auch noch verschiedene und besondere Anmerkungen zur Aufnahme der Sternkunde, Erdbeschreibung und Naturlehre befindlich sind*, herausgegeben und mit

einigen Beylagen und Kupfern begleitet von J.C.S. (Erfurt, gedruckt bei Johann Friedrich Hartung 1763).

(36) トリストラム『地球を測った男たち』，51 頁の原注参照。

(37) La Condamine: *Journal du voyage fait par ordre du Roi,* S. 68 参照。

(38) 日本語研究書では，白幡洋三郎『プラントハンター』講談社学術文庫，2005 年などがある。

(39) この学術遠征隊については Riedl-Dorn, Christa: *Johann Natterer und die Österreichische Brasilienexpedition*. Petrópolis 2000; *Schätze der Neuen Welt. Bayerische Naturforscher in Südamerika*. In: *Wissenswelten. Die Bayerische Akademie der Wissenschaften und die wissenschaftlichen Sammlungen Bayerns. Ausstellungen zum 250-jährigen Jubiläum der Bayerischen Akademie der Wissenschaften*. Katalog hrsg. unter Mitarbeit von Tobias Schönauer von Dietmar Willoweit. München 2009, S. 260–266 を参照した。

(40) Schneider, Sylk: *Goethes Reise nach Brasilien. Gedankenreise eines Genies*. Weimar 2008.

(41) Riedl-Dorn: *Johann Natterer und die Österreichische Brasilienexpedition,* S. 17 参照。

(42) Schneider: *Goethes Reise nach Brasilien*, S. 131 以降参照。おそらく日本の生薬名「トコン（吐根）」をさしていると考えられる。

(43) Schneckenburger, Stefan: *In tausend Formen magst du dich verstecken: Goethe und die Pflanzenwelt*. Sonderheft 29. Begleitheft zur Ausstellung anlässlich des Goethe-Jahres 1999 im Palmengarten der Stadt Frankfurt am Main, S. 57.

(44) Ishihara: *Goethes Buch der Natur,* S. 171 以降参照。

(45) 緒方洪庵がオランダ語から重訳した『扶氏経験遺訓』により，江戸の蘭学・洋学医たちにも多大な影響を与えた。拙著『ドクトルたちの奮闘記　ゲーテが導く日独医学交流』慶應義塾大学出版会，2012 年，特に第 1 章参照。

(46) Schiebinger, Londa: *Plants and Empire. Colonial Bioprospecting in the Atlantic World.* Harvard University Press, Cambridge (Mass.) 2004; 小川眞里子・弓削直子の共訳で工作舎から 2007 年に邦訳『植物と帝国』が出ている。この著作でシービンガーは植民地主義と植物学の相互関係を，（彼女の配偶者でもある）ロバート・N. プロクターが提唱する「アグノトロジー agnotology」という方法論からアプローチする。アグノトロジーは，「ある文化的文脈の中で抹殺されることになった知識を研究する」（小川・弓削訳，10 頁）というテクニカルタームで，知識の抹殺は，単純な知識の欠如により生じるものではなく，政治的・文化的・商業的戦略結果として行われるものだとする。ここでシービンガーはペルー測量遠征をとりあげ，男性的かつ政治的視点からキナノキのプランテーション化が促進されたことを指摘する。他方，特にその植民地で奴隷になった女性の視点からは，「ピーコックフラワー」別名「黄胡蝶」が堕胎薬として利用されていたが，その薬効は伏せられ，ただその艶やかな花の美しさだけがヨーロッパに向けて紹介された例をアグノトロジーの実例として挙げている。

(47) ジュシューについては，ラ・コンダミーヌの旅行記ドイツ語訳者 Gretenkord による注参照，*Reise zur Mitte der Welt*, S. 192.

(48) Trystram: *Der Prozeß gegen die Sterne*, S. 259.

(49)　„[...] je m'étois arrêté trois jours à Loxa pour reconnoître, dessiner & décrire l'arbre du quinquina [Chinarindenbaum; d. Vfn.], & faire sur ce sujet des recherches, dont j'ai rendu compte, dans le temps, à l'Académie." La Condamine: *Journal du voyage fait par ordre du Roi,* S. 31 から引用。

(50)　*Sammlung verschiedener die Fieberrinde betreffender Abhandlungen und Nachrichten.* Aus dem Englischen und Französischen in das Deutsche übersetzt von D. Georg Leonhart Huth. Nürnberg, verlegt von J. Mich. Seeligmann, 1760, S. 131 以降引用。

(51)　キニーネおよびキナノキについては，内藤記念くすり博物館の企画展目録『くすりの夜明け　近代の薬品と看護』，2008 年，18 頁などを参照した。

(52)　注 50 のラ・コンダミーヌ論文，S. 162f.

(53)　注 50 のラ・コンダミーヌ論文，S. 139f.

(54)　Wenzel, Manfred: *Goethe und die Medizin*. Frankfurt a.M./Leipzig 1992, S. 113 参照；Zimmermann, Susanne/Neuper, Horst: *Professoren und Dozenten der Medizinischen Fakultät Jena und ihre Lehrveranstaltungen zwischen 1770 und 1820*. Jena 2008, 特に S. 228f. ほか。

(55)　Schmidt, Rudolf: *Die Kartenaufnahme der Rheinlande durch Tranchot und von Müffling 1801–1828. Bd. 1. Geschichte des Kartenwerkes und vermessungstechnische Arbeiten.* Publikationen der Gesellschaft für Rheinische Gesellschaftskunde XII. Köln-Bonn 1973, 特に S. 9 参照。

(56)　なお，このカッシーニのフランス測量によって地球の扁平率は 1/304 に修正された（現在知られている扁平率は 1/298.25）。Torge, Wolfgang: *Müffling und die europäischen Gradmessungen und Landesvermessungen im 18. und 19. Jahrhundert*. In: *Müfflings Leben und Werk aus der Sicht der Gegenwart.* Hrsg. v. DVW, Landesverein Thüringen Nr. 4, Gotha 2002, S. 6 参照。

(57)　Schmidt: *Die Kartenaufnahme der Rheinlande durch Tranchot und von Müffling,* S. 8.

(58)　瀬川裕司の邦訳あり，『世界の測量　ガウスとフンボルトの物語』三修社，2008 年

(59)　たとえば Stenzel, Burkhard: *Goethe bei Kehlmann. Faktisches und Fiktives im Roman „Die Vermessung der Welt"*. In: *Goethe, Grabbe und die Pflege der Literatur: Festschrift zum 65. Geburtstag von Lothar Ehrlich*. Hrsg. v. Holger Dainat. Bielefeld 2008, S. 87–108.　加えて Gunther Nickel 編集の論文集 *Daniel Kehlmanns „Die Vermessung der Welt". Materialien, Dokumente, Interpretation*. Hamburg 2008, 2.Aufl. には複数の解釈が寄せられている。なかでも Zeyringer, Klaus: *Vermessen, Zur deutschsprachigen Rezeption der „Vermessung der Welt"*, S. 78–94 および Marx, Friedhelm: *„Die Vermessung der Welt" als historischer Roman*, S. 169–185 を特に参照した。

(60)　藤井留美の邦訳あり，『経度への挑戦　一秒にかけた四百年』翔泳社，1997 年，のちに角川文庫化。

(61)　鈴木まやの邦訳あり，『子午線　メートル異聞』工作舎，1989 年。

(62)　吉田三知代の邦訳あり，『万物の尺度を求めて　メートル法を定めた子午線大計測』早川書房，2006 年

(63)　鈴木まや訳，ゲージュ『子午線』，16 頁より引用。

(64) ちなみにオールダーは，マーズ・クライメート・オービターの消失（1999年）およびその事故原因が，NASAの調査でプロジェクトの核となる主要2グループが片方はヤード法を，片方はメートル法を使っていたことによると判明したことが，彼の執筆の直接動機になったとしている。ただしこの事故後も，アメリカ合衆国は依然，メートル法を採用していない。

(65) オールダー，邦訳『万物の尺度を求めて』，114頁より引用。

(66) Schmidt: *Die Kartenaufnahme der Rheinlande*, S. 29以降参照。

(67) フランス語の原題は*Méthodes analytiques pour la détermination d'un arc de méridien. Précédés d'un mémoire sur le même sujet, par A. M. Legendre*.

(68) しかしシュミットによれば，パリおよびペルー子午線計測の結果を受けてメートルが採用されたのち，ドゥランブルは1817年に再度新しく地球扁平率を計算し直し，1/308.64という値を得た。ただしこれについては彼の同僚が計算間違いを発見し，後に1/309.67に訂正した。„Nachdem die Messungsergebnisse sowohl des Meridians von Paris [von Méchain und Delambre] wie auch desjenigen von Peru [von Bouguer, La Condamine und Godin] berichtigt und neu ausgewertet worden waren, berechnete Delambre hierdurch 1817 ein neues Erdellipsoid. Als Abplattung fand er dabei 1 : 308,64; jedoch wies sein Kollege Puissant ihm einen Rechenfehler nach, so dass der richtige Wert 1 : 309,67 gewesen wäre.“（引用はSchmidt, S. 31より）.

(69) Torge: *Müffling und die europäische Gradmessungen und Landesvermessungen im 18. und 19. Jahrhundert*. 2002, S. 6参照。次章で扱うゴータ天文台長ツァッハの兄アントン（Anton von Zach, 1748–1829）も1806年に地球が回転楕円体であることは間違いと述べ，「むしろ回転楕円体としてはイレギュラーな形状を有している」と指摘している。

(70) ただし同時期にドイツの数学者ガウスは，この垂直線の傾斜が，地球表面で視認できる不規則な密度分布および地球内部の密度差に帰すことを知っていたとされる。

(71) Schmidt: *Die Kartenaufnahme der Rheinlande*, S. 30から引用。

(72) オールダー，邦訳『万物の尺度を求めて』，373頁ほか参照。

(73) 髙田誠二『単位の進化　原始単位から原子単位へ』講談社学術文庫，2007年参照。初版は講談社ブルーバックスで1970年刊行のため，本文でのメートルの歴史は，クリプトン原子による定義までで終わっている。

(74) ドルトムントの美術・文化史博物館内「測量史」常設展図録*Museumshandbuch Teil 2. Vermessungsgeschichte*. Dortmund (Museum für Kunst und Kulturgeschichte Dortmund) 2009, S. 52 „Die Potsdamer Katroffel“ほか参照。

第二章

(1) 拙著*Makarie und das Weltall*. 1998および『科学する詩人ゲーテ』，第4章参照。

(2) Brosche, Peter: *Astronomie der Goethezeit. Textsammlung aus Zeitschriften und Briefen Franz Xaver von Zachs*. Thun/Frankfurt a.M. 1995; 同著者による*Die Wechselwirkung der Astronomen von Gotha und Paris*. In: Deutsch-Französische Wissenschafts-

kontakte in Thüringen. Hrsg. von Werner Köhler und Jürgen Kiefer. Acta Academiae Scientiarum 12, Verlag der Akademie gemeinnütziger Wissenschaften zu Erfurt 2008, S. 41–56 参照。

(3) Reich, Karin: *Im Umfeld der „Theoria motus". Gauß' Briefwechsel mit Perthus, Laplace, Delambre und Legendre*. Göttingen 2001, S. 68.

(4) Kokott, Wilhelm: *Bodes „Astronomisches Jahrbuch" als internationales Archivjournal*. In: Astronomie von Olbers bis Schwarzschild. Hrsg. v. Wolfgang R. Dick und Jürgen Hamel. Thun und Frankfurt a.M. 2002, S. 142–157.

(5) Hamel, Jürgen: *Ephemeriden und Informationen: Inhaltliche Untersuchungen Berliner Kalender bis zu Bodes Astronomischem Jahrbuch*. In: 300 Jahre in Berlin und Potsdam. Hrsg. v. Wolfgang R. Dick und Klaus Fritze. Frankfurt a.M. 2000, S. 49–70, 特に S. 68 参照。

(6) ツァッハとベルトゥーフ間のオリジナル書簡は，ヴァイマルのゲーテ＝シラー文書館に現存している。Vgl. auch Wattenberg, Diedrich/Brosche, Peter: *Archivalische Quellen zum Leben und Werk von Franz Xaver von Zach*. Abhandlungen der Akademie der Wissenschaften in Göttingen. Mathematisch-Physikalische Klasse. Dritte Folge Nr. 45, Göttingen 1993.

(7) Schwarz, Oliver: *Gothas Entwicklung zu einem europäischen Zentrum der Astronomie und Geodäsie*. In: Die Gothaer Residenz zur Zeit Herzog Ernsts II. von Sachsen-Gotha-Altenburg (1772–1804). Stiftung Schloss Friedenstein Gotha, Ausstellungskatalog im Schlossmuseum, 6. Juni–17. Oktober 2004, 特に S. 158 参照；„Diese Zeitschriften [M.C.], die heute als die ersten astronomischen Fachzeitschriften überhaupt gelten, beschleunigten und erweiterten den häufig nur auf briefliche Mitteilungen beschränkten Informationsaustausch zwischen den Anhängern der Erd- und Himmelskunde, indem Zach neben separaten Fachartikeln eben auch Briefe abdruckte und damit einem größeren Publikum zugänglich machte." シュヴァルツによれば，M.C. の刊行部数が 200–300 と見積もられるのに対して，A.G.E. については大幅増の 1000 部を刊行した。同書 S. 167 参照。

(8) Brosche: *Die Wechselwirkung der Astronomen von Gotha und Paris,* S. 46.

(9) Brosche: *Astronomie der Goethezeit*, hier S. 92, Zachs Brief an Schedius vom 26. Januar 1799.

(10) La Lande: *Bibliographie astronomique,* S. 593f.

(11) ツァッハの兄アントン（1748–1829）は，オーストリア帝国の高級将校であった（のちに Feldmarschall-Leutnant にまで昇進）。陸軍測量官として，彼は軍事アカデミーで教鞭を執り，1800 年前後にはオーストリア帝国領北部イタリアの測量に従事していた。Brosche: *Astronomie der Goethezeit*, S. 112 および同著者による *Der Astronom der Herzogin. Leben und Werk von Franz Xaver von Zach (1754–1832).* Frankfurt a.M. 2009. Zweite, überarbeitete und erweiterte Aufl. S. 125 以降参照。

(12) 1765 年以降，ゲッティンゲン大学物理学教授として名高いゲオルグ・クリスティアン・リヒテンベルクの兄で，弟と同様自然科学に造詣の深かったルートヴィヒ・ク

リスティアン（Ludwig Christian Lichtenberg, 1737–1812）が，ゴータ宮廷に出仕する。このリヒテンベルク兄は，ゴータ公エルンスト二世に自然科学特に物理学の講義をした。ゴータ公と兄に当時発見されたばかりの天王星を示すため，リヒテンベルク弟は知り合いの技術者 J. A. Klindworth をゴータに派遣した。Schwarz: *Gothas Entwicklung zu einem europäischen Zentrum der Astronomie und Geodäsie*, S. 156; Ishihara: *Makarie und das Weltall* ほか参照。

(13) *Sternstunden in Gotha. Sonderausstellung zum 200. Jahrestag des ersten internationalen Astronomentreffens 1798.* Gotha（Schlossmuseum Gotha）1998 より引用。

(14) シュヴァルツによれば，旧市街ではなく，郊外の山中に天文台を建設するのは，一般的に 20 世紀初頭になってからのことで，その意味でもゴータの建設地設定がいかに先駆的かつ画期的であったかがうかがえる。Schwarz: *Gothas Entwicklung zu einem europäischen Zentrum der Astronomie und Geodäsie*, S. 157 参照。

(15) La Lande, Jérôme de: *Astronomie.* Troisième Édition, Revue et Augmentée Tome premier. Paris, chez la veuve Desaint.（1792）Préface, S. xli-xlii. から引用。後にツァッハも *Gothaischen Hofkalender*（1798）でゼーベルク天文台を「ドイツ国内で最も美しく，最も設備の整った天文台」と自画自賛している。Brosche: *Astronomie der Goethezeit*, S. 79 参照，原文記事はツァッハとラランドの共同執筆の可能性が高い。

(16) La Lande: *Bibliographie astronomique,* S. 786 の原文は以下の通り。“Mme. la duchesse de Saxe-Gotha, la princesse la plus savante que l'on connaisse, qui aime l'astronomie, qui observe et qui calcule elle-même d'une manière surprenante, place aujourd'hui la maison de Saxe dans l'histoire de l'astronomie, comme le landgrave Guillaume y plaça, il y a deux cents ans, celle de Hesse-Cassel.”

(17) Schäfer, Bernd: *Franz Xaver von Zach (1756–1832). Oel/Lw gemalt von Rosa Baccigaluppo (1794–1854), 1820 Genua*. In: *Alexander von Humboldt und Gothaer Gelehrte*. Ausstellung des URANIA Kultur- und Bildungsvereines Gotha e. V. in Zusammenarbeit mit Gotha Kultur im Museum für Regionalgeschichte und Volkskunde, Schloss Friedenstein, Gotha, 15. April bis 27. Juni 1999, S. 15 参照。ただし画家の姓に Bacigalupo の別表記あり。

(18) “Elle a envoyé un de ses astronomes, M. le docteur Jean-Charles Burckhardt, né à Leipzig le 30 Avril 1773, pour travailler avec nous.” La Lande: *Bibliographie astronomique,* S. 786 から引用。

(19) Strumpf, Manfred: *Gothas astronomische Epoche*. Horb am Neckar（Geiger）1998, S. 22; Reich: *Im Umfeld der „Theoria motus“*, S. 70.

(20) ドイツ語の献辞は以下の通り。„Der Durchlauchtigen Fürstinn Maria Carolina Amalia, regierenden Herzoginn zu Gotha, widmet dieses unsterblichen Werkes Uebersetzung zum öffentlichen Zeichen seiner unbegränzten und ehrfurchtsvollsten Dankbarkeit J. C. Burckhardt“. In: Laplace, Pierre-Simon de: *Mechanik des Himmels von P. S. Laplace, Mitglied des Französischen National-Instituts und der Commission für die Meeres-Länge. Aus dem Französischen übersetzt und mit erläuternden Anmerkungen versehen von J. C. Burckhardt*. Erster Theil. Berlin（F. T. LaGarde）1800, S. ii.

(21) Zach, Franz Xaver von: *Über Pierre-François-André Méchain. Astronom der National-Sternwarte, Mitglied des National-Instituts und des Bureau des Longitudes in Paris*. Sonderdruck aus dem Julius-Stück der *Monatlichen Correspondenz zur Beförderung der Erd- und Himmelskunde* 1800.

(22) ツァッハがペスト在住の同僚 Schedius に 1779 年 1 月 26 日付で書き送った書簡にはさらに非公式でオランダ・ハーレムから van Marum，ケンブリッジから Buttler が参加していたという。前掲書 S. 92 参照。同著者による *Der Astronom der Herzogin. Leben und Werk von Franz Xaver von Zach (1754–1832)*. Frankfurt a.M. 改訂第 2 版 2009, S. 89f. も参照。

(23) Ullrich, Maik: *Der Beitrag zur Vermessung in Thüringen durch Franz Xaver von Zach*.（ursprünglich Diplomarbeit FH Dresden 2001）Redaktionell überarbeitet und teilweise gekürzt durch den Herausgeber. Hrsg. v. Deutschen Verein für Vermessungswesen（DVW）, Gesellschaft für Geodäsie, Geoinformation und Landmanagement sowie Landesverein Thüringen e. V. Gotha 2004, hier S. 13.　当時，人々はメートルを「フランス大革命の子供」と呼んだ。

(24) 引用は Brosche: *Astronomie der Goethezeit*, S. 73 から。ただしこのゴータとパリでの両会議の歴史的関連性については，ゲージュもオールダーも作中言及がない。ちなみにメシャンとドゥランブルのパリ帰還直後の 1798 年 11 月，フランスおよびフランスの同盟あるいは中立国からのメンバーによる最初の国際会議でメートル法が制定された。

(25) 引用は *Sternstunden in Gotha. Sonderausstellung zum 200. Jahrestag des ersten internationalen Astronomentreffens 1798.* Gotha 1998 より。

(26) Schwarz: *Gothas Entwicklung zu einem europäischen Zentrum der Astronomie und Geodäsie*, S. 158.　ただしラランドは宮廷で別途ゴータ公に謁見している。

(27) ゲーテとの関連については，拙著 Ishihara: *Makarie und Weltall*, S. 89 以降参照。また「ティティウス＝ボーデの法則」については岩田義一『偉大な数学者たち』ちくま学芸文庫，2006 年，103 頁以降などを参照されたい。

(28) シュレーターについては Oestmann, Günther: *Astronomischer Dilettant oder verkanntes Genie? Zum Bild Johann Hieronymus Schroeters in der Wissenschaftsgeschichte*. In: Astronomie von Olbers bis Schwarzschild. Hrsg. v. Wolfgang R. Dick und Jürgen Hamel. Frankfurt a.M. 2002, S. 9–24 などを参照。

(29) Strumpf: *Gothas astronomische Epoche,* S. 22.

(30) Ullrich: *Der Beitrag zur Vermessung in Thüringen durch F. X. v. Zach,* S. 48: Anlage 4.

(31) Reich: *Im Umfeld der „Theoria motus“,* S. 18 参照。ただしライヒは存在が予測された新小惑星を探索するプロジェクト開始をゴータでの国際天文会議としているが，これは誤りでその 2 年後 1800 年の統一天文学会発足が発端であることが指摘されている。

(32) Gauß: *Werke* Bd. 6, S. 494 から引用。Reich: *Im Umfeld der „Theoria motus“,* S. 111 も参照。

(33) Reich: *Im Umfeld der „Theoria motus“,* S. 112.

(34) Kertscher, Dieter: *Carl Friedrich Gauß und die Geodäsie*. In: „Wie der Blitz einschlägt, hat sich das Rätsel gelöst". Carl Friedrich Gauß in Göttingen. Hrsg. v. Elmar Mittler. Katalog zur Ausstellung im Alten Rathaus am Markt Göttingen, 2005, S. 152 より。

(35) 同上。

(36) これについては Brosche, Peter: *Die Wiederauffindung der Ceres im Jahre 1801*. In: Astronomie von Olbers bis Schwarzschild. Hrsg. v. Wolfgang R. Dick und Jürgen Hamel. Thun und Frankfurt a.M. 2002, S. 80–88 参照。

(37) Reich: *Im Umfeld der „Theoria motus"* und Kertscher: *Carl Friedrich Gauß und die Geodäsie* ほか参照。

(38) Reich: *Im Umfeld der „Theoria motus"*, S. 129.

(39) オールダー『万物の尺度を求めて』, 390 頁より引用，ルビも訳文のままだが，強調文字はドイツ語版 Alder: *Das Maß der Welt*, S. 396f. にならい，著者が施した。

(40) Meyer, Hans-Heinrich: *Historische topographische Karten in Thüringen. Dokumente der Kulturlandschaftsentwicklung*. Erfurt 2007 参照。

(41) クロノメーター発明と改良の歴史については Sobel, Dava: *Longitude; The True Story of a Lone Genius Who Solved the Greatest Scientific Problem of His Time.* New York 1995, ins Deutsche übersetzt als *Längengrad* (illustrierte Ausgabe), Berlin 1999; Goss, John: *KartenKunst.* Braunschweig 1994, S. 180–183 などを参照のこと。

(42) Schwarz: *Gothas Entwicklung zu einem europäischen Zentrum der Astronomie und Geodäsie*, S. 158f.

(43) Schwarz, Oliver: *Wo einst das Fernrohr stand. Der geodätische Nabel Thüringens und ein bedeutender Bezugspunkt zur Bestimmung der Erdgestalt.* In: Gothaisches Museums-Jahrbuch 2000. Hrsg. v. Museum für Regionalgeschichte und Volkskunde. Rudolstadt/Jena 1999, S. 64 から引用。

(44) この関連で 1801 年にナポレオンの影響下開設されたバイエルンの「測量局 Topographischen Bureaus」の役割も見過ごしてはならない。バイエルン測量局常設展示パンフレット *Personen setzen Maßstäbe* 参照。あわせて Zaglmann/Meyer-Stoll: *Geniales Zusammenspiel großer Persönlichkeiten. Das Fundament der bayerischen Landesvermessung*. In: Katalog der Bayerischen Akademie der Wissenschaften, München 2009, S. 249 も参照した。

(45) Barnert, Arno: *Die Weimarer Militärbibliothek 1630–1930. Klassische Ordnungsvorstellungen vom Krieg*. In: Militärgeschichtliche Zeitschrift 73 (2014) Heft 1. Hrsg. v. Zentrum für Militärgeschichtliche und Sozialwissenschaften der Bundeswehr. S. 1–22, hier S. 1. Barnert によるとヴァイマルの軍事文庫は 1850 年の時点で「約 7500 点の地図，6000 冊の蔵書，400 点の手稿，67 の地球儀および関連模型，さらに 11 の要塞模型」を所蔵していたという。

(46) 前注に同じ。1804 年にカール・アウグスト公は自身の軍事文庫を，ゲーテおよびフォークト両大臣の監督官下で市民に開かれていたヴァイマル公国図書館（現在のアンナ・アマーリア公妃図書館の前身）から分離し，非公開の私設文庫として新しく建

設されたばかりの宮殿内に配置した。このため1804年以降，ヴァイマルには公的な公国図書館とヴァイマル公の私的軍事文庫のふたつの図書館が存在することになった。

(47) 正式名称は *Karte über die sämtlichen fürstlich Sächsischen Länder mit Inbegriff der fürstl. Schwarzenburg-Rudolstädter Länder und der Schwarzburg-Sonderhäusischen Herrschaft Arnstadt.*

(48) Meyer, H.-H.: *Historische topographische Karten in Thüringen*, S. 29ff. 参照。このブラウフース図をカール・アウグストは1806年のイェーナにおける対ナポレオン戦で個人的に使用した。ちなみにブラウフースは1799年に公国公園（現在のイルム公園）の地図 *Karte über den Herzoglichen Park zu Weimar* も制作した。Kraus, Georg Melchior: *Aussichten und Parthien des Herzogl. Parks bey Weimar*. Hrsg. v. Ernst- Gerhard Güse und Margarete Oppel. Klassik Stiftung Weimar 2006, S. 10f. 参照。

(49) Ullrich: *Der Beitrag zur Vermessung in Thüringen durch F. X. v. Zach*. 2004, S. 16以降などを参照。

(50) 引用は *Briefwechsel des Großherzogs Carl August von Sachsen-Weimar-Eisenach mit Goethe in den Jahren von 1775–1828*. Bd. 1, Weimar（Landes-Industrie-Comptoir）1863, hier S. 288, Nr. 197より。*Briefen an Goethe. Gesamtausgabe in Regestform* によると本書簡はおそらく1803年3月後半あるいは4月初めに書かれたと推定される（Bd. 4, S. 203, Nr. 645）。

(51) 原文を引用すると，„Ich habe die Absicht, unter der Oberaufsicht Meins General-Quartiermeisters des General. Lieutenants von Geusau das Erfurtische und das Eichsfeldische aufnehmen, auch demnächst eine gute und brauchbare militärische Karte von ganz Thüringen verfertigen zu lassen, und werde dieses Vorhaben um so besser ausführen können, da ich dabey auf die kräftige Mitwirkung Ihres Landesherrn und des Herzogs zu Sachsen-Weimar Liebden rechnen darf; indessen ist es jetzt nicht zulässig, einen Offizier Meines Generalstabes dort zur Leitung dieses Geschäftes anzustellen. Da Sie, Herr Oberst, sich auch in diesem Fache als einen kenntnisreichen Mann rühmlich bekannt gemacht haben, so ersuche Ich Sie, gefälligst, so wohl die nöthigen astronomischen Bestimmung zu vorerwähnten Aufnahmen, als auch die zweckmäßige Direction dieser Aufnahmen selbst zu übernehmen.“ 以上，引用はツァッハ編集の学術雑誌 *M.C. 9*（1804 Januar）, S. 4より。

(52) Brosche: *Die Astronomie der Goethezeit*, S. 151f. より引用。『月刊通信』は以下，*M.C.* と略す。

(53) ドイツ語の原文タイトルは *Über die Königl. Preussische trigonometrische und astronomische Aufnahme von Thüringen und dem Eichsfelde und über die Herzogl. Sachsen-Gothaische Gradmessung zur Bestimmung der wahren Gestalt der Erde*. 本記事は Brosches: *Astronomie der Goethezeit* にも転載されている。

(54) これについてのツァッハの報告記事は *M.C.* 9（1804 Februar）所収の *Sr. Hochfürstl. Durchlaucht dem regierenden Herzog zu Sachsen-Gotha und Altenburg &c.&c. unterthänigst gehorsamstes Pro Memoria, eine Gradmessung zur Bestimmung der wahren Gestalt der Erde betreffend* 参照。

(55) 引用は*M.C. 9* (1804 Februar), S. 103より。

(56) *M.C. 9* (1804 Februar), S. 90参照。以下，1803年2月22日付プロイセン国王フィリードリッヒ・ヴィルヘルム三世からツァッハ宛ての書簡より引用。„Wohlgeborner, besonders Lieber! Ich habe nicht allein mit Wohlgefallen bemerkt, welcher Massen Sie schon bey den von mir angeordneten Aufnahmen in Preussen und Westphalen mitzuwirken, die Gefälligkeit gehabt, sondern auch jetzt durch Ihr Mir durch des Herzogs zu Sachsen-Weimar Liebden zugesandtes Memoire über die astronomisch-trigonometrische Aufnahme von Thüringen wieder einen Beweis Ihrer Mir schätzbaren Anhänglichkeit erhalten. [...]"

(57) WattenbergによるLecoqの素性は次の通り。「最初ザクセン，のちプロイセン将校となる。1795年のバーゼルの和約締結後，まず陸軍中尉として，その後は参謀長としてヴェストファーレンの三角測量を行った。この作業を通じて，ツァッハやガウス，さらにはオルバースとも交流をもつようになった」。Wattenberg: *Wilhelm Olbers*. Stuttgart 1994, S. 33より引用。

(58) Schwarz: *Wo einst das Fernrohr stand,* S. 69.

(59) 前掲箇所に同じ。

(60) ガウスは当初1799年にゴータのツァッハを訪ねる予定だったが，最新の天文台を見学したいという訪問者の数が多く，日程的に無理と断られた経緯があった。

(61) これについてはSiegert, Jutta: *Vor 200 Jahren: Beginn der thüringisch-preußischen Gradmessung von der Gothaer Seeberg-Sternwarte*. In: Gothaisches Museums-Jahrbuch 2003. Hrsg. v. Museum für Regionalgeschichte und Volkskunde. Rudolstadt/Jena 2002, S. 119–122. また同じくUlrich: *Der Beitrag zur Vermessung in Thüringen durch Franz Xaver von Zach,* 2004も参照。

(62) *Briefwechsel des Großherzogs Carl August von Sachsen-Weimar-Eisenach mit Goethe,* S. 305f., Nr. 225より引用。

(63) 彼の経歴については自伝をはじめ，複数の伝記を参考文献として使用した。Friedrich Karl Ferdinand Freiherr von Müffling: *Aus meinem Leben*. Zwei Theile in einem Bande. Berlin (Druck und Verlag von E. S. Mittler und Sohn) 1851; *Allgemeine Deutsche Biographie.* Hrsg. durch die historische Commision bei der königl. Akademie der Wissenschaften. Leipzig (Duncker & Humblot) 1885, S. 451–454; Müffling, Karl Freiherr von: *Offizier – Kartograph – Politiker (1775–1851). Lebenserinnerungen und kleinere Schriften*. Bearbeitet und ergänzt von Hans-Joachim Behr. Köln/Weimar/Wien 2003; Kaiser, Klaus-Dieter: *Erfurt und Freiherr von Müffling 1775–1851. Ein Leben in preußischen und weimarischen Diensten*. Erfurt 2005ほか。

(64) Grobe, Karsten: *Müffling, ein Ingenieur seiner Zeit. Zeugnisse seiner ingenieurtechnischen Tätigkeit in Thüringen*. In: Müfflings Leben und Werk aus der Sicht der Gegenwart. Wissenschaftliches Gedenk-Kolloquium zum 150. Todestag des Philipp Friedrich Karl Ferdinand Freiherr von Müffling am 09. November 2001 im Rathaus zu Erfurt. Hrsg. v. Deutschen Verein für Vermessungswesen (DVW)/Gesellschaft für Geodäsie, Geoinformation und Landmanagement/ Landesverein Thüringen e. V., S. 45参照。

(65) Torge, Wolfgang: *Müffling und die europäischen Gradmessungen und Landesvermessungen im 18. und 19. Jahrhundert*. In: Müfflings Leben und Werk aus der Sicht der Gegenwart, S. 9 参照。

(66) Brosche: *Astronomie der Goethezeit,* S. 150 参照。

(67) 引用は *M.C. 9* (1804 Januar), S. 16 より。

(68) Schwarz: *Wo einst das Fernrohr stand*, S. 77 および Strumpf: *Gothas astronomische Epoche*, S. 53 それぞれを参照。ただし後者では主要三角点の数が 19 になっている。

(69) 拙著『科学する詩人ゲーテ』慶應義塾大学出版会，第 5 章ほか参照。

(70) Knut Radbruch: *Mathematische Spuren in der Literatur*. Darmstadt 1997, S. 99 参照。

(71) Gräf, Hans Gerhard (Hrsg.): *Goethe über seine Dichtungen. Versuch einer Sammlung aller Aeusserungen des Dichters über seine poetischen Werke*. Frankfurt a.M. 1901, Bd. 1, S. 431f.

(72) Walter Weber: *Zum Hauptmann in Goethes Wahlverwandtschaften.* In: Goethe-Jahrbuch. Neue Folge des Jahrbuchs der Goethe-Gesellschaft Bd. 21 (1959), S. 290–291.

(73) 『親和力』はじめゲーテ作品の原文は，以後，ミュンヒェン版『ゲーテ全集』Johann Wolfgang Goethe: *Sämtliche Werke nach Epochen seines Schaffens. Münchner Ausgabe* (MA). Hrsg. v. Karl Richter in Zusammenarbeit mit H. G. Göpfert, N. Miller, G. Sauder und E. Zehm. 20 Bde. in 32 Teilbänden und 1 Registerband. München 1982–1998 から引用するものとし，文中に略称 MA と記し，巻数・頁の順に明示する。ここは MA, Bd. 9, S. 289 からの引用。なお邦訳は複数の既訳も参考にしつつ，基本的に著者が訳し下ろしたものである。

(74) Kaiser: *Erfurt und Freiherr von Müffling 1775–1851*, S. 37 より引用。

(75) ゲーテ自身，1779 年から 1786 年まで道路建設委員会の委員長を務めていた。

(76) Grobe: *Müffling, ein Ingenieur seiner Zeit*, S. 46 参照。Es war „der oberen Steuerbehörde, dem Landschaftskollegium unterstellt und bestand aus zwei Abteilungen, dem Zivilbauwesen und dem Vermessungswesen."

(77) Zimmányi, Falk: *Von Flurzügen, Feldgeschworenen und vergrabenen Kanonenrohren. Ein Beitrag zur Vermessungsgeschichte des Weimarer Landes*. Erfurt 2003, S. 21 参照。

(78) 前掲書，S. 33 参照。

(79) 本作品の執筆にあたってゲーテは書記リーマーに庭園案をスケッチさせた。このスケッチは処分あるいは紛失したものと長い間考えられてきたが，イェーナ大学特別研究プロジェクトによる再調査で，ヴァイマルのゲーテ・シラー文書館に保管されていたことが判明した。『親和力』発表 200 周年記念展で，ゲーテ博物館にリーマーのスケッチをもとにした木製立体モデルが公開された。詳しくは Blechschmidt, Stefan: *Der Schauplatz von Goethes »die Wahlverwandtschaften«. Kartographischer Zugang und modellhafte Vergegenwärtigung*. In: *»Eine unbeschreibliche, fast magische Anziehungskraft«. Goethes »Wahlverwandtschaften«*. Eine Ausstellung der Klassik Stiftung Weimar in Zusammenarbeit mit dem Sonderforschungsbereich 482 »Ereignis Weimar-Jena. Kultur um 1800« der Friedrich-Schiller-Universität Jena. Goethe-Nationalmuseum 28.08.2008 bis 02.11.2008, S. 28–35 を参照。

(80) Grobe: *Müffling, ein Ingenieur seiner Zeit*, S. 47; Kaiser: *Erfurt und Freiherr von Müffling 1775–1851*, S. 44 参照。

(81) Brosche, Peter: *Jean Paul unter dem Himmel der Astronomen*. In: Jahrbuch der Jean-Paul-Gesellschaft. Im Auftrag der Jean-Paul-Gesellschaft, Sitz Bayreuth. Hrsg. v. Helmut Pfotenhauer. 39. Jahrgang, Weimar 2004, S. 223 参照。

(82) 前掲箇所に同じ。ツァッハはジャン・パウルが新ゴータ公アウグストにとても気に入られていることを知っていた。ちなみにジャン・パウルは数学者ガウスも愛読した作家である。この根拠となるのが，面白いことにゲーテによる有名人の直筆コレクションにあるガウスの書簡というのも，皮肉めいているというか，運命のいたずらのようで面白い。*Goethes Autographensammlung. Katalog*. Bearbeitet v. Hans-Joachim Schreckenbach. Weimar 1961 (Nr. 540). Vgl. Kurt-R. Biermann: *Die Gauß-Briefe in Goethes Besitz*. In: NTM-Schriftenreihe Gesch., Naturwiss., Technik, Med., Leipzig 11 (1974), 1, S. 2–10.

(83) 近代の観光旅行との関わりは Košenina, Alexander: *Der gelehrte Narr. Gelehrtensatire seit der Aufklärung*. Göttingen 2003, S. 205 以降を参照。

(84) *Jean Paul. Sämtliche Werke*. (以下, JP と略す). Hrsg. v. Norbert Miller. München/Wien 1987. (Vierte, korrigierte Aufl.), hier Abteilung I., Band 4, S. 230.

(85) 事実，ミュフリングはヴァイマル滞在中，ヴァイスという筆名を使って，多くの軍記を発表している。1806 年イェーナ近郊でのプロイセン軍惨敗直後には *Operationsplan der preußisch-sächsischen Armee im Jahre 1806. Schlacht bei Auerstädt und Rückzug bis Lübeck* (Weimar 1807) を発表。彼の著作リストについては，*Allgemeine Deutsche Biographie*, S. 453f. が参考になる。

(86) Horst Fritz: *Instrumentelle Vernunft als Gegenstand von Literatur. Studien zu Jean Pauls „Dr. Katzenberger", E.T.A. Hoffmanns „Klein Zaches", Goethes „Novelle" und Thomas Manns „Zauberberg"*. München 1982, S. 50 から引用。

(87) 恒吉法海・嶋崎順子・藤瀬久美子訳『ジャン・パウル中短編集 II』九州大学出版会, 2006 年，530 頁の訳者解題より引用。ここで恒吉氏はジャン・パウルの『美学入門』から「古代人は，余りに生を楽しんだので，ユーモアのいだく生の軽蔑には適しなかった。昔のドイツの茶番劇で，通例悪魔が道化であった，ということは，この下敷きとなっているまじめさの現れである」という言葉にも注目している（鍵カッコ内引用は，恒吉氏の翻訳による。原文は JP 5, S. 129f. 参照）。

(88) Winfried Freund: *Theodor Storm. Der Schimmelreiter. Glanz und Elend des Bürgers*. Paderborn/München/Wien/Zürich 1984, besonders S. 30–32; *Literarische Anklänge. Goethes Faust und Storms Deichgraf* 参照。

(89) Theodor Storm: *Sämtliche Werke in vier Bänden*. Hrsg. v. Karl Ernst Laage und Dieter Lohmeier. Frankfurt a.M. 1998, Bd. 3, S. 696 参照。

(90) Radbruch: *Mathematische Spuren in der Literatur*, S. 124 もあわせて参照のこと。

(91) Schmidt, Rudolf: *Die Kartenaufnahme der Rheinlande durch Tranchot und von Müffling 1801–1828,* S. 75.

(92) Spata, Manfred: *Müfflings Kartenaufnahme der Rheinlande 1814–1828*. In: *Müfflings*

Leben und Werk aus der Sicht der Gegenwart. Wissenschaftliches Gedenk-Kolloquium zum 150. Todestag des Philipp Friedrich Karl Ferdinand Freiherr von Müffling am 09. November 2001 im Rathaus zu Erfurt. S. 19–31, 特に S. 25; さらに Kaiser: *Erfurt und Freiherr von Müffling*, S. 63 以降などを参照した。

(93)　ゴータとの関係で，ミュフリングは別の重要な仲介者の役割を演じている。地図制作者ベルクハウス（Heinrich Berghaus, 1797–1884）が 1815 年にパリのミュフリングを訪ねた際，ミュフリングはベルクハウスを博物学者アレクサンダー・フォン・フンボルトに引き合わせたのだった。*Alexander von Humboldt und Gothaer Gelehrte.* Ausstellung des URANIA Kultur- und Bildungsvereines Gotha e. V. in Zusammenarbeit mit Gotha im Museum für Regionalgeschichte und Volkskunde, Schloss Friedenstein, Gotha, 15. April bis 27. Juni 1999, S. 17 参照。

(94)　トランショについては特に Schmidt: *Die Kartenaufnahme der Rheinlande durch Tranchot und von Müffling 1801–1828,* S. 20f. 参照。またゲージュとオールダーの両小説作品も参考にした。

(95)　これと並行してヴァイマル公カール・アウグストはオランダ及びベルギーに向けて作戦行動をとり，1815 年に進駐した。この出陣にあたって，彼はヴァイマルの私用軍事文庫から関連地図および文献を持参し，精確な記録をさせたという。Barnert, Arno: *Die Weimarer Militärbibliothek 1630 bis 1930*. 2009, Manuskript S. 4.

(96)　Schwarz: *Wo einst das Fernrohr stand*, S. 74.

(97)　測地学者ガウスに関して重要な参考文献は：*Über die geodätischen Arbeiten von Gauß*（1924）. In: *Gauß : Werke* in 12 Bdn., Nachdr. der Ausg. Göttingen 1863–1933, Bd. 11, S. 1–165; Horst Michling: *Carl Friedrich Gauß. Episoden aus dem Leben des Princeps Mathematicorum*. Göttingen 2005. 第四改訂版（初版 1976 年），特に S. 72 以降参照。他にも Mittler, Elmar（Hrsg）: *„Wie der Blitz einschlägt, hat sich das Rätsel gelöst.“ Carl Friedrich Gauß in Göttingen*. Katalog zur Ausstellung im Alten Rathaus am Markt Göttingen vom 23.2.–15.5.2005, 特に S. 156 以降など参照。また 2011 年刊行の Lelgemann, Dieter: *Gauß und die Messkunst*. Frankfurt（Primus）はタイトル通り，ガウスと測量をテーマにしながら，ガウスの伝記的性格も持ち合わせた著作で，参考になった。ただし三角測量網の拡大・延長は 18 世紀後半から欧州の天文・数学者間で活発に行われていた。ガウスの測量実施はこの意味で，欧州三角網形成の後期・成熟期に位置づけられる。

(98)　Galle: *Über die geodätischen Arbeiten von Gauß*, S. 9 参照。

(99)　Michling: *Carl Friedrich Gauß*, S. 79 による。

(100)　これに関しては Kertscher が *Gauß und die Geodäsie* での指摘，特に S. 162 を参照。

(101)　準拠楕円体をプロイセン測量に最初に導入したのは，他でもないミュフリングである。Die „Preußische Polyederprojektion“, die man vor der „Gauß-Krüger-Projektion“ verwendete, nennt man deshalb auch Benzenberg-Müffling-Projektion.

(102)　*Mitteilungen des Reichsamts für Landesaufnahme*, Berlin 1937, 13. Jahrgang, Nr. 4, S. 247. さらに Krüger, Gert / Schnadt, Jörg: *Die Entwicklung der geodätischen Grundlagen für die Kartographie und die Kartenwerke 1810–1945.* In: Vermessung Branden-

burg. Heft 2/01 (2001). Zeitschrift in Zusammenarbeit der Vermessungs- und Katasterverwaltung im Innenministerium des Landes Brandenburg und der Landesvermessung und Geobasisinformation Brandenburg. S. 27 も参照した。(http://www.geobasis-bb.de/GeoPortal1/produkte/verm_bb/pdf/201-schnadt.pdf)

(103) Kaiser: *Erfurt und Freiherr von Müffling*, S. 79 より引用。

(104) 本書第三章参照のこと。

(105) Meyer: *Historische topographische Karten in Thüringen*, S. 75 より引用。

第三章

(1) Heinstein, Patrik: *Komplementäre Entwürfe im Widerstreit. Der Plan zur Errichtung einer Jenaer Kunstakademie in den Jahren 1812–19*. In: Kerrin Klinger (Hrsg.): *Kunst und Handwerk in Weimar*. Köln/Weimar/Wien 2009, S. 95–106, 特に S. 97 参照。なお本章第1・2節については，ゲーテと解剖図の関わりに特化して，著者編著『産む身体を描く　ドイツ・イギリスの近代産科医と解剖図』慶應義塾大学教養研究センター選書 11 (2012 年) の「第1章　イェーナ＝ヴァイマル」にかなり簡略化・平易化して類似あるいは一部重複する内容を紹介している。

(2) Heinstein, Patrik/Wegner, Reinhardt: *Mimesis qua Institution. Die akademischen Zeichenlehrer der Universität Jena 1765–1851*. In: *‚Gelehrte' Wissenschaft. Das Vorlesungsprogramm der Universität Jena um 1800.* Hrsg. v. Thomas Bach, Jonas Maatsch und Ulrich Rasche. Stuttgart 2008, S. 283f.

(3) Blechschmidt, Stefan/Heinz, Andrea (Hrsg.): *Dilettantismus um 1800*. Heidelberg 2007 参照。

(4) Baumgart, Wolfgang: *Bertuch und die Freie Zeichenschule in Weimar. Ein Aufklärer als Förderer der Künste.* In: *Friedrich Justin Bertuch (1747–1822). Verleger, Schriftsteller und Unternehmer im klassischen Weimar.* Hrsg. v. Gerhard R. Kaiser und Siegfried Seifert. Tübingen 2000, S. 279–289; Klinger, Kerrin: *Zwischen Gesellschaft und Industrieförderung. Die Zeichenschule als Modellinstitution*. In: derselbe (Hrsg.): *Kunst und Handwerk in Weimar*, S. 107–120.

(5) Klinger, Kerrin: *Zwischen Gesellschaft und Industrieförderung. Die Zeichenschule als Modellinstitution*. In: derselbe (Hrsg.): *Kunst und Handwerk in Weimar*, S. 107–120.

(6) ライプツィヒの「絵画建築アカデミー」は1764年2月6日に開校した。最初はエーザーが自宅で23人の生徒に絵を教えていたが，その後，選帝侯公邸で授業をするようになった。エーザーはそれまでのバロック的な学術絵画を克服し，素朴な描写に回帰することを意図していた。ゲーテもライプツィヒ大学在学中の1766年から68年まで彼に師事している。エーザーが学生ゲーテに及ぼした影響については，彼の自伝的作品『詩と真実』第8章を参照のこと。あわせてライプツィヒ旧市庁舎で開催された記念展 *„Erleuchtung der Welt. Sachsen und der Beginn der modernen Wissenschaften“* (2009年7月9日～12月6日) も参考にした。

(7) *Ereignis Weimar. Anna Amalia, Carl August und das Entstehen der Klassik 1757–*

1807. Katalog zur Ausstellung im Schlossmuseum Weimar. Hrsg. v. der Klassik Stiftung Weimar und dem Sonderforschungsbereich 482 „Ereignis Weimar-Jena. Kultur um 1800" der Friedrich- Schiller-Universität Jena, S. 109.

(8) 絵画補助器具としてのカメラ・オブスキュラについてはKlinger, Kerrin/Müller, Matthias: *Goethe und die Camera obscura*. In: Goethe-Jahrbuch 2008, S. 219–238, 特にS. 223以降を参照した。

(9) *Ereignis Weimar.* Katalog zur Ausstellung im Schlossmuseum Weimar. 2007.

(10) Klinger: *Zwischen Gesellschaft und Industrieförderung,* S. 111.

(11) 同上, S. 110.

(12) Heinemann, Anna-Sophie: *Angewandte Mathematik oder Géométrie descriptive unter Carl Friedrich Christian Steiner.* In: K. Klinger (Hrsg.): *Kunst und Handwerk in Weimar*, S. 67–81. 絵画学校の他のクラスでは，校長クラウス自らが編集し，5版まで重ねた教科書『画家のいろは*ABC des Zeichners*』が使用された。*Natur und Kunst. Georg Melchior Kraus und Weimars Landschaftsgärten um 1800*. Ausstellungskatalog der Klassik Stiftung Weimar 2006, S. 29参照。

(13) 原題は*Reißkunst und Perspektive (géométrie descriptive) für Künstler und Gewerke, für das Haus und für das Leben: Vollständiger theoretisch-praktischer und populärer Unterricht zur Entwicklung aller geometrischen und perspektivischen Darstellungen durch Linien.*

(14) モンジュ（および彼とルジャンドルの関わりも含めて）については，岩田『偉大な数学者たち』，90頁以降参照。

(15) Meyer, Hans-Heinrich: *Historische topographische Karten in Thüringen*. Erfurt 2007, S. 51参照。

(16) 前掲箇所に同じ。なお，製図専門用語ではこのような彩色地図を「渲彩図式」と呼ぶが，一般的になじみがないので，本書では類似の用語を含め，使用を控えた。

(17) Klinger: *Entwurf von Bertuch*, S. 17.

(18) Kaiser, Gerhard R.: *Friedrich Justin Bertuch. Versuch eines Porträts*. Tübingen 2000, S. 32.

(19) Vgl. Schulze, Elke: *Nulla dies sine linea. Universitärer Zeichenunterricht. Eine Problemgeschichtliche Studie*. Stuttgart 2004, S. 106.

(20) 同上, S. 111より引用。

(21) ゲーテと解剖学については，拙論 *Der Kadaver und der Moulage. Ein kleiner Beitrag zur plastischen Anatomie der Goethezeit*. In: Goethe-Jahrbuch XLVII der Goethe-Gesellschaft in Japan, München 2005, S. 25–39. Vgl. auch Maisak, Petra (Hrsg.): *Johann Wolfgang Goethe. Zeichnungen*. Stuttgart 1996, hier S. 112f.

(22) 解剖学研究を通して，ゲーテは自然科学の知識だけでなく，有機的関連をもつ美的認識も深めていった。イタリア旅行中もゲーテは解剖学研究を続けた。1787～88年にかけて，彼はローマで人物像を熱心に研究しており，人間の胴体や大腿筋はもとより，膝や脛の筋肉のスケッチをしたり，足や手の骨格図を描いたりした。

(23) 養老孟司・布施英利『解剖の時間　瞬間と永遠の描画史』哲学書房，1987年ほか

参照。

(24) この発見については，拙論「ヒトと猿の境界　ゲーテの「顎間骨発見」(1784)」，『研究年報』第20号，2003年，1–17頁（ドイツ語レジュメ含）。ただし現在ではゲーテ以前に，たとえばパリの臨床医ヴィック・ダジール（1748–1795）などが同結論に達しており，ゲーテ自身も友人を通して発見以前にその情報を得ていた可能性があることも判明している。

(25) Reitz, Gerd: *Ärzte zur Goethezeit.* Weimar 2000, S. 34以降および Fröber, Rosemarie: *Museum anatomicum Jenense. Die anatomische Sammlung in Jena und die Rolle Goethes bei ihrer Entstehung.* Golmsdorf 2003, 3. verbesserte Aufl., S. 28.

(26) Heinstein: *Komplementäre Entwürfe im Widerstreit,* S. 101f. 参照。

(27) Schulze: *Nulla dies sine linea*, S. 121 参照。

(28) Hellmann, Brigitt: *Die Kunst- und Porzellanmaler Johann Gottlob Schenck (gest. 1785) und Ernst Friedrich Ulrich Schenck (1769–1818).* In: *„Wie zwey Enden einer großen Stadt...". Die „Doppelstadt Jena-Weimar" im Spiegel regionaler Künstler 1770–1830.* Katalog der Städtischen Museen Jena und des Stadtmuseums Weimar. 1999, S. 21.

(29) 彼のイェーナにおける講義内容については，Heinstein/Wegner: *Mimesis qua Institution,* S. 286f. を参照した。

(30) 同上，S. 287.

(31) Katalog des Stadtmuseum Jena, Hellmann の論文，S. 21.

(32) Vgl. Körner, Hans: *Die Würzburger Siebolds. Eine Gelehrtenfamilie des 18. und 19. Jahrhunderts. Mit 87 Bildnissen und 55 Abbildungen. Hrsg. v. der Deutschen Akademie der Naturforscher Leopoldina, Leipzig* 1967, S. 161–202.

(33) Heinstein/Wegner: *Mimesis qua Institution,* S. 290 より引用（原典は Würzburger Anzeigen von gelehrten Sachen, Nr. 37, 1797, Sp. 273)。シーボルト叔父バルトロメウスの学位請求論文は，今もイェーナ大学文書館にあり，2枚の非常に精緻な解剖図が添付されている。

(34) Katalog des Jenaer Stadtmuseums, S. 65.

(35) Heinstein: *Komplementäre Entwürfe im Widerstreit*, S. 105.

(36) 先代教授ズッコウ Suckow は1756年に物理・数学の正教授ポストを得た。しかしイェーナ大学の講座史には部分的に曖昧あるいは不明な点があり，たとえば同大天文学名誉教授シーリッケによれば，1789年にフォークト（Johann Heinrich Voigt, 1751–1823）が数学教授として招聘され，ズッコウの死後，1802年からは彼が物理学の兼担教授になったという。Schielicke, Reinhard E.: *Von Sonnenuhren, Sternwarten und Exoplaneten*. Jena/Quedlinburg 2008, S. 66.

(37) Heinemann, Anna-Sophie: *Angewandte Mathematik oder Géométrie descriptive unter Carl Friedrich Christian Steiner.* In: K. Klinger (Hrsg.): *Kunst und Handwerk in Weimar*, S. 67–81, S. 74, Anm. 50.

(38) Kohlstock, Peter: *Kartographie. Eine Einführung*. Paderborn 2004, S. 92 以降参照。

(39) 同上。本書では専門的解説は避けたが，たとえば明治以降，日本の陸地測量部では，同様に地図上左上からの光を意識し，小さな楔形の太さを可変にして表現する「暈滃《うんのう》

法」，濃淡で表現する「暈渲法《うんせん》」が用いられた。詳しくは山岡光治『地図をつくった男たち　明治の地図の物語』原書房，2012 年，57 頁参照。

(40)　注 38 に同じ，S. 94f.

(41)　*Schriften der Herzoglichen Societät für die gesammte Mineralogie zu Jena,* Bd. 1., Jena 1806, S. 327.　なおこの鉱物学協会に関するゲーテの短い文章「イェーナの鉱物学協会」は木村直司編訳『ゲーテ地質学論集・鉱物篇』に邦訳所収，ちくま学芸文庫，2010 年，140–141 頁参照。

(42)　*Schriften der Herzoglichen Societät für die gesammte Mineralogie zu Jena,* Bd. 1., S. 177–204.

(43)　同上，S. 181f. から引用。

(44)　当日，ゲーテはヴァイマルの自邸に居た。Steiger, Robert: *Goethes Leben von Tag zu Tag: eine dokumentarische Chronik*. Zürich 1986, Bd. 4 およびゲーテの日記参照。

(45)　Katalog des Jenaer Stadtmuseums, S. 41 および S. 46.

(46)　Zitat aus Gerstenbergks Abhandlung: *Ueber die zuverlässigste Ausfertigung der Bergcharten und der Ausführbarkeit, der gradmäsigen Bezeichnung der Aussenfläche eines Gebirges,* hier S. 184f.

(47)　Gerstenbergk, *Anleitung zur mathematisch-topographischen Zeichnungslehre zum handleitenden und Selbstunterricht nach einem eigenen System.* 1808, Vorrede, S. XIIIf.

(48)　ゲルステンベルクの著書刊行時には鬼籍に入っていた。フルネームは Johann Georg Scheyer で，ゲルステンベルクだけでなく，ズッコウもシャイヤーと親交があったことが確認されている。たとえばシャイヤーの 18 点の銅版画付き主著『実践的経済的水路技術 *Praktisch-ökonomische Wasserbaukunst, zum Unterricht für Beamte, Förster, Landwirthe, Müller und jeden Landmann, besonders für die welche an Flüssen und Strömen wohnen*』(Leipzig, in Commission bey Johann Benjamin Georg Fleischer, 1795) の序文はズッコウが書いている。

(49)　Katalog des Jenaer Stadtmuseums, S. 42 参照。

(50)　この両名とザクセン三角測量については Opitz, Siegfried / Schütze, Stefan: *Mit Messtisch und Messkette. Das sächsische Kataster von den Anfängen bis heute*. Dresden 2007, 特に S. 20 以降を参照した。

(51)　同上，S. 21.

(52)　この点，『ミュフリングの迅速測図』は歴史的にも興味深い。「86 枚のうちほとんどの山のケバ付けは「ミュフリング流儀」に則るが，17 枚の初期に作成された地図については，古式ゆかしい一時代前のケバ付けが使われている」。Meyer, H.-H.: *Historische topographische Karten in Thüringen*, S. 107.

(53)　詳しいパノラマ成立史については Oettermann, Stefan: *Das Panorama: die Geschichte eines Massenmediums*. Frankfurt a.M. 1980, S. 7 以降を参照した。なお，ドイツでは建築家兼芸術家 Yadegar Asisi (1955–) が 1993 年，ボンで開催された 19 世紀パノラマに関する展覧会 Sehsucht – Das Panorama als Massenunterhaltung des 19. Jahrhunderts をきっかけに，現代におけるパノラマのリバイバルを行い――彼は「パノメーター (Panometer)」と呼ぶ――現在，ドレスデン，ベルリン，ライプツィ

ヒなどの主要都市で，かつてのガス塔［円塔形ガスタンク］などを用いて，定期的にテーマを変えながら，大スケールのパノラマ画で多くの観客を魅了している。

(54) Scharfe, Martin: *Berg-Sucht. Eine Kulturgeschichte des früheren Alpinismus 1750–1850.* Wien/Köln/Weimar 2007 を参照。なお，ヨーロッパのスポーツ登山運動は，加えて政治的意味を持っていた。アルプス山頂征服は，当時世界の覇権を握っていた，ヴィクトリア女王治めるイギリス帝国を体現する行為であり，獅子の分け前を確約させる行為であったという。以上は *Berge, eine unverständliche Leidenschaft. Buch zur Ausstellung des Alpenverein-Museums in der Hofburg Innsbruck.* Hrsg. v. Philipp Felsch, Beat Gugger und Gabriele Rath. Wien/Bozen 2009, 2. Auflage, S. 13 参照。またフランスでのスポーツ登山は，ドイツに対する雪辱戦を準備させた。1874 年創立のフランス・あるペンクラブのスローガンは，「山を越えて祖国への道を！」というものだった（同掲書 S. 27）。

(55) Oettermann: *Das Panorama,* S. 11. Graczyk, Annette: *Das literarische Tableau zwischen Kunst und Wissenschaft*. München 2004. S. 284 以降も合わせて参照。

(56) Oettermann: *Das Panorama,* S. 28.

(57) 同上，S. 27f.

(58) 原題は *Prospect géométrique des montagnes neigées, dites Gletscher, telles qu'on les découvre en temps favorable depuis le château d'Aarbourg, dans les territoires des Grisons, du canton d'Ury et de l'Oberland du canton de Berne*（1755）.

(59) 事実，フンボルトは 1837 年に発表した論文『チンボラソ登頂への二度の試み *Ueber zwei Versuche den Chimborazo zu besteigen*』でモン・ブランとの比較を行っている。„Die Höhe des Montblanc ist im Verhältnis der Gestaltung der Cordilleren so unbeträchtlich, dass in diesen vielbetretene Wege（Pässe）höher liegen, ja selbst der obere Theil der grossen Stadt Potosi dem Gipfel des Montblanc nur um 323 Toisen nachsteht." 引用は Humboldt, Alexander von: *Über einen Versuch den Gipfel des Chimborazo zu ersteigen. Mit dem vollständigen Text des Tagebuches „Reise zum Chimborazo".* Hrsg. und mit einem Essay versehen von Oliver Lubrich und Ottmar Ette. Frankfurt a.M. 2006, S. 131 から。

(60) Scharfe: *Berg-Sucht. Eine Kulturgeschichte des frühen Alpinismus 1750–1850*（2007）の S. 45 より引用。ただし測量関係では，モンテ＝ローザから伊仏両国の三角網を結びつけようとしたヴァルデンなるオーストリア将校の名前が挙げられているのみ。

(61) Oettermann: *Das Panorama,* S. 9 以降参照。ここでエッターマンは「見る欲求」の表現例としてゲーテの詩『馭者クロノスに』*An Schwager Kronos*（1774）を挙げている。„Weit, hoch, herrlich der Blick/ Rings ins Leben hinein,/ Vom Gebirg zum Gebirg/ Schwebet der ewige Geist/ Ewigen Lebens ahndevoll."（MA 3.2, S. 30 より引用）

(62) Humboldt, Alexander von: *Mein vielbewegtes Leben. Der Forscher über sich und seine Werke*. Ausgewählt und mit biographischen Zwischenstücken versehen von Frank Holl. Frankfurt a.M. 2009, S. 183.

(63) Casper, S. Jost: *Die „geheimnißvolle Ziehkraft hoher Berge" oder „Als Humboldt den*

Chimborasso bestieg, war die Luft so dünn, dass er nicht mehr ohne Brille lesen konnte." Zum 200. Jahrestag der Besteigung des Andenvulkans durch Alexander von Humboldt, Aimé Bonpland und Carlos Montúfar am 23. Juni 1802. In: Haussknechtia. Mitteilungen der Thüringischen Botanischen Gesellschaft. Heft 9 (2003), S. 215.

(64) *Al. von Humboldt und Aimé Bonpland's Reise. Erste Abtheilung: Allgemeine Physik, und historischer Theil der Reise. Bd. 1. Einleitung, oder Ideen zu einer Geographie der Pflanzen, nebst einem Naturgemälde der Tropenländer. Auf Beobachtungen und Messungen gegründet, welche vom 10ten Grade nördlicher bis zum 10ten Grade südlicher Breite, in den Jahren 1799, 1800, 1801, 1802 und 1803 angestellt worden sind*. Mit einer Kupfertafel. Tübingen, bei F. G. Cotta. Paris, bey F. Schoell (1807). 今回はデュッセルドルフ・ゲーテ博物館所蔵の版を用いた。

(65) 同上, S. 47.

(66) 同上, S. 49f.

(67) フンボルトの *Ideen zu einer Geographie der Pflanzen* における注より, S. 49.

(68) 実際フンボルトは彼の著作で気圧に言及している。„Saussure hat das Barometer auf dem Gipfel des Mont-Blanc bis 0,43515 Meter (16 Zoll 0,9 Linie) herabsinken sehen. La Condamine und Bouguer fanden auf dem Corazon (südlich von der Stadt Quito) 0,42670 Meter (15 Zoll 9,2 Linien). Ich bin auf dem Chimborazo zu einer Höhe gelangt, in welcher das Barometer nur 0,37717 Meter (13 Zoll 11,2 Linien) zeigte. Aber Herr Gay-Lussac hat in seiner aerostatischen Reise eine Luftdünne ertragen, welche durch einen Barometerstand von 0,3288 Meter (12 Zoll 1,8 Linie) ausgedrückt wurde." S. 100f. Ausstellungskatalog: *Montagna. Arte, scienza, mito. da Duerer a Warhol*. Milano 2003, S. 223–231: *La vista dal Chimborazo. Alexander von Humboldt e lo studio globale delle montagne* も合わせて参照した。

(69) 引用は Humboldt, Alexander von: *Brief an Wilhelm von Humboldt aus Lima vom November 1802.* In: *Über einen Versuch den Gipfel des Chimborazo zu ersteigen.* Frankfurt a.M. 2006, S. 109 より。

(70) Humboldt, A. v.: *Über einen Versuch den Gipfel des Chimborazo zu ersteigen,* S. 131.

(71) 原題は *Die Höhen der Erde, oder systematisches Verzeichnis der gemessenen Berghöhen und Beschreibung der bekanntesten Berge der Erde, nebst einem Anhange, enthaltend die Höhen von vielen Städten, Thälern, Seen etc. Ein Beitrag zur physischen Erdkunde* (Frankfurt a.M., 1815).

(72) 前掲図書の序文 Vorrede 参照。

(73) 原題は, *Die Erdkunde im Verhältnis zur Natur und Geschichte des Menschen, oder allgemeine vergleichende Geographie als sichere Grundlage des Studiums und Unterrichts in physikalischen und historischen Wissenschaften.*

(74) 注 71 の著作, S. 194f.

(75) 箕作省吾の両原書（和綴本）は, 慶應義塾図書館が所蔵しており, ここでは『坤輿圖識補』第 1 巻, 22 葉を参照した。

(76) リチャード・ハンブリン『雲の「発明」 気象学を創ったアマチュア科学者』小田

川佳子訳，扶桑社，2007年，60頁以降参照。ドイツ語版はHamblyn, Richard: *Die Erfindung der Wolken*. Frankfurt a.M./Leipzig 2003, S. 58.

(77) ハンブリンの著作ではおそらく日本の太陰暦を基準にしたため，1782年12月初頭となっている（siehe S. 66f.)。なお，ハンブリンの著作中，日本の火山に関する記述の一部については，著書が日本側資料を参照・確認し，修正したところがある。

(78) Stommel, Henry und Elizabeth: *Volcano Weather. The Story of 1816, the Year Without a Summer.* Newport 1983および拙論「氷の海　19世紀の小氷期と北極探検についての文学的詩論」『日吉紀要』4（2009)，5頁以降参照。

(79) 同天文台について詳しくはIshihara: *Makarie und das Weltall*, S. 69以降参照。

(80) Schrön, Friedrich: *Meteorologische Beobachtungen des Jahres 1822, aufgezeichnet in den Anstalten für Witterungskunde im Großherzogthum Sachsen-Weimar-Eisenach, mitgetheilt von Großherzoglicher Sternwarte zu Jena.* Erster Jahrgang. Weimar (Verlag des Dr. S. priv. Landes-Industrie Comptoirs) 1823.

(81) 同上，Spalte 3.

(82) 引用はSchmid, Irmtraut: *Die naturwissenschaftlichen Institute bei der Universität Jena unter Goethes Oberaufsicht. Ein Beitrag zur Geschichte der Oberaufsicht über die unmittelbaren Anstalten für Wissenschaft und Kunst in Sachsen-Weimar-Eisenach.* Berlin, Univ. Dissertation 1979, S. 170より。

(83) Universitätsarchiv Jena. *Acta observatorii No. X, Akten der Großherzoglichen Sternwarte zu Jena*, Bestand S (Bd. 4 MNT+MED) Abt. XLIII, Nr. 11, Blatt 6–9. Sonderdruck aus *Annalen der Physik* 73, St.4 (1823), S. 441–444. 同様のものがBestand S Abt. XLIII, Nr. 16, Blatt 35–39にも綴じられている。

(84) 書類ファイルに綴じてあった抜き刷り *Einladung zur Theilnahme an barometrischen Höhenmessungen,* S. 1から引用。

(85) 1829年以降，ポッゲンドルフは前述したギルベルトの後継者として科学雑誌 *Annalen der Physik und Chemie* の編集・発行責任者となった。

(86) 抜き刷り *Einladung zur Theilnahme an barometrischen Höhenmessungen,* S. 2より引用。

(87) LA II–2, S. 209: 10.6, *Noch eine Anwendung der de La Placeschen Formel für die Messung der Höhen vermittels des Barometers.* Bericht von Ludwig Schrön zur barometrischen Höhenbestimmung, März 1825より引用。この報告でシュレーンは気圧計を用いた気象観測の重要性を説明している。

(88) この箇所は削除され，かわりに「4週間（4 Wochen)」と修正されている。

(89) 抜き刷り *Einladung zur Theilnahme an barometrischen Höhenmessungen,* S. 3より引用。

(90) コッツェブーとシャミッソーの研究成果については，以下の著作を参照されたい。Kotzebue, Otto von: *Entdeckungs-Reise in die Süd-See und nach der Berings-Straße zur Erforschung einer nordöstlichen Durchfahrt. Unternommen in den Jahren 1815, 1816, 1817 und 1818, auf Kosten Sr. Erlaucht des Herrn Reichs-Kanzlers Grafen Rumanzoff auf dem Schiffe Rurick unter dem Befehle des Lieutenants der Russisch- Kaiserlichen*

Marine Otto von Kotzebue. 3 Bde. Weimar 1821; Chamisso, Adelbert von: *Bemerkungen und Ansichten auf einer Entdeckungs-Reise unternommen in den Jahren 1815–1818. Auf Kosten Sr. Erlaucht des Herrn Reichs- Kanzlers Grafen Romanzoff, auf dem Schiffe Rurick, unter dem Befehle des Lieutenants der Russisch-Kaiserlichen Marine Otto von Kotzebue von dem Naturforscher der Expedition*. Weimar 1821.

(91) UAJ Bestand S. Abt. XLIII., Nr. 11, Acta observatorii No. X, Blatt 5.

(92) ThULB, Universitätsarchiv Jena Bestand S. Abt. XLIII, Nr. 16, Acta observatorii No. XV, Blatt 33.

(93) Soret: *Erinnerungen. Zehn Jahre bei Goeth*e, S. 58.

(94) ゴータ公国の宗教局評定官職にあったが，地質学史の分野でも活躍した。なお，彼の仕事についてのゲーテの評価「フォン・ホッフ氏の地質学研究書」の邦訳は木村直司編訳『ゲーテ地質学論集・鉱物篇』，416–423頁所収。あわせて *Gothaer Geowissenschaftler in 220 Jahren*. Hrsg. v. URANIA Kultur- und Bildungsverein Gotha e.V., Gotha 2005, S. 9–14; Martens, Thomas: *Karl Ernst Adolf von Hoff (1771–1837). Begründer des Aktualismus in der Geologie*. In: Gothaer Museums Heft. Abhandlungen und Berichte des Museums der Natur Gotha 1987, S. 3–18 ほか参照。

(95) Hoff, Karl Ernst Adolf von: *Höhen-Messung einiger Orte und Berge zwischen Gotha und Coburg durch Barometerbeobachtung versucht und den in der siebenten Jahresversammlung zu Berlin vereinigten Naturforschern dargestellt*. Mit einer illuminierten Steindrucktafel. Gotha 1828, S. 3.

(96) Schmid: *Die naturwissenschaftlichen Institute bei der Universität Jena unter Goethes Oberaufsicht,* S. 159.

(97) 原題は *Höhen-Messung einiger Orte und Berge zwischen Gotha und Coburg durch Barometerbeobachtung ver-sucht und den in der siebenten Jahresversammlung zu Berlin vereinigten Naturforschern dargestellt* (Gotha, 1828).

(98) 簡単な伝記はロバート・ハクスリー編著『西洋博物学者列伝　アリストテレスからダーウィンまで』植松靖夫訳，悠書館，2009年，218頁以降，ジョン・L. モートン著「ウィリアム・スミス　イギリス地質学の父」参照。この地図とスミスに関する詳しい伝記は，サイモン・ウィンチェスター『世界を変えた地図　ウィリアム・スミスと地質学の誕生』野中邦子訳，早川書房，2004年を参照されたい。

(99) スミスの地図の副題は「炭鉱・鉱山と以前は海水が氾濫していた沼沢地帯および下部地層の種類に応じて土壌の種類を図示する」。縦1.8メートル，横2.6メートルの大きな図で，一枚の地図の彩色を仕上げるのに画家が1週間以上を要したという代物。拙著 Ishihara: *Goethes Buch der Natur*, S. 23 参照。

(100) 同上，S. 23f. またゲーテ自身が文中でその経緯や色彩配分方法を述べているケーファーシュタインの著作に関する小論『地球体の形成』については，木村直司氏の邦訳あり。木村編訳『ゲーテ地質学論集・鉱物篇』，426–430頁。

(101) 同上，さらに Steiner, Walter: *Die erste geologische Karte Mitteleuropas wurde im Jahre 1821 im Bertuch'schen Verlag des Geographischen Instituts in Weimar gedruckt*. Sonderdruck vom Stadtmuseum Weimar im Bertuchhaus 1997 も参照。

(102)　この地図はその後まもなく1826年に，ブーフ作 *Geognostische Karte von Deutschland und angrenzenden Ländern* に差し替えられた。

(103)　Steiner: *Die erste geologische Karte Mitteleuropas* [...]. Weimar 1997参照。このゲーテの塗り分け草案は，すでにこの時点では故人になっていたが，もともとフライベルク鉱山アカデミー教授でフンボルトやブーフも師事した地質学者ヴェルナー（Abraham Gottlob Werner, 1749–1817）からの助言を得ており，国際地質学会議により，ほぼそのまま今日の地質学図の共通国際色彩チャートとして採用されているとのことである。

(104)　Bratranek, Franz Thomas (Hrsg.): *Goethe's Naturwissenschaftliche Correspondenz (1812–1832)*. Im Auftrage der von Goethe'schen Familie herausgegeben von F. Th. Bratranek. Leipzig (Brockhaus) 3 Teile, 1874–1876. *Neue Mitteilungen aus Johann Wolfgang von Goethe's handschriftlichem Nachlasse. Dritter Theil. Goethe's Briefwechsel mit den Gebrüdern von Humboldt (1795–1832)*, S. 229.

(105)　Bratranek: *Goethe's Naturwissenschaftliche Correspondenz* 3.Teil, S. 349も合わせて参考にした。

(106)　*Ideen zu einer Geographie der Pflanzen nebst einem Naturgemälde der Tropenländer. Auf Beobachtungen und Messungen gegründet, welche vom 10ten Grade nördlicher bis zum 10ten Grade südlicher Breite, in den Jahren 1799, 1800, 1801, 1802 und 1803 angestellt worden sind, von Al. von Humboldt und A. Bonpland; bearbeitet und herausgegeben von dem erstern.* Mit einer Kupfertafel. Tübingen, bei F. G. Cotta/Paris, bey F. Schoell.

(107)　荒俣宏『地球観光旅行』角川選書，1993年，110頁以降ほか参照。

(108)　Darüber Casper, S. Jost: *Alexander von Humboldts Ideen zu einer Geographie der Pflanzen aus dem Jahre 1807 in der Bibliothek des Herbarium Haussknecht der Friedrich-Schiller-Universität Jena. Ein Exemplar eines Standardwerkes der Botanik mit einer bemerkenswerten Geschichte.* In: Haussknechtia. Mitteilungen der Thüringischen Botanischen Gesellschaft. Heft 9 (2003), S. 223–249, S. 228f. また Graczyk: *Das literarische Tableau zwischen Kunst und Wissenschaft*, S. 294以降参照。

(109)　この自然のエンブレムについて詳しくは，ロンダ・シービンガー『女性を弄ぶ博物学　リンネはなぜ乳房にこだわったのか？』小川眞里子・財部香枝訳，工作舎，1996年（二刷2008年），72頁参照。

(110)　Bratranek: *Goethe's Naturwissenschaftliche Correspondenz* 3. Teil, S. 349 (Goethes Annalen, 1807, Nr. 127)

(111)　Nickel, Gisela: *„Höhen der alten und neuen Weit bildlich verglichen". Eine Publikation Goethes in Bertuchs Verlag*. In: Friedrich Justin Bertuch (1747–1822). Verleger, Schriftsteller und Unternehmer im klassischen Weimar. Hrsg. v. Gerhard R. Kaiser und Siegfried Seifert. Redaktionelle Mitarbeit: Christian Deuling. Tübingen 2000, S. 675.

(112)　Bratranek: *Correspondenz,* 3. Teil, S. 349f. (Goethes Annalen, 1807, Nr. 127)

(113)　Corpus VIb, Nr. N16, S. 104f. oder Maisak: *Johann Wolfgang Goethe. Zeichnungen*,

S. 215, Nr. 159.

(114) Nickel: *„Höhen der alten und neuen Weit bildlich verglichen“,* S. 676 (Anm. 16) より引用。

(115) 彩色縮小版はLA II–2, Tafel Iやフンボルト自身の著作*Mein vielbewegtes Leben. Der Forscher über sich und seine Werke*. Ausgewählt und mit biographischen Zwischenstücken versehen von Frank Holl. Frankfurt a.M. 2009, S. 186f. にも掲載されている。白黒のリプリントは，Botting, Douglas: *Humboldt and the Cosmos*. München/Berlin/London/New York 1994 (Reprint von 2004, ursprünglich London 1973) などにも掲載。イェーナ大学植物学記念図書館にもフンボルトのドイツ語版著作*Ideen zur Geographie der Pflanzen*は所蔵されているが，残念なことにゲーテへの献辞がある扉部分および肝心の銅版画（当初は所蔵されていた記録がある）はいずれも失われている。この件について詳しくはCasper, S. Jost: *Alexander von Humboldts Ideen zu einer Geographie der Pflanzen aus dem Jahre 1807 in der Bibliothek des Herbarium Haussknecht der Friedrich-Schiller-Universität Jena.* 2003.

(116) Graczyk: *Das literarische Tableau zwischen Kunst und Wissenschaft,* S. 327. あわせてMaisak: *Johann Wolfgang Goethe. Zeichnungen*も参考にした。

(117) フンボルトの『試論』には，「気球で7,016メートルの高さまで」と記されている。

(118) Tafel VI *Zeichnung, Tusche und Wasserfarben von Johann Wilhelm Roux*のカラー図版はLA II–2所収。

(119) Jena Universitätsarchiv, Acta observatirii XV, Bestand S, XLIII, Nr. 16, Blatt 50以降。

(120) FA I–7/2 Kommentarband von Albrecht Schöne，特にS. 644f. 参照。さらに*Bergschluchten, Wald, Fels* (Z. 11844–12111) についての解説S. 792以降，Abb. 16含む：„Zu *Faust II*, 5: Szene *Bergschluchten.* Kupferstich in Goethes morphologischer Schrift *Wolkengestalt nach Howard* (Zitate links: aus dieser Schrift| rechts: aus der Faust-Szene| Wolkentermini eingefügt)“.

(121) Hans Ruppertの*Goethes Bibliothek Katalog* (1958), S. 755, Nr. 5268参照。

(122) 同上，S. 755.

(123) 2015年夏現在，改装中（一階入って左手の部屋）。なおミュンヒェン版『ゲーテ全集』(MA 12, S. 284f.) にはこの図版の白黒写真が載っているが，頭上の無数の細かい文字情報を読みとるのは至難の業，ほとんど無理と言ってよい。

(124) 以下の引用出典はゲーテ自身が用いたWilbrand, Johann Bernhard/Ritgen, Ferdinand August Max Franz von: *Gemälde der organischen Natur in ihrer Verbreitung auf der Erde*. Giessen (C. B. Müller) 1821による。

(125) Habel, Thilo: *Von der Landschaftsstimmung zur Karte. Franz Junghuhns Studien auf Java*. In: *Vermessen: Kartographie der Tropen*. Begleitbuch zur Ausstellung des Ethnologischen Museums, Berlin-Dahlem 2006, S. 38–45.

(126) Schmidt, C. P. Max: *Franz Junghuhn. Biographische Beiträge zur 100. Wiederkehr seines Geburtstages*. Leipzig 1909, S. 116f. 参照。

(127) 同上，S. 117 (ursprüngliche Stelle: Humboldts *Kosmos*, Bd. I, S. 114).

第四章

(1) 以下，和算については，特に2008年11月22日～2009年1月12日まで上野の国立科学博物館で開催された企画展『数学・日本のパイオニアたち』(関孝和三百年記念) のパンフレット，加えて佐藤健一『和算を楽しむ』ちくまプリマー新書，2007年や平山諦『和算の歴史　その本質と発展』ちくま学芸文庫，2007年等を参照した。ドイツ語文献では Strick, Heinz Klaus: *Geschichten aus der Mathematik. Eine biographische Briefmarkensammlung von Pythagoras bis Kolmogorow.* Spektrum der Wissenschaft. Spezial 2/09, S. 43にも紹介があるが，固有名詞（人物名）等をはじめ，表記上の誤りが目立つ。

(2) 次の文のカギカッコ引用も含めて，平山『和算の歴史』，24頁から引用。

(3) 米澤誠「連載　和算資料の電子化 (9) シビルエンジニアとしての和算家」，東北大学附属図書館報『木這子』Vol. 30, No. 2, 2005年, 1-9頁ほか参照。なお，吉田も京都嵯峨の角倉《すみくらの》了以《りょうい》の一族であった。

(4) 和算がもつ特異な習慣として，2014年刊行の『星に惹かれた男たち』(日本評論社) 34頁以降で著者・鳴海風は「遺題継承」と「算額奉納」に加え，和算を教えながら遍歴した「遊歴算家」の存在を挙げている。また現在の茶道・華道・剣道などのいわゆる「和のお稽古」に特徴的な免許制度・諸流派の形成も和算には欠かせなかった。

(5) 平山『和算の歴史』，35頁参照。平山によると文化文政の最盛期には，一年間に100枚以上奉納されていた (37頁) という。なお算額は一説には400余，別の説では800枚近く日本国内に現存しているとされる。

(6) 佐藤『和算を楽しむ』，67頁以降参照。なお，時代はもっと後になるが，本書第五章との関連で，明治初期の技術者には，漢数字しか知らないものも多く，アラビア数字を数え歌で覚えながら，統一字体を習得したという。山岡光治『地図をつくった男たち』のコラム「英数字が書けない測量手」，110頁以降参照。

(7) 以下の関の仕事は，平山『和算の歴史』第4章「関孝和」，38頁以降を主に参照した。

(8) 残念ながら建部の出した42桁目の数字は誤っているが，少数第40位までは正確に求められている。師・関は少数13桁目までを得ていた。企画展『数学・日本のパイオニアたち』パンフレット，10頁参照。なお，建部が求めた円周率自乗公式は，三角関数で言えば arcsin x の二乗の級数展開式と同等になる。鳴海『星に惹かれた男たち』，36頁。

(9) 平山『和算の歴史』，66頁参照。

(10) 中村士『江戸の天文学者星空を翔ける　幕府天文方，渋川春海から伊能忠敬まで』技術評論社，2008年，65頁。および渡辺一郎編著『伊能忠敬測量隊』小学館，2003年，38頁以降ほか参照。鳴海の『星に惹かれた男たち』によると，吉宗は長崎の御用眼鏡師・森仁左衛門に望遠鏡を発注したり，渾天儀の簡略版「簡天儀」を作成させたり，日陰の長さを測る実験を自ら行ったりしている (同書，60頁)。なお，浅草の司天台 (天文台) や後に伊能が持参した観測機具は，江戸の暦局御用時計師（ただし現在の福井・越前大野藩のお抱え職人を兼ねていた），大野弥五郎・弥三郎父子が主

に担当・製作した。三代目の孫・大野規周（1820–86）も時計師になったが，明治以降は大阪造幣局技官として天秤，大時計，貨幣計数器などを作成した（鳴海，205 頁参照）。なお本書のベースであるドイツ語版から日本語への改稿時，2014 年 11 月末には広瀬隆による二巻本『文明開化は長崎から』が集英社より上梓された。本章との関連では，その上巻・第 4 章「将軍・吉宗とオランダ通詞の活躍」，第 6 章「大坂の蘭学創始と天文学の発展」，また下巻・第 7 章「異国船の到来と波乱の時代」は膨大な情報を概観できる内容で，参考になる。しかし一般読者を対象としたためか両巻とも（索引はあるのだが）一切註がなく，文献の引用ないし参考箇所が明示されておらず，巻末に文献表もついていない。すなわち文献情報は本文中に文献タイトルを挙げているのみだが，こちらを比較すると本書で用いた文献との重複も多かったので，原典を用い，引用箇所等を挙げることを優先した。したがって広瀬の『文明開化は長崎から』の出典註はいくつかの例外を除き，以下，省略する。

(11)　太陽太陰暦は，文字通り，太陽暦と太陰暦を折衷させたもので，暦上の月は太陰暦に添い，12 カ月ないしは 13 カ月の幅があったが，暦の 1 年はむしろ太陽暦に近かった。

(12)　中村『江戸の天文学者星空を翔ける』，81 頁以降参照。志筑はニュートンの弟子ケイル（もしくはキール，原綴 John Keill）の著書を翻訳し（『暦象新書』，1798–1802 年），その巻末付録に自説として「混沌分判図」を添えたが，これは太陽系が星雲状物質から誕生するという志筑の独自の発想で，カント＝ラプラスの星雲説に匹敵する内容であったことが知られている。加えて広瀬は，志筑が「我が国で初めて地球の緯度一度は 27.985 里（109.91 キロメートル）であるということを紹介」した書籍であることを強調している。広瀬『文明開化は長崎から』上巻，25 頁以降参照。

(13)　中村，『江戸の天文学者星空を翔ける』，82 頁以降参照。

(14)　文学的伝記作品として，鹿毛敏夫『月に名前を残した男　江戸の天文学者　麻田剛立』角川ソフィア文庫，2012 年がある。

(15)　この翻訳プロジェクトに関する詳細な参考文献としては，上原久『高橋景保の研究』（1977 年），162 頁以降参照などが挙げられる。他方，次に挙げる鳴海の『ラランデの星』はあくまでもフィクションを含む歴史小説なので，ラランドの原本を所有していた「さる高貴な御方」をとりあえず長崎奉行・成瀬因幡守正定に「設定」している。その成立裏話については，鳴海の『星に惹かれた男たち』，120 頁以降に詳しい。

(16)　日本における「歴史小説」というジャンル定義は，ドイツのそれと一致しない。この問題については，本章第 4 節でもう一度言及する。

(17)　鳴海風は関孝和の文学的伝記『算聖伝』新人物往来社（2000 年）も発表している。和算をテーマにしたこの科学史小説は，同じく和算家・建部賢弘の伝記『円周率を計算した男』（1998 年）とあわせて 2006 年度日本数学会出版賞を受賞している。

(18)　鳴海『ラランデの星』，110 頁以降より引用。

(19)　もっともこの入門は偶然ではなく，幕府天文方を統括する若年寄・堀田正敦が裏で動き，貧乏侍の高橋が将軍拝謁に必要な正装や道具一式等を伊能に調達させるための布石だったことが，広瀬『文明開化は長崎から』上巻，332 頁前後などで指摘されている。

(20) 導線法は既知の点から目標となる測標まで間縄を張って方位と距離を記録し，次いで到達した測標を始点として，新たな測標まで同様に角度と距離を記録することを繰り返すが，測量が進むにつれて誤差が蓄積していく。交会法はすでに本文でも紹介したが，導線法の誤差点検手段で，複数の地点から測標（たとえば富士山のような近くの山頂）を見通して方位角を求める。この方位線が正しければ，測標の位置を示す一点で交わるはずで，交わらなければその測定点に誤りがある。洋泉社編『江戸の理系力』，2014 年，81 頁以降，および渡辺『伊能忠敬測量隊』ほか参照。

(21) 鳴海『ラランデの星』，388 頁より引用。

(22) 蛮書和解御用では，天文学書だけでなく，欧州で刊行された地理学関係の専門書もオランダ語から日本語に積極的に翻訳された。

(23) ちなみに渋川景佑は晩年，日本最初の刊行太陽暦『万国普通暦』（1854 年）の編纂・刊行にも携わった。こちら英国航海暦をベースにした太陽暦にロシア暦も併記した太陽暦だった。鳴海『星に惹かれた男たち』，225 頁参照。

(24) Ishihara: *Goethes Buch der Natur*, 特に 5 章参照。

(25) ドイツ・ヴュルツブルクのシーボルト博物館開館記念展カタログ *Auf den Spuren Siebolds in Würzburg und Japan*. 1995, S. 33. 加えてケンプファーの出身地レムゴにある市立博物館開催ケンプファー記念展（2001）*„Ginkgobaum und Riesenkrabbe. Die Forschungsreisen des Engelbert Kaempfer (1651–1716)“* im Städtischen Museum Hexenbürgermeisterhaus in Lemgo. CD-ROM: *Engelbert Kaempfer. Sein Leben und seine Reise.* Hrsg. v. Landesverband Lippe und der Stadt Lemgo anlässlich des Engelbert-Kaempfer-Jubiläums 2001.

(26) サントリー美術館展示図録，『ドイツ人の見た元禄時代　ケンペル展』（会期 1990 年 12 月 18 日～ 1991 年 1 月 27 日）ほか参照。

(27) ケンプファーの作品は，まず英語で刊行され，その後，フランス語の重訳を通して，ドイツ語に翻訳された。ドイツ語版は，ベルリンの枢密顧問官 Christian Conrad Wilhelm von Dohm（1751–1820）の翻訳で，1777~79 年にケンプファーの故郷レムゴで刊行された。

(28) Erich Trunz: *Weimarer Goethe-Studien*. Weimar 1984. S. 98f.

(29) クルーゼンシュテルンについては，荒俣宏『地球観光旅行　博物学の世紀』角川選書，1993 年，87 頁以降に若干記述があるほか，江戸東京博物館（会期 2007 年 4 月 10 日～ 5 月 27 日）ほか全国各地をまわった日露修好 150 周年記念展図録『「ロマノフ王朝と近代日本」展　版画と写真でたどる日露交流　ロシア国立図書館所蔵品より』を参照。

(30) 正式なオリジナルタイトルは，Krusenstern, Adam Johann von: *Reise um die Welt in den Jahren 1803, 1804, 1805 und 1806 auf Befehl Seiner Kaiserl. Majestät Alexander des Ersten auf den Schiffen Nadeshda und Newa unter dem Commando des Capitains von der Kaiserli-chen Marine A. J. von Krusenstern*. 3 Bde. Erster Theil（1810）, St. Petersburg, gedruckt in der Schnoorschen Buchdruckerey.　以下，1803 年 6 月の報告を S. 12 より引用する：„Der Kollegienrath von Kotzebue wünschte, dass seine zwey Söhne, welche im Cadetten-Corpus erzogen wurden, auf meinem Schiffe diese

Reise mitmachen sollten. Sein Gesuch deshalb beym Kaiser ward ihm sogleich zugestanden. So schwer der Entschluss dem Vater seyn musste, sie in dem Alter von 14 und 15 Jahren eine so gefahrvolle Reise unternehmen zu lassen; so hat der Erfolg ihn hinlänglich für diess Opfer der väterlichen Zärtlichkeit entschädigt. Sie haben mit vielem Nutzen die Reise gemacht, und sind als gebildete und kenntnissvolle junge Menschen zurück gekommen.“

(31)　イェーナ大学図書館はドイツ語版も所蔵している。Krusenstern, Adam Johann von: *Reise um die Welt in den Jahren 1803–1806*. 1 Bd. 1–3 Hefte. In: *Bibliothek der vorzüglichsten und neuesten Reisebeschreibungen über alle Theile und Länder der Welt, in systematischer Ordnung mit Charten*. In Verbindung mit mehreren Mitarbeitern besorgt und herausgegeben von J. Hörner. Hildburghausen 1828. 一般読者が比較的入手しやすいドイツ語版は，抄訳をまとめた形であるが *Reise um die Welt. Erlebnisse und Bordbuchnotizen des Kommandanten der Expeditionsschiffe »Nadeshda« und »Newa« bei der ersten Weltumseglung unter russischer Flagge in den Jahren 1803–1806*. Ausgewählt, bearbeitet und herausgegeben von Christel und Helmuth Pelzer. Mit einem Nachwort von Helmuth Pelzer. Leipzig 1985 がある。日本語参考文献としては，西村昭『漂流記の魅力』新潮新書（2003 年）なども あわせて参照した。ここで西村は，デフォーの『ロビンソン・クルーソー *Robinson Crusoe*』（1719 年）のような西欧の伝統的海洋小説と並んで，船舶難破による漂流記の伝統が日本文学にあることを指摘している。

(32)　詳しくは吉村『漂流記の魅力』ほか参照。もうひとりの漂着者「善六」が実は通訳として乗船していたのだが，すでにキリスト教に改宗していたため，日本に帰国せず，第二の故郷となったロシア・イルクーツクで生涯を終えた。

(33)　津太夫以前には，伊勢国（現在の三重県）の船「神昌丸」が 1782 年，遠州灘で暴風雨に遭遇して難破・漂流し，アリューシャン列島のアトムチカ島に漂着した。最終的に生き残った五名のうち，改宗しなかった大黒屋光太夫をはじめとする 3 名が，女帝エカテリーナ二世に拝謁し，1792 年に遣日使節ラクスマンに伴われて根室に帰着している。これについては本章第 4 節 2 であらためて言及する。

(34)　Krusenstern: *Reise um die Welt*. St. Petersburg 1810, Bd. 1, S. 6 より引用。

(35)　Brosche: *Astronomie der Goethezeit*. 1995, S. 45 より引用。

(36)　Krusenstern: *Reise um die Welt*. St. Petersburg 1810, Bd. 1, S. 309 より引用。

(37)　この 4 名は，船の難破・漂流という受け身の形であったとはいえ，世界周航を行った最初の日本人であった。しかし苗字もない，庶民の出自であったので，幕府には相手にされず，ぞんざいに扱われたようだ。取り調べを担当した仙台藩医・大槻玄沢（1757–1827）は彼らに対して高圧的な態度をとった――大槻は彼らを「無学無教養」と記している――ので，彼らはむしろ口をつぐみがちになり，その結果として彼らの世界周航についての口述記録はほとんど残らなかった。クルーゼンシュテルンの『世界周航記』にはすでに彼らを気遣う以下のような記述がある。「この不運な人々は 14 カ月の苛酷な旅ののち，ようやく故国の土を踏んだのに，そこで我々と 7 カ月も幽閉された。それだけでも嘆かわしいのに，さらに彼らは家族のもとへの帰還も絶望視さ

れている。家族のもとに帰ることこそ，ロシアでの自由で憂いなき生活をすてる唯一の動機だったというのに」（S. 312 より引用）。

（38） Brosche: *Der Astronom der Herzogin*, S. 317f. 参照。

（39） フランス語の献辞原文は „A sa majesté impériale Nicolas Ier, Empereur et autocrate de toutes les Russies“。*Atlas de l'Ocean Pacifique, tome II, dressé par M. de Krusenstern Contre-amiral et directeur du corps des cadets de la marine*; publié par ordre de sa majesté impériale St. Petersburg 1827. 第一巻 *Atlas des l'Océan Pacifique, hémisphère austral* は早くも 1824 年に出版された。両巻ともかつて「ヴァイマル公軍事文庫」の所蔵であった証明記録がある。

（40） Krusenstern: *Reise um die Welt*, Bd. 1, 1810, S. 49 (May 1805).

（41） ヴュルツブルク・シーボルト博物館のクライン・ラングナー氏の情報および氏の草稿 *Philipp Franz von Siebold und sein Einfluss auf die Ostasienpolitik Russlands (Auszüge). Bearbeitet nach Angaben in „Die Würzburger Siebold“ von Hans Körner und „Philipp Franz von Siebold. Leben und Werk“ von Schûzô Kure* 参照。

（42） 強いて言えば *Leopold von Buch's Leben und Wirken bis zum Jahre 1806* von J. Ewald in: *Leopold von Buch's gesammelte Schriften.* Hrsg. v. K. Ewald, J. Roth und H. Eck. Erster Band mit dreizehn Tafeln. Berlin 1867 および Hubmann, Bernhard: *Die großen Geologen.* Wiesbaden 2009, S. 92–100.

（43） Buch, Leopold von: *Geognostische Beobachtungen auf Reisen durch Deutschland und Italien.* 1802, Zitat aus: *Leopold von Buch's gesammelte Schriften.* Bd. 2, Berlin 1867, S. 166f.

（44） Richter, Dieter: *Der Vesuv: Geschichte eines Berges*. Berlin 2007, S. 140 参照。

（45） L. v. Buch: *Physikalische Beschreibung der Canarischen Inseln.* 1825, S. 39 参照。

（46） 同上，S. 36.

（47） Hubmann: *Die großen Geologen*, S. 99 を参照のこと。

（48） 引用は L. v. Buch: *Physikalische Beschreibung der Canarischen Inseln,* 1825, S. 326 から。

（49） イギリス海軍士官で探検家，William Robert Broughton（1762–1821）をさす。1793 年にバンクーバー遠征隊支援と北大西洋調査を命じられ，その折にヨーロッパの地図で空白だった揚子江から樺太＝サハリンや千島列島の測量調査を行った。

（50） 引用は Buch: *Physikalische Beschreibung der Canarischen Inseln.* 1825, S. 379–381 から抜粋。

（51） ティチングの原語タイトルは *Mémoires et anecdotes sur la dynastie régnante des Djogouns, souverains du Japon: avec la description des fêtes et cérémonies observées aux différentes époques de l'année à la cour de ces princes, et un appendice contenant des détails sur la poésie des Japonais, leur manière de diviser l'année, ... ; ouvrage orné de planches gravées et coloriées, tiré des originaux japonais, par M. Titsingh.* Publié avec des notes et éclaircissemens par M. Abel Rémusat, Paris 1820.　ヴァイマルのアンナ・アマーリア公妃図書館には英語翻訳版 *Illustrations of Japan; consisting of private memoirs and anecdotes of the reigning dynasty of the Djogouns.* London 1822 も所蔵されている

（全2巻，通称『日本風俗図誌』）。

(52) *Bericht des Flott-Capitains Rikord von seiner Fahrt an den japanischen Küsten, in den Jahren 1812 und 1813 und von seinen Unterhandlungen mit den Japanern,* Leipzig 1817–1818, S. 184. ゴロウニンの幽閉については，渡辺京二『黒船前夜』洋泉社，2010年，第10章も参照。

(53) 同上のリコルドの回想録，S. 264.

(54) Golovnin, Vasilij M.: *Begebenheiten des Capitains von der Russisch-Kaiserlichen Marine Golownin, in der Gefangenschaft bei den Japanern in den Jahren 1811, 1812 und 1813, nebst seinen Bemerkungen über das japanische Reich und Volk und einem Anhange des Captains Rikord.* Aus dem Russischen übersetzt von Dr. Carl Johann Schultz. Leipzig 1817–1818. 比較的新しい版も以下のタイトルで刊行されている。*Abenteuerliche Gefangenschaft im alten Japan 1811–1813*. Neu bearbeitet von Ernst Bartsch. Stuttgart/Wien 1995.

(55) 日本への出航前にシーボルトは，ドイツ・フランクフルト・アム・マインのゼンケンベルク自然研究協会（ゼンケンベルク自然科学博物館として現存）およびドイツ帝国自然研究者アカデミー・レオポルディーナに研究成果を報告することを約束していた。

(56) ただし彼らの甥であるところのフィリップ・フランツとゲーテに面識があったかは，多くの研究者が証明しようとしたが，その試みは今まですべて徒労に終わっている。なおシーボルトの叔父二人を含む医学一門としてのシーボルト家については，主にヴュルツブルクのシーボルト博物館所蔵資料を使ったMattenleiter, Andreas: *„Academia Sieboldiana". Eine Würzburger Familie schreibt Medizingeschichte*. Pfaffanhofen (Akamedon) 2010.（日・独・英語三か国語併記，日本語訳タイトルは『ヴュルツブルク出身の一族が綴った医学史』）が詳しい。

(57) 日独両言語の参考文献のほかに，ヴュルツブルクのシーボルト博物館，長崎市出島資料館，江戸東京博物館などの展示および展示目録も参照した。特に1996年の江戸東京博物館における企画展『シーボルト父子のみた日本　生誕200年記念』目録を参考にした。

(58) ハルバウルは1821～23年の間にシーボルト以外に14人のヴュルツブルク出身の若手医師をオランダにスカウトしている。Kreiner, Joseph: *Die drei „japanischen Siebold" und ihr Wirken.* 展示カタログ『シーボルト父子のみた日本　生誕200年記念』，15–17頁参照。

(59) たとえば*Phlipp Franz von Siebold (1796–1866). Forscher und Lehrer in Japan*. Ausstellung vom 4. Dezember 1991 bis 11. Januar 1992 in der Universitätsbibliothek der Heinrich-Heine-Universität Düsseldorf in Zusammenarbeit mit der Sieboldiana-Sammlung der Ruhr-Universität Bochum und dem Heinrich-Heine-Institut der Stadt Düsseldorf, S. 4 などを参考にした。

(60) 秦新二『文政十一年のスパイ合戦』双葉文庫，2007年，42頁参照。

(61) 前掲書, 259頁。動物学および植物学標本に関して言えば，シーボルトはこの委託金で哺乳類約200点，鳥類900点，魚類750点，爬虫類170点，そして5,000以上

の無脊椎動物，それに加えてさまざまな植物標本2,000点および乾燥植物標本については12,000点を購入したとされる。合わせてBartholomäus, Christine: *Philipp Franz von Siebold (1796-1866). Japanforscher aus Würzburg.* Stadtarchiv Würzburg 1999, S. 24参照。

(62) 後半部分のみ邦訳あり。『シーボルト父子伝』竹内精一訳，1974年。

(63) 呉の著作のドイツ語翻訳は既存する。Kure, Shûzô: *Philipp Franz von Siebold. Leben und Werk*. Übersetzt von Hartmut Walravens, München 1996.

(64) 呉秀三『シーボルト先生』，S. 822f. 参照。箕作阮甫とその義理の息子たちについては，市原麻里子の歴史小説『フレイヘイドの風が吹く』右文書院，2010年がある。

(65) 立平進の論考「日本におけるシーボルト研究の現状と地図について」，『西洋人の描いた日本地図　ジパングからシーボルトまで』ドイツ東洋文化研究協会（OAG展示カタログ），1993年，58頁以降をあわせて参照。

(66) 川原慶賀はシーボルトの学術活動を，シーボルトがヨーロッパから連れてきた助手たち，すなわち薬剤師のDr. Heinrich BürgerおよびスイスA人画家Carl Hubert de Villeneuveとともにサポートしたひとりだった。金子厚男「シーボルトの絵師　埋れていた三人の画業」青潮社，1982年，展示カタログ『阿蘭陀とNIPPON』東京，2009/2010年，特に105-122頁の「シーボルトと川原慶賀」参照。

(67) *Lexikon zur Geschichte der Kartographie von den Anfängen bis zum ersten Weltkrieg*. Wien 1986, S. 358, „Japan“の項参照。

(68) 伊能忠敬については，日本学士院の委託により，大谷亮吉が1917年に報告・発表した『伊能忠敬』が，その後の重要な基礎文献になっている。

(69) 現在の伊能研究の傾向については，星埜由尚『伊能忠敬　日本をはじめて測った愚直の人』山川出版社，2010年，78頁以降などを参照した。

(70) ピョートル大帝はベルリン在住の哲学者ライプニッツと文通していた。渡辺によれば「アジアとアフリカの接続問題に答えを出せるのはあなたしかいない」と後者は前者を煽っていたという。渡辺『黒船前夜』，63頁参照。

(71) 渡辺『黒船前夜』，69頁。

(72) ロシアの暦では，同年10月9日にあたる。前掲書167頁参照。

(73) *Atlas du voyage de La Pérouse*. Paris（出版社不明），1790年代と推定，慶應義塾図書館所蔵。

(74) ボスカーロ，アドリアーナ／ワルター，ルッツ「ヨーロッパ製日本地図における蝦夷とその周辺」In:『西洋人の描いた日本地図』OAG展示カタログ，1993年，78-83頁参照。

(75) ヨーロッパの植民地主義との決定的な違いは，渡辺京二も指摘していることだが（『黒船前夜』，109頁），江戸時代の日本人がアイヌとの通商に興味を持っても，蝦夷地全体の征服に乗り出そうとしなかったことにある。ヨーロッパ主義的植民地政策の思想は，明治維新以降に導入された。

(76) 渡辺『黒船前夜』，146頁から引用すると，「通常は幕府の河川を監督し，土木工事を司り，時として密命を帯びて各地の事情を探知・報告する役職である。彼らは使命感に満ち，困難にたえて実に立派な仕事をした」。

(77) 渡辺『黒船前夜』，196 頁。

(78) 間宮海峡の存在をヨーロッパ人が知ったのは，ロシア海軍総督 Gennadi Iwanowitsch Newelskoi（1813–76）が最初で，しかもそれは間宮の発見から 40 年も後の 1849 になってからのことだった。

(79) 間宮のこの原図（1809 年）を秦はライデン大学図書館で発見した。なお，その複製は北海道大学附属図書館に所蔵されており，北方関係資料目録から Web 上で閲覧可能。なお，本文は秦の著作にならい「黒龍江中之州幷天度」としたが，こちらの画像では「黒龍江中州幷天度」と「之」の字は含まれていない。秦『文政十一年のスパイ合戦』，18 頁以降。間宮の『北夷分界余話』および『東韃地方紀行』は，彼の地図『北蝦夷島地図』と一緒に国立文書館に重要文化財として所蔵されている。

(80) 二宮陸雄『高橋景保と新訂万国全図』北海道，2007 年，194 頁以降。著者の二宮（1929–2007）の本業は医師だったが，呉の書いたシーボルトの伝記に魅了され，自ら高橋景保に関する歴史小説『高橋景保一件　幕府天文方書物奉行』愛育社，2005 年も発表している。

(81) 同上，42 頁以降。上原の『高橋景保の研究』（1977 年）ではむろん景保が使用した欧米系書籍に関する歴史的調査を行っている。しかしその後，この領域では新たな研究成果が出ており，内容的には二宮の研究書（2007 年）のほうが，現在の研究動向を知ることができる。

(82) 参考までにドイツ語版地図名は *Weltkarte in Mercator-Projektion, präsentiert alle neuen Entdeckungen zum gegenwärtigen Zeitpunkt mit den Spuren der bedeutendsten Seefahrer seit dem Jahr 1700, sorgfältig aus den besten Tabellen, Karten, Reisen & Co erstellt*（1790）.

(83) 二宮陸雄『高橋景保と新訂万国全図』，81 頁以降参照。景保とアロウスミスの『世界方図』との関わりについて，特に詳細に解説されている。

(84) 呉『シーボルト先生』，S. 179.

(85) 秦『文政十一年のスパイ合戦』，296 頁以降。

(86) 呉『シーボルト先生』，S. 589 および S. 790; Körner: *Die Würzburger Siebold*, S. 410. Vgl. auch *Philipp Franz von Siebold. Ein Bayer als Mittler zwischen Japan und Europa 1796–1866.* Katalog vom Haus der Bayerischen Geschichte, S. 39.

(87) 引用は展示カタログ *Japan mit den Augen des Westens gesehen,* 東京，1993 年，175 頁以降，Nr. 123: *Adam Johann von Krusenstern. Letter to Philipp Franz von Siebold, October 12, 1834, 4 handwritten pages on one double sided sheet*（25.5 cm × 41 cm），呉『シーボルト先生』からの引用 S. 215 も参照した。

(88) Walter Lutz の論文「フィリップ・フランツ・フォン・シーボルト　完成者にして創始者」，50–57 頁，特に 55 頁参照。この論文最後にはクルーゼンシュテルンの書簡日本語訳がついている。同じく Körner: *Die Würzburger Siebold.* 1967, S. 396 も参照。

(89) ドイツ語タイトルは *Atlas von Land- und Seekarten vom Japanischen Reiche Dai-Nippon und dessen Neben- und Schützländern. Jezo mit den südlichen Kurilen, Krafto*［ママ，正しくは „Karafuto"］, *Korai und Liu-Kiu-Inseln, nach Originalkarten und astronomischen Beobachtungen der Japaner mit Hinweis auf die Entdeckungen in älterer und*

neurer Zeit. Nebst einer Seekarte von der Küste von China und der Insel Formosa nach unausgegebenen holländischen Seekarten des 17. Jahrhunderts.

(90) *Siebold. Ein Bayer als Mittler zwischen Japan und Europa*, S. 57f.

(91) ドイツ語原文タイトルは *Nippon. Archiv zur Beschreibung von Japan und dessen Neben- und Schutzländern, Jezo mit den südlichen Kurilen, Sachalin, Korea und den Liukiu-Inseln* (Leyden 1832–1851).

(92) デュッセルドルフ・ハイネ大学がシーボルト・コレクションを所蔵するボーフム大学とデュッセルドルフのハインリヒ・ハイネ研究所との共催で行った企画展（1992年）における『日本』に関する説明は以下の通り。「1832–58年に段階的に刊行された初版は，全7部構成で全1,822頁になったが，結局未完である。その一部は刊行中，並行して早くもオランダ，フランス，ロシアの3カ国語に訳された。この初版は数えるほどしか現存せず，大変希少価値が高いものである」。*Philipp Franz von Siebold (1796–1866). Forscher und Lehrer in Japan*, S. 28から引用。

(93) *Karte vom Japanischen Reiche nach Originalkarten und astronomischen Beobachtungen der Japaner* (Leiden, Arnz & Comp., von A. Bayly und J. M. Huart in Stein gestochen.

(94) Körner: *Die Würzburger Siebold*, S. 420より引用。

(95) シーボルト博物館のカタログには，この著作刊行にあたり，シーボルトは自らの日本コレクションを売ることで出版資金を得ており，もともと初版数も少なかったため，現存は非常にまれとの解説がある。„Dieses Werk zur Geographie und Ethnographie Japans in zwei Text- und zwei Teilbänden ist Siebolds *magnum opus*. Es war zu seiner Zeit die erste systematische, in 9 Abteilungen angelegte und umfassende Beschreibung Japans, die modernen wissenschaftlichen Maßstäben entsprach. Sukzessiv erschien in einzelnen Lieferungen von 1832–1858 die Erstausgabe, die aber bei einem Gesamtumfang von 7 Abteilungen und 1822 Seiten unvollendet blieb. [...] Es sind heute nur noch ganz wenige Exemplare der Erstausgabe erhalten, deren Druck Siebold durch den Verkauf seiner japanischen Sammlungen finanzierte." *Auf den Spuren Siebolds in Würzburg und Japan*, 1995, S. 35より引用。本地図に関しては，講談社学術局／臨川書店出版部編集『シーボルト「日本」の研究と解説』講談社，1977年，109頁や大場秀章『花の男　シーボルト』文春新書，2001年，98頁などにも言及がある。慶應義塾図書館は，こちらも有名な幸田文庫，すなわち慶應義塾大学名誉教授であった幸田成友（1873–1954）の個人文庫のなかに，シーボルトのすばらしい彩色を施した豪華版『日本』（請求番号120X/240/1）を所蔵している。参考までに幸田文庫のリストは，*A short List of Books and Pamphlets Relating to the European Intercourse with Japan*: (Private Collection of Shigetomo Koda): exhibited at the Mitsukoshi, Eastern Room, 7th Story from 7th to 11th. November, 1930. ただしこの慶應所蔵『日本』についていた『原図日本地図』は，1840年のオリジナルではなく，1930年のファクシミリ版（1930, Verlag Ernst Wasmuth/Berlin）であった。なお，ブランデンシュタイン＝ツェッペリン伯爵家は，シーボルト自身の書き込み・修正の入った本地図を所有している。

(96) *Catalogue de livres français, allemands, anglais, italiens et russes, de la bibliothèque*

de son Altesse impériale Madame la grande duchesse de toutes les Russies, grande duchesse regnante de Saxe Weimar & Eisenach (1830).

(97) Siebold, Alexander von: *Ph. Fr. von Siebold's letzte Reise nach Japan*, 1859–1862 Berlin 1903, 竹内誠一の邦訳『シーボルト父子伝』あり（1974年）。および1996年10月6日〜11月24日にヴュルツブルク・シーボルト博物館で開催された企画展「アレクサンダー・フォン・シーボルト」展小冊子 *Alexander von Siebold 1846–1911. Diplomat in Japanischen Diensten* を参考にした。

(98) *Acta Sieboldiana IX. Korrespondenz Alexander von Siebolds in den Archiven des japanischen Außenministeriums und der Tôkyô-Universität 1859–1895*. Veröffentlichungen des Ostasien-Instituts der Ruhr-Universität Bochum Bd. 33. Hrsg. v. Vera Schmidt. Wiesbaden 2000.

(99) 同上, S. 255 (Brief-Nr. 4.0147).

(100) カール・アレクサンダーはゲーテの初孫ヴァルター（Walter Wolfgang von Goethe, 1818–1885）と同い年で幼馴染だった。子供のころ，カール・アレクサンダー公子は教育係のソレとともに定期的にフラウエンプラーンに現存するゲーテ邸を訪ね，ゲーテの孫たちと遊んだ。ちなみに教育係ソレは，ゲーテの孫娘アルマ（Alma, 1827–1844）の洗礼代父でもあった。時は経って，1872年8月27日にカール・アウグストは，ゲーテの孫ふたり，すなわちヴァルターとその弟で愛称「ヴォルフ」ことヴォルフガング（Wolfgang Maximilian, 1820–1883）を自らの侍従に任命した。ただしヴォルフは兄ヴァルターほど大公と親密な間柄ではなかった。Gersdorff, Dagmar von: *Goethes Enkel. Walter, Wolfgang und Alma*. Frankfurt a.M. und Leipzig 2008.

(101) 注99の書簡集同掲箇所参照。

(102) ゲーテとの関係において，大公妃ゾフィーはのちに重要な役割を果たした。ゲーテ最後の孫ヴァルター・フォン・ゲーテが亡くなった際，彼は愛する祖父ヨーハン・ヴォルフガング・フォン・ゲーテが遺した手書き原稿等の書類遺産相続者に彼女を指名した。ヴァルターの遺志を継いだ大公妃は，有名な全140巻を超える『ヴァイマル版（別名ゾフィー版）ゲーテ全集』の編纂を命ずるとともに，膨大な原稿や書簡・日記を保管して後世に伝えるべく，ゲーテ文書館（開館は1887年，現在のゲーテ・シラー文書館）を建設させた。

(103) 1891年10月28日に発生した，諸説はあるがおよそマグニチュード8.0規模の直下型大地震。7,200人が死亡，17,000人が負傷したとされる。第五章で杉山正治と測量の関係であらためて言及する。

(104) Körner: *Die Würzburger Siebold*, S. 509.

(105) *Acta Sieboldiana IX.*, S. 740 (Brief-Nr. 4.0536).

(106) *Acta Sieboldiana IX.*, S. 301 (Brief-Nr. 4.0176), Oskar Graf von Wedel an Siebold; 上村直己「イェーナ大学の最初の日本人留学生・唐崎五郎」,『熊本大学教養部紀要』26, 1991年, 73–86頁参照。

(107) *Acta Sieboldiana IX.*, S. 538 (Brief-Nr. 4.0363).

(108) 上村「イェーナ大学の最初の日本人留学生・唐崎五郎」, 73頁。

第五章

(1) 織田武雄『地図の歴史　日本篇』, 1974 年参照。

(2) 前章でも説明したが, 伊能については夥しい参考文献がある。ここでは特に渡辺一郎編著『伊能忠敬測量隊』を参照した。

(3) ただし北海道は欠けている。ちなみにライデンのシーボルト・コレクションには長久保地図も収められている。織田『地図の歴史　日本篇』, 80 頁参照。

(4) 海野『地図の文化史』, 160 頁。

(5) 前章第 5 節のアレクサンダー・フォン・シーボルトとの関連記述を参照されたい。岩倉使節団が 1871 年 12 月 23 日に横浜から出港した折, 本使節団は 107 名から構成され, うち 46 名は各省からの派遣代表者を含み, 他は留学生およびその従者たちであった。彼らは「鎖国以来, 日本が海外に送り出した, 最後で最大かつ最も重要な使節団であった」„die letzte, größte und zugleich die bedeutendste der Missionen, die Japan seit der Öffnung des Landes 1854 ins Ausland entsandt hatte“. Wattenberg, Ulrich: *Die Iwakura-Mission in Preußen*. In: Krebs, Gerhard (Hrsg.): *Japan und Preußen*. Monographien aus dem Deutschen Institut für Japanstudien. Bd. 32, München 2002. S. 120.

(6) Maul, Heinz-Eberhard: *Militärische Beziehungen*. *Berlin-Tôkyô im 19. und 20. Jahrhundert*. Berlin 1995, S. 83 より引用。

(7) Krebs, Gerhard: *Japan und die preußische Armee*. In: derselbe (Hrsg.): *Japan und Preußen*. S. 125–144 参照。日本帰国後, たとえば山縣は独仏両国を手本とする徴兵令を施行, 総じて 3 年間の兵役義務およびその後四年間の予備役を近代陸軍の基本として導入した。また山縣は「ドイツ皇帝ヴィルヘルム一世とモルトケ将軍と同様, 明治天皇と緊密かつ良好な関係を築くことで, 彼の地位を確実にすることに成功した」(Krebs, S. 126 より訳出)。

(8) 1884 年から 85 年まで桂は陸軍大佐として陸軍卿・大山巌の欧州兵制視察旅行に同行し, この機会にさらに半年 (6 月～11 月) をドイツで過ごした。ドイツ滞在中, 彼は優秀なドイツ人将校を日本陸軍に招聘する可能性を探り, モルトケ将軍の推薦により, 彼の秘蔵っ子, 言い換えれば愛弟子である陸軍参謀本部付大尉だったメッケル (Jacob Clemens Meckel, 1842–1906) を 1885 年 1 月から 1888 年 3 月まで日本に招くことに成功する (Krebs, S. 134 も参照のこと)。のちに桂は陸軍大将になり, 陸軍大臣をはじめさまざまな大臣職を歴任したうえ, 西園寺公望と交代で首相を務め (いわゆる桂園時代), 連続ではないものの, その在職日数 2,886 日は歴代 1 位を誇る。Hartmann, Rudolf: *Japanische Offiziere im Deutschen Kaiserreich, 1870–1914*. In: Japonica Humboldtiana. Yearbook of the Mori Ôgai memorial Hall. Berlin Humboldt University Vol. 11, Wiesbaden 2007, S. 93–158, S. 115 を参照。

(9) Maul: *Militärische Beziehungen*, S. 85.

(10) Krebs: *Japan und die preußische Armee*, S. 129.

(11) 拙論 Ishihara, Aeka: *Das Dreiecksnetz: Gauß und die japanische Landvermessung in der Meiji-Zeit*. In: TRANS: Internet-Zeitschrift für Kulturwissenschaften Nr. 17:

„KCTOS: Wissen, Kreativität und Transformationen von Gesellschaften". http://www.inst.at/trans/17Nr/1-8/1-8_ishihara17.htm, März 2010（Web 版論文）をあわせて参照されたい。

（12） Torge, Wolfgang: *Geschichte der Geodäsie in Deutschland.* Berlin 2007, S. 211 参照。

（13） 山本基毅『はじめの日本アルプス　嘉門次とウェストンと館潔彦と』バジリコ，2008 年，57 頁より引用。原文は漢字とカタカナの混合表記，全文は陸軍参謀本部『陸地測量部沿革誌』第一編（1922 年），13 頁以降を参照した。

（14） 週刊朝日編『明治・大正・昭和　値段史年表』朝日新聞社，1988 年，107 頁参照。

（15） 山本『はじめの日本アルプス』，58 頁参照。また国土地理院発行の『測地資料』第 5 巻（1979 年）所収，藤井陽一郎の学術論文「陸地測量部測地事業の《実用成果》と《学術成果》」ではもう少し詳しく，1880 年 2 月に海外の研究動向なども含めた資料を調査する目的の「大地測量事業取調掛」が設置され，翌 81 年 4 ～ 5 月に東京湾口で二・三等三角測量テストが行われ，その精度の高さが陸軍に強い印象を残した，とある（17 頁以降）。

（16） 山本光治『地図を作った男たち　明治の地図の物語』原書房，2012 年，127 頁参照。

（17） 江戸末期は幕府画学局絵師を務め，たとえば 1857 年に長崎経由で入り，国文学者・横山保三が訳したロビンソン・クルーソー漂流記『魯敏遜漂行紀略』の挿絵も描いている。ちなみに序文は後述する箕作阮甫が寄せており，初版本は 2014 年 3 月から上野科学博物館で開催された特別展『医は仁術』でも展示された。

（18） 日本地図センター刊行のレプリカ『明治前期測量　二万分一フランス式彩色地図』添付の説明書参照。またつくば市の「地図と測量の科学館」常設展示も参考にした。

（19） 山本『はじめの日本アルプス』，110 頁以降参照。

（20） 拙論 Ishihara: *Die Hauptleute mit mathematischer Gabe. Oder: Die Landvermessung in Goethes Wahlverwandtschaften und Jean Pauls Dr. Katzenbergers Badereise.*『ゲーテ年鑑』（日本ゲーテ協会）2008 年，25–39 頁参照。

（21） ハルトマンは前述のラウクのリストを参考文献に挙げているため，両者の滞在地は結果的に同じなので，この両資料間での相互検証はできない。

（22） Hartmann: *Japanische Offiziere*, S. 93.

（23） ドイツ連邦軍文書館の Stephanie Jozwiak 氏（Bundesarchiv: Abteilung Militärarchiv, Referat MA 5: Preußische Armee, Norddeutsche und Kaiserliche Marine, Reichs- und Kriegsmarine）のご指摘による。

（24） 公文書・明治 17 年「工兵大尉田坂虎之助拝借金月賦納付の件」より引用。

（25） 特に国立公文書館所蔵の公文書（特に太政官・内閣関係，第五類叙勲裁可書，明治 39 年 6 月 30 日付旭日重光章授章に関する書類に綴じられている田坂自筆の履歴書を含む）および国土地理院 OB の西田文雄氏からご提供いただいた論文・コラム「我が国の近代測量・地図作成の基礎を作った広島の人　田坂虎之助の事蹟」，日本測量協会中国支部発行『中国支部報』31 号，2004 年，12–25 頁；同じく西田「我が国の三角測量を創業した田坂虎之助」，『国土地理院広報』Vol. 478 および 479（2008 年 4・5 月号）等を参照した。

（26） 1906 年の旭日重光章授章理由から引用（国立公文書館資料より）。

(27) 彼は第四章に登場した江戸時代の地理学者・箕作省吾の息子で，父の早逝により祖父・箕作阮甫に育てられた。津山洋学資料館常設展示資料（岡山県）および木村岩治『洋学者　箕作阮甫とその一族』岡山文庫（1994年），138頁以降参照。

(28) 日本の近代医学に大きな役割を果たしたのもまたドイツの軍医であった。軍医少佐ミュラー（日本では「ミュルレル」の表記が定着，Dr. Leopold Müller, 1824–93, ブランデンブルク歩兵第五連隊所属）および海軍大尉ホフマン（Dr. Theodor Hoffman, 1837–94）のふたりは，1871～75年にかけて大学東校（現在の東京大学医学部の前身）の改編に積極的に関与した。Maul: *Berlin-Tôkyô*, S. 84 ほか参照。

(29) 森鷗外の『舞姫』をめぐるエピソードも有名だが，ドイツ社交界でも人気のあった日本のプリンス・北白川宮は，プロイセン貴族の未亡人と婚約し，明治政府に正式な結婚許可を申請していた。明治政府はこれに難色を示し，即帰国を命じた。帰国直前に宮はドイツの新聞等に婚約を発表したが，結局，岩倉具視らの説得により婚約は破棄され，京都でしばらく謹慎することになった。

(30) 歴史については東京地学協会公式HP http://www.geog.or.jp/profile.html（2015年夏現在）などを参照。

(31) 国立公文書館・平成21年春の特別展『旗本御家人　江戸を彩った異才たち』，19頁参照。

(32) 田坂のドイツ留学期間を8年と計算している参考文献は，おそらくこれを根拠として算出したものであろう。陸軍関連の履歴については，田坂の旭日重光章授章関連書類に添付された履歴書を参照（国立公文書館所蔵）。

(33) 注24に同じ。

(34) 1873年初頭，青木はベルリンの駐独代理公使，さらに駐独公使に任命，後に駐オーストリア，オランダ各公使も兼任した。1877年にプロイセン貴族令嬢エリーザベト・フォン・ラーデと結婚。1886年には井上馨外務大臣の外務次官に任命された。叙爵により子爵になる。*Brückenbauer. Pioniere des japanisch-deutschen Kulturaustausches.*『日独交流の架け橋を築いた人々』（日独二か国語併記）Hrsg. v. Japanisch-Deutschen Zentrum Berlin und der Japanisch-Deutschen Gesellschaft Tokio. München 2005, S. 32f.　日本語ではニクラス・サルム＝ライファーシャイト伯爵，「青木周蔵　ドイツと日本の橋渡しをした外交官」，日独交流史編集委員会編『日独交流150年の軌跡』雄松堂書店，2013年，66–69頁参照（宮田奈々訳）などを参照。なお作家・水沢周による青木の伝記『日本をプロシャにしたかった男』（全三巻，中央公論社，1997年）もある。

(35) 田坂同様，青木の説得で思わぬ方向転換をさせられたのが，新潟出身の中川清兵衛（1848–1916）である。ブレーメンハーフェンでドイツ人の家僕を務めていた中川に，青木はビール醸造業の修得を勧めた。二年間ベルリンのチボリ醸造協会でビール醸造の修業をした中川は，初の日本人ビール醸造技師として，青木の推薦状持参で帰国，まもなく北海道・札幌の開拓使麦酒醸造所の建設に着手した。これが現在のサッポロビールの起源である。ベアーテ・ヴォンデ「日独交流150年とビール」，『明治村だより』Vol. 64，2011年夏，2–6頁および田中和夫『物語サッポロビール』北海道新聞社，1993年ほか。

(36) 明治39年5月11日付公文書。

(37) Jordan, Wilhelm und Steppes, Karl. (Hrsg.): *Das deutsche Vermessungswesen. Historisch-kritische Darstellung auf Veranlassung des deutschen Geometervereins unter Mitwirkung von Fachgenossen*. Stuttgart 1880, S. 59.

(38) 藤井陽一郎「陸地測量部測地事業の《実用成果》と《学術成果》」,『測地資料』第五巻, 国土地理院, 1979年, 13–49頁。

(39) 本節執筆時には, 東京大学地震研究所が所蔵している両巻を参照・確認した。

(40) Torge: *Geschichte der Geodäsie in Deutschland*. Berlin 2007, S. 212.

(41) 同上, S. 281.

(42) 西田『我が国の近代測量地図作成の基礎を作った広島の人』(2004年) 参照。

(43) 西田文雄「近代の日本測地系を構築した人　陸地測量師　杉山正治 (上), (下)」,『国土地理院広報』Vol. 480・481 (2008年6月・7月)。

(44)『資料が語る地震災害』西尾市岩瀬文庫展示カタログ冊子 (2006年11月17日～2007年1月21日), 11頁参照。

(45)『陸地測量部沿革誌』, 200頁参照, 修正提案全文は前頁から。西田「近代の日本測地系を構築した人　陸地測量師　杉山正治 (下)」,『国土地理院広報』Vol. 481, 2008年7月参照。

(46) この年, 田坂は最後の海外出張としてブダペストで開かれた第15回国際測地学協会総会に出席した。彼に同行したのがZ項の発見で名高い木村栄 (1870–1943) で, この総会出席後, ベルリンのヘルメルトを訪ねている。その後, ドイツが第一次大戦敗戦国になり, 国際的研究課題遂行が困難になったとき, この関係で, 事務局がポツダムから木村の勤務先である岩手県・水沢市に移った。国立公文書館の田坂関係資料および Buschmann, Ernst: *Geodätisch-astronomische Aspekte*. In: *300 Jahre Astronomie in Berlin und Potsdam*. Hrsg. v. Wolfgang R. Dick und Klaus Fritze. Thun/Frankfurt a.M. 2000, S. 142–150, 特に S. 146参照。

(47)『資料が語る地震災害』西尾市岩瀬文庫展示カタログ, 13頁参照。

(48) ちなみに同じ2005年のデータでは, 二等三角点が5,055点, 三等三角点が32,511点, その背後にある作業を考えると気の遠くなるような数である。

(49) 宮下啓三『日本アルプス　見立ての文化史』みすず書房, 1997年。

(50) 館については, 山村『はじめの日本アルプス　嘉門次とウェストンと館潔彦と』および山田明『劔岳に三角点を！　明治の測量官から昭和・平成の測量官へ』(桂書房, 2007年), 61頁以降を特に参照した。

(51) 山村『はじめの日本アルプス』, 123頁以降を参照。

(52) ウェストンはかつて「日本アルプス」の呼称を最初に使った人物と目されていたが, 現在では「日本アルプス」の名付け親は彼ではなく, 大阪造幣寮に招かれた英国人冶金技師ウィリアム・ガラウンド (1842–1922) ということで見解が一致している。

(53) 沼田英子『小島烏水　西洋版画コレクション』横浜美術館 (2003年);『小島烏水西洋版画コレクション　山と文学, そして美術』横浜美術館図録 (2007年1月22日～4月4日) など参照。近藤信行「小島烏水のこと　山岳会創立と劔岳の登場」,『もうひとつの劔岳　点の記』山と渓谷社 (2009年), 122–137頁またウェストンや小島

については，男の隠れ家・特別編集「時空旅人」Vol. 14『先人たちの足跡，名峰の歴史を知る　日本山岳史』三栄書房（2013 年 7 月）なども参照した。

(54)　哲学者カントにとって海や山岳は「崇高概念」と深く結びついていた。*Die Beobachtungen über das Gefühl des Schönen und Erhabenen*（1764）参照。

(55)　福江充「『劒岳　点の記』における佐伯永丸と芦峅寺宝泉坊」，『もうひとつの劒岳　点の記』山と渓谷社（2009 年），138–152 頁ほか参照。なお福江氏からは本研究の初期から，劒岳・柴崎関係の資料をご教示・ご提供いただいた。ここにあらためてお礼申し上げる。

(56)　福江充「劒岳をめぐる立山信仰」，月刊『地図中心』（地図センター），417 号，2007 年 6 月，3–6 頁ほか参照。

(57)　山田『劒岳に三角点を！』，45 頁より引用。

(58)　測量技術者・柴崎については，山岡光治「劒岳登頂は柴崎芳太郎に何を与えたか？」，『地図中心』417 号「劒岳測量 100 年」特集号（2007 年 6 月）7–9 頁；国土地理院北陸地方測量部「柴崎芳太郎の測量成果」，同『地図中心』，10–11 頁；五十嶋一晃「劒岳をめぐる謎や疑問を追う」，『山岳』（日本山岳会），Vol. 103, No. 161. 2008, 101–131 頁ほか参照。

(59)　陸地測量部の後身・国土地理院は今も「バンベルヒ」をこの経緯儀の正式名称として用いている。現在の「ゲーテ」や「シラー」を明治・大正時代の人々が「ギョエテ」「シルレル」と表記したように，「バンベルヒ」も 100 年くらい前の日本人の耳に聞こえた響きなのだろう。また一部の方言では実際に「バンベルヒ」と発音されるため，田坂の指導者がそうした地域の出身であった可能性も高い。しかし現在は全く同じ綴りの Bamberg という町は「バンベルク」と読み，人名ももちろん標準的にはそのように発音される。もっとも外国語のカタカナ表記に限界があるのは自明のこと，どちらも仮の表記にすぎないが，著者が大学の教壇で標準ドイツ語を教える立場にあるので，さすがに方言を優先させる表記を使うことは憚られた。詳しくは西田文雄『三角点・水準点をつくった人　近代の測量から現代まで』文化評論，2014 年，第 2 章 5 節「カールバンベルヒか，カールバンベルクか？」，pp. 138–143 を参照されたい。なお西田氏の新刊は自費出版されたこともあって筆者が気づくのが遅れ，注などに反映させられなかったが，田坂・杉山はもちろん，館など計 6 名の日本の近代測量に関わった人物を紹介している。また入手が難しかった田坂・杉山の肖像写真についてもお骨折りいただいた。掲載ご協力にこの場を借りてお礼申し上げる。

(60)　ちなみに一等三角測量点設置には，標石 90kg＋礎石 45kg で計 135kg を必要とする。

(61)　新田次郎『劒岳　点の記』のあとがき「劒岳を眺めながら」，文春文庫，2006 年（改訂新版）363 頁以降。

(62)　詳しくは山田明『劒岳に三角点を！』および国土地理院発行の地図：*100th Anniversary of Mt. Tsurugi Orometry 1: 30,000. Mt. TSURUGI & Mt. TATEYAMA* などを参照のこと。

終わりに

(1) ガーフィールド，サイモン『オン・ザ・マップ　地図と人類の物語』黒川由美訳，太田出版，2014年，第20章「いかにしてカーナビは普及したのか」，354頁以降参照。

(2) ガーフィールド『オン・ザ・マップ』，365頁より引用。

(3) 山岡『地図をつくった男たち』，131頁参照。

(4) 拙著『ドクトルたちの奮闘記　ゲーテが導く日独医学交流』慶應義塾大学出版会（2012年）および編著『産む身体を描く　ドイツ・イギリスの近代産科医と解剖図』慶應義塾大学教養研究センター選書11（2012年）ほか。

(5) 以下の内容については，眞岩啓子との共著論文「ヴュルツブルクのシーボルト家　日独で女医を輩出した医学家系」，慶應義塾大学『日吉紀要　ドイツ語学・文学』47号，2011年，189–215頁を参照されたい。

(6) Brosche, Peter: *Die Bücher der Astronomen.* Altenburg (Lindenau-Museum) 2004.